THERMODYNAMICS

열역학

윤건식 지음

TEXTBOOKS
텍스트북스

표지 소개

185 MW급 산업 발전용 대형 가스 터빈의 압축기와 터빈의 날개 사진. 압축기는 16단으로 이루어져 있으며, 날개 하나의 직경은 큰 것은 2.1 m이다. 터빈 날개는 4단으로 이루어져 있으며 날개의 직경은 최대 2.7m 이다. 이 가스 터빈은 185 MW의 설비 출력을 갖는 발전 시스템에 사용된다. (출처: 두산중공업)

열역학

발행일 2019년 1월 15일
저자 윤건식
발행인 이한성 **발행처** 텍스트북스 **주소** 서울특별시 마포구 독막로 320, 태영 데시앙 오피스텔 803호 (도화동)
전화 02-702-5725~6 **팩스** 02-702-5727 **웹사이트** www.textbooks.co.kr
등록번호 제2018-000190호

ISBN 978-89-93543-64-3 93550
정가 20,000원

열역학

윤건식 지음

이 저작물은 2017~2018년도 창원대학교 자율연구과제 연구비 지원으로 수행된 연구결과임

머리말

대학에서 열역학을 강의한 지 올해로서 꼭 30년이 되었다. 그 동안 Sonntag, Borgnakke, Van Wylen 교수들의 "Fundamentals of Thermodynamics", Moran과 Shapiro 교수의 "Fundamentals of Engineering Thermodynamics" 그리고 Turns 교수의 "Thermodynamics: Concepts and Applications" 등 훌륭한 저서들을 교과서로 사용하면서 저자들의 명쾌한 설명과 놀라운 식견에 매료되었다. 지금도 이 책들은 열역학 분야의 최고의 저술들이라 생각하고 다시금 저자들에게 존경과 경외심을 느낀다. 가르치는 사정에 따라 다르겠지만, 이 훌륭한 저작물의 내용을 주어진 시간에 모두 다 공부하기는 쉽지 않다고 여기며, 강조하는 부분과 설명 방식에 있어서 저자의 생각과 다른 부분도 있다. 그래서 그 동안의 저자의 경험에 따라 대학 수준의 공업열역학 과정에 있어서 주어진 시간 동안 강조해서 공부해야 할 부분들을 정리하여 나름의 방식으로 설명을 구성하였다.

1장 열장치와 열역학에서는 공업열역학 분야에서 관심의 대상이 되는 주요한 열장치들을 소개하고, 그 구성과 작동에 대해 설명하였다. 여기서 소개하는 각종 열장치들은 열역학에서의 주요 연구 대상임에도 불구하고 기존의 전공 서적의 도입부에서 그에 대한 설명이 간략하여 아쉬운 면이 더러 있었다. 여기서는 주요 열장치들의 구성과 작동을 조금 더 자세히 설명하고자 하였다. 이를 통해 열역학에서 다루고자 하는 것이 무엇이고, 이를 위해 무엇을 공부하고 익혀야 하는지에 관한 결론에 자연스럽게 도달할 수 있도록 하였다.

2장 기본 원리와 개념에서 다루는 내용들은 공학을 공부하는 사람들이라면 하위 과정에서 이미 한 번씩 배워 알고 있는 내용들을 다루고 있다. 이 단원에 포함된 내용은 이미 잘 알고 있다고 생각하고 소홀히 넘어가는 경우가 많다. 그러나 조금 생각해 보면 이 개념들을 제대로 이해하고 있는지에 대해 의문이 드는 경우들을 더러 볼 수 있다. 이 개념들은 앞으로의 과정에서 더 이상 다루는 일이 없을 것으로 생각된다. 공학을 공부하는 사람들에게는 이 개념들에 대해 생각할 수 있는 마지막 기회라고 생각되어 다소 상세하게 설명하였다. 특히 기호와 단위의 사용에 대한 약속은 공학을 하는 사람들끼리 서로 편리하고 오해가 없도록 의사를 전달하기 위한 주요한 수단이므로 보다 주의를 기울여 배우고 익혀야 할 부분이다. 이에 소홀한 경우를 많이 보아 안타깝게 생각되어 이에 관한 설명에 더욱 관심을 기울였다.

3장 에너지에서는 열역학에서 주요 관심의 대상이 되는 열과 일의 특성과 함께 여러가지 형태의 에너지 속성에 관해 설명하였다.

4장 동작유체의 거동에서는 열과 일의 변환에 있어서 매개가 되는 대표적인 두 가지 물질, 즉 이상기체와 물의 특성에 대해 설명하였다.

5장 질량 보존의 법칙을 통해 공학에서 자주 접하는 여러 가지 상황에 대해 질량 보존의 법칙을 적용하여 유용한 질량 관계식을 도출하는 과정을 설명하였다.

6장 열역학 제1법칙에서는 열과 일의 변환에 있어서 정량적인 평형 관계를 여러 형태의 에너지를 이용해서 표시하는 방법을 설명하였다. 이 과정에서 있어서 복잡한 수식 전개에 의한 유도보다는 직관적으로 관계식을 도출하고 그 의미를 파악하는 데에 보다 중점을 두었다.

7장 열역학 제2법칙에서는 열과 일의 변환의 가능성과 방향성에 관한 내용을 다루었다. 열역학 제2법칙의 내용은 고도의 논리학적 내용으로서, 완벽한 설명을 위해서는 복잡한 논리 전개나 사고실험을 통한 증명 과정을 거쳐야 한다. 학생들이 무척 지루해 하는 부분이다. 여기서는 논리 전개에 다소의 생략이나 비약이 있더라도 복잡한 사고 실험의 설명은 피하고 제2법칙에 관련된 공학적 의미를 파악하도록 하는데 중점을 두었다. 그러나 얼마간의 난해한 설명은 피할 수 없는 부분이 있다.

이와 같이 2장에서 7장까지의 열역학 기본 이론에 대한 설명이 완결되면 다시 1장에서 설명한 열장치들로 돌아간다. 이번에는 1장에서 설명한 열장치들에 그 동안 공부한 각종 열역학적 원리들을 적용하고 해석함으로써 각 장치들의 성능에 가장 크게 영향을 미치는 인자들을 파악하고 열장치들의 성능을 개선하는 설계 방향을 파악하는 과정을 공부한다. **8장 증기 동력 사이클**에서는 주로 증기 터빈 기관을 대상으로 이 과정을 공부한다. **9장 가스 동력 사이클**에서는 가솔린 기관, 디젤 기관, 가스 터빈 기관 및 분사 추진 기관을 대상으로 공부한다. 마지막으로 **10장 냉동 사이클**에서는 냉동기, 에어 컨디셔너 등을 대상으로 공부한다.

각 단원에 들어간 예제들은 단계적 학습이 가능하도록 구성하였다. 이 책의 전체를 통해 동일한 조건을 설정하고 단계에 따라 예제 풀이의 완성도를 발전시켜 가면서 궁극적으로 종합적인 열역학적 해석을 완성하도록 하였다. 즉 책 전체를 통해 가급적 동일한 제원과 운전 조건을 설정하고 4장에서는 주어진 조건에 대해 동작유체의 상태량을 구하는 방식을 습득하도록 하고, 5장에서는 연속방정식을 이용해서 질량을 계산하는 방식을 배우도록 하였다. 6장에서는 터빈, 펌프, 보일러 등 단일 부품을 대상으로 열역학 제1법칙을 적용하여 각 부품의 성능 인자를 계산하는 방식을 습득하고, 7장에서는 효율의 개념을 접목하도록 하였다. 응용 부분인 8장, 9장 및 10장에서는 각 부품들이 함께 어우러져 증기 터빈 기관이나 냉동기 등 통합적인 기계장치를 구성하여 작동할 경우에 대한 종합적인 해석이 가능하도록 구성하였다. 따라서 공부가 진행되어 뒤로 갈수록 앞에 나왔던 계산 과정이 다시 언급되는 경우가 나오고 있다. 이 경우 설명이 중복되더라도 그 예제 자체로서 학습의 완결성을 기할 수 있도록 중복 설명을 피하지 않았다. 예제 풀이 과정에서는 강조하고자 하는 개념과 문제 풀이 과정의 이해에 집중하도록 하기 위해 주의를 분산하게 할 우려가 있는 복잡한 계산이나 보간법의 사용 등을 최대한 지양하였다. 그러다 보니 예제에서 설정한 제원이나 운전 조건이 실제의 현장 상황과 다소 차이가 생기는 것을 피할 수 없었다. 물론 일부는 저자의 무지함에도 원인이 있는 것이 사실이며 계속적인 공부를 통해 개선하고자 한다. 각 단원의 연습문제는 예제의 개념과 풀이 과정을 완전히 숙지하면 문제 없이 풀 수 있도록 글자 그대로 연습의 개념으로서 예제 문제와 유사하게 구성하였다. 이를 통해 주요 개념의 숙달과 자신감 고취를 돕고자 하였다.

저자가 학생으로 공부할 당시나 대학에서 강의하는 동안 사용한 여러 훌륭한 저술에서 열장치들의 그림, 사진들 또는 이에 관한 예들을 많이 접할 수 있었다. 이 장치들은 모두 외국 유명한 회사들의 제품에 관한 자료들로서, 이 자료들을 보며 공부하는 입장에서는 열역학이 열장치 제조 회사의 소재지 만큼이나 먼 나라의 이야기 같이 생각되었다. 이제 우리 나라도 여러 분야에서 훌륭한 발전을 이루고 열장치 분야에서도 세계 최고라고 자랑할만한 훌륭한 성과들을 내고 있다. 이에 열역학을 공부하고자 하는 우리 학생들이나 또는 초급 기술자들이 열역학을 공부하는데 있어서 우리 나라에서 개발, 생산된 장치의 그림, 사진 및 설명을 가지고 공부할 때가 되지 않았나 생각한다. 처음 시작이기는 하지만 몇몇 회사의 이해와 도움을 얻어 우리 나라에서 생산한 제품의 사진을 일부 실을 수 있었다. 일부 예제에서는 우리 나라에서 생산하고 있는 열장치에 관한 자료를 반영하려고 시도하기도 하였다. 우리 학생들과 기술자들이 열역학을 보다 가깝게 느끼고 또 공학계의 선배, 동료들이 이룩한 성과에 대해 자부심을 느끼며 공부할 수 있기를 바라는 마음이다. 이 취지에 공감해서 귀한 자료를 제공해 주신 두산중공업과 HSD엔진 및 하이에어코리아 관계자들에게 감사 드리며 앞으로 더욱 다양한 자료들을 실을 수 있기를 기대한다.

열역학을 비롯한 공학의 주요 개념들이 서구에서 발전되어 우리나라로 전해졌기 때문에 우리가 쓰는 많은 공학 용어들은 외국어를 번역한 결과이다. 쓰는 사람에 따라 여러 가지로 번역되어 같은 개념을 나타내는 서로 다른 용어들이 있다. 공학을 하는 사람들 사이에 의사 전달을 오해 없이 명확히 하기 위해 공인된 관련 학술단체에서 정리한 용어를 사용하는 것이 필요하다고 생각한다. 이 책에 사용된 국문 용어는 원칙적으로 "기계용어집"(대한기계학회)과 "자동차용어사전"(한국자동차공학회)에 정리된 용어를 따랐으며 일부 "과학기술대사전"(한국과학기술단체총연합회)을 참조하였다. 국문으로 작성된 저작물에서 외국어를 많이 혼용, 병기하는 것은 분명 바람직하지 않은 일이다. 그러나 전세계를 무대로 활약하여야 하는 우리 공학도들에게는 국제적으로 많이 통용되는 용어 표현에 대해 익숙해져야 할 필요가 있다. 이 책에서는 공인된 우리말 표현을 사용하되 주요한 전공 용어나 공학적 표현에 대해서는 다소 빈번하게 나타나더라도 괄호 안에 대표적인 영문 표현을 병기하였다. 처음 배우는 사람들은 정확한 우리말 표현과 함께 괄호 안의 영문 표기들을 철저히 숙지할 필요가 있다.

이 책을 완성하는데 있어서 많은 사람들의 수고와 도움에 의지하였다. 윤영환 명예교수께서는 예제들의 타당성에 대해 검토하시고 많은 귀중한 조언을 주셨다. 서문진 박사, 류순필 선생, 김선욱 군과 이인석 군이 원고를 검토하고 교정에 있어서 많은 수고를 해 주었다. 두산중공업 이경호 상무, 하이에어코리아 강태욱 상무를 비롯한 관계자 여러분의 도움과 HSD엔진 관계자 여러분들의 도움으로 후배 공학도들이 자긍심을 느낄 수 있는 자료들을 실을 수 있었다. 이 책에 잘된 부분이 있으면 모두 이 분들의 덕분이다. 모든 분들의 도움과 수고에 깊이 감사 드린다.

저작의 완성도를 높이기 위해 노력했으나 저자의 재능이 부족한 탓에 뜻하지 않은 오류가 많이 있을 것으로 생각한다. 앞으로 두고두고 개선해 나갈 것을 약속한다. 끝으로 항상 곁에서 성원해 주고 힘이 되어 준 가족들에게 감사의 마음을 전한다.

2018. 12.

윤건식

차례

머리말

기호설명

1장 열장치와 열역학 1

1.1 실린더-피스톤 장치 2

1.2 단순 증기 원동소 6

1.3 가스 터빈 기관 및 분사 추진 기관 9

1.4 냉동기 11

1.5 열기관과 냉동기 14

1.6 열역학의 정의와 의의 15

개념문제 16

2장 기본 원리와 개념 17

2.1 해석 대상의 설정 - 시스템과 검사체적 17

2.2 해석 방법의 설정 - 고전열역학과 통계열역학 22

2.3 물질의 상 25

2.4 물질의 상태와 상태량 26

2.5 과정 29

2.6 열역학적 평형과 준평형 과정 30

2.7 단위계 33

2.7.1 SI 단위계 33

2.7.2 SI 단위 표기법 37

2.7.3 FPS 단위계 39

2.7.4 단위변환 39

2.8 주요 상태량 41

2.8.1 비체적 41

2.8.2 압력 42

2.8.3 온도 48

개념문제 53

연습문제 54

3장 에너지 55

3.1 시스템의 에너지 55

3.2 일 58

3.2.1 일의 열역학적 정의 58

3.2.2 일의 계산 60

3.3 열에너지 65

3.4 에너지와 관련된 상태량 66

개념문제 67

연습문제 68

4장 동작유체의 거동 69

4.1 순수물질과 단순 압축성 물질 69

4.2 이상기체와 실재가스의 거동 70

4.2.1 이상기체 상태 방정식 70

4.2.2 실재가스의 거동 73

4.2.3 이상기체 모델 74

4.2.4 폴리트로프 과정을 겪는 이상기체 78

4.3 물의 거동 84

4.3.1 압력-온도 거동 84

4.3.2 온도-체적 거동 87

4.3.3 비압축성 모델 93

개념문제 98

연습문제 98

5장 질량 보존의 법칙 101

5.1 시스템에 대한 질량 보존 101

5.2 검사체적에 대한 질량 보존 102

5.2.1 연속방정식 102

5.2.2 정상상태 유동을 하는 검사체적에 대한 질량 보존의 법칙 103

5.2.3 과도상태 유동을 하는 검사체적에 대한 질량 보존의 법칙 104

개념문제 107

연습문제 107

6장 열역학 제1법칙 109

6.1 시스템에 대한 열역학 제1법칙 109

6.2 문제 풀이 과정 113
6.3 검사체적에 대한 열역학 제1법칙 124
6.3.1 열역학 제1법칙의 일반적인 표현식 124
6.3.2 정상상태 유동을 하는 검사체적에 대한 열역학 제1법칙 127
6.3.3 과도상태 유동을 하는 검사체적에 대한 열역학 제1법칙 128
6.4 열기관과 냉동기의 효율과 열역학 제1법칙 140
6.4.1 열기관 140
6.4.2 냉동기 141
개념문제 145
연습문제 145

7장 열역학 제2법칙 147

7.1 열역학 제2법칙의 정성적인 표현 148
7.1.1 Kelvin-Planck의 진술과 Clausius의 진술 148
7.1.2 가역과정 150
7.1.3 Carnot 사이클 151
7.2 엔트로피 156
7.2.1 엔트로피의 정의 156
7.2.2 Carnot 사이클의 엔트로피 변화 157
7.2.3 엔트로피 관계식 159
7.3 열역학 제2법칙의 정량적 표현 161
7.3.1 시스템에 대한 열역학 제2법칙 관계식 161
7.3.2 검사체적에 대한 열역학 제2법칙 관계식 162
7.3.3 엔트로피 증가의 원리 165
7.4 엔트로피와 과정의 효율 169
7.5 가역과정을 겪는 정상상태 유동의 일 171
개념문제 177
연습문제 178

8장 증기 동력 사이클 179

8.1 Rankine 사이클 180
8.1.1 이상적인 Rankine 사이클 183
8.1.2 실제의 Rankine 사이클 185
8.2 재열 사이클 193
8.3 재생 사이클 199

8.4 열병합 발전 206
개념문제 207
연습문제 207

9장 가스 동력 사이클 209

9.1 왕복식 가스 동력 사이클의 해석 210
9.2 공기 표준 Otto 사이클 211
9.3 공기 표준 Diesel 사이클 219
9.4 공기 표준 Sabathe 사이클 225
9.5 공기 표준 Brayton 사이클 232
9.6 분사 추진 사이클 241
9.7 복합 동력 사이클 243
9.8 Ericsson 사이클과 Stirling 사이클 244
개념문제 246
연습문제 247

10장 냉동 사이클 249

10.1 Carnot 냉동 사이클 249
10.2 증기 압축 냉동 사이클 250
10.3 냉매 256
10.4 Cascade 냉동 사이클 257
10.5 암모니아 흡수식 냉동 사이클 258
10.6 열펌프 259
10.7 공기 표준 냉동 사이클 260
개념문제 265
연습문제 266

부록 상태량표 267

표 A-1 주요 물질들의 삼중점과 임계점 268
표 A-2 주요 물질들의 녹는 온도와 끓는 온도 269
표 A-3 주요 물질들의 25℃에서의 밀도와 정압비열 270
표 B-1 공기의 상태량표(0.1 MPa) 271
표 C-1 액상-기상 포화상태의 물 (온도 기준) 273
표 C-2 액상-기상 포화상태의 물 (압력 기준) 277
표 C-3 과열증기 상태의 물 (압력기준) 283

표 C-4 압축액체 상태의 물 (압력기준) 297
표 D-1 액상-기상 포화상태의 R-22 (온도 기준) 301
표 D-2 액상-기상 포화상태의 R-22 (압력 기준) 302
표 D-3 과열증기 상태의 R-22 (압력 기준) 304
표 E-1 액상-기상 포화상태의 R-134a (온도 기준) 308
표 E-2 액상-기상 포화상태의 R-134a (압력 기준) 309
표 E-3 과열증기 상태의 R-134a (압력 기준) 311
표 F-1 액상-기상 포화상태의 암모니아 (온도 기준) 315
표 F-2 액상-기상 포화상태의 암모니아 (압력 기준) 316
표 F-3 과열증기 상태의 암모니아 (압력 기준) 320

찾아보기 325

기호설명

a	가속도(m/s^2)	q	단위 질량당 열전달(kJ/kg)
A	면적(m^2)	Q	열전달(kJ)
C	비열(kJ/kg K)	R	기체상수(J/kg K) 또는 반지름(m)
COP	성능계수	$\overline{R}$	일반기체상수(J/kmol K)
C_{p0}	정압비열(kJ/kg K)	s	비엔트로피(kJ/kg K)
C_{v0}	정적비열(kJ/kg K)	S	엔트로피(kJ/K)
d	직경(m)	t	시간(s)
e	단위 질량당 에너지(kJ/kg)	T	온도(K)
E	에너지(kJ)	u	비내부에너지(kJ/kg)
F	힘(N)	U	내부에너지(kJ)
g	중력 가속도(m/s^2)	V	속도(m/s) 또는 체적(m^3)
h	비엔탈피(kJ/kg)	w	단위 질량당 일(kJ/kg)
H	엔탈피(kJ) 또는 높이(m)	W	일(kJ) 또는 무게(N)
k	비열비	x	변위(m) 또는 건도
m	질량(kg)	Z	높이(m) 또는 압축성 인자
M	분자량(kg/kmol)	η	효율
n	몰 수(kmol)	ρ	밀도(kg/m^3)
p	압력(Pa)		

첨자

0	영압력 상태 (이상기체)	H	고온물체
1	처음 상태, 입구	i	입구
2	나중 상태, 출구	L	저온물체
cv	검사체적	liq	액체
e	출구	s	등엔트로피
f	포화액체	sys	시스템
g	포화증기	vap	증기

※ 여기에 포함되지 않은 일부 기호는 본문 중에서 설명하였음

※ 여기에 표시된 단위는 대표적으로 많이 사용되는 단위이며 본문 일부에서 다른 단위가 사용되기도 함

To Hee Won,
Hee Kyung
and
Kyung Mi

1 열장치와 열역학

우리는 편리한 일상생활을 위해 여러 가지 기계장치들을 고안하여 사용하고 있다. 또 산업 현장에서는 유용한 여러 가지 기계장치들을 사용하여 생산 활동을 진행하고 있다. 이들 장치들을 움직일 수 있게 하기 위해서는 **동력원**(Power Source)이 필요하게 된다. 대표적인 동력원으로는 제일 먼저 전기 모터(전동기, Electric Motor)나 자동차에 사용되는 엔진(기관, Engine)을 떠올릴 수 있다. 아울러 옛날에 보았던 물레방아(Water Mill)나 풍차(Wind Mill) 등을 떠 올릴 수 있을 것이다. 모터나 엔진, 물레방아나 풍차 등을 움직이기 위해서는 에너지원이 필요하다. 모터를 움직이기 위해서는 전기를 공급해야 하며, 자동차 엔진을 구동하기 위해서는 가솔린이나 디젤유 등의 연료를 연소시켜야 한다. 물레방아, 풍차가 움직이기 위해서는 물의 흐름 또는 바람이 필요할 것이다. 이들을 각각 전기에너지, 열에너지, 수력에너지 및 풍력에너지라 부를 수 있다. 이외에 우리나라 전기 생산에 있어서 중요한 부분을 차지하는 원자력에너지, 또 친환경에너지로서 주목을 받고 있는 태양에너지(Solar Energy), 지열에너지(Geothermal Energy), 조력(Tidal Power) 및 파력(Wave Power) 등도 생각할 수 있을 것이다. 전기에너지는 우리에게 가장 익숙하게 느껴지는 에너지원이지만 전기에너지 자체는 2차적인 에너지원으로서 이 에너지는 일반적으로 화력, 풍력, 수력 및 기타의 1차적인 에너지원으로부터 얻어지는 것이다. 위에 열거한 여러 가지 에너지원 중 연료의 연소를 통해 얻어지는 에너지, 원자력, 태양열, 지열 등은 본질적으로 열에너지를 이용하는 것이다. 이 점을 감안할 때 인류가 사용하는 1차적인 에너지원은 크게 열에너지, 수력에너지 및 풍력에너지로 나누어 볼 수 있다. 그림 1.1에 나타난 통계에 의하면 이들 세 가지 에너지원 중에서 열에너지가 차지하는 비율은 우리나라의 경우 2015년을 기준으로 95 % 정도이다. 결과적으로 인류의 문명을 영위하기 위해 이용되는 대부분의 에너지를 열에너지가 담당하고 있다고 얘기해도 무리가 아닐 것이다.

이 책에서는 열에너지의 특성과 그 이용에 대해 주로 다루고 있다. 열에너지가 우리의 생활에 어떻게 이용되고 있는지를 알고, 또 앞으로 전개하게 될 열역학의 여러 중요한 법칙들을 설명하는 도구로 사용하기 위해 먼저 열에너지와 관련된 여러 장치들을 소개하고자 한다. 이 장치들은 우리의 일상생활 또는 산업현장에서 흔히 볼 수 있고 또 주요한 역할을 한다. 탈 것의 주 동력원인 가솔린 기관과 디젤 기관, 원자력 및

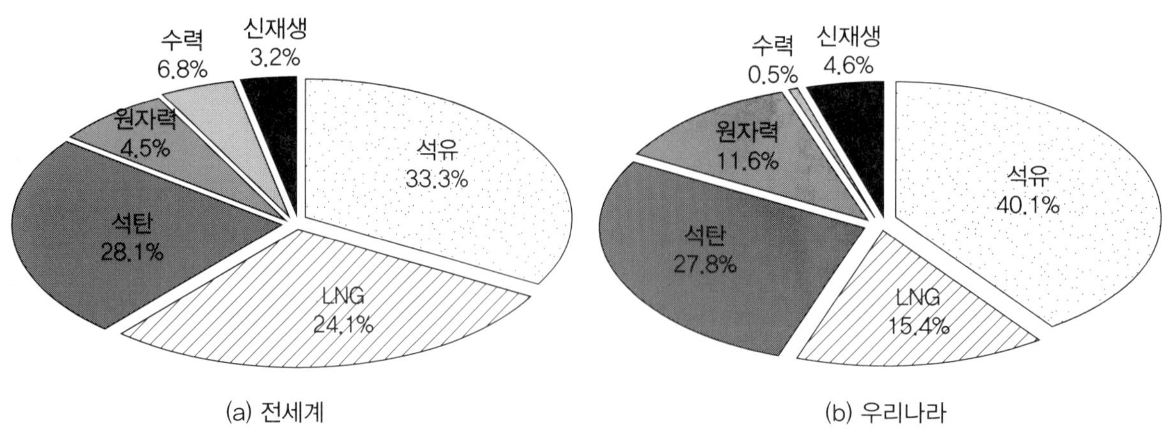

그림 1.1 전세계 및 우리나라의 1차 에너지원 분포 (출처: 2016 에너지 통계연보)

화력 발전소에서의 동력 발생 장치인 증기 터빈 기관, 추진과 발전용도로 쓰이는 가스 터빈 기관, 제트엔진으로 잘 알려진 분사 추진 기관 그리고 냉방 및 난방을 위한 장치들이 있다. 먼저 각각의 장치들의 작동을 설명하고 이들의 특성을 파악한 후 이에 관련하여 열역학의 의의와 역할에 대해 설명하기로 한다.

1.1 실린더-피스톤 장치

열에너지를 일로 바꾸는 가장 단순한 예를 들어보자. 그림 1.2는 **실린더-피스톤 장치**(Cylinder-Piston Device) 또는 **단순 열기관**(Simple Heat Engine)이라 부르는 간단한 기구로서 이를 이용하여 열에너지를 동력으로 바꿀 수 있다. 이 장치는 이름 그대로 실린더와 피스톤으로 구성되어 있다. 원통형 몸체를 실린더라 부르고, 이 실린더의 안쪽 벽을 따라서 위아래로 자유롭게 이동할 수 있는 피스톤이 끼워져 있다. 실린더의 내벽과 피스톤의 바닥 면이 이루는 공간 사이에는 가스 또는 물이 채워진다. 편의상 여기서는 가스가 채워져 있는 것으로 한다. 우리가 원하는 동작은 피스톤 위에 놓여 있는 짐(여기서는 피스톤 위에 올려진 추)을 ①의 위치에서 ②의 위치로 옮겨주는 역할, 즉 외부에 일을 하도록 하는 것이다. 이를 위해 열에너지를 이용한다고 하자. 이 열에너지는 석탄이나 석유 또는 천연가스를 태워서 얻을 수도 있고 실용적인 예는 아니지만 원자력을 이용해서도 얻을 수 있을 것이다. 어느 방법을 통해서든지 열에너지가 공급될 수 있는 상황이라고 가정하고 이 열에너지를 이용해서 실린더의 아랫면을 가열한다. 공급된 열에너지는 먼저 실린더의 바닥을 가열하고 이어 실린더 내에 있는 가스를 가열하게 될 것이다. 가열된 가스는 온도가 올라가고 결과적으로 가스의 체적이 늘어남에 따라 실린더에 끼워져 있는 피스톤을 밀어 올리게 된다. 이러한 체적의 증가를

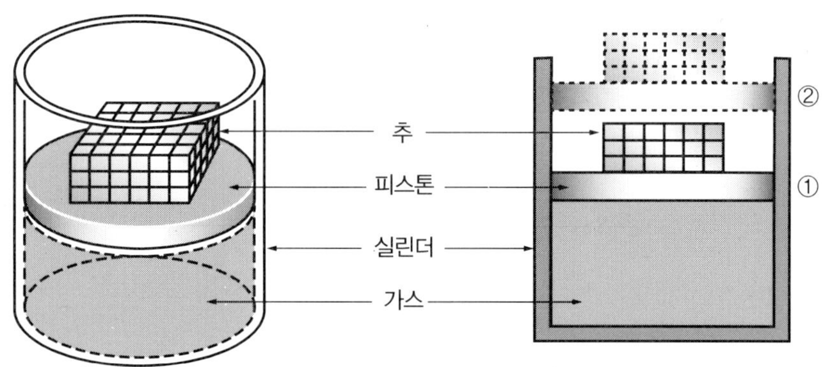

그림 1.2 실린더-피스톤 장치

우리는 **팽창**(Expansion)이라 한다. 가스의 팽창을 통해 피스톤 위에 놓인 짐은 ②의 위치까지 올라가게 되고 결과적으로 우리의 의도가 달성된 것이다. 피스톤 위에 놓인 짐은 질량을 갖고 있으며 이 질량에 의해 연직 하방으로 작용하는 무게(힘)를 갖게 된다. 짐의 위치가 ①에서 ②로 변화하였다는 것은 변위 방향으로 힘이 작용하였다고 볼 수 있으며 일반 물리학에서 우리는 이것을 **일**(Work)을 하였다고 표현한다. 결과적으로 이 장치는 열을 공급함으로써 일의 작용을 일으켰다고 볼 수 있으며 다른 표현으로는 열에너지가 일에너지로 변환되었다고도 표현할 수 있다.

일반적으로 기계장치는 사용자가 원하는 만큼의 동작을 계속적으로 반복할 수 있어야 한다. 즉 ①의 위치에 있는 또 다른 짐을 싣고 이를 ②의 위치로 옮길 수 있어야 한다. 그러기 위해서는 현재 ②의 위치에 있는 피스톤을 원래의 위치인 ①의 위치까지 복귀시켜야 한다. 이를 위해 실린더 주위에 차가운 물을 끼얹는다면 실린더 내의 뜨거운 가스가 차가운 물에 의해 냉각되고[이를 열의 방출(Heat Rejection)이라 부른다], 결과적으로 체적이 줄어들게 되며 피스톤은 ①의 위치로 되돌아가게 된다. 나중에 다시 언급하게 되겠지만 이와 같이 어떤 변화를 겪은 후에 처음의 상태로 되돌아가는 것을 **사이클**(Cycle)을 이루었다고 한다. ①의 위치에서 피스톤 위에 다시 짐을 싣게 되면 위와 같은 과정을 반복할 수 있다. 이상과 같이 단순한 장치를 통해 우리는 열을 이용하여 연속적으로 일을 하게할 수 있는 간단한 예를 보았다. 이 장치에서 실린더와 피스톤 외에 열의 작용에 의해 팽창 및 수축을 할 수 있는 가스가 매개물질로 사용되고 있음을 주목해야 한다.

이 장치는 열과 일의 변환을 이루는 간단한 장치이지만 이러한 장치가 직접적으로 사용되는 예는 거의 본 적이 없을 것이다. 따라서 왜 이러한 장치를 이 책의 맨 앞부터 설명하고 있는지 궁금할 수도 있을 것이다. 사실 이 장치는 초기의 엔진에서 비슷한 형태로 사용된 적은 있으나 그림 1.2에 표시한 그대로의 형상으로 사용되는 예는 현재 거의 없다. 대부분의 경우 보편적으로 얻고자 하는 운동은 그림 1.2와 같은 왕복 운동보다는 발전기의 축이나 자동차 바퀴, 배의 스크류 또는 공작기계의 구동장치를 돌릴 수 있는 회전 운동이다. 그림 1.3과 같이 실린더-피스톤 장치를 거꾸로 하고 피스톤과 크랭크 축(Crank Shaft)을 연결봉(Connecting Rod)으로 연결하면 피스톤의 왕

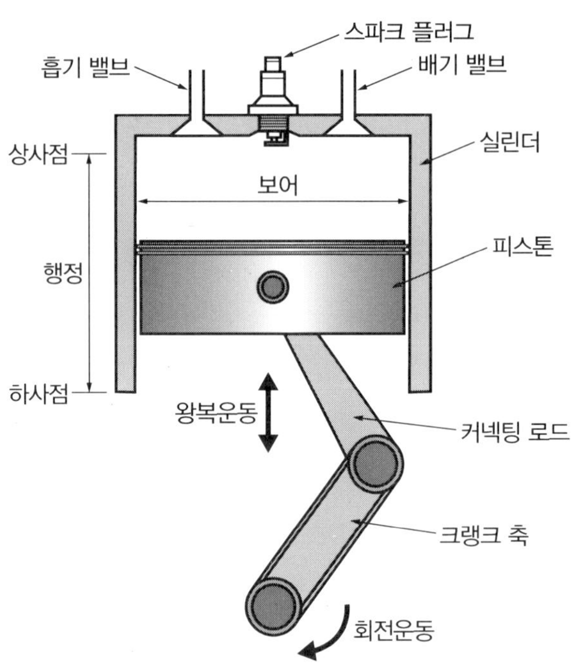

그림 1.3 가솔린 기관의 구조

복운동을 크랭크 축의 회전운동으로 바꿀 수 있다. 또한 실린더의 아랫면을 통해 열을 전달하는 대신 연료와 공기를 실린더 내에 직접 공급하고 점화장치를 통해 이 연료-공기 혼합기에 연소를 일으키도록 한다. 이를 통해 실린더 벽을 통한 간접적인 열전달 대신 실린더 안에서의 직접적인 열공급이 이루어질 수 있을 것이다. 이와 같이 장치 내에서 연소를 일어나는 것을 **내연기관**(Internal Combustion Engine)이라 한다. 반면 외부에서 연소가 일어나고 열전달에 의해 에너지가 공급되는 것을 **외연기관**(External Combustion Engine)이라 한다. 마지막으로 연료와 공기의 공급 및 연소 가스의 배출을 위해 실린더의 적당한 위치에 가스가 들어오고 나갈 수 있는 통로를 만들어 주어야 할 것이다. 이와 같이 변형된 장치가 무엇인지는 이미 짐작이 되었을 것이다. 만일 연료로 가솔린을 사용하고 점화장치로 스파크 플러그(Spark Plug)를 사용한다면 이 장치는 우리의 일상생활에서 쉽게 접할 수 있는 가솔린 기관(Gasoline Engine)이 될 것이다. 그림 1.4는 내연기관인 가솔린 기관의 작동을 보여주고 있다. 실린더의 위쪽 즉 실린더 헤드(Cylinder Head)에 설치된 흡기밸브(Intake Valve)가 열리고 피스톤이 위에서 아래로 내려가면 밸브를 통해 연료-공기 혼합기가 실린더 내로 유입한다. 이를 흡입 과정(Intake Process)이라 한다. 피스톤이 더 이상 내려갈 수 없는 한계인 하사점(Bottom Dead Center)까지 내려가면 밸브가 닫히면서 흡입 과정이 끝난다. 이어 피스톤이 올라가면서 밀폐된 상태에서의 압축이 시작된다. 이를 압축 과정(Compression Process)이라 하며 피스톤이 최상부 위치인 상사점(Top Dead Center)에 도달하면서 압축이 종료된다. 이 상태에서 스파크 플러그를 이용해서 연료-공기 혼합기에 점화시키면 연료는 급격히 연소하여 온도와 압력이 올라가고 체적이 증가함으로써 피스톤을 아래로 밀어내리고, 결과적으로 크랭크 축을 돌려 일을 생산하게 된다. 이를 팽창 과정(Expansion

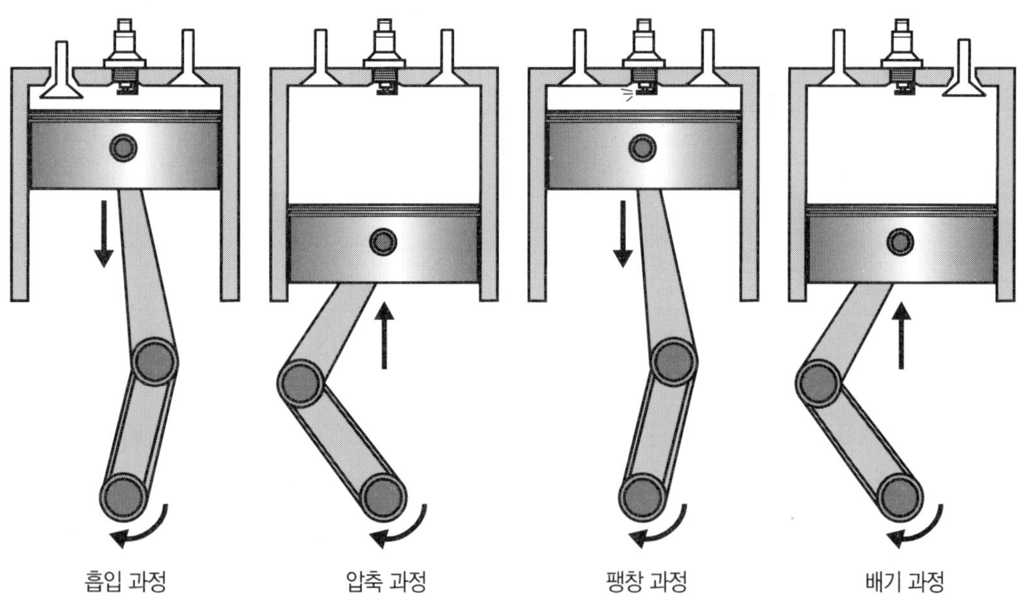

그림 1.4 가솔린 기관의 작동

Process)이라 한다. 이 과정은 하사점에 도달할 때까지 계속되며 이 상태에서 실린더 안에는 더 이상 쓸모 없는 연소 생성물(Combustion Product)이 남아있게 된다. 실린더 헤드의 다른 쪽에 있는 배기 밸브(Exhaust Valve)를 열어주고 피스톤이 위쪽으로 올라가게 되면 실린더 안에 있던 가스가 밖으로 배출되어 배기 과정(Exhaust Process)이 완료된다. 그러면 실린더는 다시 새로운 연료-공기 혼합기를 받아들여 종전의 과정을 되풀이 할 수 있게 된다.

이와 같이 실린더-피스톤 장치는 소규모의 동력을 효율적으로 공급하는 열장치인 가솔린 기관 및 디젤 기관(Diesel Engine)의 원형이 된다. 가솔린 기관과 디젤 기관의 작동과 원리 및 이의 해석에 대해서는 9장에서 보다 자세히 다루게 된다. 지금의 단계에서는 이 기관들을 그대로 다루는 것 보다는 이의 원형이라 할 수 있는 실린더-피스톤 장치를 통해 설명하는 것이 보다 이해가 쉽고 명확할 것이다. 따라서 실린더-피스톤 장치는 이 책의 전반에 걸쳐 열역학의 여러 원리들을 설명하는데 있어서 자주 등장하게 될 것이다.

HSD엔진에서 생산된 세계 최대 선박용 기관 14RT-flex 96C는 실린더 직경이 96 cm이며 14개의 실린더를 가지고 있다. 109만 마력의 출력으로 14 770개의 컨테이너를 한번에 나를 수 있는 초대형 컨테이너선의 추진용으로 사용된다.
(출처: HSD엔진)

1.2 단순 증기 원동소

열에너지에 의해 발생된 증기를 이용해서 기계장치를 작동하는 원리는 Newcommen에 의해 처음 고안된 후 James Watt에 의해 실용화되어 동력발생장치로서 주요한 위치를 차지하게 되었다. 그림 1.5는 열에너지에 의해 증기를 발생시키고 이를 통해 회전을 일으키는 장치로 **단순 증기 원동소**(Simple Steam Power Plant)라 부른다. 그림 1.5를 따라 이 장치의 작동을 설명한다.

연료의 연소 등 여러 가지 수단에 의해 열에너지를 발생시키고 이 열에너지를 용기 안에 있는 물에 전달한다. 열에너지를 공급 받은 물은 온도가 올라가고 특정 온도에 도달하게 되면 증발이 시작되어 최종적으로 증기 상태가 된다. 액체 상태인 물이 증기가 되면 같은 압력과 온도의 물에 비해 체적이 엄청나게 증가하게 된다. 간단한 예로 1기압 100 ℃의 상태에서 한 컵에 해당하는 체적을 갖는 액체 상태의 물을 생각한다. 이 물이 동일한 압력과 온도 및 질량에서 증기 상태로 되었을 때는 약 2드럼에 해당하는 공간을 차지할 만큼 그 체적이 증가한다. 이는 대략 1600배에 해당하는 놀라운 비율의 체적 증가이다. 열에너지를 공급 받아 액체 상태의 물을 끓여 증기 상태로 만들어 주는 장치를 **보일러**(Boiler)라 한다. 보일러에서 나오는 증기를 관으로 유도하게 되면 매우 큰 에너지를 가진 증기가 유출하게 된다. 높은 온도와 압력의 증기가 일종의

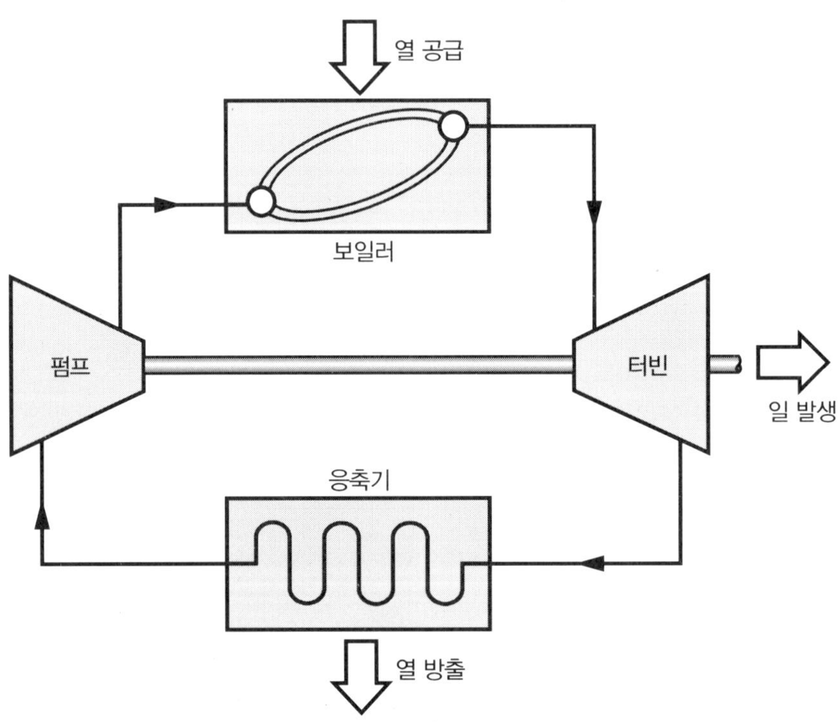

그림 1.5 단순 증기 원동소

바람개비 날개를 때리도록 하면 마치 거센 바람이 풍차를 돌리듯이 축의 회전을 유발시킬 수 있다. 이 축의 회전을 이용하여 자동차의 바퀴, 배의 수차 또는 스크류를 돌리거나(현대의 원자력 추진 항공모함은 증기의 힘을 이용한다) 또는 발전기의 축을 돌려 전기를 얻을 수도 있다. 흐르는 유체의 에너지를 이용하여 축을 회전시켜 우리가 원하는 회전운동을 얻을 수 있도록 하는 장치를 **터빈**(Turbine)이라 부르며 이는 대단히 중요한 유체 기계의 일종이다. 이상과 같이 보일러로의 열전달을 통해 터빈에서의 회전운동 즉 일을 얻을 수 있다. 앞서 지적한 바와 같이 우리는 필요로 하는 작업을 필요한 만큼 반복해서 발생시킬 수 있어야 한다. 그러기 위해서는 보일러에서 소모된 물의 양 만큼 새로운 물을 공급해주어야 한다. 이 장치가 강 또는 호수 가까이에 있다면 소모된 양만큼의 물을 강이나 호수에서 끌어옴으로써 보충해 줄 수 있겠지만 대부분의 경우는 한정된 양의 물을 계속 반복하여 사용해야 한다. 앞서 터빈을 돌려준 증기는 터빈을 나오면서 온도와 압력이 떨어지게 된다. 만일 적절한 방법으로 이 증기를 물로 만들어 다시 보일러로 보낼 수 있다면 일정한 양의 물을 계속적으로 사용할 수 있을 것이다. 증기를 물로 되돌리는 것은 증기가 가진 에너지를 방출함으로써 가능할 수 있다. 따라서 적절한 방식으로 증기가 가진 에너지, 즉 증발 잠열(Latent Heat)을 방출함으로써 물로 되돌릴 수 있으며 이 역할을 하는 장치를 "물로 되돌리는 장치"라는 의미로 **복수기** 또는 **응축기**(Condenser)라 부른다. 일단 응축기를 통해 물로 된 후에는 이를 다시 보일러로 되돌려야 한다. 한 곳에 있는 물을 다른 곳으로 이송시키기 위해서는 외부에서 일을 공급해야 한다. 즉 유체의 운동에너지를 이용해서 일을 생산하는 터빈과는 반대로 외부에서 공급한 일의 도움을 받아 유체의 운동을 강제적으로 유발시키는 장치의 도움이 필요하게 된다. 이 역할을 하는 장치를 **펌프**(Pump)라 한다. 이와 같이 보일러, 터빈, 응축기 및 펌프의 조합을 통해 열에너지를 물에 공급함으로써 축의 회전이라는 일을 생산할 수 있는 단순 증기 원동소를 구성할 수 있다. 이 장치의 구동을 위해 물 또는 증기라는 매개물질을 이용하였다는 점에 주목해야 한다. 마치 앞서의 실린더-피스톤 장치에서 가스라는 매개물질을 사용한 것과 마찬가지이다.

단순 증기 원동소는 일부 선박의 추진에도 사용되나 주로 대규모 대용량의 전력(Electric Power) 생산, 즉 발전을 위해 주로 사용되고 있다. 현재 우리나라의 발전은 상당 부분 석탄, 석유 및 천연가스 등 화석연료(Fossil Fuel)의 연소에 의해 운용되는 화력 발전소(Fossil-Fueled Power Plant)와 원자력 발전소(Nuclear Power Plant)에 의존하고 있다. 언뜻 보기에 이 두 발전소는 상당한 차이를 가지고 있는 것으로 보이나 앞서 설명한 단순 증기 원동소로써 발전기를 구동한다는 점에서 동일한 기본 구조를 가지고 있다. 두 발전 방식의 차이는 단순 증기 원동소에 공급되는 열에너지가 화석 연료의 연소에서 비롯되었는지, 또는 핵반응(Nuclear Reaction)에서 비롯되었는지의 차이일 뿐이다. 그림 1.6은 화석연료를 사용하는 화력 발전소의 개략도를 나타내고 있다.

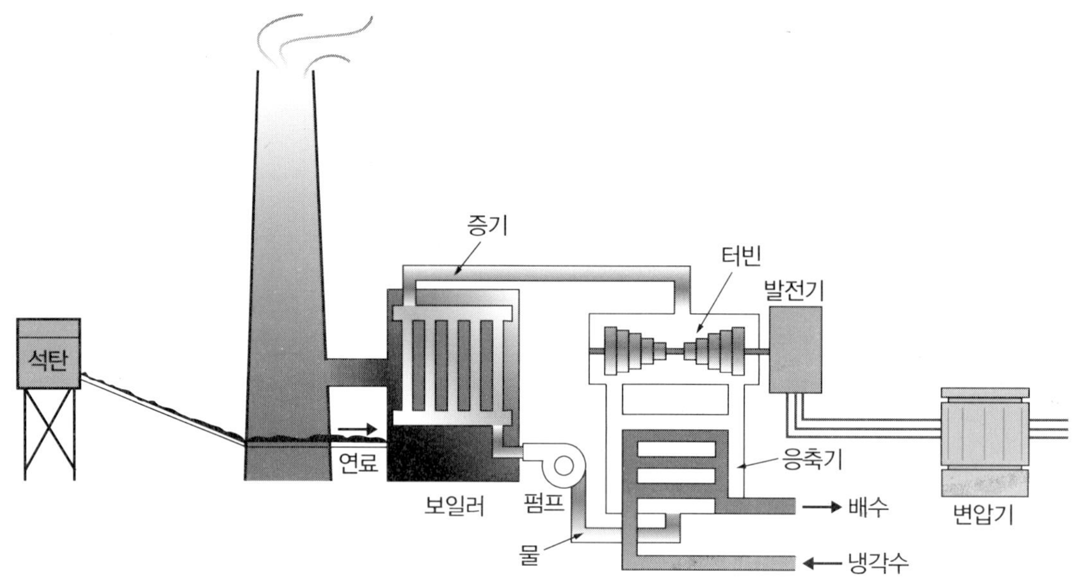

그림 1.6 화석연료를 사용하는 화력 발전소

두산중공업이 베트남 빈탄에 건설한 화력 발전소이다. 이 화력 발전소는 1200 MW의 설비 출력을 갖고 있으며, 600 MW급의 증기 터빈 시스템 2기가 설치되어 있다. (출처: 두산중공업)

1.3 가스 터빈 기관 및 분사 추진 기관

소규모의 출력을 효율적으로 발생시키는 데에는 실린더-피스톤 장치의 원리에 입각한 가솔린 기관 또는 디젤 기관을 주로 사용한다. 대용량의 출력을 발생시키는 대규모의 동력발생 장치로는 단순 증기 원동소의 원리를 이용한 장치를 주로 사용한다. 이제 이들의 중간에 해당하는 규모의 출력을 발생시키는 장치로 **가스 터빈 기관**(Gas Turbine Engine)을 소개한다. 그림 1.7은 가스 터빈을 이용한 동력발생 장치의 개략도를 표시한다.

그림 1.7에서 **연소기**(Burner)로 연료와 공기가 공급되고 적절한 방법으로 이 혼합기를 점화시키면 연료의 연소에 의해 열에너지가 발생한다. 연료의 연소에 의해 높은 온도에 도달한 연소 생성물은 대단히 큰 에너지를 갖게 되고 이를 터빈 날개를 지나게 함으로써 터빈 축의 회전이라는 일을 발생시킬 수 있다. 연소기로 공급되는 연료와 공기의 양을 많게 함으로써 발생되는 열에너지의 양을 증대시킬 수 있다. 정해진 체적의 연소실 내로 보다 많은 양의 연료-공기 혼합기를 공급하기 위해서는 혼합기의 밀도를 크게 할 필요가 있다. 이를 위해 연소실 내로 유입하는 공기의 압력을 극대화할 필요가 있으며 이는 **압축기**(Compressor)라는 장치를 이용하여 가능하게 할 수 있다. 압축기는 외부에서 일을 공급함으로써 유체의 운동을 강제적으로 유발하는 장치로서 펌프와 마찬가지의 원리로 작동한다. 압축기와 펌프의 두 장치는 같은 기능을 하고 있으나 편의상 기체를 이송 또는 압축하는 목적으로 사용할 때는 압축기라 부르고, 액체를 이송 또는 압축하는 목적으로 사용할 때는 펌프라 부른다. 이상의 장치들 즉 압축기, 연소기 및 가스 터빈의 일련의 장치를 통해 열에너지를 일로 바꾸어 주는 장치를 회전식 가스 동력 장치(Gas Power System) 또는 간략히 가스 터빈 기관이라 부른다. 이 장치의 구동에는 연료-공기 혼합기라는 매개물질이 필요하다는 사실을 다시 한 번 주목하

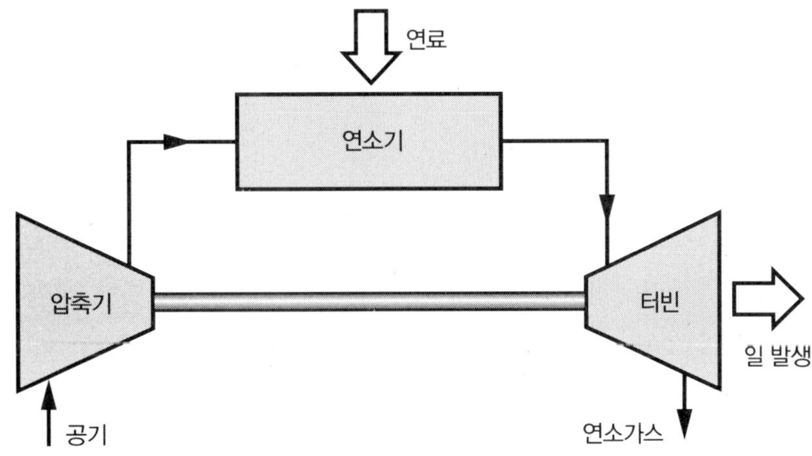

그림 1.7 가스 터빈 시스템

기 바란다. 그림 1.8은 가스터빈 기관의 구조를 나타내고 있다. 터빈에서 생산된 회전력을 이용해서 발전기를 구동하여 전기를 생산할 수도 있으며 또는 스크류를 구동하여 배를 운항할 수도 있다.

가스 터빈 기관에서는 터빈을 통해 회전 운동을 일으켰으나 연소기를 나온 가스를 그대로 분출시켜 그 반작용으로 장치를 추진할 수도 있다. 그림 1.9는 이 장치를 나타낸 것으로 항공기의 동력원으로 사용되는 **분사 추진 기관**(Jet Propulsion Engine)을 보여준다. 가스의 분출력을 극대화하기 위해 출구의 단면적을 변화시킴으로써 운동에너지를 증가시킬 수 있다. 이 장치는 **노즐**(Nozzle)이라 부르며 분사 추진 기관의 맨 마지막

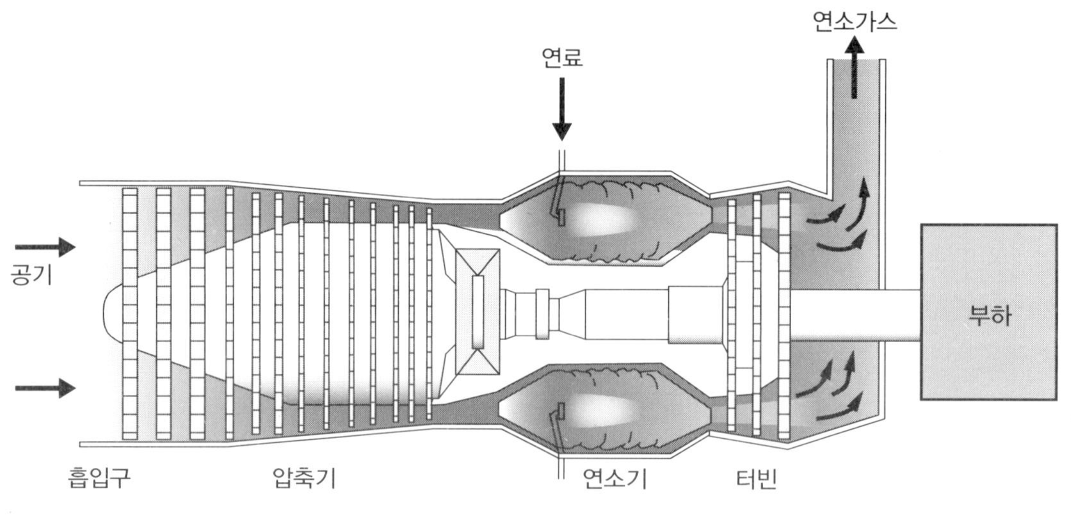

그림 1.8 가스 터빈 기관

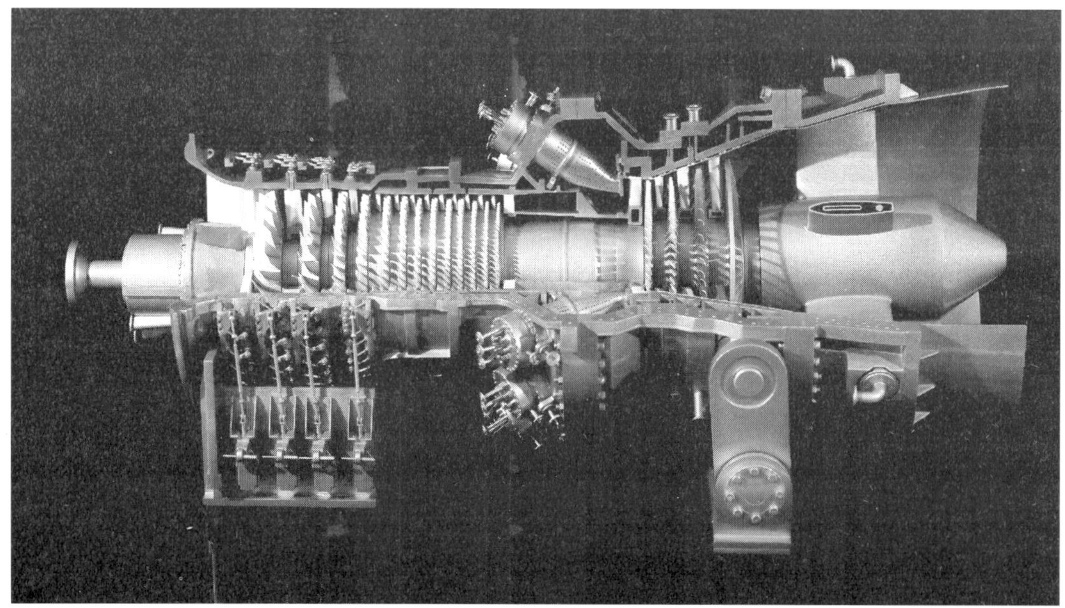

272 MW급의 산업 발전용 대형 가스 터빈 기관의 모형 사진, 길이와 폭 및 높이가 각각 15.4 m, 8.5 m 및 5.8 m이다. 이 기관은 발전용도로 사용된다. (출처: 두산중공업)

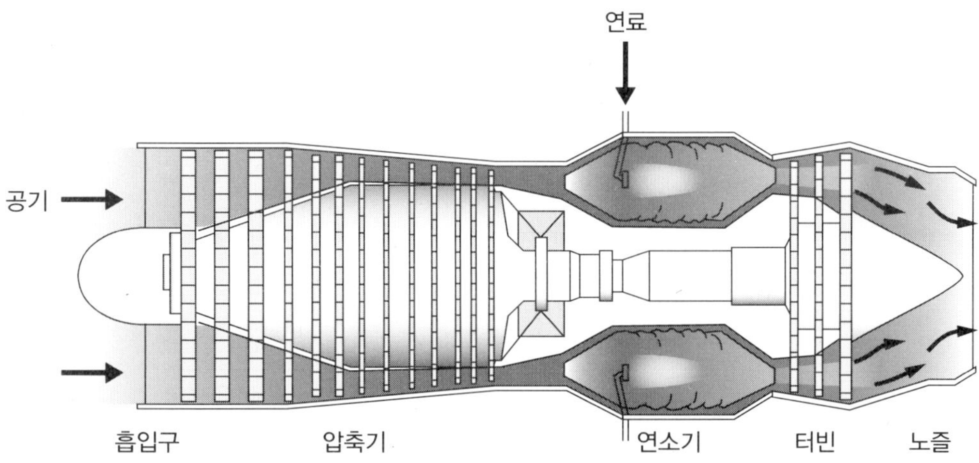

그림 1.9 분사 추진 기관

부분에 위치하고 있다. 여기서 압축기 구동을 위해 필요한 동력을 어떻게 얻을 수 있는가 하는 문제가 나타난다. 이는 가스 터빈의 경우도 마찬가지이다. 압축기의 구동을 위해 별도의 동력원을 사용하게 되면 장치의 초기 비용뿐만 아니라 장치 전체의 체적과 중량이 증가하게 되고 이는 탈 것의 동력원으로서의 효용성을 크게 떨어뜨리게 된다. 따라서 별도의 동력원을 설치하는 것보다는 터빈 출력의 일부를 이용해서 압축기를 구동함으로써 장치의 경량화를 도모할 수 있다. 이 경우 일을 생산하는 동력 발생장치의 역할을 유지할 수 있기 위해서는 터빈 출력이 압축기 입력보다 커야 한다는 전제가 있어야 한다. 이는 앞으로의 해석을 통해 설명하게 될 것이다.

1.4 냉동기

지금까지는 열에너지를 공급함으로써 일을 생산하는 장치들에 대해 설명하였다. 이번에는 이와는 반대로 일을 이용하여 열전달을 강제적으로 유발시키는 장치, 즉 **냉동기**(Refrigerator)의 작동에 관해 소개한다.

물은 높은 곳에서 낮은 곳으로 흐른다. 낮은 곳에 있는 물이 "자연적으로" 높은 곳으로 흐르는 경우는 있을 수 없다는 것은 잘 알고 있는 사실이다. 그러나 펌프를 이용하면 낮은 곳에 있는 물을 높은 곳으로 퍼 올릴 수 있으며, 이 펌프를 구동하기 위해서는 에너지를 필요로 한다는 것도 알고 있는 사실이다. 이와 마찬가지로 높은 온도의 물체에서 낮은 온도의 물체로는 자연스럽게 열에너지가 이동하지만, 그 반대의 현상은 자발적으로는 일어나지 않는다는 것도 경험을 통해 잘 알고 있다. 뜨거운 커피 잔을 실내에 두었을 때 커피가 식기만 하지 주위 공기로부터 열을 받아 커피가 점점 뜨거워지는 예는 보지 못했을 것이다. 그러나 특정한 장치를 이용함으로써 낮은 온도의 물체에서 열을 퍼 올려 높은 온도의 물체로 강제적으로 이동시키는 장치도 가능하며 이를 **열펌프**(Heat Pump) 또는 **냉동기**(Refrigerator)라고 한다. 물을 퍼 올리는 펌프와 마찬가지로 열펌프 또는 냉동기도 일의 투입을 필요로 한다. 그림 1.10은 냉동기의 구성을 보여주고 있다.

그림 1.10에 나타난 장치 안에는 프레온 가스라는 물질이 흐르고 있다. 저온을 유지하고자 하는 공간, 즉 **냉동 공간**(Cooling Space)의 온도를 0 ℃로 유지하고자 한다. 그리고 그림에서 압축기로 들어가는 프레온 가스를 −4 ℃인 증기라고 가정한다. 압축기는 주로 전기의 형태로 외부에서 에너지를 받아 구동되며 압축기를 지나면서 가스의 온도와 압력이 증가하게 된다. 압축기에서 나온 가스의 온도를 40 ℃라고 하자. 그러면 압축기 다음에 배치된 장치인 **열교환기**(Heat Exchanger)에서 30 ℃인 주위로 자연적으로 열을 방출하고 그 결과 증기 상태의 프레온 가스는 액체로 변화하게 된다. 이 열교환기에서 증기가 액체로 변화하게 되므로 이를 응축기라 부른다. 응축기를 나온 프레온 가스는 **팽창 밸브**(Expansion Valve) 또는 **모세관**(Capillary Tube)를 지나면서 압축기에서와는 반대로 팽창과정을 거친다. 팽창의 결과 프레온의 압력과 온도는 떨어지고 대부분이 액체인 액체–증기 혼합물이 된다. 이 혼합물의 온도를 −4 ℃라고 하자. 그러면 이 혼합물은 또 하나의 열교환기를 지나면서 열교환기의 관 벽을 통해 0 ℃인 주위와 열전달을 하게 된다. 열전달의 방향은 당연히 높은 온도인 냉동 공간의 온도 즉 0 ℃에서 낮은 온도인 −4 ℃로 열을 전달한다. 대부분 액체 상태인 프레온은 냉동 공간으로

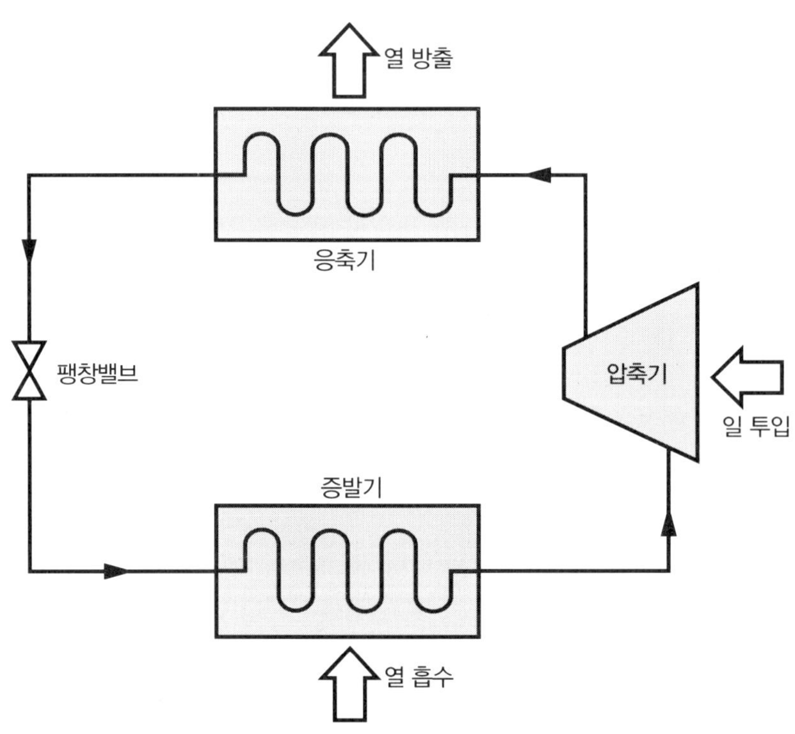

그림 1.10 냉동 사이클

부터 열을 받아 증기로 변화하고 다시 압축기로 들어가는 과정을 반복한다. 이 열교환기를 **증발기**(Evaporator)라 부른다. 0 ℃인 냉동 공간에서 30 ℃인 주위로 자연적으로 열이 흐르는 것은 불가능하지만 압축기, 응축기, 팽창밸브 및 증발기로 이루어진 일련의 장치들의 동작으로써 결과적으로 0 ℃에서 30 ℃로의 열전달이 이루어졌음을 알 수 있다. 이 과정에서 전기에너지의 형태로 일이 소요되었음과 함께 프레온 가스라는 매개물질이 필요하였음을 주목하라.

이러한 냉동 사이클은 잘 알다시피 우리 집안의 냉장고나 에어컨에 적용되고 있다. 그림 1.11은 냉장고의 구조이며 그림 1.12는 에어컨의 구성도를 나타내고 있다. 그림 1.12에서 우리가 흔히 말하는 실내기와 실외기를 볼 수 있다.

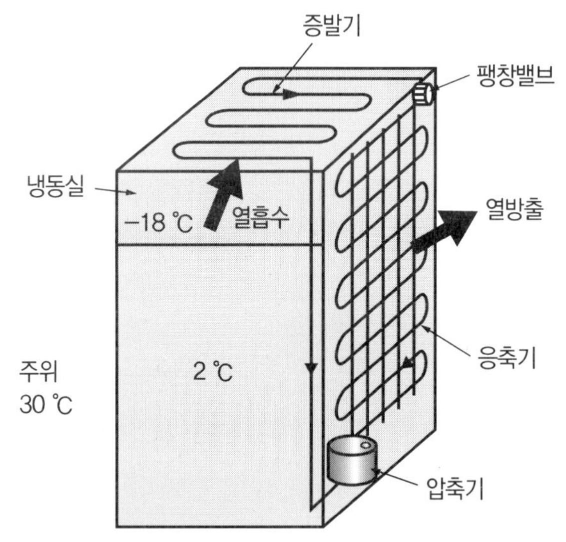

그림 1.11 냉장고의 구조

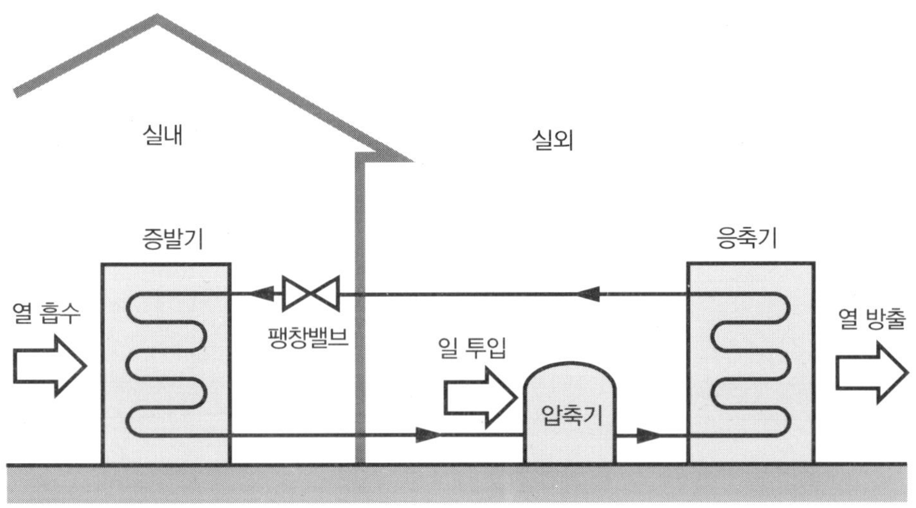

그림 1.12 에어컨의 구성도

냉동 시스템 중 냉장고와 에어컨의 형상은 잘 알려져 있다. 흔히 볼 수 있는 냉동기와는 다른 형상의 이 사진에 나타난 장치도 냉동 시스템의 일종이다. 선박에 들어가는 냉각기(Chiller)로서 냉수를 제조한다.이 냉수를 이용해서 대형 선박 및 해양플랜트의 거주공간의 공기를 차갑게 하여 냉방을 할 수 있다. 이 장치에는 냉동 시스템의 기본 구성 요소인 증발기, 압축기, 응축기 및 팽창기가 모두 포함되고 있다. (출처: 하이에어코리아)

1.5 열기관과 냉동기

지금까지 실린더-피스톤 장치로 이루어진 단순 열기관, 단순 증기 원동소, 가스 터빈 기관, 분사 추진 기관 그리고 냉동기 등 여러 가지 형태의 열장치들의 구성과 작동을 살펴보았다. 이 열장치들 중 단순 열기관과 단순 증기 원동소, 가스 터빈 기관 및 분사 추진 기관 등은 모두 열에너지를 공급하여 유용한 일을 얻어내는 장치들로서 이를 **열기관**(Heat Engine)이라 부른다. 이 열기관의 작동에 있어서 주목해야 할 점은 열에너지를 일로 변환함에 있어서 반드시 매개물질이 관계하고 있다는 점이다. 즉 열에너지가 직접 일로 바뀌는 것이 아니라 물이나 가스 등의 매개물질에 열에너지를 공급하고, 이 매개물질의 변화를 통해 일을 얻고 있음을 알 수 있다. 이와 같이 열과 일의 변환에 있어서 매개가 되는 물질을 **동작유체**나 **작업유체**(Working Fluid) 또는 **동작물질**(Working Substance)이라 한다. 이는 열기관과 냉동기 등 열장치의 작동에 있어서 필수적인 요소이다. 또 한 가지 주목해야 할 사실은 열기관의 작동에 있어서 사이클을 이루기 위해 반드시 일부의 열에너지가 방출되고 있다는 점이다. 나중에 구체적으로 언급하게 되겠지만 열기관에서 얻을 수 있는 일의 양은 공급받은 열에너지와 방출한 열에너지의 차이가 된다. 방출하는 열전달량이 많을수록 우리가 얻을 수 있는 일의 양은 적어지게 된다. 그러므로 당연히 방출열량이 없는 열기관을 기대하게 된다. 그러나 나중에 언급하게 될 열역학 제2법칙에서 이러한 열기관은 절대로 불가능하며, 열기관의 작동에 있어서 일정량의 열방출은 피할 수 없는 부분이라는 것을 알게 될 것이다. 이상의 내용을 종합하여 열기관을 간결하게 정의하면 다음과 같다.

> 사이클로 작동하면서 고온물체에서 열을 공급 받아 저온 물체로 열을 방출하는 과정에서 외부에 일정량의 일을 하는 기계장치

앞서의 여러 열기관들은 그 구성과 형태 및 동작유체의 종류가 다르지만 위의 열기관의 정의에 입각하여 그림 1.13(a)와 같은 개략도로 일반화하여 그릴 수 있다.

그림 1.10~1.12를 통해 설명한 냉동기는 다음과 같이 정의할 수 있다.

> 사이클로 작동하면서 일을 투입하여 저온 물체에서 고온 물체로의 열전달을 수행하는 기계장치

냉동기에 대해서는 한 가지 형태만을 예로 들었지만 위의 냉동기의 정의에 입각하여 그림 1.13(b)와 같은 개략도로 표시할 수 있다. 그림 1.13의 열기관과 냉동기(열펌프)의 개략도를 서로 비교하여 보면 두 그림은 열과 일의 방향을 나타내는 화살표의 방향이 완전히 반대라는 사실을 관찰할 수 있다.

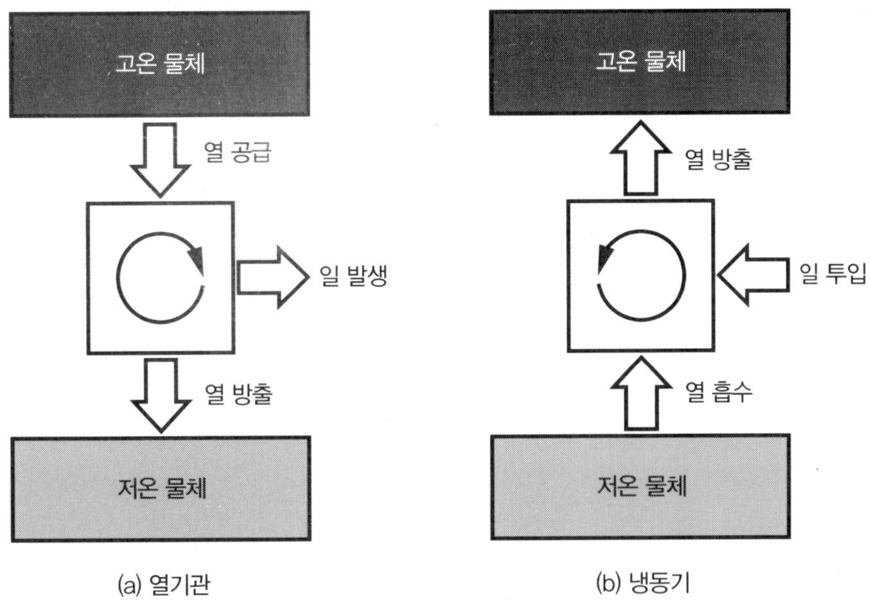

그림 1.13 열기관과 냉동기

1.6 열역학의 정의와 의의

앞에서 다룬 여러 열장치들은 공통적으로 열과 일의 상호 관계를 통해 우리가 바라는 목적을 달성하고 있다는 것을 알 수 있다. 열역학은 이러한 장치들의 해석과 설계에 유용하게 쓰이는 학문의 한 분야이다. 열역학의 정의에 대해 여러 가지 훌륭한 표현들이 있지만 대표적인 한 예를 들면 **열역학은 열과 일의 특성과 이들 사이의 변환 및 열과 일의 작용을 받는 동작유체의 특성을 공부하는 학문**이라고 정의할 수 있다. Richard E. Sonntag 등은 **열역학은 에너지와 엔트로피에 관한 학문**이라고 아주 간결하고 명확한 정의를 내린 바 있지만 아직 엔트로피에 대해 언급하지 않았으므로 여기서는 단순히 그 정의를 소개하는데 그친다. 다만 열역학의 기본 과정을 모두 공부한 후에는 이 정의에 자연적으로 수긍하게 될 것이다.

공학 분야에서의 열역학은 기계, 조선, 항공, 재료 및 화공 등 여러 학문 분야에서 필수적인 과정으로 공부하고 있다. 기본 원리는 같지만 학문 분야에 따라 중점을 두는 내용은 조금씩 다를 수 있다. 이 책은 기계, 조선 및 항공공학을 공부하는 사람들을 주로 염두에 두고 설명하고 있다. 따라서 열과 일의 상호 관계, 특히 열에너지로부터 일에너지로의 변환에 중점을 두고 다루고 있다. 이와 같이 열과 일 사이의 변환과 그 응용에 관하여 다루는 열역학의 분야를 **공업열역학**(Engineering Thermodynamics)이라 부른다. 그 외, 학문 분야에 따라 재료열역학(Material Thermodynamics) 또는 화공열역학

(Chemical Engineering Thermodynamics) 등의 이름으로서, 중점을 두는 분야에 따라 이름을 달리하고 있다.

열역학의 정의에서 알 수 있듯이 열역학을 공부하는데 있어서는 열과 일의 특성, 열과 일의 변환과 흐름의 관계, 그리고 열과 일의 변환에 있어서 매개 역할을 하는 동작유체의 특성에 관한 공부가 기본을 이루고 있다. 열과 일 사이의 변환에 있어서는 양적인 균형과 함께, 변환이 가능한 방향에 대한 고려가 있어야 한다. 이들을 나타내는 것이 각각 열역학 제1법칙과 열역학 제2법칙이다. 열역학의 원리에 대한 기본 지식을 익힌 후에는 앞서 설명한 각종 형태의 열기관과 냉동기에 열역학의 기본 원리들을 적용한다. 그 결과 이 장치들이 효과적으로 작동하는데 있어서 영향을 미치는 인자들을 식별해 낼 수 있고, 궁극적으로 장치의 성능을 개선하는 실마리를 발견할 수 있을 것이다.

1장 개념문제

1. 1차 에너지원의 종류를 열거하고 그 중에서 열에너지에 속하는 에너지원들은 무엇이 있으며, 열에너지가 차지하는 위상은 어떠한가 설명하라.
2. 단순열기관(실린더–피스톤 장치)의 작동을 열과 일을 포함하여 설명하라.
3. 가솔린 기관의 작동을 설명하라.
4. 단순 증기 원동소의 구성과 작동을 설명하라. 이 과정에서 각 장치에서의 액체–증기 사이의 변화 및 열과 일의 전달을 함께 설명하라.
5. 가스 터빈 기관의 구성과 작동을 설명하라.
6. 냉동기의 구성과 작동에 대해 설명하고 냉동기를 정의하라. 이 과정에서 각 장치에서의 액체–증기 사이의 변화 및 열과 일의 작용을 함께 설명하라.
7. 각종 열기관을 예시하고 이들의 공통점을 도출하여 열기관의 정의를 도출하라.
8. 열기관과 냉동기를 통해 열역학에서 공부해야 하는 내용이 무엇인지 설명하라.

2 기본 원리와 개념

열역학적 문제를 해결하기 위해서는 우선 해석의 대상을 명확히 설정해야 하고 적절한 접근 방법을 선택해야 한다. 여기서는 열역학적 해석의 대상을 설정하는 두 가지 방법에 대해 공부하고 해석을 위한 기본적인 도구인 상태량에 대해 공부한다.

2.1 해석 대상의 설정 – 시스템과 검사체적

열역학적 문제에 접근하기 위해서는 먼저 해석의 대상을 무엇으로 설정해야 효율적인 해석이 될 수 있는 지를 파악해야 한다. 열역학에 있어서 해석의 대상을 설정하는 문제를 설명하기에 앞서 이해의 편의를 위해 먼저 물리학이나 정역학(Statics)에서 배운 내용을 상기해 보자. 물리학 등에서 낙하체(Falling Body)에 대한 문제를 접한 적이 있을 것이다. 즉 어떤 사람이 비행기에서 낙하산을 메고 뛰어내렸을 때, 이 사람의 최종 속도는 얼마나 될 것인가에 관한 문제이다. 이 문제를 푸는데 있어서 관심의 대상은 당연히 낙하체가 될 것이고, 이해를 쉽게 하기 위해 우선 그림 2.1(a)와 같이 관심의 주 대상이 되는 낙하체를 간략하게 그린다. 다음으로 낙하체에 영향을 미치는 외부의 영향을 화살표를 이용하여 표시하면 문제에 대한 이해가 명확해질 것이다. 이 문제의 경우에서 낙하체에 미치는 외부의 영향은 지구의 중심으로 향하는 중력과 낙하체의 운동을 감쇠시키는 공기의 저항이 될 것이다. 이와 같은 개략도를 통해 관심의 대상이 되는 물체 및 이 물체와 상호 작용을 하는 주위와의 관계가 명확해진다. 다음으로 이 문제를 풀기에 적절한 자연의 원리 — 여기서는 Newton의 운동 제2법칙 — 를 적용하여 방정식을 세우고 이를 수학적으로 풀면 최종적으로 알고자 하는 정보를 얻어 낼 수 있을 것이다. 또 다른 예로 그림 2.1(b)와 같이 교량을 구성하는 트러스(Truss)를 이루는 여러 부재(Member) 중 특정 부재에 작용하는 힘을 구하는 문제를 들 수 있다. 그림 2.1(b)의 부재 중 *A*로 표시한 부재에 작용하는 힘을 구하기 위한 여러 가지 방법이 있

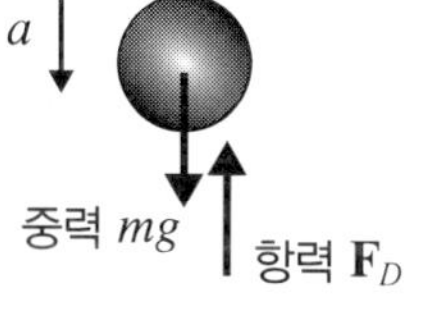

(a) 낙하체

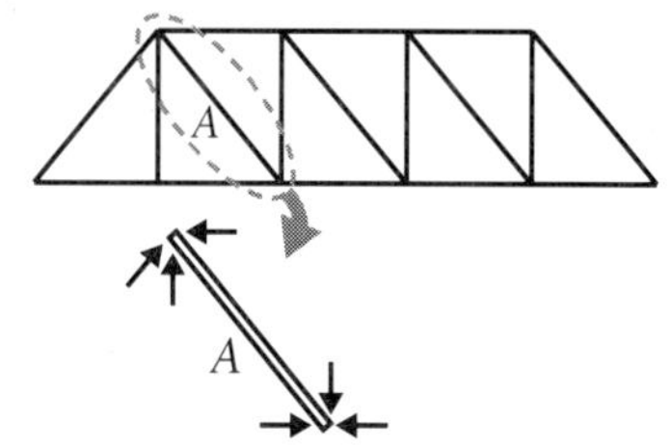

(b) 트러스

그림 2.1 자유물체도

다. 대표적인 방법 중의 하나는 일단 *A* 부재만을 분리하여 따로 그림을 그리고 여기에 작용하는 다른 부재나 또는 외부의 영향을 화살표를 통해 표시한다. 이어 이 그림을 참고하여 적절한 자연의 원리를 적용해 방정식을 만들고 이를 푸는 과정을 거친다. 이와 같이 일반물리학이나 정역학에서 문제를 풀기 위해 관심의 대상이 되는 부분을 다른 요소들과 분리하였을 때 이를 **자유물체**(Free Body)라 부르고, 자유물체를 중심으로 여기에 미치는 외부의 영향을 표시한 그림을 **자유물체도**(Free Body Diagram)라 부른다. 자유물체의 선정과 자유물체도의 작성에서 해석이 출발하고 있다는 것을 알 수 있다. 일반 역학에서의 해석의 과정을 요약하면 다음과 같다.

1. 해석의 대상이 되는 자유물체의 선정
2. 자유물체와 외부와의 상호 작용을 표시한 자유물체도의 작성
3. 적절한 물리학적 원리를 적용하여 방정식 구성
4. 방정식의 풀이 및 해석 결과의 검토

열역학적 문제의 해석 방법도 기본적으로는 위에 설명한 바와 같다. 그러나 일반역학에서 해석의 대상이 되는 자유물체의 경우 일반적으로 전 과정을 통해 해석대상, 즉 자유물체의 질량과 체적이 일정하게 고정되어 있다. 반면 열역학적 문제에 있어서는 보통 그렇지 않다. 즉 경우에 따라 질량과 체적 중 하나 또는 둘 모두가 변화할 수 있다. 따라서 열역학적 문제에 있어서 해석의 대상을 설정하는 문제는 일반역학에서의 경우와 조금 달라진다.

먼저 열역학적 문제에 있어서 해석의 대상을 무엇으로 하는 것이 적절한지의 문제를 검토한다. 일반적으로 열역학적 문제는 열과 일의 변환 관계를 다루게 되며 이 둘 사이의 변환에 있어서는 반드시 매개가 되는 물질인 동작유체가 개입하게 된다는 사실을 살펴본 바 있다. 열과 일 모두를 한 번에 다루기 위해서는 변환의 매개가 되는 동작유체를 중심으로 해석의 대상을 설정하는 것이 적절하다. 이때의 해석의 대상은 동작유체 자체가 될 수도 있고, 때로는 동작유체를 둘러싸고 있는 특정한 공간이 될 수도 있다. 열역학에서는 해석의 대상이 되는 물질 또는 공간을 **시스템**(System)이라 부른다. 보다 정확하게는 **열역학적 시스템**(Thermodynamic System)이라 부르고 예전에는 우리말로 **계**라는 표현을 쓰기도 하였다. 그리고 시스템 외부에 있는 모든 것을 **주위**(Surroundings)라 부르고 둘 사이의 경계를 **시스템 경계**(System Boundary)라 부른다. 시스템과 주위와의 상호 작용은 당연히 시스템 경계를 통해 일어나게 된다.

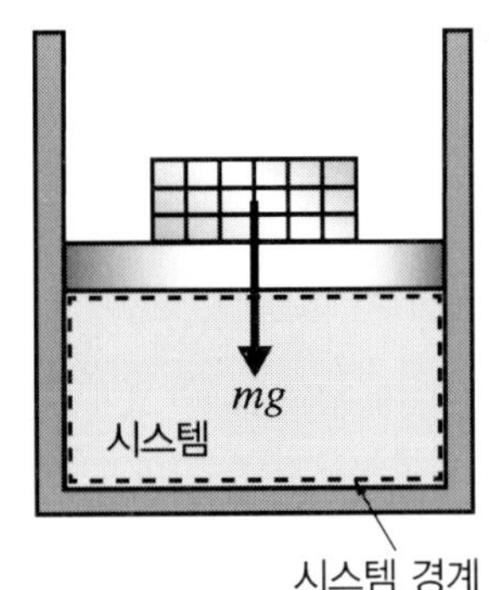

그림 2.2 실린더-피스톤 장치와 해석 대상의 설정

시스템은 크게 두 종류로 나뉘게 되는데 이를 설명하기 위해 그림 2.2와 같은 실린더-피스톤 장치를 다시 언급하도록 한다. 이 문제에서 열과 일의 상호 관계를 정량적으로(Quantitatively) 규명하기 위해 해석의 대상을 설정해야 한다. 이미 설명한 바와 같이 열과 일의 작용을 동시에 받고 있는 동작유체, 즉 실린더 내 가스를 해석의 대상, 즉 시스템으로 설정한다. 처음 상태에서의 시스템은 일정한 질량과 특정한 체적을 가지고 있다. 그러나 열에너지가 전달되어 가스의 온도가 올라감에 따라 동작유체의 체

적은 변화하게 된다. 앞서 일반역학 문제에 있어서는 전 과정을 통해 해석 대상의 질량과 체적이 변화하지 않았음을 고려할 때 이는 분명 당혹스러운 문제일 것이다. 여기서 우리는 해석의 대상으로 동작유체 전체를 선택할 수도 있을 것이고, 또는 동작유체가 맨 처음 차지하였던 체적을 해석의 대상으로 선택할 수도 있다. 전자의 경우 질량이 일정한 반면 체적이 시시각각으로 변화하고, 후자의 경우는 반대의 현상을 보이게 된다. 이론적으로는 두 가지 방법 모두를 선택할 수 있으며 각각을 Lagrange 접근과 Euler 접근이라고 한다. 그러나 실제적으로 이 경우의 문제를 푸는데 있어서는 전자의 방법, 즉 동작유체 전체를 해상의 대상으로 함으로써 질량 그 자체를 시스템으로 하는 접근 방법이 보다 유리하다.

또 다른 예로 단순 증기 원동소를 구성하는 주요 장치 중의 하나인 터빈의 예를 생각하자. 그림 2.3과 같이 터빈 입구에서 고압의 증기가 유입하고 이 증기가 터빈 날개를 돌림으로써 외부에 대해 일을 하고 출구를 통해 나가게 된다. 동작유체를 중심으로 시스템을 선정하기 위해 일단 터빈 안에 있는 동작유체를 해석의 대상으로 하자. 이때 처음 터빈 안에 있는 질량을 해석의 대상으로 할 경우 증기가 터빈에서 유출함에 따라 이 질량을 계속 추적해 나가며 시스템의 형상을 변화시켜야 한다. 한편 새로운 증기가 입구를 통해 터빈 안으로 유입할 때 이 증기는 해석의 대상에서 제외해야 한다. 이와 같이 질량 자체를 해석의 대상으로 할 경우 해석이 대단히 복잡해진다. 이 경우는 특정 질량을 해석의 대상으로 하기보다는 동작유체를 포함하고 있는 터빈이라는 특정 공간을 해석의 대상으로 하는 것이 보다 유리하다.

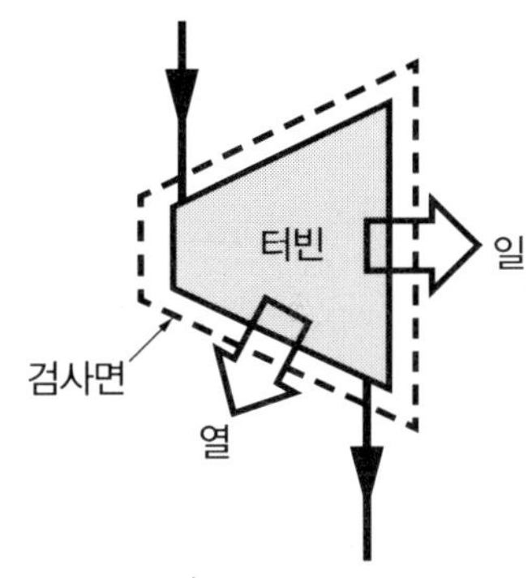

그림 2.3 터빈과 해석 대상의 설정

이와 같이 문제에 따라 해석의 대상으로 특정 질량을 선택하는 것이 유리한 경우도 있고, 반면 특정 공간 또는 체적을 해석의 대상으로 하는 것이 유리할 경우도 있다. 어느 것을 선택하는 것이 더 유리한지는 열장치의 성격에 따라 달라진다. 선택의 일반적인 요령으로는 열장치의 구조를 관찰하여 외부로부터 또는 외부로의 질량 유동이 없는 경우는 특정한 질량을 해석의 대상으로 삼는 것이 유리하다. 한편 해석의 대상이 되는 공간 내로 들어오거나 나가는 질량이 하나라도 있을 경우는 동작유체를 둘러싸는 특정한 공간을 해석의 대상으로 삼는 것이 보다 유리하다.

해석의 대상으로 질량 그 자체, 즉 특정한 질량을 선정하였을 때 이를 특히 **밀폐 시스템**(Closed System) 또는 **검사질량**(Control Mass)이라 하며 또는 그냥 (좁은 의미의) 시스템이라고도 한다. 따라서 열역학 관련 문헌에서 시스템이라고 할 때는 이것이 해석의 대상을 통칭하는 의미인지, 또는 밀폐 시스템만을 이르는 것인지를 구별해야 한다. 이 책에서는 시스템이라고 하면 대부분 밀폐 시스템을 지칭한다. 시스템 외부의 모든 것을 주위라 하고 시스템과 주위의 경계를 시스템 경계라 한다. 시스템 경계는 그림 2.2에서와 같이 늘어날 수도 줄어들 수도 있다. 시스템의 경계를 통해 열과 일이 출입할 수 있다. 그러나 시스템은 특정한 질량만을 해석의 대상으로 하므로 시스템 경계를 통해 질량은 출입할 수 없다. 열과 일의 출입이 없는 시스템, 즉 주위하고의 상호작용이 없는 시스템을 특히 **고립 시스템**(Isolated System)이라 한다. 그림 2.4는 시스템의 개념

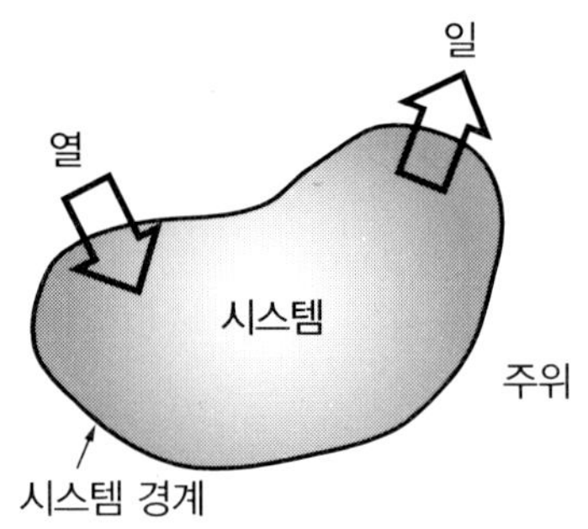

그림 2.4 시스템의 개념도

도를 나타내고 있다. 시스템 경계를 통해서 열과 일은 출입할 수 있으나 질량은 출입할 수 없음을 다시 한 번 기억하라. 그림 2.3과 같은 터빈의 예를 다시 주목하자. 터빈의 입구와 출구를 통해 질량의 유동이 있으므로 이 경우는 밀폐 시스템으로 해석하지 않는다는 것을 이미 설명하였다. 만일 유입하는 질량과 유출하는 질량이 똑 같다면 터빈 안에 있는 질량은 항상 일정할 것이므로 이 경우도 밀폐 시스템이 될 수 있는지에 대해 생각해 볼 수 있을 것이다. 밀폐 시스템은 "특정"한 질량을 해석의 대상으로 하는 데 반하여 이 경우 터빈 안의 질량은 비록 그 양은 일정하지만 처음과 같은 질량은 아니므로 이는 특정한 질량이라 볼 수 없다. 또 경계를 통해 질량의 유 · 출입이 있으므로 이는 이미 설명한 밀폐 시스템의 특성에 위배된다. 따라서 해석의 대상이 일정한 질량을 유지한다 하더라도 밀폐 시스템으로 해석할 수는 없다. 이 점을 강조하기 위해 시스템의 정의를 다시 정리하면 다음과 같다.

> 시스템은 해석의 대상이 되는 특정한 질량으로서 일정한 질량(Fixed Mass)과 동질성(Identity)을 갖는다. 시스템 경계를 통해 열과 일은 출입할 수 있으나 질량은 출입할 수 없다.

다시 그림 2.3과 같은 터빈의 예로 돌아가자. 이 장치를 통해 질량의 유 · 출입이 있으므로 터빈을 둘러싸는 특정한 공간을 해석의 대상으로 한다. 이를 밀폐 시스템이라는 용어에 대비하여 **개방 시스템**(Open System)이라 부른다. 그 외에 **검사체적**(Control Volume) 또는 **제어체적**이라는 용어도 널리 사용되고 있다. 이 책에서는 검사체적이라는 용어를 주로 사용하기로 한다. 검사체적의 외부를 주위라 하고 검사체적과 주위와의 경계를 **검사면**(Control Surface)이라 한다. 검사면을 넘어 열과 일은 물론 질량도 들어가거나 나올 수 있다. 시스템의 경우는 해석의 전 과정을 통해 질량이 일정하지만 검사체적의 경우는 일반적으로 그렇지 않으므로 적절한 방정식 – 질량보존의 원리 – 을 통해 질량의 변화를 계산해야 한다. 검사체적은 질량과 함께 체적도 변화할 수 있지만 기초 과정의 열역학에서는 대부분의 경우 검사체적의 체적은 변화하지 않는 경우를 다루고 있다. 그림 2.5는 검사체적의 개념도를 표시하고 있다.

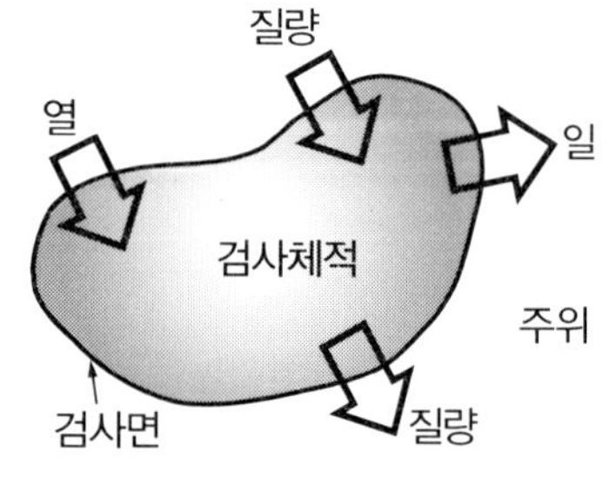

그림 2.5 검사체적의 개념도

검사체적의 정의는 다음과 같이 정리할 수 있다.

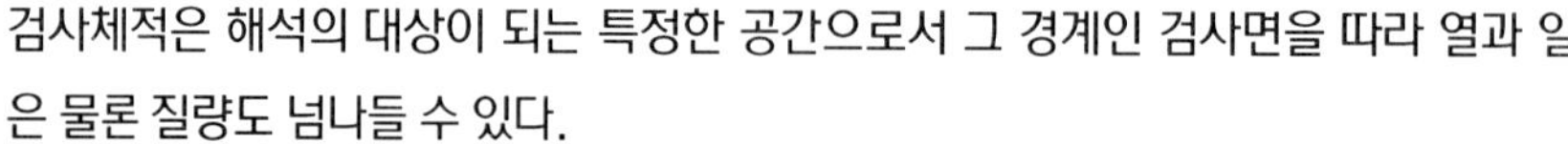

> 검사체적은 해석의 대상이 되는 특정한 공간으로서 그 경계인 검사면을 따라 열과 일은 물론 질량도 넘나들 수 있다.

질량의 유 · 출입이 없는 검사체적은 시스템과 동일해 진다. 따라서 검사체적은 시스템의 개념을 포괄하고 있으며 시스템은 검사체적의 특별한 예라고 볼 수 있다. 그러나 이 책에서는 두 개를 구분하여 사용한다.

해석의 대상을 어떻게 선정하느냐에 따라서 시스템과 검사체적으로 구분되는 예를 마지막으로 살펴보자. 그림 2.6의 두 장치는 모두 동일한 단순 증기 원동소이다. 그림 2.6(a)와 같이 단순 증기 원동소 전체를 해상의 대상으로 할 수도 있고, 그림 2.6(b)의

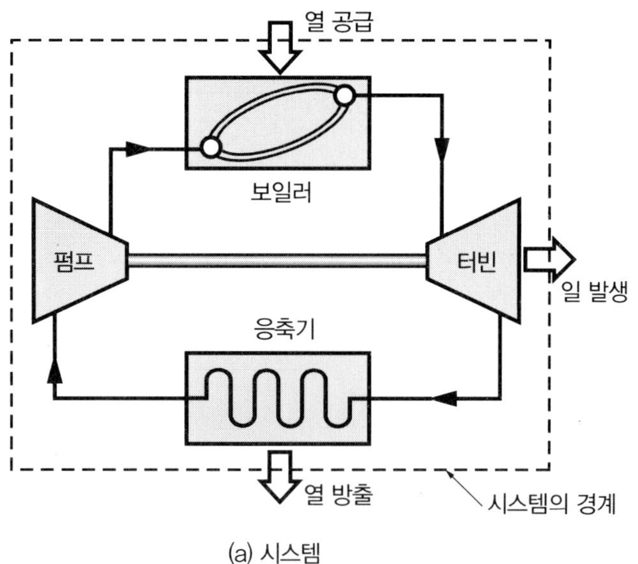

(a) 시스템

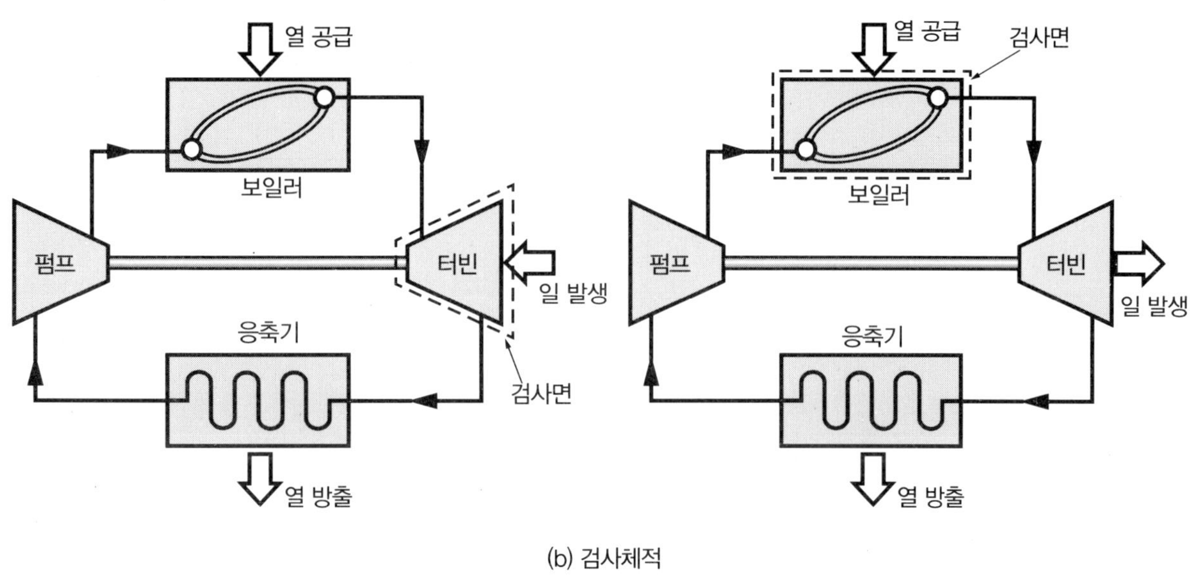

(b) 검사체적

그림 2.6 해석 대상의 선정

경우와 같이 터빈 또는 보일러만을 해석의 대상으로 할 수도 있다. 전자의 경우는 경계를 넘어 질량의 유 · 출입이 없는 경우이므로 해석의 대상은 시스템이 되며, 후자의 경우는 질량의 유 · 출입이 있는 경우이므로 검사체적으로 해석해야 한다.

열역학적 문제를 풀 때 거쳐야 하는 일반적인 과정을 정리한다.

1. 해석 대상의 선정 – 동작유체를 중심으로 함
   경계를 통해 질량의 유동이 없을 경우 – 시스템
   경계를 통해 질량의 유동이 있을 경우 – 검사체적

2. 시스템 또는 검사체적에 대한 주위의 영향(열, 일 및 질량의 출입)을 표시한 개략도의 작성
3. 적절한 열역학적 원리를 적용하여 방정식 구성
4. 방정식의 풀이 및 해석 결과의 검토

문제를 효과적으로 풀기 위한 보다 구체적인 절차는 후에 설명하기로 한다. 다만 문제를 푸는 전 과정에 있어서 자신이 선정한 해석의 대상이 시스템인지 혹은 검사체적인지를 반드시 기억하고 결코 혼동하는 일이 없어야 한다. 뒤에 나오게 되겠지만 열역학의 여러 방정식들은 같은 원리를 나타내는 방정식이라도 시스템과 검사체적에 따라 다르게 정리하여 사용하기도 한다. 시스템과 검사체적을 혼동할 경우 방정식을 엇갈리게 적용하여 낭패를 보는 경우를 종종 볼 수 있다.

2.2 해석 방법의 설정 – 고전열역학과 통계열역학

열역학적 문제를 풀기 위해서는 동작유체의 거동(Behavior of Working Fluid)을 다루게 된다. 예를 들어 실린더 안에 들어 있는 가스가 열전달을 받고 있는 경우를 생각하자. 실린더 벽을 통해 열이 전달됨에 따라 벽에 인접한 가스의 입자가 활성화되고 임의의 방향으로 운동하여 다른 입자의 운동에 영향을 주게 된다. 한 개의 가스 입자의 운동을 3차원 좌표계를 통해 표시하기 위해서는 우선 처음의 위치를 나타내는 3개의 좌표가 필요하다. 아울러 그 위치에서의 3개의 속도 성분(또는 나중 위치에서의 3개의 좌표 성분)도 알아야 하므로 한 개의 입자에 대해 도합 6개의 정보가 필요하다. 단 한 개의 입자에 대한 이 6개의 정보의 값을 구하기 위해서는 서로 독립적인 6개의 방정식을 연립하여 풀어야 함은 잘 알고 있는 사실이다. 입자의 운동에 대해서는 **기체분자운동론**(Kinetic Theory)을 적용해야 한다. 보통의 상태에서 아주 작은 열장치라 하더라도 그 안에는 엄청나게 많은 양의 입자가 들어 있다. 가로, 세로, 높이가 각각 25 mm인 입방체 내에 상온의 단원자 분자로 이루어진 가스가 들어 있을 때 그 개수는 대략 10^{20}개라고 한다. 이 장치 안에서의 가스의 거동을 기체분자운동론을 이용하여 풀기 위해서는 6×10^{20}개의 독립적인 방정식들을 연립하여 풀어야 한다. 이는 현재의 컴퓨터의 연산속도가 아무리 빠르다 해도 비현실적인 접근 방법이 된다.

작은 체적 내에 들어 있는 입자의 개수가 얼마나 많은 지를 설명하는 예로 시저의 마지막 숨(Caesar's Last Breathe)이라는 명제가 있다. 시저가 암살될 때 "브루투스여, 너마저!"라는 말을 남기며 마지막 숨을 토했을 것이다. 인간의 한 호흡을 대략 0.5리터라고 할 때 이 체적 안에는 대략 1.3×10^{22}개의 분자가 들어 있다. BC 44년에 암살된 시

저가 숨을 거둔지 2000년 이상이 지났다. 시저가 토해낸 마지막 숨결 속에 들어 있던 분자들이 반응을 하지 않았다면 전 지구상에 골고루 퍼질 수 있는 충분한 시간이 지났다고 볼 수 있을지도 모른다. 시저의 마지막 숨에 담겨 있던 분자들이 대기권 내에 골고루 퍼졌다면 대기권의 체적을 감안할 때 공기 1리터 당 평균 3.6개의 비율로 분포하게 된다. 다시 말해 우리가 숨을 매 번 들이 마실 때마다 2000여년 전 시저의 마지막 숨 속에 담겨 있던 공기 입자가 1~2개씩 들어온다는 계산이 된다. 이는 보통의 상태에서 작은 체적 내에 담겨 있는 입자의 개수가 얼마나 엄청난 지를 보여주는 흥미로운 예이다. 따라서 열장치 안에 들어 있는 모든 입자에 대해서 기체분자운동론을 그대로 적용하여 풀기 위해서는 감당할 수 없을 정도의 많은 방정식을 풀어야 한다. 이는 현실적으로 불가능한 일이다. 이를 가능하게 하기 위해서는 확률 통계의 이론을 접목한 통계역학적 기법을 도입해야 한다. 이와 같이 분자 개개의 운동을 기체분자운동론 등을 적용하여 고려하되 통계역학적 기법을 이용하여 접근하는 방식을 미시적인 접근(Microscopic Approach) 방법이라 한다. 이 방식을 사용하여 열역학적 문제를 해결하는 학문 분야를 **통계열역학**(Statistical Thermodynamics)이라 한다.

한편 동작유체를 구성하는 입자 개개의 운동은 무시하고, 이 운동의 결과 해석의 대상(시스템)이 얼마나 커졌는가(체적), 얼마나 뜨거워 졌는가(온도) 또는 얼마나 세졌는가(압력) 등 우리가 느낄 수 있고 또 측정할 수 있는 전체적이고 평균적인 양만을 관심의 대상으로 하여 열역학적 문제에 접근하는 방법이 있다. 이는 기체분자운동론이 정립되기 이전부터 사용되어 온 전통적인 방법으로 일반적인 열역학적 문제를 해결하는데 있어서 아주 효과적인 수단이 되고 있다. 이와 같은 관점에서 열역학적 문제에 접근하는 방식을 거시적인 접근(Macroscopic Approach) 방법이라 하며 이 방식을 사용하여 열역학적 문제를 해결하는 학문 분야를 **고전열역학**(Classical Thermodynamics)이라 한다. 대부분의 공업열역학은 고전열역학을 채용하고 있다. 공업열역학과 고전열역학이라는 두 표현은 유래와 의미는 다르지만 종종 같은 의미로 사용된다.

고전열역학은 유용한 접근방법이기는 하나 이를 적용하기 위해서는 시스템에 대한 전체적이고 평균적인 양이 존재해야 한다. 이는 시스템을 구성하는 입자가 아주 많아서 시간과 위치에 관계없이 확률적으로 같은 값을 나타낼 수 있을 때 가능하다. 그러나 우리는 앞서 시저의 마지막 숨의 예에서 보통의 상태의 용기에는 엄청난 양의 입자가 포함되어 있으므로 이 문제는 걱정할 필요가 없음을 추측할 수 있다. 용기 내의 입자 사이에는 빈틈이 존재하고 입자는 불연속적으로 존재한다. 그러나 입자가 충분히 많을 때 우리는 빈틈의 존재를 무시하고 물질이 연속된 덩어리로 이루어 진 것으로 간주할 수 있다. 이와 같이 물질이 연속적으로 분포하고 있다고 가정하여도 좋을 정도로 입자의 수가 충분한 물질을 **연속체**(Continuum)라 부른다. 고전열역학은 연속체로 이루어진 물질을 대상으로 해석한다. 보통의 상태에 있는 물질은 대부분 연속체로 가정하여도 무리가 없다. 그러나 초고진공 상태와 같이 용기 내에 입자의 숫자가 아주 적을 경우에는 시스템을 연속체로 볼 수 없으며 따라서 고전열역학적인 방법으로는 해석할 수 없다. 이 경우는 통계열역학적인 방법에 의존해야 한다.

예제 2.1 시저의 마지막 숨(Caesar's Last Breathe)

사람이 한 호흡을 할 때 대략 0.5 L의 공기를 흡입하는 것으로 알려져 있다. BC 44년에 사망한 시저가 마지막으로 토한 숨에 포함된 공기가 2000여년 동안에 대기권에서 완전히 균일하게 섞였다고 가정한다. 지금 내가 들이 마시는 공기에는 시저의 마지막 숨에 들어 있던 분자가 몇 개쯤 섞여 있겠는지 대략적으로 계산해 보라. 지구의 반지름은 6370 km, 대기권의 범위는 지표 상 약 14 km까지라고 가정한다.

풀이

기체는 0°C, 1기압에서 22.4 L의 체적에 6×10^{23}개의 분자를 포함하고 있다.
0.5 L의 마지막 숨에는 $(6 \times 10^{23})\frac{0.5}{22.4} = 1.3 \times 10^{22}$ 개의 분자를 포함하고 있다.
구의 표면적은 $4\pi R^2$ 이므로 지구의 표면적은 다음과 같다.

$$4\pi R^2 = 4 \times 3.14 \times (6.370 \times 10^6 \text{ m})^2 = 5.1 \times 10^{14} \text{ m}^2$$

해수면에서의 대기압력은 1기압이고, 대기권의 한계인 해발 14 km에서의 대기압력은 0기압이다. 따라서 대기권의 평균 대기압은 약 0.5기압으로 간주할 수 있다. 또는 지구 대기는 지구 표면에서 7 km의 높이로 1기압의 층을 이루는 것으로 간주할 수 있다. 이 경우 대기층의 체적은 다음과 같이 계산할 수 있다.

$$\text{대기층의 체적} = (\text{표면적})(\text{높이}) = (5.1 \times 10^{14} \text{ m}^2)(7 \times 10^3 \text{ m}) = 3.6 \times 10^{18} \text{ m}^3$$

시저의 마지막 숨에 들어 있던 1.3×10^{22}개의 분자가 이 대기층에 골고루 퍼져 있다면 1 m^3 안에 포함되는 분자의 수는 다음과 같이 계산된다.

$$\frac{1.3 \times 10^{22}}{3.6 \times 10^{18} \text{ m}^3} = 3.6 \times 10^3/\text{m}^3$$

1 m^3 = 1000 L이므로 1 L에는 평균 3.6 개의 분자가 포함되는 것으로 계산된다.
따라서 우리의 한 호흡 0.5 L에는 시저의 마지막 숨에 들어 있던 분자가 1개 또는 2개 포함되어 있는 것으로 계산된다.

2.3 물질의 상

H_2O로 이루어진 물질은 보통의 상태에서 여러 가지의 모양, 즉 얼음, 물 및 수증기의 형태를 가질 수 있다. 비록 보이는 모양은 다르지만 이 세 가지 형태의 물질은 모두 동일한 화학적 조성(Chemical Composition)을 가지고 있다. 동일한 화학적 조성을 가지고 있다 하더라도 어떤 경우에는 구성 분자들 사이의 상호작용이 아주 강력하여 서로 멀리 떨어질 수 없고 정해진 위치에서 진동만을 하게 된다. 이 경우의 물질은 그림 2.7(a)와 같이 어떤 모양의 용기에 넣더라도 그 체적과 외형이 변화하지 않게 된다. 다 아는 바와 같이 이를 고체(Solid)라고 하고 H_2O의 경우 얼음(Ice)이라 부른다. 열전달 등에 의해 분자들의 에너지가 약간 커지게 되면 분자들의 운동이 보다 활발해진다. 그러나 분자 상호간의 작용력이 아직 서로를 구속하기 때문에 서로에게서 이탈을 할 수 있을 정도는 아니다. 바깥쪽에 있는 분자들의 경우는 안쪽에 있는 분자들보다 작은 구속력을 받기 때문에 어느 정도의 운동이 가능하고 따라서 외부의 작용이 있을 경우 표면에 있는 분자들이 미끄러져 운동할 수 있다. 이 경우의 물질은 서로 다른 모양의 용기에 담았을 때 용기와 접촉하고 있는 부분은 용기의 모양에 맞추어 그 형상이 변화하게 된다. 그러나 전체적인 체적은 변화하지 않으므로 용기와 접촉하지 않은 부분은 외부와 경계를 이루게 된다. 이를 자유표면(Free Surface)이라 한다. 역시 잘 알고 있는 바와 같이 이를 액체(Liquid)라 하고 H_2O의 경우 물(Water)이라 한다. 아주 많은 에너지를 갖게 되어 분자의 운동이 아주 활발하게 되면 분자들은 서로를 구속하지 못하고 자유롭게 이동하게 된다. 따라서 서로 다른 모양의 용기에 담았을 때 용기의 안벽에 충돌할 때까지 운동 범위를 넓힐 수 있으며 결과적으로 물질의 형상과 체적이 모두 변화하게 된다. 이를 기체(Gas)라 하며 H_2O의 경우 수증기(Steam 또는 Water Vapor)라 부르는 것도 잘 알고 있는 사실이다. 액체와 기체의 경우는 외부에서 힘을 가하면 흐르는 성질을 가지고 있으므로 이 둘을 포괄하여 **유체**(Fluid)라고도 부른다. 이와 같이 화학적 조성이 같은 물질이라 하더라도 구성 입자들의 물리적 구조(Physical Structure)에 따라 서로 다른 모양을 가질 수 있으며 이 각각의 모양을 **상**(Phase)이라 한다. 각각의 상을 **고상**(Solid Phase), **액상**(Liquid Phase) 및 **기상**(Vapor Phase)이라 한다.

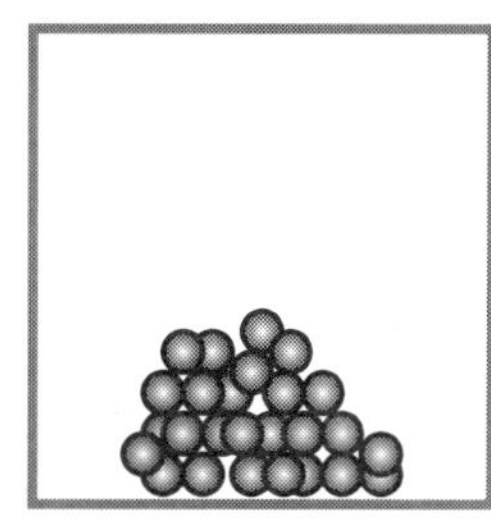

(a) 고체

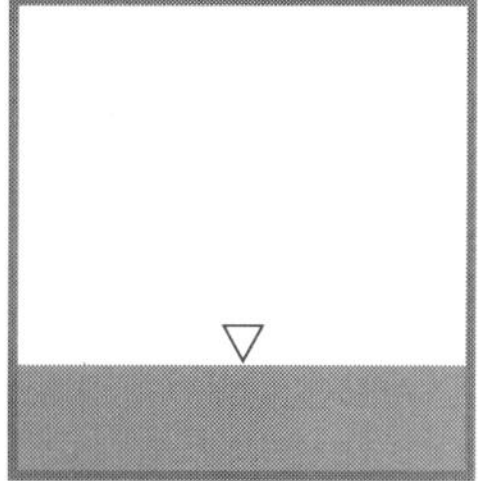

(b) 액체

(c) 기체

그림 2.7 여러 가지 상을 가지는 H_2O

2.4 물질의 상태와 상태량

동일한 상을 가진 물질, 예를 들어 액상의 물이라 하더라도 차가운 물, 미지근한 물 그리고 뜨거운 물 등과 같이 처한 상황이 다를 수 있다. 이를 여러 가지 용어로 표현할 수 있으나 열역학에서는 각각의 **상태**(State)에 있다는 표현을 쓴다. 같은 상태에 있는 물이라 하더라도 사람에 따라 어떤 사람은 미지근한 상태라고 얘기할 수도 있고, 또 따뜻하다고 할 수도 있을 것이다. 같은 상태를 누구에게나 동일하게 알 수 있도록 객관적으로 표시하기 위해서는 이 물의 상태를 수치를 사용하여 정량적으로 표시할 필요가 있다. 먼저 물질의 뜨거움의 정도를 정하는 약속인 온도 척도(Temperature Scale)를 정하고 이에 따라 물의 온도를 수치적으로 나타낸다면 같은 상태의 물에 대해 예을 들어 35 ℃라는 동일한 수치로 상태를 객관적으로 또 정확하게 나타낼 수 있을 것이다. 이와 같이 수치를 부여하여 상태를 정량적으로 표시한 것을 **상태량**(Property)이라 한다. 상태량은 고전열역학의 해석에 있어서 대단히 중요한 도구이다.

상태량의 중요한 특성 중의 하나는 어떤 경로를 통해 그 상태에 도달하였던지 주어진 상태에 대한 상태량은 오직 하나의 값을 갖는다는 것이다. 즉 상태량은 경로에 무관하다(Independent of Path)는 점이다. 가령 어떤 사람이 산을 올라가서 정상에 선다고 생각하자. 이 사람은 굽이굽이 오솔길을 따라 정상에 도달할 수도 있고, 암벽을 타고 정상에 도달할 수도 있을 것이다. 물론 출발점은 같다. 이 사람이 정상에 있는 상태를 수치를 부여해서 표시한다면 아마 산 정상의 높이로 표시할 수 있을 것이다. 산 정상의 해발 고도가 600 m라면 오솔길을 따라 정상에 도달했던, 암벽을 타고 정상에 도달했던 간에 이 사람이 산 정상에 있는 상태라면 그 상태량은 높이 600 m라고 수치적으로 동일하게 표시할 수 있을 것이다. 이와 같이 주어진 상태에 대한 상태량의 값은 거쳐 온 경로에 무관하다. 또 다른 관점을 생각한다. 이 사람의 출발점의 해발고도가 200 m라고 하자. 출발점과 도착점의 두 상태의 상태량은 각각 200 m와 600 m이다. 출발점에서 도착점까지 어느 경로를 따라 이동하였건 간에 두 상태의 상태량의 차이는 600 m − 200 m = 400 m로 동일하다. 즉 처음 상태(Initial State)와 나중 상태(Final State) 사이의 상태량의 총 변화는 거쳐 간 경로에 관계없이 나중 상태의 상태량과 처음 상태의 상태량 사이의 차이로 나타난다. 거리를 H라고 하고 이를 수학적으로 표시하면 다음과 같다.

$$\int_1^2 dH = H_2 - H_1 \qquad (2.4.1)$$

높이의 총 변화 = 나중 상태 높이 − 처음 상태 높이

이와 같이 미분량을 적분한 결과가 경로에 관계없이 단순히 나중 값에서 처음 값을 빼줌으로써 알 수 있을 때 이를 **완전 미분**(Exact Differential)이라 하고 또한 **점함수**(Point

Function)라 한다. 상태량은 완전 미분이며 또 점함수이다.

다시 등산의 문제로 돌아가자. 같은 출발점에서 시작하여 오솔길을 따라 가던, 암벽을 타고 가던 정상에 도달했을 때 높이라는 상태량의 차이는 동일하다는 것을 알고 있지만 등산객의 수고는 다를 것이다. 등산객의 수고라는 추상적인 개념이 열역학적 표현 도구가 될 수는 없지만 아직 구체적인 열역학적 용어를 공부하지 않았으므로 편의상 이 표현을 사용한다. 어쨌든 처음(출발점)과 나중(산 정상)의 상태가 동일하다 하더라도 거쳐 간 경로에 따라 등산객이 겪은 수고의 양은 다르다. 즉 경로에 무관하지 않다. 이를 양으로 표시하기 위해서는 위와 같이 단순히 처음 상태의 상태량과 나중 상태의 상태량 사이의 차이로 표시할 수 없다. 나아가서 등산객의 수고는 경로 전체에 대해 의미를 가지며 1 상태의 수고, 2 상태의 수고 등 특정 상태에 대해 정의되지 않는다. 이와 같이 적분의 결과가 식 (2.4.1)과 같이 나타나지 않고 경로에 따라 다른 값을 갖는 경우 이를 **경로함수**(Path Function) 또는 **불완전 미분**(Inexact Differential)이라 한다. 우리가 앞으로 중점적으로 공부해야 할 일과 열은 경로함수이며 불완전 미분이다. 이는 해당 단원에서 구체적으로 다시 다루도록 한다.

물질의 상태를 정확하게 표시하기 위해 **독립 상태량**(Independent Property)이라는 개념이 있다. 어떤 용기에 이상기체가 들어 있다. 이 이상기체의 상태를 상태량을 이용하여 나타내기 위해서 압력이 1기압이라고만 얘기할 경우는 불충분할 것이다. 왜냐 하면 1기압이라도 온도가 20 ℃, 50 ℃, 100 ℃ 등 여러 값을 가질 수 있기 때문이다. 만일 1기압, 20 ℃라고 두 개의 상태량을 지정해서 이 이상기체의 상태를 표시한다면 다른 상태와 확실히 구별할 수 있을 것이다. 더 나아가서 1기압, 20 ℃ 그리고 체적의 값까지 얘기한다면 더 편리할 것이다. 그러나 이상기체의 경우 압력과 온도가 알려지면 체적은 별도로 얘기하지 않아도 관계식에 의해 주어진 압력과 온도에 대한 체적이 결정된다. 수학적으로는 압력, 온도, 체적 중 두 개가 독립적이며 나머지는 종속적인 양이라 한다. 따라서 주어진 상태의 이상기체를 표시하기 위해서 압력, 온도, 체적 등 가능한 모든 정보를 알려주면 편리할지는 몰라도 이 상태를 다른 상태와 구별하기 위해서는 두 개의 정보 즉 두 개의 상태량이면 충분하다. 이와 같이 어떤 물질의 상태를 확정하기 위해 지정해 주어야 하는 최소한의 숫자의 독립적인 상태량들을 독립 상태량이라 한다. 다시 말해서 시스템의 상태를 확정하기 위해서는 그 상태에 대한 독립 상태량들을 파악해야 한다. 일단 독립 상태량들이 파악되면 나머지 상태량들은 관계식 또는 표에 의해 알 수 있다.

그림 2.8과 같이 따끈따끈한 두부가 있다고 하자. 이 두부의 상태를 상태량으로 자세히 표시하면 두부에 작용하는 외부 압력은 1기압, 두부의 온도는 30 ℃, 체적은 270 cm^3, 질량은 300 g, 밀도는 1.11 g/cm^3 등으로 표시할 수 있다. 이 두부를 정확히 반으로 가르고 그 반쪽의 상태량을 다시 표시해 보자. 반쪽 부분의 두부는 체적은 135 cm^3, 질량은 150 g으로 원래의 값의 반이 되었지만 두부에 작용하는 압력과 두부의 온도 및 밀도는 반이 되었는가? (만일 그렇다면 냉장고도 필요 없을 것이다. 두부

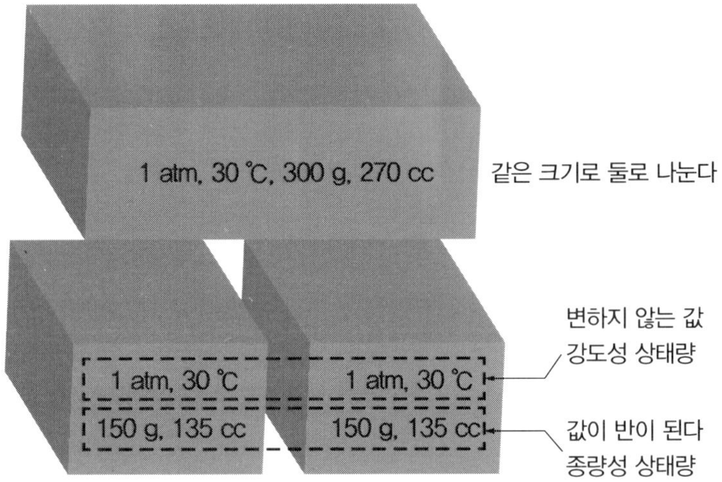

그림 2.8 종량성 상태량과 강도성 상태량

를 서너 번쯤 잘라 놓으면 알맞게 차가운 온도가 될 테니까) 그렇지 않을 것이다. 이와 같이 어떤 상태량은 물질을 반으로 나누었을 때 상태량의 값도 반이 되지만 압력, 온도, 밀도 등의 상태량은 원래의 값을 그대로 유지한다. 체적, 에너지 등과 같이 물질의 양을 반으로 했을 때 상태량의 값도 반이 되는 상태량들을 **종량성 상태량**(Extensive Property)이라 한다. 물질을 반으로 나누어도 원래의 상태량 값을 그대로 유지하는 압력, 온도, 밀도 등의 상태량을 **강도성 상태량**(Intensive Property)이라 한다. 체적과 질량 모두 종량성 상태량이지만 체적을 질량으로 나눈 밀도는 강도성 상태량이다. 즉 질량이 반으로 되었을 때 종량성 상태량인 체적도 같이 반으로 되어 분모, 분자가 모두 반으로 되었으므로 이들의 비(Ratio)인 밀도는 원래의 값을 그대로 유지하는 강도성 상태량이 되는 것이다. 이와 같이 종량성 상태량을 질량으로 나누어 표시하면 그 결과는 강도성 상태량이 된다. 예를 들어 체적은 종량성 상태량이지만 단위 질량당의 체적(Volume per Unit Mass)은 강도성 상태량이다. 에너지는 종량성 상태량이지만 단위 질량당의 에너지는 강도성 상태량이다. 앞으로 단위 질량당의 종량성 상태량을 간단히 표시하기 위해 종량성 상태량의 명칭 앞에 **비**(Specific)라는 접두어를 사용하여 간략히 표시하도록 한다. 기호로는 종량성 상태량을 대문자, 단위 질량당 상태량을 소문자로 표기하기로 한다. 예를 들어 종량성 상태량인 체적을 기호 V로 표시한다고 하면, 단위 질량당의 체적은 강도성 상태량이 되며 이를 **비체적**(Specific Volume)이라 하고 기호로는 소문자 v를 사용한다. 또 다른 예로 종량성 상태량인 에너지를 기호 E로 표시한다고 하면 단위질량당의 에너지는 강도성 상태량이 되며 이를 **비에너지**(Specific Energy)라 하고 기호로는 e로 표시한다.

2.5 과정

주어진 시스템에 열과 일 등 어떤 작용을 가하면 그 시스템의 상태가 계속적으로 변화하게 된다. 이와 같이 연속적으로 상태 또는 상태량이 변화하는 것을 **과정**(Process)을 겪는다고 표현한다. 과정 중에는 나중의 상태가 처음의 상태와 동일해 지는 경우가 있다. 그림으로 표시하면 그림 2.9와 같다. 이와 같이 과정을 겪은 후 동작유체의 나중 상태의 상태량 값들이 처음 상태의 상태량 값들과 같아지는 특별한 과정을 겪을 경우 이를 **사이클**(Cycle)을 겪었다고 표현한다. 좀 더 정확하게는 **열역학적 사이클**(Thermodynamic Cycle)이라 하며, 이는 처음과 나중 상태의 모든 열역학적 상태량이 동일하다는 것을 의미한다. 사이클을 겪은 시스템 내의 상태량의 순 변화(정미 변화, Net Change)는 없다. 그림 1.5의 단순 증기 원동소를 생각한다. 펌프의 입구로 들어가는 동작유체의 상태를 처음 상태라고 하자. 이 물이 보일러, 터빈, 응축기를 거치는 동안 압력과 온도 및 상이 변화한다. 응축기를 나와 다시 펌프로 들어가는 마지막 상태에서의 동작유체의 상태량 값들은 과정을 처음 시작할 때와 동일해진다. 이때 이 단순 증기 원동소는 열역학적 사이클을 겪었다고 얘기할 수 있다. 한편 그림 1.4와 같은 가솔린 기관의 작동을 살펴보자. 흡입이 시작되는 처음 상태에서 실린더 내의 동작유체의 상태량이 1기압, 40 ℃라 하자. 이 동작유체는 흡입, 압축 및 팽창의 과정을 거치는 동안 화학적 조성과 압력, 온도 등이 크게 변화하고 배기가스를 실린더 밖으로 배출함으로써 일련의 동작을 마친다. 과정을 마치고 나서 맨 처음과 동일한 1기압, 40 ℃의 혼합기를 다시 흡입한다고 생각한다. 처음과 나중의 상태량 값이 동일하므로 이 일련의 과정을 열역학적 사이클이라고 할 수 있을까? 처음에 과정을 시작한 동작유체는 실린더 밖으로 배출되고 다시 흡입되는 동작유체는 종전과는 다른 동작유체이다. 동작유체 자체가 원 상태로 돌아가지 않았으므로 이는 열역학적 사이클이라 할 수 없다. 다만 다른 동작유체로 대치함으로써 열역학적 사이클과 동일한 기능을 수행할 수 있으므로 이를 열역학적 사이클과 구분하여 **역학적 사이클**(Mechanical Cycle)이라 한다.

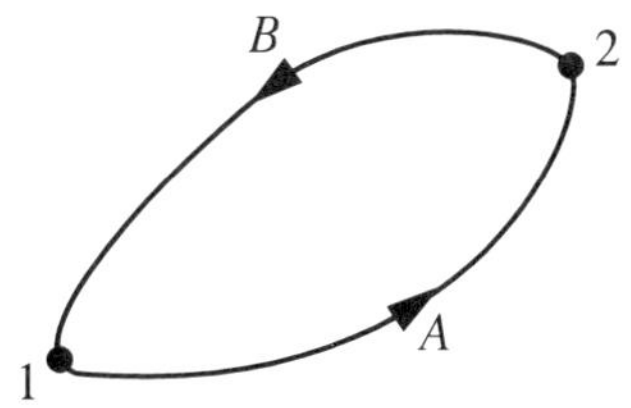

그림 2.9 사이클을 겪는 과정

특별한 과정의 다른 예로 **정상상태 과정**(Steady State Process)을 들 수 있다. 다시 그림 1.5와 같은 단순 증기 원동소를 작동시키는 문제를 생각한다. 그림 2.10은 보일러 안의 특정 위치에서의 동작유체의 온도를 시간에 따라 나타낸 것이다. 이 장치가 가동 전의 상태에서 특정 위치에서의 온도를 20 ℃라고 하자. 장치를 가동시키고 펌프를 지나 보일러로 유입하는 물의 양과 온도, 압력이 항상 일정하고, 보일러로 전달되는 열에너지의 양도 같다고 하자. 보일러 안의 특정 위치에서의 동작유체의 상태량은 처음에는 20 ℃였으나 시간이 지남에 따라 다른 온도에 이르게 되고 유입하는 물의 조건과 열공급량이 일정한 이상 이 온도는 더 이상 변화하지 않고 같은 온도를 계속 유지하게 될 것이다. 한 동안 시간이 지난 후 가동을 멈추게 되면 동작유체의 온도는 점점 떨어져 얼마간의 시간이 지난 후에는 다시 20 ℃가 될 것이다. 그림 2.10의 *B*와 *D* 부분은

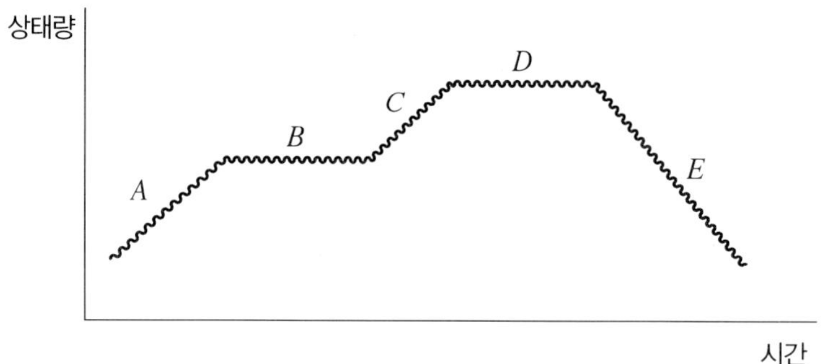

그림 2.10 정상상태와 과도상태

상태량이 시간에 따라 변화하지 않고 일정한 과정을 보여주고 있다. 이를 정상상태 과정이라 한다. 정상상태 과정 중 상태량은 시간에 따라 변화하지 않는다. 장치 내 임의의 위치에서의 상태량을 X로 하고 이를 수식으로 표시하면 다음과 같다.

$$\frac{dX}{dt} = 0 \tag{2.5.1}$$

정상상태 과정을 겪는 경우는 위의 식과 같이 시스템 내 상태량의 시간에 대한 미분항이 0이 되므로 해석이 무척 간단해질 수 있다. 따라서 해석 대상인 장치가 정상상태 과정을 겪고 있는지를 판단하는 것은 해석 과정에서 주요하게 고려해야 할 부분이다.

반면 그림 2.10에서 장치를 가동하기 시작하여 정상상태에 이르기 이전의 과정인 A 부분이나 한 상태에서 다른 상태로 운전조건이 변화하는 C 부분, 또는 장치의 가동이 멈추어 상태가 시동 전의 상태로 돌아가는 E 부분은 시간에 따라 상태량이 변화하는 부분으로 일반적으로는 **비정상 과정**(Unsteady Process) 또는 **과도 과정**(Transient Process)이라 한다.

기계장치를 장시간 동안 똑같은 조건으로 운전하면 이를 정상상태 과정으로 볼 수 있다. 엄밀한 의미에서 정상상태 과정은 시간에 따라 상태량이 전혀 변화하지 않는 것을 의미한다. 그러나 그림 2.10의 B, D 부분과 같이 상태량이 미세하게 변동하여도 평균값을 중심으로 그 변동의 폭이 어느 정도의 범위 내로 한정되어 있으면 이러한 경우 역시 정상상태 과정으로 간주하고 평균값을 그 과정의 상태량으로 한다.

2.6 열역학적 평형과 준평형 과정

고전열역학적인 방법에 의해 시스템을 해석하는 것은 분자 개개의 운동을 무시하고 시스템 전체를 대표할 수 있는 측정 가능한 양을 도구로 삼는다고 언급한 바 있다. 이 측정 가능한 양이 바로 상태량이며, 시스템 전체를 대표할 수 있는 상태량 즉 **시스템의 상태량**(Property of System)을 해석의 도구로 삼는다.

어떤 상황에서 시스템의 상태량이 존재하는지를 검토하기 위해 그림 2.11과 같이 실린더-피스톤 장치에서 추를 제거하는 과정을 생각한다. 실린더와 피스톤 사이에는 해석의 대상인 가스(즉 시스템)가 채워져 있고, 피스톤의 위에는 추가 놓여 있으며, 이 장치는 처음에 정지 상태에 있다. 피스톤 위에 있는 추를 제거하는 과정을 검토한다.

그림 2.11(a)처럼 장치가 정지하고 있을 때 가스에 작용하는 외부의 압력은 대기압과 추의 무게가 미치는 압력의 합과 같을 것이다. 시스템을 임의로 4부분으로 나누고 시스템에 작용하는 외부의 압력을 1000이라 가정한다. 시스템 내에서 높이에 따른 압력의 차이를 무시한다면 시스템 내의 어느 부분의 압력도 외부 압력과 동일하고 그 값은 1000일 것이다. 그리고 시스템 내에서 압력 차이가 없으므로 어떠한 움직임도, 변화도 관찰할 수 없을 것이다. 우리는 이러한 상태를 안정적인 상태, 균형을 이루는 상태 등 여러 가지로 표현할 수 있을 것이다. 열역학에서는 이것을 **역학적 평형**(Mechanical Equilibrium)을 이루고 있다고 한다.

시스템 내의 4부분의 온도가 다르면 온도가 높은 쪽에서 낮은 쪽으로 에너지의 이동이 생길 것이다. 만일 시스템 각 부분에서의 온도가 같다면, 에너지의 이동이라는 변화는 생기지 않을 것이고, 시스템은 안정된 상태에 있을 것이다. 열역학에서는 이것을 **열적 평형**(Thermal Equilibrium)이라 한다. 시스템 모든 곳에서 압력과 온도 등이 같다면, 이 시스템은 **열역학적 평형**(Thermodynamic Equilibrium)을 이루고 있다고 한다. 엄밀한 의미에서 열역학적 평형은 화학적 평형(Chemical Equilibrium)을 포함해야 하나 여기서는 화학 반응은 별도로 고려하지 않는다. 시스템이 열역학적 평형 상태에 있으면 시스템 내의 모든 부분에서의 상태량이 같을 것이며 우리는 이를 시스템 전체를 대표하는 상태량, 즉 시스템의 상태량으로 간주할 수 있다. 고전열역학적 해석의 도구가 되는 시스템의 상태량이 존재하기 위해서는 열역학적 평형상태에 있어야 함을 알 수 있다. 즉 상태 변화를 고전열역학적으로 해석하기 위해서는 상태 변화가 열역학적 평

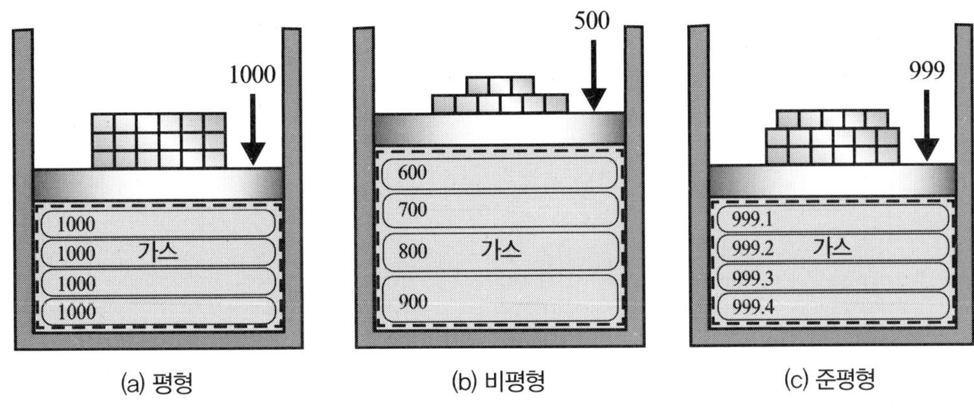

그림 2.11 평형, 비평형 및 준평형 과정

형과정을 통해 일어나야 한다.

그림 2.11(b)에서는 피스톤 위의 추의 반 정도를 한꺼번에 제거하는 상황을 표시하고 있다. 많은 추를 한꺼번에 제거한 결과 가스에 미치는 외부의 압력이 500 정도로 작아졌다고 생각한다. 시스템을 이루는 가스의 압력은 추를 제거하기 직전에 1000을 유지하며 외부와 균형을 이루고 있었으나, 외부의 압력이 갑자기 작아지면서 압력의 차이에 의해 피스톤은 들어올려질 것이다. 그 결과 체적은 늘어나면서 피스톤에 가장 가까이 인접한 가스의 압력은 줄어들 것이다. 이러한 압력 저하는 아주 짧은 시간 동안에 그 아래에 있는 가스의 층에 순차적으로 영향을 미칠 것이다. 추가 제거되고 약간의 시간이 경과한 어느 한 순간 실린더 내 가스의 압력은 그림 2.11(b)와 같이 피스톤과 인접한 영역은 600, 그 밑의 영역들은 각각 700, 800 및 900이라 가정한다. 이와 같이 시스템 내에서 위치에 따라 압력의 차이가 있을 경우, 압력이 높은 쪽에서 낮은 쪽으로 물질의 이동이라는 변화가 있을 것이다. 압력 등의 상태량 값들이 균형을 이루지 않는 상황을 비평형(Non−Equilibrium) 상태라 할 수 있을 것이다. 그림 2.11(b)에서 시스템 전체를 대표하는 상태량, 즉 시스템의 상태량으로서 압력이 얼마냐고 물으면 위치에 따라 다른 값을 가지므로 하나의 값으로 대답할 수 없을 것이다. 시스템이 평형을 이루지 않은 상태에서는 시스템의 상태량이 존재하지 않는다.

앞에서 열역학적 해석을 위해서는 상태 변화가 평형 과정을 통해 일어나야 한다고 설명하였다. 그러나 변화가 없는 상황을 의미하는 평형이라는 단어와, 변화 자체를 의미하는 과정이라는 단어는 양립할 수 없는 개념이라 서로 모순이 된다.

그림 2.11(c)는 많은 추 중에서 아주 적은 양의 추를 제거하는 상황을 나타내고 있다. 그림과 같이 추를 제거할 때 많은 추를 한 번에 제거하지 않고 한 번에 아주 작은 양(여기서는 1/1000이라 하자)만큼만 제거한다면 열역학적 평형으로부터의 벗어남이 아주 작을 것이다. 그러면 공학적인 관점에서는 이를 평형으로 간주할 수도 있을 것이다. 대신 과정이 일어나는 데에는 더 많은 시간이 걸릴 것이다. 한 번에 제거하는 추의 양이 적으면 적을수록 평형으로부터의 벗어남이 더욱 작아진다. 이와 같이 열역학적 평형으로부터의 벗어남이 무한히 작아 열역학적 평형으로 간주할 수 있는 과정을 **준평형 과정**(Quasiequilibrium Process)이라 한다. 앞으로 우리는 별도로 언급하지 않으면 모든 과정은 준평형 과정으로 진행되는 것으로 간주한다.

추를 조금씩 제거하여 피스톤이 상승한 후에는 다시 조금씩 추를 올려놓음으로써 원래의 상태로 그대로 돌아갈 수도 있다. 즉 준평형 과정을 통해 한 번 일어난 과정은 그 과정을 반대로도 진행할 수 있고, 이렇게 할 때 시스템과 주위에 아무런 변화를 남기지 않는다. 이러한 과정을 **가역과정**(Reversible Process)이라 하고 이는 준평형 과정의 또 다른 속성이다.

2.7 단위계

주어진 상태를 정량적으로 나타내기 위해서는 먼저 그 상태를 나타낼 수 있는 약속을 정하여야 한다. 즉 시간, 길이, 면적, 체적, 힘, 온도 등에 대한 개념과 크기를 약속하여 이 약속에 따라 정해진 수치로써 정보를 교환할 목적으로 여러 가지 단위(Unit)가 등장하게 되었다.

역학적인 기본 단위는 전통적으로 시간, 길이, 질량 및 힘이 있다. 이 중 시간, 길이와 함께 질량과 힘 중 둘 중의 하나를 알고 있으면 나머지 하나가 Newton의 운동법칙에 의해 도출될 수 있다. 시간과 길이를 아는 상태에서 힘과 질량은 서로 독립적이지 않으므로 둘 중의 하나만 기본 단위에 포함시키면 된다. 시간, 길이와 함께 질량을 기본 단위로 하는 것을 **절대 단위계**(Absolute Unit System) 또는 **물리 단위계**(Physical Unit System)라 하고, 시간, 길이 및 힘을 기본 단위로 하는 경우를 **중력 단위계**(Gravitational Unit System) 또는 **공학 단위계**(Engineering Unit System)라 한다. 전 세계의 과학 기술계에서는 절대 단위계를 기본적으로 사용하기로 약속하고 여러 번의 수정을 거쳐 오늘날 **SI 단위계**라 불리는 **국제 단위계**(International System of Units, Le Système International d'uitès)를 제정하여 사용하고 있다. 이 단위계는 현재 미국, 미얀마, 라이베리아를 제외한 나라들에서 법정단위로 사용되고 있다. 그러나 단위의 사용은 오랜 관습이므로 쉽게 통일되지 않는 것도 어쩔 수 없는 문제이다. 특히 미국에서는 여전히 중력 단위계인 영국 공학 단위계(English Engineering Units)에서 유래된 단위를 사용하고 있다. 이 단위계는 FPS 단위계(Foot-Pound-Second Systems of Unit) 또는 USCS(United States Conventional System)라고도 부른다. 미국과의 기술 교류 및 교역을 생각할 때 이 단위계에 대한 이해도 함께 필요하며 또 필요할 경우 SI 단위계와 FPS 단위계 사이의 변환도 익숙하게 할 줄 알아야 한다.

단위계는 서로의 정보 교환을 편리하고 명확하게 하기 위한 약속이므로 이에 대한 올바른 이해와 정확한 사용이 요구된다. 먼저 SI 단위계에 대해 설명하고 이어서 FPS 단위계 및 단위 변환에 대해 소개한다.

2.7.1 SI 단위계

SI 단위계는 7개의 **기본 단위**(Base Unit)와 이들로부터 도출되는 22개의 **유도단위**(Derived Unit)로 이루어져 있다. 7개의 기본 단위는 시간의 기본 단위인 s, 길이를 정의하는 m, 질량을 나타내는 kg, 물질의 양을 나타내는 mol, 진류와 온도 및 광도를 각각 나타내는 A, K 및 cd로 이루어져 있다. 일단 기본 단위가 정해지면 면적, 체적, 속도, 가속도, 힘 등의 단위는 기본 단위들을 조합함으로써 정해줄 수 있다. 이들을 유도단위라 한다. 무차원 유도단위로는 평면각(Plane Angle)을 나타내는 rad(Radian)과 입

온도(K) 1 K은 Boltzmann 상수 k를 J/K 단위로 나타낼 때 $1.380\ 649 \times 10^{-23}$이 되도록 정의된다. 여기서 J/K은 kg $m^2/(s^2$ K)과 같은 단위이다.

물질의 양 (mol) 1 mol은 $6.022\ 140\ 76 \times 10^{23}$개의 구성요소를 포함한다. 이 숫자는 Avogadro 상수 N_A를 mol^{-1} 단위로 나타낼 때 정해지는 수치로서 Avogadro 수라고 부른다. 어떤 시스템의 물질의 양은 명시된 특정 기본 입자들의 수를 나타내는 척도이다. 특정 기본 입자들이란 원자, 분자, 이온, 전자, 그 외의 입자 또는 그런 입자들의 특정한 집합체가 될 수 있다.

전류 (A) 1 A는 기본전하 e를 C 단위로 나타낼 때 $1.602\ 176\ 634 \times 10^{-19}$이 되도록 정의된다. 여기서 C는 A s와 같은 단위이다.

광도 (cd) 1 cd는 주파수 540×10^{12} Hz의 단색광 시감효능 K_{cd}를 lm/W 단위로 나타낼 때 683이 되도록 정의된다. 여기서 lm/W는 cd sr/W와 같은 단위이다.

힘(Force)은 두 물체 사이에 작용하는 상호 작용의 크기를 나타내는 개념이다. 힘은 SI 기본 단위는 아니지만 역학에서 가장 주요하게 다루는 개념 중의 하나이므로 그 단위에 대해 따로 설명하도록 한다. 힘의 크기는 Newton의 운동 제2법칙에 의해 다음과 같이 질량과 가속도의 곱으로 나타낼 수 있다.

$$F = ma\ [=]\ \text{kg m/s}^2\ [\equiv]\ \text{N} \tag{2.7.3}$$

위의 관계식에서 보는 바와 같이 기본 단위로서 kg, m 및 s가 정의되면 힘의 단위는 별도로 정의할 필요 없이 이 단위들의 조합인 kg m/s^2으로 표시된다. 이 조합을 Newton의 이름을 따서 N으로 표시한다.

지구의 중력장에 놓여 있는 물체는 지구의 중심으로 이끌리는 중력의 작용을 받게 된다. 이 힘, 즉 물체가 지구 중심으로 끌리는 힘을 특히 **무게**(Weight)라 한다. 무게는 질량과 중력 가속도(Gravitational Acceleration)의 곱으로 표시된다. 즉

$$W = mg \tag{2.7.4}$$

중력 가속도는 높이에 따라 달라지나 일반적인 열역학적 문제에 있어서는 높이에 따른 중력 가속도의 차이는 무시하고 일정한 값을 갖는 것으로 간주한다. **표준 중력 가속도**는 평균 해수면에서의 중력 가속도로서 9.806 65 m/s^2의 값을 갖는다. 보통의 경우 중력 가속도는 간단히 9.8 m/s^2로 간주하여 계산한다.

SI 단위는 아니지만 시간의 단위로서 d(day), h(hour) 및 min(minute)이 시간의 기본 단위와 함께 쓰는 것이 허용된다. 이중 분을 나타내는 min의 기호를 m으로도 표기할 수 있으나 길이의 단위와 혼동의 우려가 있을 때는 min으로 표시한다. 아울러 각도의 단위로서 도(degree, °), 분(minute, ′) 및 초(second, ″)를 함께 쓸 수 있으며, 부피의 단위로서 리터(Litre, L로 표기)를 함께 쓸 수 있다. 1 L는 SI 단위와 다음의 관계를 갖

는다.

$$1\ \text{L} = 0.001\ \text{m}^3 = 1000\ \text{cm}^3\ (\text{또는 } 1000\ \text{cc})$$

중량의 단위로 t(tonne)을 사용하는 것도 허용된다.

SI 단위와는 관련이 없지만 eV(Electron Volt, 전자볼트), nmile(Nautical Mile, 해리, 1 nmile=1852 m), kt(또는 kn, Knot, 1 kt= 1 nmile/h=1852 m/h), a(Are, 아르), bar, dB(Decibel) 등의 단위를 쓰는 것도 허용되고 있다.

2.7.2 SI 단위 표기법

단위를 이용하여 정보를 교환할 때에는 표현상에 모호함이 없어야 하며 서로 알아보기 쉬워야 한다. SI 단위계를 사용함에 있어서 간결하고 명확한 전달이 되도록 사용상의 주의점들이 여러 가지 제시되어 있다. 여기서는 정확하고 알아보기 쉬운 단위 표기를 위해 꼭 필요한 몇 가지 주의점을 열거한다.

1. 접두사의 사용

(a) 아주 큰 수나 아주 작은 수는 접두사(Prefix)를 사용하여 표기하며 원칙적으로 접두사는 3자리마다 사용한다.
이는 아주 큰 수나 작은 수를 알아보기 쉽도록 하기 위해서이다. 표 2.1은 여러 가지 접두사의 이름과 기호를 나타내고 있다. 이 표에서 100배, 10배, 1/10 및 1/100은 3자리에 해당하는 접두사가 아니지만 관습적으로 사용하는 접두사이다.

표 2.1 접두사

배수	명칭	기호	배수	명칭	기호
10^{24}	Yotta	Y	10^{-1}	deci	d
10^{21}	Zetta	Z	10^{-2}	centi	c
10^{18}	Exa	E	10^{-3}	milli	m
10^{15}	Peta	P	10^{-6}	micro	μ
10^{12}	Tera	T	10^{-9}	nano	n
10^{9}	Giga	G	10^{-12}	pico	p
10^{6}	Mega	M	10^{-15}	femto	f
10^{3}	kilo	k	10^{-18}	atto	a
10^{2}	hecto	h	10^{-21}	zepto	z
10	deca	da	10^{-24}	yocto	y

(b) 접두사는 나타내고자 하는 수치가 0.1과 10 000사이가 되도록 선정한다.
50 000 N의 힘은 접두사를 사용하여 0.05 MN으로 표시할 수도 있고 50 kN 또는 50 000 000 mN 등으로 표시할 수도 있다. 이 네 가지 중에서 보는 사람이 가장 알아보기 쉽도록 하는 숫자는 0.1부터 10 000의 사이에 해당하는 50이 될 것이며 이 경우는 50 kN으로 표기하는 것이 가장 적당하다.

(c) 접두사는 두 개 이상을 겹쳐 쓰지 않는다.
즉 MmN(Mega-milli-Newton)으로 쓰지 않고 kN으로 쓴다.

(d) 분모에는 접두사를 쓰지 않는다. 다만 기본 단위인 kg과 kmol은 예외로 한다.
예를 들면 N/mm로 쓰는 대신에 kN/m로 쓴다.

2. 소문자를 사용하여 표기함을 원칙으로 하되, Giga, Mega, Tera 등 아주 큰 양을 나타내는 접두사는 G, M 및 T 등 대문자를 사용한다. 아울러 단위가 고유명사에서 유래한 것들도 대문자를 사용한다.
예를 들어 N(Issac Newton), Pa(Blaise Pascal), Hz(Heinrich Hertz), J(James Prescott Joule), W(James Watt) 등이 여기에 해당한다.

3. 여러 개가 조합된 단위는 단위 기호 사이에 가운데 점(Dot) 또는 빈칸으로 구별한다. 이는 동일한 기호를 사용하는 접두사와의 혼동을 피하기 위한 것이다. 예를 들어 mN이라고 표시했을 때 이것이 milli-Newton인지 또는 meter 와 Newton의 곱인지 불명확해 진다. 전자의 경우는 mN으로 쓰고 후자의 경우는 m · N 또는 m N으로 쓰면 구별이 명확해 진다.

4. 자릿수가 많은 숫자는 소수점을 중심으로 3자리마다 콤마(,)를 두는 대신 빈칸을 둔다. 4자리로 이루어진 수는 빈칸을 두지 않을 수도 있다.
일상에서는 큰 수를 알아보기 쉽게 하기 위해 3자리마다 콤마 기호를 사용하지만, 소수점을 많이 사용하는 공학 분야에 있어서는 콤마를 소수점과 혼동할 수가 있다. 따라서 큰 수를 쉽게 알아보고 또 혼동을 피하기 위해 3자리마다 빈칸을 둔다. 예를 들어 1234567.12345로 표기하거나 1,234,567.12345로 표기하는 대신 1 234 567.123 45로 표기한다. 그러나 한 눈에 알아보기 쉬운 네 자리 숫자는 빈칸을 두지 않아도 무방하다. 즉 1234와 1 234의 표기 모두 가능하다.

5. 최종 결과는 분수 대신 소수를 사용한다.
$15\frac{1}{4}$로 쓰기보다는 15.25로 쓴다. $\frac{1}{2}$, $\frac{1}{4}$ 등은 문제가 없지만 $\frac{3}{8}$으로 표기하는 것보다는 0.375로 표기하는 것이 그 수의 크기를 가늠하기가 더 편리하다.

6. 단위를 나타내는 기호를 표기할 때에는 직립 글씨체(Upright Type)인 로마체(Roman Type)를 사용하며, 질량, 온도 등 어떤 양을 표기하는 기호를 표시할 때에는 기울인 글씨체(Tilted Type)인 이탤릭체(Italic Type)를 사용한다. 즉 길이를 나타내는 미터로 표기할 때는 m으로 표기하고, 질량을 나타낼 때에는 m으로 표기한다.

7. 양을 나타내는 숫자와 단위 사이에는 빈칸(반칸)을 넣는다. 다만 각도를 나타내는 도, 분, 초는 붙여 쓰도록 한다. 즉 9.8 m/s², 54 N, 273.16 K, 99 % 및 10°24′ 등과 같이 표기하도록 한다.

2.7.3 FPS 단위계

FPS 단위계는 애초에 중력 단위계로서 힘, 시간, 길이를 기본 단위로 하고 각각 고유의 방법으로 정의되어 있었다. 오늘날에는 시간, 길이, 질량, 힘을 모두 SI 단위를 기준으로 이와 비교되는 양으로서 정의한다.

시간 SI 단위의 s와 동일하다.

길이 foot을 기본 단위로 하고 1 foot의 크기는 다음과 같이 정한다.
1 foot = 0.3048 m = 12 in.

질량 pound mass를 기본으로 하고 1 pound mass의 크기는 다음과 같이 정한다.
1 lbm = 0.453 592 37 kg

몰 pound mole을 기본 단위로 하고 그 크기는 SI 단위의 mol과 동일하다.

힘 pound force를 기본 단위로 하며 그 크기는 다음과 같이 정의한다.
1 lbf는 중력가속도가 32.1740 ft/s²인 위치에서 1 lbm가 지구에 끌리는 힘으로 정의한다. 여기서 32.1740 ft/s²는 영국 공학단위계로 나타낸 표준 중력 가속도이다. 이 정의에 의해 1 lbf의 힘과 1 lbm의 관계는 다음과 같이 표시된다.

$$1\ \text{lbf} = (1\ \text{lbm})(32.1740\ \text{ft/s}^2) = 32.1740\ \text{lbm ft/s}^2 \qquad (2.7.5)$$

2.7.4 단위변환

필요에 따라 SI 단위와 FPS 단위 사이의 단위 변환(Conversion between Units) 또는 SI 단위계 내에서도 서로 다른 단위 사이의 변환이 정확하게 이루어질 수 있어야 한다. 단위 변환 방법으로 가장 간단하고 확실한 방법으로서 **상쇄법**(Cancellation Technique)이 있다. 이는 주어진 단위를 다른 단위로 변환하고자 할 때 기본적으로 분모, 분자에 동일한 가치를 갖는 물리량을 배치하는 것이다. 분모, 분자에 동일한 물리량을 부여하게 되면 이 값은 실질적으로 1이므로 계산에 영향을 미치지 못한다. 다만 분모, 분자의 배치에 있어서 없애고자 하는 단위의 반대 편(즉 분자에 대해서는 분모, 분모에 대해서는 분자)에 기존의 단위를 쓰고 이 단위와 같은 크기를 갖는 변환하고자 하는 단위를 곱하거나 나눔으로써 이루어진다.

먼저 SI 단위 사이의 변환을 예를 들어 본다. 우리나라에서 버스가 시내를 주행할 때의 경제속도는 60 km/h로 알려져 있다. 그러면 이 버스는 초당 몇 m를 주행하는가?

이 문제는 km/h를 m/s로 변환하는 것이다. 분자에 있는 km를 없애고자 한다면 km의 반대편인 분모에 1 km를 쓰고 분자에 1 km과 동일한 물리량인 1000 m를 배치하고 이를 곱해주면 km를 m로 바꿀 수 있다. h를 s로 바꾸는 과정도 마찬가지이다.

$$60\frac{\text{km}}{\text{h}} = 60\frac{\text{km}}{\text{h}}\frac{1000\text{ m}}{1\text{ km}}\frac{1\text{ h}}{3600\text{ s}} = \frac{60 \times 1000}{3600}\frac{\text{km}}{\text{h}}\frac{\text{m}}{\text{km}}\frac{\text{h}}{\text{s}} = 16.67\frac{\text{m}}{\text{s}}$$

FPS 단위를 SI 단위로 바꾸는 예로서 FPS 단위로 1 lbf의 힘은 힘의 SI 단위인 N으로 나타내면 얼마가 될지를 계산하자.

$$\begin{aligned}1\text{ lbf} &= (1\text{ lbm})(32.1740\text{ ft}/\text{s}^2) = 32.1740\text{ lbm}\frac{\text{ft}}{\text{s}^2}\\ &= 32.1740\text{ lbm}\frac{\text{ft}}{\text{s}^2}\frac{0.4536\text{ kg}}{1\text{ lbm}}\frac{0.3048\text{ m}}{1\text{ ft}}\\ &= (32.1740)(0.4536)(0.3048)\ \text{lbm}\frac{\text{ft}}{\text{s}^2}\frac{\text{kg}}{1\text{ lbm}}\frac{\text{m}}{\text{ft}}\\ &= 4.4483\text{ kg}\frac{\text{m}}{\text{s}^2} = 4.4483\text{ N}\end{aligned}$$

이상과 같이 단순한 방법으로 단계적으로 소거해 나가면 정확한 단위 변환을 이룰 수 있다. 경우에 따라서 언뜻 보기에 복잡해 보일 수는 있어도 결코 어려운 작업은 아니다.

예제 2.2 질량과 몰

어떤 용기 안에 질소 분자가 2 kmol 들어 있다. 이 용기 안에는 질소 원자가 몇 몰 들어 있는가?

풀이

한 개의 질소 분자는 두 개의 질소 원자를 가지고 있으므로 용기 안에 들어 있는 질소 원자의 숫자는 질소 분자의 개수의 2배 이다. 따라서 이 용기 안에는 질소 원자가 4 kmol이 들어 있다.

예제 2.3 단위 변환

미국 프로야구의 중계에서 다음과 같은 아나운서의 설명이 나오고 있다.

"오늘 선발투수로 등장한 류현진 선수는 6 ft 3 in의 키에 몸무게는 250 lbs 입니다. 지난 경기에서 최고 95 mph의 구속을 보인 바 있습니다. 오늘의 경기가 기대됩니다."

이 설명에서 나오는 FPS 단위를 모두 SI 단위로 환산하라. 류현진의 구속을 시속과 함께 초속으로도 계산하라. 아울러 류현진의 몸무게를 공학단위로도 표현하라.

풀이

길이의 변환

$$6\ \text{ft}\ 3\ \text{in} = 6\frac{3}{12}\ \text{ft}\frac{0.3048\ \text{m}}{1\ \text{ft}} = 1.905\ \text{m} = 190.5\ \text{cm}$$

속도의 변환

$$95\ \text{mph} = 95\ \frac{\text{mile}}{\text{h}}\frac{1.609\ \text{km}}{1\ \text{mile}} = 95 \times 1.609\ \frac{\text{mile}}{\text{h}}\frac{\text{km}}{\text{mile}} = 152.9\ \frac{\text{km}}{\text{h}}$$

$$152.9\ \frac{\text{km}}{\text{h}} = 152.9\ \frac{\text{km}}{\text{h}}\frac{1000\ \text{m}}{1\ \text{km}}\frac{1\ \text{h}}{3600\ \text{s}} = \frac{152.9 \times 1000}{3600}\frac{\text{km}}{\text{h}}\frac{\text{m}}{\text{km}}\frac{\text{h}}{\text{s}} = 42.5\ \text{m/s}$$

무게의 변환

여기서 250 lbs라고 표시한 몸무게는 힘으로서 250 lbf를 의미한다. 지구상에서 1 lbf는 1 lbm의 질량에 대응하는 무게이므로 류현진의 질량은 250 lbm이다. 이를 상쇄법을 이용하여 환산하면 250 lbm의 질량은 SI 단위로 113 kg의 질량으로 표시할 수 있다. 즉

$$250\ \text{lbm} = 250\ \text{lbm}\frac{0.453\ 592\ 37\ \text{kg}}{1\ \text{lbm}} = 250 \times 0.453\ 592\ 37\ \text{lbm}\frac{\text{kg}}{\text{lbm}} = 113\ \text{kg}$$

우리는 이것을 몸무게 113 kg이라고 말한다. 이때 몸무게로서의 kg은 질량이 아니라 공학단위로서 힘, 즉 무게를 표시하는 단위이다. 질량과 구분하기 위해 kgf라고 쓰기도 한다. 그러나 몸무게를 SI 단위로 표시하면 힘의 단위인 N을 이용해야 한다.

$$W = mg = (113\ \text{kg})(9.8\ \text{m/s}^2) = 1110\ \text{kg m/s}^2 = 1110\ \text{N}$$

2.8 주요 상태량

열역학에서 빈번하게 사용되는 상태량인 비체적, 압력 및 온도 등에 대해 그 개념과 단위 등을 알아본다.

2.8.1 비체적

비체적(Specific Volume)은 단위 질량당의 체적으로 m^3/kg의 단위를 가지고 있다. 익숙하게 다루어 왔던 밀도(Density)는 단위 체적당의 질량으로 비체적과 밀도의 관계는 서로 역수 관계라는 것을 알 수 있다. 즉

$$\upsilon = \frac{1}{\rho} \tag{2.8.1}$$

표 2.2 비체적과 밀도

	비체적(단위)	밀도(단위)
질량 기준(Mass Basis)	$v(\mathrm{m^3/kg})$	$\rho(\mathrm{kg/m^3})$
몰 기준(Mole Basis)	$\overline{v}(\mathrm{m^3/kmol})$	$\overline{\rho}(\mathrm{kmol/m^3})$

비체적과 마찬가지로 밀도도 물질의 양을 표시하는데 있어서 질량 대신 몰을 사용할 수 있으며 이를 **몰밀도**(Molar Density)라 하고 밀도를 나타내는 기호 위에 bar를 붙인다. 이 들을 정리하면 표 2.2와 같다.

질량기준의 비체적과 몰 기준의 비체적은 분자량 M을 사용하여 식 (2.7.2)와 같이 서로 변환이 가능하다.

비체적과는 달리 **비중량**(Specific Weight)이라는 용어가 있다. 비중량 γ는 단위 체적당의 무게로 다음과 같이 표시된다.

$$\gamma = \frac{W}{V}[=]\frac{\mathrm{N}}{\mathrm{m^3}} \tag{2.8.2}$$

일반적으로 비(Specific)라는 접두사가 붙으면 단위 질량당의 상태량을 나타내지만 비중량의 경우는 단위 체적당 무게를 의미함에 유의하라.

2.8.2 압력

압력의 정의와 단위

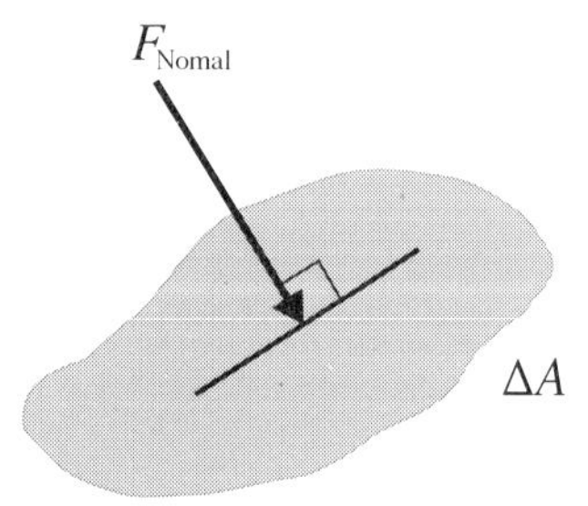

그림 2.12 압력의 정의

압력은 미시적으로는 입자가 벽에 충돌하여 운동량(Momentum)을 전달하는 효과로 설명하지만 거시적으로 압력은 그림 2.12에 나타난 바와 같이 단위 면적에 작용하는 힘의 수직성분으로 정의된다.

열역학에서는 한 점에서의 압력을 정의할 필요가 있다. 압력은 면적에 대해 정의된 양이므로 면적을 갖지 않는 한 점에 대한 압력을 논하는 것은 모순이다. 그러나 압력이 작용하는 면적이 무한히 0에 접근하는 극한을 취한다면 이를 한 점에서의 압력으로 정의할 수 있을 것이다. 다만 고전열역학은 연속체를 대상으로 하기 때문에 면적이 0에 접근하는 극한값이 아니라 연속체로 볼 수 있는 최소의 면적을 실질적인 극한으로 간주한다. 연속체로 볼 수 있는 최소의 면적을 A'이라고 하면 고전열역학에 있어서 한 점에서의 압력은 다음과 같이 정의할 수 있다.

$$p = \lim_{A \to A'} \frac{F_n}{A}[=]\frac{\mathrm{N}}{\mathrm{m^2}}[\equiv]\mathrm{Pa} \tag{2.8.3}$$

압력의 단위는 위의 공식에서 명백한 바와 같이 $\mathrm{N/m^2}$이며 간략히 Pa로 표기한다. 영국 공학 단위계로 압력의 단위는 $\mathrm{lbf/ft^2}$ 또는 $\mathrm{lbf/in^2}$를 쓰며 후자를 간략히 psi로 표기한다. SI 단위계의 기본 단위는 아니지만 관례적으로 압력의 단위로 bar를 사용하기도 한다. 1 bar의 크기는 다음과 같다.

$$1 \text{ bar} = 100\,000 \text{ N/m}^2 = 10^5 \text{ Pa} = 0.1 \text{ MPa}$$

표준 대기압

대기압은 우리 주위에 항상 작용하는 주요한 압력이다. 대기압은 위치에 따라 달라지므로 표준이 되는 대기압을 정할 필요가 있다. 이를 **표준 대기압**(Standard Atmospheric Pressure)이라 하며 다음과 같이 정의한다.

> **1 표준 대기압은 중력 가속도가 9.806 65 m/s²(32.1740 ft/s²)인 위치에서 0 ℃의 수은주(밀도가 13.5951 g/cm³)를 760 mm만큼 들어올릴 수 있는 능력에 해당하는 압력이다.**

1 표준 대기압을 다양한 단위를 이용하여 표시하면 다음과 같다.

$$\begin{aligned} 1 \text{ atm} &= 1.013\,25 \times 10^5 \text{ Pa} = 0.101\,325 \text{ MPa} \\ &= 1.013\,25 \text{ bar} \\ &= 760 \text{ mmHg} = 760 \text{ Torr} \\ &= 10\,332 \text{ mmAq} = 1.033\,2 \text{ kgf/cm}^2 \\ &= 14.696 \text{ lbf/in}^2 \text{ (psi)} \end{aligned}$$

압력의 측정

대기압은 기압계(Barometer)를 이용하여 측정한다. 간단한 기압계로 그림 2.13의 왼쪽과 같은 Aneroid 기압계가 있으며, 보다 정확한 기압의 측정을 위해서는 오른쪽의 사진과 같이 수은주를 이용한 기압계가 있다. 이 기압계는 1기압의 크기를 처음으로 입증한 Torricelli의 실험을 그대로 응용한 것이다. 그림 2.14(a)는 Torricelli의 진공을 이용한 기압계의 원리를 보여주고 있다.

일반적으로 보는 압력계는 둥근 원판에 좌우로 요동하는 바늘을 가진 압력계일 것이다. 이것은 Bourdon 관 압력계로 관내에 압력이 작용하면 이의 크기에 비례하여 구리관이 팽창하고 이 변형의 정도를 바늘로 표시한 것이다. Bourdon 관 압력계는 사용하기에는 편리하나 그다지 정확하지는 않다. 그림 2.14(b)는 Bourdon 관 압력계를 표시한다.

간단한 원리에 입각하지만 대단히 정밀하게 압력을 측정할 수 있는 장치로 **U자관**(U-Tube)이라고도 불리는 **마노미터**(Manometer)가 있다. 마노미터는 U자 모양으로 구부린 유리관 내에 액체를 집어넣은 것으로 그림 2.14(c) 및 그림 2.15에 나타냈다. 유리관의 양끝이 개방되어 양 쪽 모두 대기 압력이 작용할 때에는 양쪽 관의 액면의 높

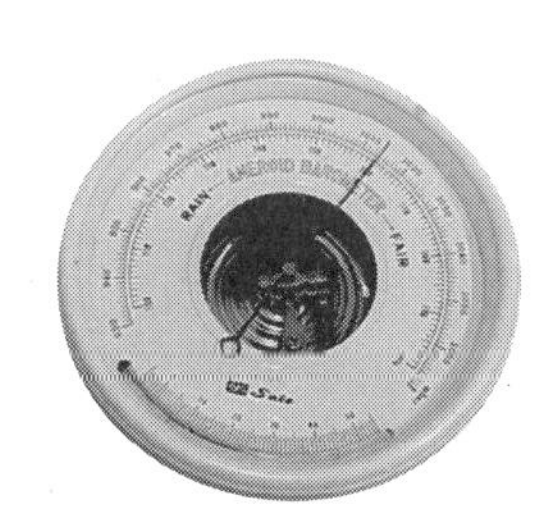

그림 2.13 기압계

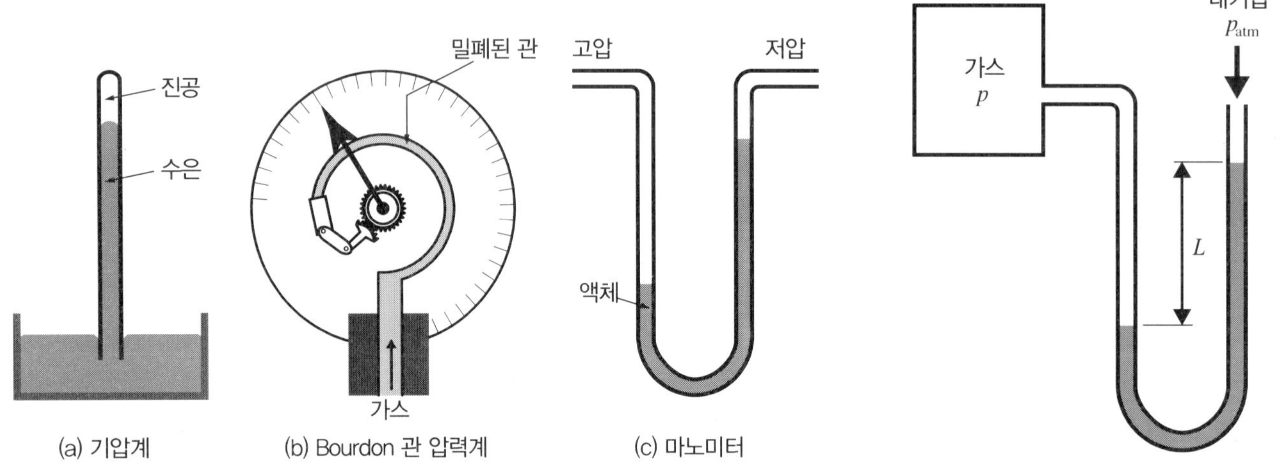

그림 2.14 각종 압력 측정 장치

그림 2.15 마노미터를 이용한 압력의 측정

이가 같게 된다. 어떤 용기 내의 가스의 압력을 측정하기 위해 그림 2.15와 같이 마노미터의 한 쪽은 대기에 그대로 노출 시킨 채 다른 한 쪽을 측정하고자 하는 용기와 연결한다. 만일 가스의 압력이 대기압보다 높으면 가스 압력의 작용을 받고 있는 부분의 액면이 내려가게 될 것이다. 두 압력이 작용하는 힘의 차이에 해당하는 액체의 무게에 해당하는 만큼 마노미터에 들어 있는 액체를 들어 올릴 것이다. 액체의 밀도를 ρ, 두 액면 사이의 높이 차이 즉 액주차를 L이라 하면 액면의 양쪽에 작용하는 힘 또는 압력의 차이는 다음과 같이 나타난다.

$$F_{\text{Gas}} - F_{\text{atm}} = mg = \rho Vg = \rho ALg \tag{2.8.4}$$

이 식의 양변을 단면적 A로 나누면 가스와 대기 사이의 압력차를 구할 수 있다.

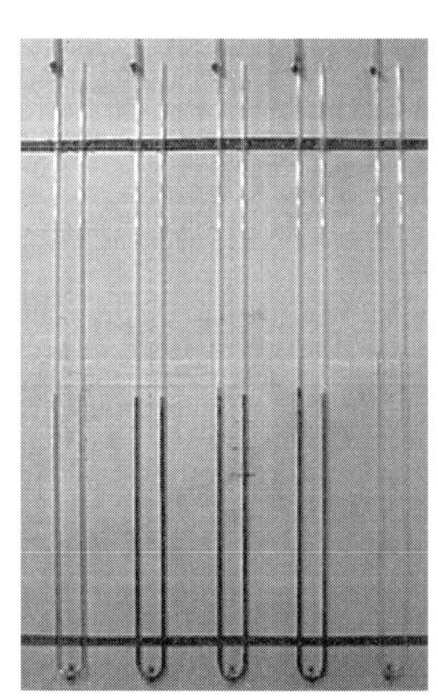

그림 2.16 실험실에 설치된 마노미터

$$\Delta p \equiv \frac{F_{\text{Gas}}}{A} - \frac{F_{\text{atm}}}{A} = \frac{\rho ALg}{A} = \rho Lg \tag{2.8.5}$$

따라서 가스의 압력과 대기 압력과의 차이는 마노미터 동작유체의 밀도와 액주차 및 중력 가속도의 곱으로 나타난다. 밀도와 중력 가속도를 일정한 값으로 간주하면, 두 액면의 높이의 차를 정확히 측정함으로써 가스의 압력과 대기압의 차이를 정확히 알 수 있다. 그림 2.16은 실험실에 설치되어 있는 마노미터들을 나타내는 것으로 측정 대상의 압력에 따라 마노미터의 동작유체를 수은, 물, 알코올 등을 사용하기도 한다.

마노미터의 예에서 본 바와 같이 액면의 양쪽에 대기압이 작용할 경우는 액면의 차이가 0이고 당연히 압력차는 0이 된다. 즉 마노미터는 측정 부위에 대기 압력이 작용하면 이를 0으로 나타낸다. 마노미터를 이용한 압력 측정에 있어서 알 수 있는 것은 측정 대상의 압력과 대기 압력과의 압력의 차이인 것이다. 일반적인 압력 측정 장치들은 마노미터와 같이 대기압을 기준으로 이 보다 압력이 얼마나 높은지 혹은 낮은지를 보여줄 뿐이다. 측정 대상의 압력이 대기압보다 낮다면 대기에 개방된 부분의 액면이 내려갈 것이다. 대기압을 기준으로(0으로) 하고 대기압과 측정 대상의 압력차를 나타낸 것을 **계기 압력**(Gauge Pressure)이라 한다. 대기 압력을 계기 압력으로 표시하면 0이 된다. 한편 절대 진공(Absolute Vacuum)의 상태를 0압력(Absolute Zero Pressure)으로 하고 이를 기준으로 압력값을 나타낸 것을 **절대 압력**(Absolute Pressure)이라고 한다. 절대 압력과 계기 압력은 다음의 관계를 갖는다.

$$\text{절대 압력} - \text{대기 압력} = \text{계기 압력} \\ p_{\text{abs}} - p_{\text{atm}} = p_{\text{gauge}} \tag{2.8.6}$$

측정 대상의 압력을 절대 압력으로 알고 싶다면 계기 압력을 측정한 후, 그 위치에서의 대기 압력을 더해야 한다. 측정 대상의 절대 압력이 대기압보다 낮다면 계기 압력은 음(Minus)의 수치를 갖게 된다. 이 경우 대기 압력보다 낮은 만큼의 진공도(Vacuum)를 갖는다고 한다. 그림 2.17은 절대 압력과 계기 압력의 관계를 나타내는 그림이다. 주어진 압력이 절대 압력인지 계기 압력인지를 구별하기 위해 압력의 단위 뒤에 절대 압력의 경우는 하첨자 a 또는 abs(예를 들어 3.2 Pa_{a} 또는 3.2 Pa_{abs})를 붙이고, 계기 압력의 경우는 g 또는 gauge를 붙여 구별한다(예를 들어 3.2 Pa_{g} 또는 3.2 Pa_{gauge}). 만일 압력값이 음의 값을 갖는다면 첨자 g 또는 gauge가 없어도 이는 명백히 계기 압력이다. 산업 현장에서 주로 쓰이는 압력은 측정값, 즉 계기 압력인 경우가 대부분이다. 그러나 계산 등을 위한 공식에 대입할 경우는 대부분 절대 압력을 사용해야 하므로 이 둘을 잘 구별하여 사용해야 한다(이 책의 예제에서는 별도의 언급이 없으면 절대 압력을 의미한다).

마노미터는 정상상태에 있는 측정 대상의 시간 평균적인 압력을 측정하는 손쉽고 정확한 도구이지만 엔진의 실린더 내의 압력 변화 등 아주 짧은 시간 동안의 압력 변화는 측정할 수 없다. 이러한 압력을 측정하기 위해서는 전자 장비를 이용해야 하는데 대표적인 것이 Strain Gauge 형식 또는 압전 형식(Piezoelectric Type)의 압력 변환기(Pressure Transducer)이다. 이 중 최근 많이 쓰이는 압전형 압력 변환기는 압력이 작용하면 두 개의 석영 판 사이의 전하의 양이 변화하는 성질을 이용하는 것이다. 이 장치는 전하 증폭기(Charge Amplifier)와 적절한 자료 취득 장치(Data Acquisition System)

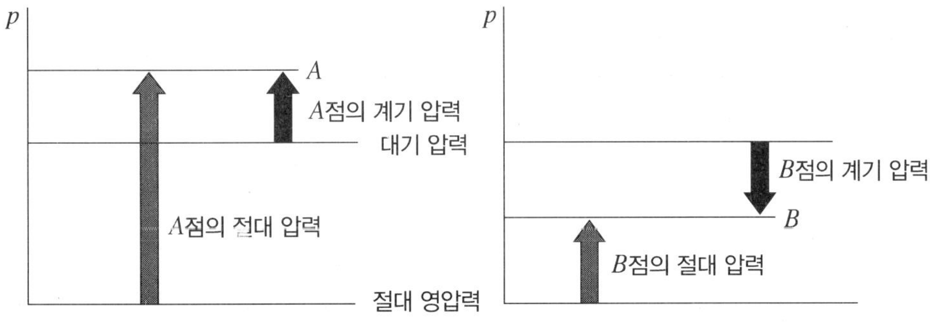

그림 2.17 절대 압력과 계기 압력

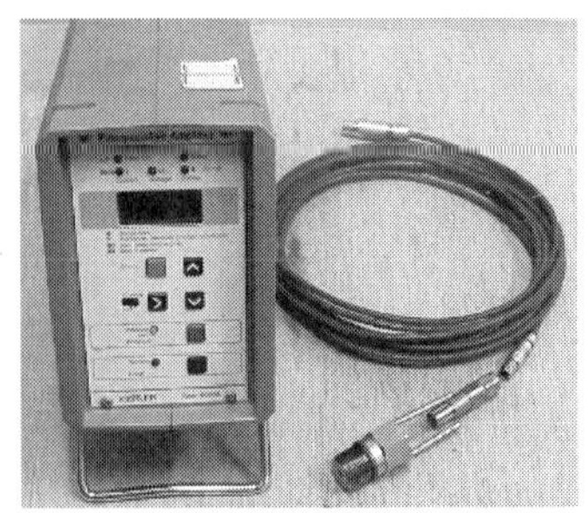

그림 2.18 압저항형 압력 변환기와 증폭장치

등과 함께 사용함으로써 순간적인 압력 변화를 채취할 수 있다. 압전형 압력변환기를 사용할 경우 대기 압력에 대한 보정이 필요하다. 절대 압력의 순간적인 변화를 보다 정확히 측정할 수 있는 압력 변환기로는 그림 2.18과 같은 압저항형 압력 변환기(Piezoresistive Type Pressure Transducer)가 있으며 이는 주로 상대적으로 작은 압력 변화의 범위에서 사용한다.

예제 2.4 표준 대기압

1표준 대기압은 중력 가속도가 9.806 65 m/s^2인 위치에서 0 ℃의 수은주(밀도 13.5951 g/cm^3)를 760 mm만큼 들어 올릴 수 있는 능력에 해당하는 압력으로 정의한다. 이 정의에 의해 1표준 대기압을 SI 단위로 계산하라. 아울러 이를 다시 psi로 환산하라.

풀이

$$\begin{aligned}
p_{\text{atm}} &= \frac{F_{\text{atm}}}{A} = \frac{mg}{A} = \frac{\rho V g}{A} = \frac{\rho A L g}{A} = \rho L g \\
&= \left(13.5951\,\frac{\text{g}}{\text{cm}^3}\right)(760\ \text{mm})\left(9.806\,65\,\frac{\text{m}}{\text{s}^2}\right) \\
&= (13.5951)(760)(9.806\,65)\frac{\text{g}}{\text{cm}^3}\,\text{mm}\,\frac{\text{m}}{\text{s}^2}\,\frac{1\ \text{kg}}{1000\ \text{g}}\left(\frac{100\ \text{cm}}{1\ \text{m}}\right)^3\frac{1\ \text{m}}{1000\ \text{mm}} \\
&= (13.5951)(760)(9.806\,65)\frac{1}{1000}\,100^3\,\frac{1}{1000}\,\frac{\text{kg}}{\text{s}^2\text{m}} = 101\,325\,\frac{\text{kg m}}{\text{s}^2}\,\frac{1}{\text{m}^2} = 101\,325\ \text{N}\frac{1}{\text{m}^2} \\
&= 101\,325\ \text{Pa}
\end{aligned}$$

이를 psi로 고치는 것은 다음의 과정을 거친다.

$$\begin{aligned}
101\,325\ \text{Pa} &= 101\,325\,\frac{\text{N}}{\text{m}^2} = 101\,325\,\frac{\text{kg m}}{\text{s}^2\text{m}^2} \\
&= 101\,325\,\frac{\text{kg}}{\text{s}^2\text{m}}\,\frac{1\ \text{lbm}}{0.453\,592\,37\ \text{kg}}\,\frac{0.3048\ \text{m}}{1\ \text{ft}} \\
&= 101\,325\,\frac{0.3048}{0.453\,592\,37}\,\frac{\text{lbm}}{\text{s}^2\text{ft}} = 68\,087.26\,\frac{\text{lbm ft}}{\text{s}^2\text{ft}^2} \\
&= 68\,087.26\,\frac{\text{lbm ft/s}^2}{\text{ft}^2} = 68\,087.26\,\frac{\text{lbm ft/s}^2}{\text{ft}^2}\,\frac{1\ \text{lbf}}{32.1740\ \text{lbm ft/s}^2} \\
&= \frac{68\,087.26}{32.1740}\,\frac{\text{lbm ft/s}^2}{\text{ft}^2}\,\frac{\text{lbf}}{\text{lbm ft/s}^2} = 2116.2\,\frac{1\ \text{lbf}}{\text{ft}^2}\left(\frac{1\ \text{ft}}{12\ \text{in}}\right)^2 \\
&= \frac{2116.2}{12^2}\,\frac{\text{lbf}}{\text{in}^2} = 14.696\ \text{psi}
\end{aligned}$$

예제 2.5 마노미터를 이용한 압력 측정

용기 안에 들어 있는 가스의 압력을 측정하기 위해 그림과 같이 마노미터를 설치하였다. 마노미터에는 비중이 13.6인 수은을 채워 넣었다. 용기 안의 압력을 측정한 결과 수은주의 높이 차이가 15 cm로 나타나고 있다. 용기 안에 있는 가스의 압력을 계기 압력과 절대 압력으로 계산하라. 현재 이 지점에서의 대기압력은 수은주로 750 mm이다.

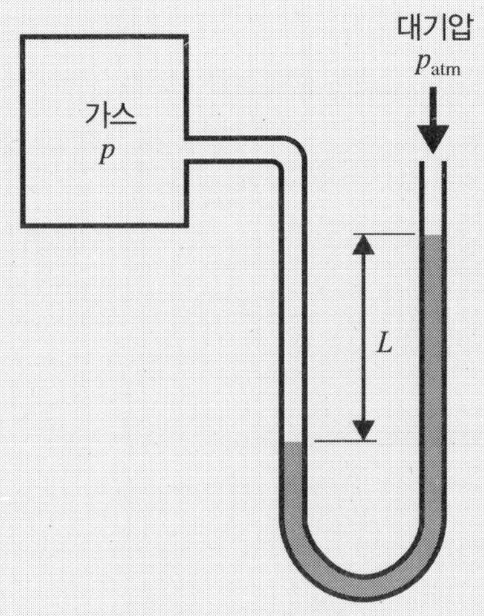

풀이

1. 관련 공식

가스의 계기 압력 $\Delta p = \rho L g$

가스의 절대 압력 $p_{abs} = \Delta p + p_{atm}$

2. 계산

가스의 계기 압력은 다음과 같이 구해진다.

$$p_{gas} = \Delta p = \rho L g = \left(13.6 \times 1000 \frac{\text{kg}}{\text{m}^3}\right)(0.15 \text{ m})\left(9.8 \frac{\text{m}}{\text{s}^2}\right) = 19\,992 \text{ Pa} = 20 \text{ kPa}$$

대기압을 SI 단위로 환산하면 다음과 같다.

$$p_{atm} = 750 \text{ mmHg} \frac{1.013\,25 \times 10^5 \text{ Pa}}{760 \text{ mmHg}} = 99\,992 \text{ Pa} = 100 \text{ kPa}$$

이를 이용해 용기 안의 가스의 절대 압력을 구할 수 있다. 즉,

$$p_{abs} = \Delta p + p_{atm} = 20 + 100 \text{ kPa} = 120 \text{ kPa}$$

예제 2.6 단위의 변환과 절대 압력, 계기 압력

다음의 그림은 타이어의 측면을 나타내고 있다. 여기서 1번항에 나타난 1230 lbs는 최대 하중을 나타내며 ② 번 항에 나타난 36 psi는 타이어 최대 공기압력을 계기 압력으로 나타내고 있다. 타이어 최대 공기압을 기압 단위로 계산하라. 또 타이어 최대 공기압을 절대 압력으로 표시하라. 아울러 최대 하중을 SI 단위로 표시하라.

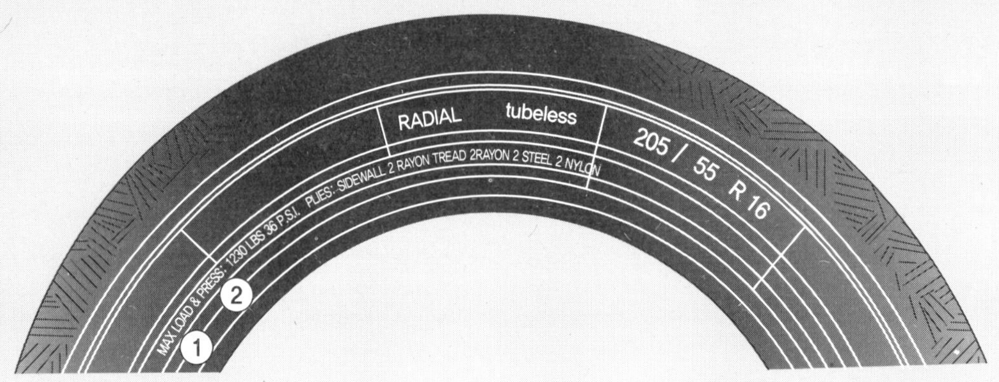

풀이

상쇄법에 의해 계기 압력으로 표시된 타이어 최대 공기압은 다음과 같이 간단하게 기압 단위로 표시할 수 있다.

$$\text{타이어 최대 공기압} = 36\ \text{psi}\,\frac{1\ \text{atm}}{14.696\ \text{psi}} = 2.45\ \text{atm}$$

즉 타이어 최대 공기압은 계기 압력으로 2.45 atm이다. 현재의 대기 압력에 대해 별도로 자료가 주어져 있지 않으므로 표준 대기압인 1 atm으로 간주하면 타이어 최대 공기압은 절대 압력으로 3.45 atm 이다.

최대 하중 역시 상쇄법을 이용해서 다음과 같이 간단하게 변환된다.

$$\text{최대 하중} = 1230\ \text{lbf}\,\frac{4.4482\ \text{N}}{1\ \text{lbf}} = 5471\ \text{N}$$

여기서 1 lbf가 SI 단위로 4.4483 N인 것은 표를 찾아서 알 수도 있지만 다음 과정을 통해 계산할 수도 있다.

$$1\ \text{lbf} = 32.1740\ \text{lbm}\frac{\text{ft}}{\text{s}^2} = 32.1740\ \text{lbm}\frac{\text{ft}}{\text{s}^2}\,\frac{0.453\,592\,37\ \text{kg}}{1\ \text{lbm}}\,\frac{0.3048\ \text{m}}{1\ \text{ft}}$$

$$= 32.1740 \times 0.453\,592\,37 \times 0.3048\ \text{kg}\frac{\text{m}}{\text{s}^2} = 4.4482\ \text{N}$$

2.8.3 온도

기체분자운동론의 관점에서 온도는 분자의 운동에너지에 관련한 양이다. 즉 온도는 가스 분자의 병진 운동에너지에 비례하는 물리량이다. 거시적으로 온도는 뜨거움(Hotness) 또는 차가움(Coldness)의 정도를 나타내는 양이다.

두 물체의 온도가 같은지 다른지를 알기 위해서 우리는 온도계를 사용한다. 그러나

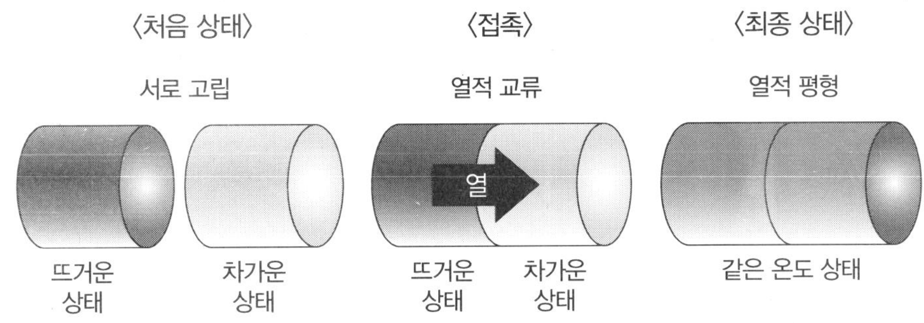

그림 2.19 열적 평형에 이르는 과정

온도와 온도계의 개념을 파악하기 위해서 우리가 통상적으로 알고 있는 온도계가 없는 상황이라고 생각하고 논의를 시작한다.

같은 온도와 열적 평형

서로 다른 온도를 갖는 두 개의 물체가 있다고 생각한다. 그림 2.19와 같이 이 두 물체를 열적 교류가 가능하도록 접촉시킨 후 두 물체의 변화를 관찰한다. 두 물체를 접촉시키면 뜨거운 물체에서 차가운 물체로 열, 즉 에너지가 흐르게 된다. 뜨거운 물체에서의 변화를 관찰하면 에너지를 잃음에 따라 물체의 체적 또는 길이가 줄어들고 전기저항도 작아지는 것을 관찰할 수 있다. 한편 차가운 물체는 뜨거운 물체로부터 에너지를 받음에 따라 체적 또는 길이가 증가하고 전기저항도 커지는 것을 알 수 있으며 에너지가 흐르는 동안 이 현상은 계속된다. 한참의 시간이 지나면 두 물체는 더 이상 에너지가 흐르지 않으며 체적 또는 길이 및 전기저항의 변화도 생기지 않는다. 이는 두 물체가 더 이상 열적 교류를 하지 않는다는 증거로 두 물체는 열적 평형(Thermal Equilibrium)을 이루고 있다고 한다. 즉 두 물체는 같은 온도 상태에 있는 것이다. 이와 같이 열적 교류가 가능한 상태에 있는 두 물체에 있어서 관찰 가능한 상태량의 변화가 더 이상 나타나지 않으면 두 물체는 열적 평형 상태에 있으며 같은 온도라고 한다.

열역학 제0법칙

이상의 설명에서 두 물체를 열적 교류가 가능한 상태에 두었을 때 관찰 가능한 상태량에 변화가 없으면 두 물체는 같은 온도에 있다고 한다라고 하였다. 만일 A와 B 두 물체의 온도를 비교하고자 하는데 이 두 물체를 열적 교류가 가능한 상태, 즉 접촉을 시킬 수 없는 경우를 생각하자. 이 경우의 비교를 위해 우리는 A와도, 또 B와도 열적 교류가 가능한 C라는 제 3의 물체를 동원한다. C 눌체를 A 물체와 열적 교류가 가능한 상태로 했을 때 관찰 가능한 상태량에 변화가 없음을 확인하고, 또 C 물체와 B 물체 사이에서도 동일한 결과를 얻게 되면 우리는 A와 B 두 물체를 직접적으로 비교하지 않고도 두 물체의 온도가 같다는 사실을 알게 된다. 이는 온도 측정에 있어서 아주 중요한 원리로 이를 **열역학 제0법칙**(The Zeroth Law of Thermodynamics)이라 하고 다음과 같이 정리하여 표현한다.

> **두 물체가 각각 제3의 물체와 열적 평형을 이루면 두 물체는 서로 열적 평형 상태에 있다.**

이는 온도 측정의 기본이 되는 원리로 여기서 제 3의 물체가 온도계(Thermometer)가 된다. 이 법칙은 1930년대에 정립되었으며 그 이전에 이미 정립된 열역학 제1, 2법칙에 선행되는 원리이다. 따라서 제1법칙에 앞서 제0법칙이라 부르게 되었다.

온도 척도

온도 척도(Temperature Scale)는 온도의 크기를 정하는 약속으로 미터법을 쓰는 지역에서는 전통적으로 섭씨 온도 척도(Celsius Scale)를, 영국 공학 단위계를 쓰는 지역에서는 화씨 온도 척도(Fahrenheit Scale)를 사용하여 왔다. 섭씨 온도 척도는 물의 빙점(Ice Point)을 0으로, 비등점(Steam Point)을 100으로 하는 두 개의 정점(Fixed Point)을 사용하고 빙점과 비등점 사이를 100등분하여 그 하나를 1도(Degree)의 크기로 하였다. 화씨 온도 척도는 소금물의 빙점을 0으로 하는 등 다른 관점에서 온도의 크기를 정하였다. 이 두 온도 척도는 임의의 상태를 0으로 하므로 어떤 상태에서는 음의 값을 갖게 된다. 즉 섭씨 온도는 −273.15의 값까지 음의 값을 갖게 되며 화씨 온도의 최소값은 −459.67의 값을 갖게 된다. 이에 반하여 내부에너지가 최소로 되는 점을 0의 값으로 하는 온도 척도를 절대 온도 척도(Absolute Temperature Scale)라 한다. 섭씨 온도에 대응하는 절대 온도 척도는 Kevin 온도 척도이며, 화씨 온도 척도에 대응하는 것은 Rankine 온도 척도이다. Kelvin 온도 척도는 섭씨 온도와 마찬가지로 물의 빙점과 비등점 사이의 차이가 100이 된다. 화씨 온도와 Rankine 온도는 빙점과 비등점 사이의 차이가 180이 된다. 표 2.3은 각 온도 척도 사이의 관계를 나타내고 있으며 그림 2.20은 이를 그림으로 표시한 것이다. Kelvin 온도 척도는 **열역학적 절대 온도 척도**(Thermodynamic Temperature Scale)라고도 하며 온도계를 구성하는 동작유체의 영향을

표 2.3 온도 척도 사이의 관계

온도 척도	섭씨(°C)	Kelvin(K)	화씨(°F)	Rankine(°R)
Absloute Zero	−273.15	0	−459.67	0
어는점(Ice Point)	0	273.15	32	491.67
끓는점(Steam Point)	100	373.15	212	671.67
어는 점과 끓는 점 사이의 간격	100		180	
관계	T(°C) = T(K) − 273.15		T(°F) = T(°R) − 459.67	

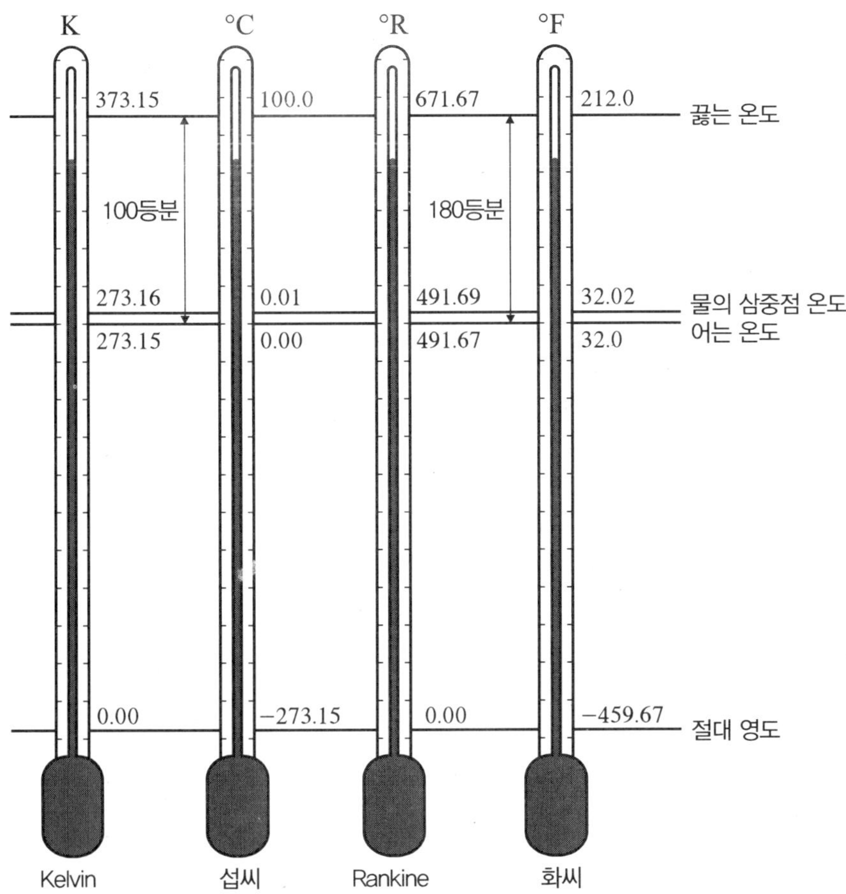

그림 2.20 온도 척도 사이의 관계

받지 않는 특성을 가지고 있으나 여기서는 더 자세히 논하지 않는다. Kelvin 온도는 국제 단위계의 기준 온도로 종래의 섭씨 온도 척도와 같이 빙점과 비등점 2개의 정점을 갖지 않고 물의 삼중점(Triple Point) 하나만을 단일 정점으로 가지고 이 상태의 온도값을 273.16으로 정하였다. 2019년 이후에는 Boltzmann 상수를 이용한 정의를 적용한다. 섭씨 온도와 화씨 온도의 표기에 있어서는 0 ℃, 32 ℉, 457.98 °R 등과 같이 "도"의 표기를 하나 Kelvin 절대 온도에 있어서는 273.15 K와 같이 "도"의 표기를 별도로 하지 않음을 유의하라.

온도 척도 사이의 관계는 다음 식으로도 표시할 수 있다.

$$T(°\mathrm{R}) = \frac{180}{100}\,T(\mathrm{K}) = 1.8\,T(\mathrm{K}) \tag{2.8.7}$$

$$T(°\mathrm{F}) = \frac{180}{100}\,T(°\mathrm{C}) + 32 \tag{2.8.8}$$

온도의 측정

온도를 측정하는 가장 일반적인 방법을 생각하자. 뜨거운 물의 온도를 측정하고자 할 때 알코올 온도계를 물속에 넣으면 알코올의 액주가 올라가서 한 동안의 시간이 흐른 뒤에는 변화를 멈춘다(즉 열적 교류가 가능한 상태에서 관찰 가능한 상태량의 변화가 없다). 이 순간 알코올 액면과 일치하는 눈금을 읽어 우리는 몇 도라 얘기한다. 여기서 우리가 관찰한 것은 온도라기보다는 사실은 알코올의 길이 또는 체적의 변화를 측정하고, 길이 변화에 대응하여 약속된 수치를 온도로 간주한 것이다. 이와 같이 온도 측정에 있어서는 온도 변화에 따라 비례적으로 변화하는 동작유체의 상태량의 변화를 계측하고 약속에 따라 이를 온도로 환산하여 표시하는 것이다. 이와 같이 온도 변화에 따라 비례적으로 변화하여 온도 측정 수단으로 사용할 수 있는 물질을 **온도 계측 물질**(Thermometric Substance)이라 한다. 온도 계측 물질이 될 수 있는 것으로 알코올, 수은 등이 봉상 온도계(Liquid-in-Glass Thermometer)의 작업유체로 쓰이며 이는 길이 또는 체적의 변화를 이용하는 것이다. 그 외에 이상기체의 체적이 일정할 때 이상기체의 온도와 압력이 비례하는 특성을 이용한 정적 이상기체 온도계(Constant Volume Ideal Gas Thermometer)를 구성할 수 있다. 또한 온도에 따른 저항의 변화를 이용하는 백금 저항 온도계(Pt-Resistance Thermometer)도 널리 쓰이고 있다. 산업 현장 또는 일상생활에서 가장 널리 쓰이는 것으로는 서로 다른 두 금속선의 양 끝에 접점을 만들었을 때 양 접점 사이의 온도차에 비례하는 만큼의 기전력이 발생하는 효과를 이용한 **열전대**(Thermocouple)가 있다. ISO(International Standard Organization)에는 8종의 열전대가 규정되어 있으며 그 중 가장 많이 쓰이는 것은 K-Type과 T-Type의 열전대이다. K-Type의 열전대는 크로멜과 알루멜의 서로 다른 금속선을 쓰는 열전대로 비교적 고온의 온도측정이 가능하다. T-Type의 열전대는 구리와 구리-니켈 합금의 조합으로 K-Type에 비해 상대적으로 저온의 온도측정에 적합하다. 그 외 빛의 복사 또는 자기 효과를 이용해서도 온도를 계측할 수 있다. 그림 2.21은 백금 저항 온도계와 열전대의 사진을 보여주고 있다.

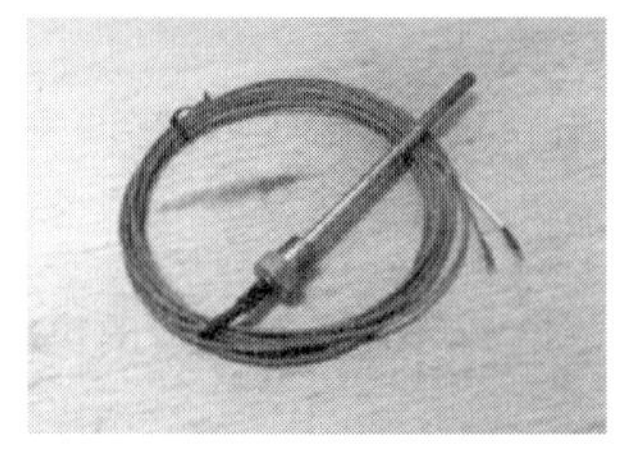

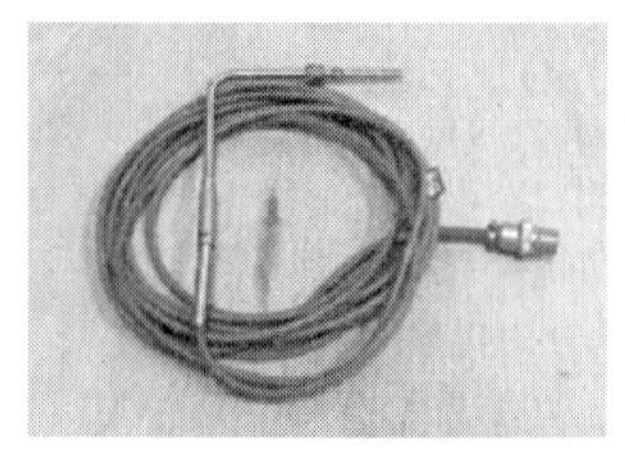

그림 2.21 백금 저항 온도계와 열전대

2장 개념문제

1. 해석의 대상을 설정하는 요령과 해석의 대상인 밀폐 시스템과 검사체적의 특징과 차이에 대해 설명하라.
2. 고전열역학의 접근 방법과 고전열역학을 적용할 수 있는 조건에 대해 설명하라.
3. 연속체의 개념에 대해 설명하라.
4. 고상, 액상 및 기상의 특징을 설명하라.
5. 상태량의 개념을 설명하라.
6. 강도성 상태량과 종량성 상태량의 개념을 설명하고 각각의 예를 제시하라.
7. 독립상태량의 개념을 설명하라.
8. 과정 중 열역학적 사이클과 정상상태 과정을 설명하라.
9. 평형상태의 개념을 설명하라.
10. 시스템의 상태량을 설명하라.
11. 준평형 과정의 개념에 대해 설명하라.
12. SI 단위계와 FPS 단위계의 차이를 설명하라.
13. SI 단위계의 기본 단위와 보조 단위(무차원 유도 단위) 및 유도 단위의 개념을 설명하라.
14. SI 단위계의 7개의 기본 단위를 설명하라.
15. SI 단위를 올바르게 사용하는 방법을 설명하라.
16. 영국 단위계의 4가지 기본 단위에 대해 설명하라.
17. 무게 1 lb와 질량 1 lb의 관계에 대해 설명하라
18. 밀도와 비체적, 몰밀도와 몰비체적의 구분과 각각의 단위에 대해 설명하라.
19. 한 점에서의 압력의 개념과 단위를 설명하라.
20. 대기압을 측정하는 방법을 설명하고 1 표준 대기압의 크기를 여러 가지 단위로 설명하라.
21. 마노미터를 사용해서 압력을 측정하는 방법에 대해 설명하라.
22. 계기 압력과 절대 압력에 대해 설명하라.
23. 여러 가지 압력 측정 장치에 대해 설명하라.
24. 열적 평형의 개념에 대해 설명하라.
25. 열역학 제0법칙에 대해 설명하라.
26. 여러 가지 온도 측정 장치에 대해 설명하라.
27. 각종 온도 척도에 대해 설명하라.

2장 연습문제

2.1 미국으로 향하는 비행기 안에서 다음과 같은 안내 방송이 나오고 있다.

"지금 우리 비행기는 고도 30 000 ft로 565 mph의 속도로 운항 중 입니다. 목적지인 뉴욕까지 약 500 mile 정도 남았습니다. 뉴욕은 현재 맑은 날씨이며 기온은 90°F입니다."

이 설명에서 나오는 FPS 단위를 모두 SI 단위로 환산하라. 이 비행기의 속도를 시속과 함께 초속으로도 계산하라.

2.2 평균 해수면에서 중력 가속도는 9.806 65 m/s^{2}이고, 고도 100 km에서 중력 가속도는 9.767 m/s^{2}이다. 몸무게가 65 kg인 사람의 평균 해수면에서의 몸무게와 고도 100 km에서의 몸무게를 계산하고 비교하라.

2.3 기압계로 잰 현재의 대기 압력은 수은주의 높이로 752 mm를 나타내고 있다. 어떤 용기 내의 가스의 압력은 Bourdon 압력계로 1.2 kg/cm^{2}를 표시하고 있다. 용기 내의 가스의 압력을 계기 압력과 절대 압력으로 표시하라.

2.4 용기 안에 계기 압력 5 kPa의 압력을 가진 가스가 들어 있다. 이 가스의 압력을 마노미터를 이용해서 측정하고자 한다. 마노미터 안에 물을 채웠을 경우와 수은을 채웠을 경우 마노미터 액주의 높이 차이는 각각 얼마로 예상되는가?

2.5 수은을 채운 마노미터를 이용해서 용기 내 가스의 압력을 측정하고 있다. 두 개의 유리관이 평행으로 세워진 마노미터의 액주차가 15 mm로 나타나고 있다. 이 마노미터의 한쪽 유리관을 수평과 45도의 각도를 이루도록 뉘였을 때 동일한 측정 대상에 대해 마노미터 눈금 차이는 얼마로 나타나겠는가?

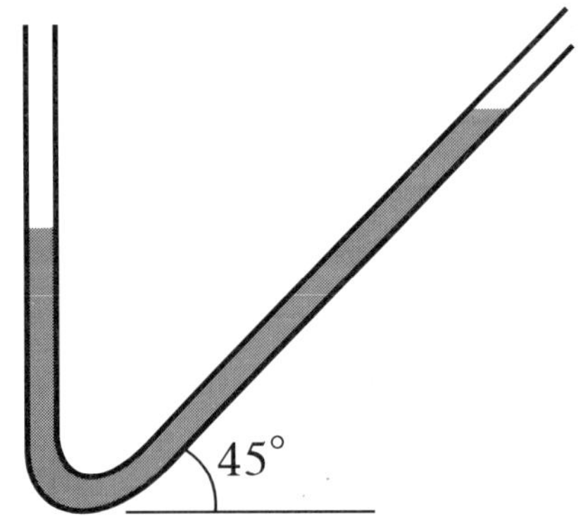

2.6 어떤 용기 안에 오존이 100 kg 들어 있다. 이 용기 안에 들어 있는 오존 분자는 몇 몰인지 계산하라. 아울러 이 용기 안에는 산소 원자가 몇 몰이 들어 있는지도 계산하라.

3 에너지

열역학은 그 정의에서 에너지와 엔트로피에 관한 학문이라고 한 바 있다. 이 단원에서는 여러 가지 형태의 에너지에 관해 공부한다. 에너지의 개념은 일상 생활을 통해 너무나도 익숙한 개념이므로 굳이 정의할 필요가 있지는 않으나 물리학에서는 일을 할 수 있는 능력이라고 정의하기도 한다. 여기서는 아직 일에 대해 정의하지 않았으므로 에너지를 어떤 효과를 낼 수 있는 능력이라고 정의하기로 한다. 시스템 또는 입자가 운동할 수 있는 능력, 특정한 위치를 유지할 수 있는 능력, 어떤 결합 상태를 유지할 수 있는 능력, 일정 수준의 뜨거움을 유지할 수 있는 능력 등은 모두 에너지와 관련이 있다고 할 수 있다.

3.1 시스템의 에너지

에너지는 크게 나누어 시스템의 경계 내에 저장되어 있는 에너지(Energy Stored in the System)와 시스템의 경계를 넘는 에너지(Energy crossing the Boundary)의 두 가지로 나눌 수 있다.

시스템의 경계 안에 저장되어 있는 에너지는 **시스템의 에너지**(Energy of System)라 하며 시스템 전체로서의 **운동에너지**(Kinetic Energy), 시스템 전체로서의 **위치에너지**(Potential Energy)가 가장 대표적인 예이다. 이들의 크기는 이미 잘 알고 있는 양으로서 시스템의 질량과 속도 및 높이 등을 알고 있다면 다음 식으로 쉽게 계산할 수 있는 거시적인 양이다.

$$\text{운동에너지} \quad KE = \frac{1}{2}mV^2 \tag{3.1.1}$$

$$\text{위치에너지} \quad PE = mgZ \tag{3.1.2}$$

시스템이 정지하고 있으면 시스템 전체로서의 운동에너지는 0이라 할 수 있을 것이다. 그러나 시스템 자체는 정지 상태에 있다 하더라도 시스템을 구성하고 있는 분자 수준까지 관찰하게 되면 분자 하나하나의 운동을 관찰할 수 있을 것이고, 이것 역시 운동에너지이다. 즉 분자 각각의 병진 운동에너지(Molecular Translational Kinetic Energy)를 관찰할 수 있다. 이와 함께 분자들 간의 서로 상대적인 위치를 유지하게 할 수 있는 분자 상호 간의 위치에너지(Intermolecular Potential Energy)의 존재를 식별할 수 있다. 개별 분자들을 조금 더 세밀하게 관찰하면 개별 분자들이 가지고 있는 여러 가지 형태의 에너지들(Intramolecular Energy)을 관찰할 수 있다. 이들은 핵에너지, 전자의 에너지, 진동에 관련한 에너지 등이다. 이와 같은 형태의 에너지들 — 분자 각각의 병진 운동에너지, 분자 상호 간의 위치에너지 및 개별 분자들이 가지고 있는 에너지들 — 을 통틀어 **내부에너지**(Internal Energy)라 한다. 이를 정리하면 시스템의 에너지는 시스템 전체로서의 운동에너지와 시스템 전체로서의 위치에너지 및 내부에너지의 합으로 표시된다고 할 수 있다. 시스템의 에너지를 기호 E로, 내부에너지를 기호 U로 표시하면 이들 사이의 관계는 다음과 같다.

$$E = U + KE + PE = U + \frac{1}{2}mV^2 + mgZ \tag{3.1.3}$$

위에서 내부에너지의 속성을 미시적으로 간략하게 설명하였다. 거시적인 관점에서의 내부에너지는 시스템의 에너지에서 시스템 전체로서의 운동에너지와 시스템 전체로서의 위치에너지를 제외한 나머지 모든 형태의 에너지라고 표현할 수 있다. 그림 3.1은 이 관계를 표시한다.

운동에너지, 위치에너지 및 내부에너지는 모두 종량성 상태량이고 이들의 합인 시스템의 에너지도 결과적으로 종량성 상태량이다. 이들의 단위는 모두 에너지의 단위인 N m 또는 J이다.

에너지가 경계를 넘어 설 때 이를 열 또는 일이라 부른다. 시스템과 주위 사이에 온

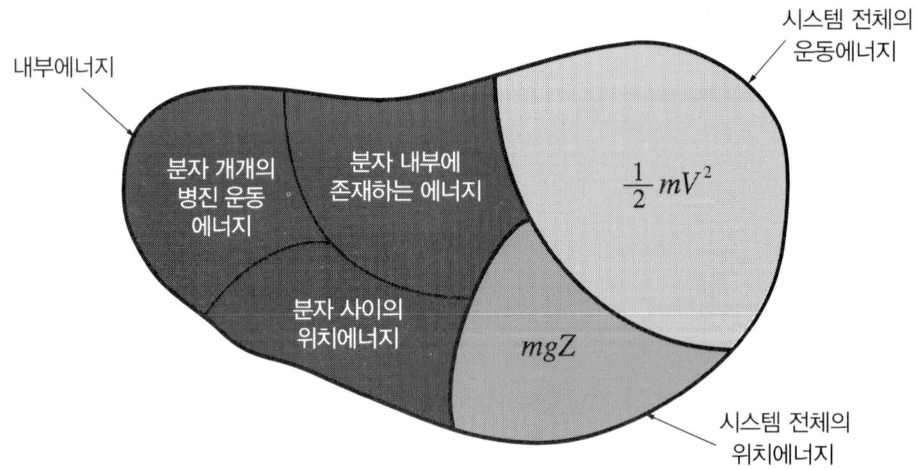

그림 3.1 시스템의 에너지

도차가 있으면 시스템의 경계를 넘어 시스템에서 주위로, 또는 주위에서 시스템으로 에너지가 흐르며 이를 **열전달**(Heat Transfer)이라 한다. 온도차 이외의 원인에 의해 에너지가 경계를 넘어설 때 이를 **일**(Work)이라 한다. 이 단원에서는 일과 열의 특성에 대해서 자세히 다루기로 한다. 둘 사이의 차이점을 설명하기에 앞서 일과 열 둘 모두 경계를 넘어서는 에너지라는 공통점을 가지고 있으며 경우에 따라 다른 이름을 붙였을 뿐이라는 것을 지적한다. 즉 온도차에 의해 에너지가 경계를 넘어서면 이를 열전달이라 하고, 온도차 이외의 원인에 의해 (이 원인은 역학적 원인이다) 에너지가 경계를 통해 이동하면 이를 일이라 부른다. 일과 열은 경계에서만, 그리고 경계를 넘어설 때만 관찰되는 현상이므로 경계현상(Boundary Phenomenon) 또는 과도현상(Transient Phenomenon)이라 한다. 둘 다 모두 경로함수이며 불완전 미분이다.

예제 3.1 운동에너지

질량이 1200 kg인 자동차가 있다. 정지상태에서 60 km/h로 가속하였다. 이 자동차의 운동에너지 변화를 계산하라.

풀이

1. 관련 공식

운동에너지 $KE = \frac{1}{2}mV^2$

운동에너지 변화 $\Delta KE = \frac{1}{2}mV_2^2 - \frac{1}{2}mV_1^2$

2. 계산

처음 상태는 정지 상태이므로 속도가 0이다. 60 km/h로 주어진 나중 상태 속도는 상쇄법을 이용하여 초속으로 바꿀 수 있다.

$$60\ \frac{\text{km}}{\text{h}}\frac{1000\text{ m}}{1\text{ km}}\frac{1\text{ h}}{3600\text{ s}} = 16.7\ \frac{\text{m}}{\text{s}}$$

운동에너지 변화

$$\begin{aligned}\Delta KE &= \frac{1}{2}mV_2^2 - \frac{1}{2}mV_1^2 = \frac{1}{2}m(V_2^2 - V_1^2)\\ &= \frac{1}{2}(1200\text{ kg})[(16.7\text{ m/s})^2 - 0] = 167\,334\text{ J} = 167\text{ kJ}\end{aligned}$$

3.2 일

3.2.1 일의 열역학적 정의

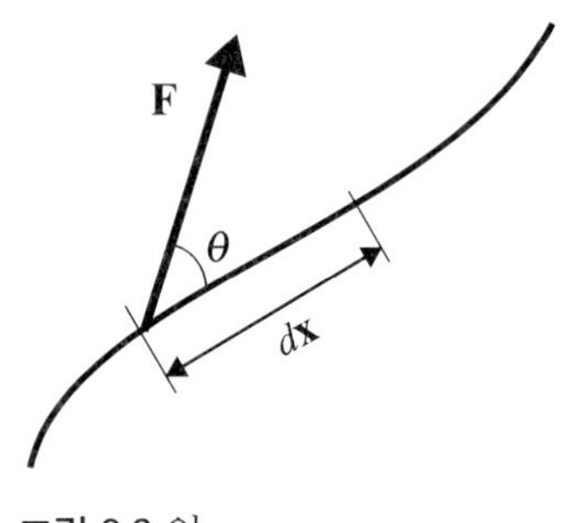

그림 3.2 일

일반물리학 등에서는 그림 3.2와 같이 변위를 통해 힘이 작용할 때 일이 행해졌다고 하며, 추와 같이 어떤 무게가 들어 올려지는 것, 축의 회전, 전기에너지의 흐름, 자기 효과 등은 모두 일에 해당한다고 설명하고 있다. 역학적으로 일의 크기는 힘과 변위를 이용하여 다음과 같이 표시된다.

$$W = \int_1^2 \mathbf{F} \cdot d\mathbf{x} = \int_1^2 F\cos\theta\, dx \qquad (3.2.1)$$

미시적인 관점에서 볼 때 전기에너지에서는 전하에 작용하는 힘과 전하의 이동이라는 변위가 관찰된다. 축의 회전은 회전력이라는 힘과 각변위라는 변위가 존재하는 현상으로서 일을 구성한다. 그러나 우리는 거시적인 관점에서 열역학을 다루므로 거시적으로 확실하게 힘과 변위가 관찰되지 않는 전기에너지 등을 다루기 위해 또 다른 형식의 일의 정의, 즉 일의 열역학적인 정의가 필요하게 된다. 일의 열역학적 정의는 다음과 같다.

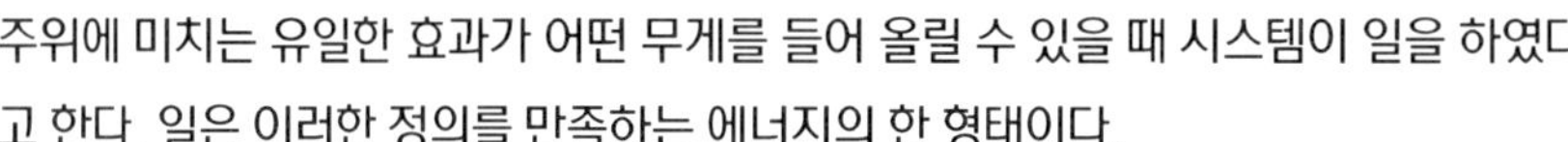

주위에 미치는 유일한 효과가 어떤 무게를 들어 올릴 수 있을 때 시스템이 일을 하였다고 한다. 일은 이러한 정의를 만족하는 에너지의 한 형태이다.

위의 정의에서 주의할 점은 **무게를 들어 올릴 때**라고 하지 않고 **무게를 들어 올릴 수 있을 때**라고 한 점이다. 이는 무게를 직접적으로 들어 올리지 않더라도 최종적인 효과가 무게를 들어 올릴 수 있으면 일이 된다는 것이다. 몇 가지 예를 들어 본다.

먼저 그림 1.2와 같은 실린더-피스톤 기구를 생각한다. 실린더에 열을 가해서 가스가 팽창하면 피스톤과 함께 추가 들어 올려진다. 여기서 추와 피스톤은 아래로 향하는 힘(무게)을 가지고 있고, 들어올려지는 변위가 존재하므로 이 장치에서 가스의 팽창은 명백히 일을 구성한다.

다음으로 축의 회전을 생각한다. 그림 3.3(a)에서와 같이 경계에서 축이 회전하는 경우 보는 같이 각도를 달리하여 장치의 오른쪽에서 축의 단면에 수직인 방향으로 관찰하면 회전력과 각변위가 관찰된다. 그러나 이 그림에 나타난 것처럼 정면에서 관찰하면 힘과 변위의 직접적인 관찰이 곤란하다. 이때 그림 3.3(b)처럼 축에 풀리(Pulley)가 달려있다고 생각하고, 그 풀리에 로프가 감겨 있으며 로프 끝에 무게를 가진 추가 달려있다고 생각한다. 그러면 축의 회전에 의해 풀리가 회전하고 최종적으로 로프를 통해 무게를 들어 올리는 효과를 낼 수 있다. 다시 말해 경계에서의 축의 회전이 곧 무게를 들어 올리는 것은 아니지만 무게를 들어 올리는 효과를 낼 수 있다. 따라서 일의 열역학적 정의에 따라 경계에서의 축의 회전은 일이라 볼 수 있다. 이를 특히 **축일**(Shaft

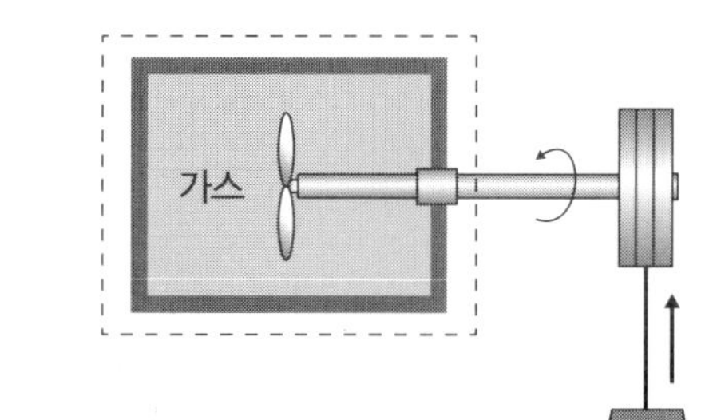

그림 3.3 시스템 경계에 축일이 작용하는 경우

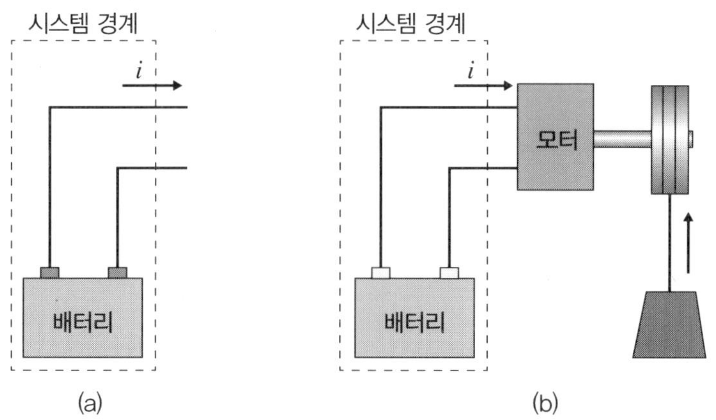

그림 3.4 시스템 경계에 전기적인 일이 작용하는 경우

Work)이라 한다.

경계를 통해 흐르는 전기에너지도 이와 같이 생각할 수 있다. 그림 3.4(a)와 같이 경계를 넘는 전기에너지를 일이라 볼 수 있는지 생각한다. 전기에너지 자체가 직접 무게를 들어 올리는 것은 아니다. 그러나 그림 3.4(b)와 같이 이 전기에너지로 모터를 구동하고 이 모터의 축에 풀리를 달고, 앞서와 같이 로프 및 추를 설치하면 같은 논리로 시스템의 경계를 흐르는 전류는 일을 구성한다고 볼 수 있다. 즉 전기에너지 자체가 직접 무게를 들어 올리는 것은 아니나 무게를 들어 올리는 효과를 낼 수 있으므로 전기에너지는 일로 구분할 수 있다.

일의 단위는 힘과 변위의 곱으로서 N m가 되며 1 N m를 1 J이라 한다. 여기서 일의 부호에 대해 약속을 할 필요가 있다. 이 책에서는 시스템이 주위에 대해 일을 하였을 때를 양(Positive, Plus)으로 한다. 반대로 주위가 시스템에 대해 일을 할 경우 음(Negative, Minus)의 부호를 갖는 것으로 한다. 시스템이 양의 일을 하면 그 만큼 시스템의 에너지가 감소하며 반대로 시스템이 음의 일을 하면(즉 주위가 시스댐에 대해 일을 하면) 그 만큼 시스템의 에너지는 증가하게 된다. 그림 3.5는 이것을 표시한다.

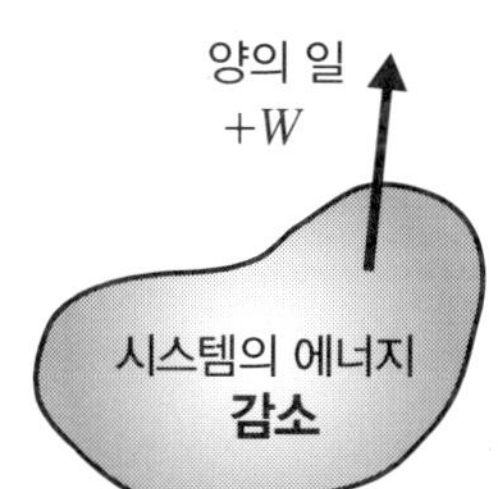

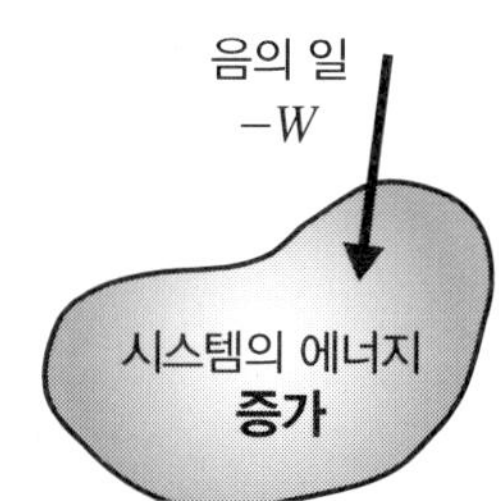

그림 3.5 일의 부호 약속

3.2.2 일의 계산

일의 크기는 식 (3.2.1)과 같이 힘과 변위의 곱으로 표시하는 것이 일반적이다. 그러나 열역학에서는 압력, 체적 등과 같은 상태량의 항으로 표시하는 것이 더욱 편리하다. 그림 3.6의 아래 그림과 같은 실린더-피스톤 장치를 생각한다. 최초의 위치(1 상태)에서 피스톤을 밀어 실린더 내에 있는 가스를 압축하는 과정을 고려한다. 압축을 통해 실린더 내 가스의 압력은 증가하고 체적은 감소한다. 이 과정은 준평형 과정으로 그림 3.6의 **압력-체적 선도**(Pressure-Volume Diagram) 상에 나타난 경로를 따라 일어난다. 최종 상태를 2 상태로 표시한다. 피스톤의 미소 변위 dx 동안의 실린더 내 가스의 체적 변화는 dV가 되며 그 순간의 압력을 p라 하면 미소 변위 dx를 통한 일, 즉 미소 일(Differential Work)은 다음과 같이 나타난다.

$$\delta W = \mathbf{F} \cdot d\mathbf{x} = pA \cdot dx = pdV \tag{3.2.2}$$

1 상태에서 2 상태까지의 일의 총량은 위의 식을 적분함으로써 구할 수 있다. 즉

$$W_{12} = \int_1^2 \delta W = \int_1^2 pdV \tag{3.2.3}$$

이 식의 우변은 압력-체적 선도 즉 $p-V$ 선도 상에서 1 상태부터 2 상태까지의 과정을 나타내는 곡선의 아랫부분의 면적에 해당한다. 즉 일의 양은 압력-체적 선도와 다음과 같은 관계를 갖는다.

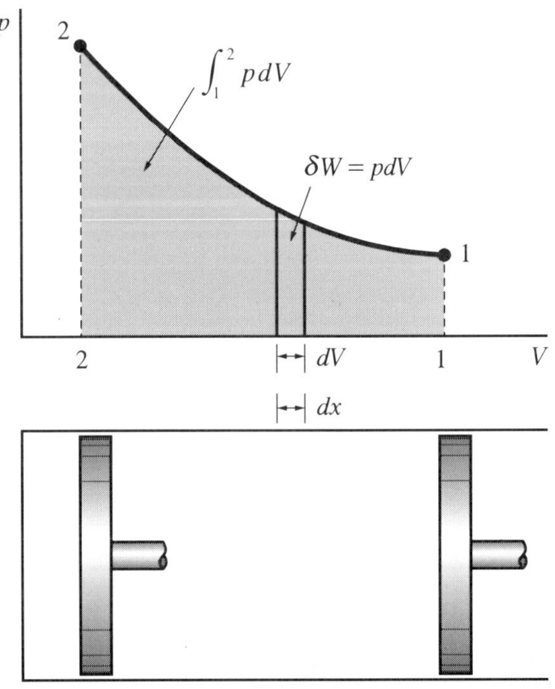

그림 3.6 일의 계산

준평형 과정을 겪는 시스템의 움직이는 경계에서 행해진 일은 압력-체적 선도에서 과정을 나타내는 곡선의 아랫부분의 면적과 같다.

그림 3.6과 같은 경우 1 상태에서 2 상태까지의 과정을 겪는 동안 체적이 감소하였으므로 dV는 음이 되며 결과적으로 δW 역시 음이 된다. 즉 이때의 일은 주위가 시스템에 대해 행한 일이 된다. 만일 과정이 2 상태부터 1 상태로 진행된다면 이 과정 중 체적은 증가하고 따라서 dV는 양이 되며 일의 크기 역시 양이 된다. 즉 시스템이 주위에 대해 일을 하는 것이 된다. 정리하면 시스템이 팽창(Expansion)할 때 시스템은 주위에 대해 일을 하며, 주위에서 시스템에 일을 행함으로써 시스템은 압축(Compression) 된다. 만일 체적의 변화가 없으면 $dV = 0$이 되며 결과적으로 일의 양은 0이 된다. 이를 **정적 과정**(Constant Volume Process)이라 한다.

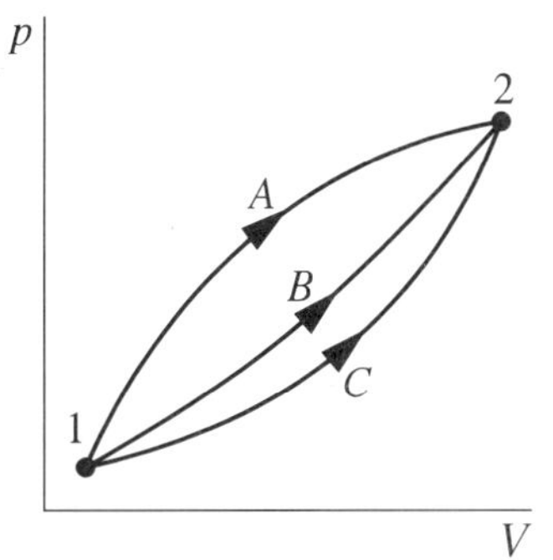

그림 3.7 경로함수로서의 일

그림 3.7은 처음 상태와 나중 상태가 동일하나 서로 다른 경로를 따라 진행되는 세 개의 과정을 나타내고 있다. 시스템이 행한 일의 크기는 각 과정을 나타내는 곡선의 아랫부분의 면적이므로 처음과 나중 상태가 같더라도 거쳐 간 경로에 따라 일의 양은 달라진다. 즉

$$W_{12,A} > W_{12,B} > W_{12,C}$$

따라서 일은 경로함수이며 불완전 미분이다. 이 책에서는 불완전 미분인 일의 미소량을 표시할 때 dW가 아닌 δW로 표시하여 완전 미분인 상태량의 미소 변화를 나타내는 기호 d와 구분하도록 한다.

일의 크기를 산정하는데 있어서 시간의 개념을 포함해야 할 경우가 있다. 즉 단위 시간 동안에 얼마만큼의 일을 했는지가 관심의 대상이 될 수 있으며, 이를 위해 **동력**(Power)의 개념을 도입한다. 동력은 일의 시간에 대한 변화율로서 다음과 같이 정의한다.

$$\dot{W} = \lim_{\delta t \to 0} \frac{\delta W}{\delta t} \tag{3.2.4}$$

동력을 상태량을 이용하여 표시하면 다음과 같다.

$$\dot{W} = pAV \tag{3.2.5}$$

여기서 V는 속도이다.

위의 식에서 동력의 단위는 J/s인 것을 알 수 있으며 이를 W(Watt)로 표시한다. 동력의 단위를 영국 단위계를 이용하여 표시하면 ft lbf/s 또는 Btu/s이다. 동력의 단위로 관습적으로 사용해 온 마력(Horse Power)은 동력의 다른 단위들과 다음의 관계를 갖는다.

1 hp = 550 ft lbf/s = 745.699 W (영국 마력)
1 hp = 735.499 W (프랑스 마력)

상태량을 이용해서 일의 양을 계산하기 위해서는 식 (3.2.3)을 사용하며, 이는 압

력–체적 선도에 있어서 압력과 체적의 관계를 나타내는 곡선의 아랫부분의 면적에 해당한다는 것을 이미 지적하였다. 이와 같이 일의 계산에 있어 압력–체적 선도를 직접 이용하여 구할 수도 있지만, 압력과 체적의 관계가 수학적인 식으로 표시된다면 식 (3.2.3)을 적분함으로써 일의 양을 구할 수 있다.

압력과 체적이 다음의 관계로 표시되는 과정을 겪을 때 이를 **폴리트로프 과정**(Polytropic Process)을 겪는다고 한다.

$$pV^n = \text{constant} \ \text{ 또는 } \ p_1V_1^n = p_2V_2^n \tag{3.2.6}$$

여기서 지수 n은 상수로서 시스템이 어떤 과정을 겪는가에 따라 서로 다른 값을 가지며 이를 폴리트로프 지수(Polytropic Index)라 한다. 예를 들어 동작유체가 정압 변화를 하면 n의 값은 0이 되며, 정적 변화를 하면 폴리트로프 지수의 값은 ∞가 된다.

폴리트로프 과정으로서 압력과 체적의 관계가 알려지면 다음의 과정에 의해 일의 양이 계산된다.

$$pV^n = \text{const} = p_1V_1^n = p_2V_2^n, \quad p = \text{const}\, V^{-n}$$

$$\begin{aligned}\int_1^2 pdV &= \text{const}\int_1^2 V^{-n}dV = \left[\text{const}\frac{V^{1-n}}{1-n}\right]_1^2 \\ &= \text{const}\frac{V_2^{1-n}-V_1^{1-n}}{1-n} = \frac{p_2V_2^nV_2^{1-n}-p_1V_1^nV_1^{1-n}}{1-n} \\ &= \frac{p_2V_2-p_1V_1}{1-n} \quad (n \neq 1)\end{aligned} \tag{3.2.7}$$

물론 위의 식은 폴리트로프 지수 n이 1이 아닐 경우에 대해 성립하며, 폴리트로프 지수가 1인 경우는 따로 다음과 같이 일의 양을 계산할 수 있다.

$$pV = \text{const} = p_1V_1 = p_2V_2, \quad p = \frac{\text{const}}{V}$$

$$\begin{aligned}\int_1^2 pdV &= \text{const}\int_1^2 \frac{dV}{V} = \text{const}[\ln V]_1^2 \\ &= \text{const}\ \ln\frac{V_2}{V_1} = p_1V_1\ln\frac{V_2}{V_1} = p_2V_2\ln\frac{V_2}{V_1}\end{aligned} \tag{3.2.8}$$

폴리트로프 지수가 알려지면 위의 두 식에 의해 처음과 나중의 압력과 체적만으로 일을 계산할 수 있다는 것을 알 수 있다.

예제 3.2 경로함수로서의 일의 계산

질량이 일정한 시스템이 있다. 처음 상태의 압력과 체적은 각각 1.0 MPa, 2 m^3이며, 나중 상태의 압력과 체적은 0.1 MPa, 20 m^3이다. 다음 각 경우에 대해서 이 과정 중의 일을 계산하라.

(a) 처음 상태에서 나중 상태까지 pV = const의 변화를 한 경우

(b) 1.0 MPa의 일정한 압력으로 체적만 2 m^3에서 20 m^3로 변화하고, 다시 20 m^3의 일정한 체적 하에서 압력이 1.0 MPa에서 0.1 MPa로 변화하는 경우

(c) 2 m^3의 일정한 체적으로 압력만 1.0 MPa에서 0.1 MPa로 변화하고, 다시 일정한 압력 하에서 체적이 2 m^3에서 20 m^3로 변화하는 경우

풀이

1. 관련 공식

준평형 과정을 겪는 시스템의 움직이는 경계에서 행해지는 일은 다음과 같다.

$$W_{12} = \int_1^2 \delta W = \int_1^2 pdV$$

이는 압력–체적 선도에서 과정을 나타내는 곡선의 아랫부분의 면적과 같다.
예제의 세 가지 과정을 선도에 나타내면 다음과 같다.

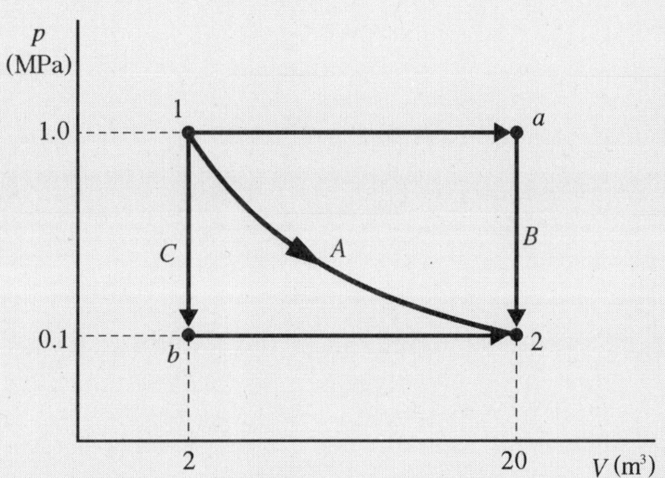

2. 계산

(a) 처음 상태에서 나중 상태까지 pV = const의 변화를 한 경우 :

이 과정은 위의 선도에서 A 경로로 표시되어 있다.

pV = const인 폴리트로프 과정에 대해 위의 적분을 시행하면 다음과 같이 나타남을 알고 있다.

$$W_{12} = \int_1^2 pdV = p_2 V_2 \ln \frac{V_2}{V_1}$$

그러므로

$$W_{12} = p_2 V_2 \ln\frac{V_2}{V_1} = (100\text{ kPa})(20\text{ m}^3)\ln\frac{20}{2} = 4605\text{ kJ}$$

즉 시스템이 4.6 MJ의 일을 외부에 하고 있음을 알 수 있다.

(b) 1.0 MPa의 일정한 압력으로 체적만 2 m^3에서 20 m^3로 변화하고, 다시 20 m^3의 일정한 체적 하에서 압력이 1.0 MPa에서 0.1 MPa로 변화하는 경우 :

이 과정은 위의 선도에서 B 경로로 표시되어 있다.

이 그림에서 1부터 a까지의 과정은 정압 과정이며 a부터 2까지의 과정은 정적 과정이다. 압력-체적 선도에서 과정을 나타내는 곡선의 아랫부분의 면적이 일의 크기가 된다. 일의 크기는 위의 그림에서 1−a로 표시된 직선의 아랫부분의 면적, 즉 (1000 kPa)(20 − 2 m^3) = 18 000 kJ임을 알 수 있다. 한편 수식을 이용하여 표시하면 다음과 같다.

$$W_{12} = \int_1^2 pdV = \int_1^a pdV + \int_a^2 pdV = p_1\int_1^a dV + 0 = p_1(V_a - V_1) = (1000\text{ kPa})(20 - 2\text{ m}^3) = 18\,000\text{ kJ}$$

즉 시스템이 18 MJ의 일을 외부에 하고 있음을 알 수 있다.

(c) 2 m^3의 일정한 체적으로 압력만 1.0 MPa에서 0.1 MPa로 변화하고, 다시 일정한 압력 하에서 체적이 2 m^3에서 20 m^3로 변화하는 경우 :

이 과정은 위의 선도에서 C 경로로 표시되어 있다.

이 그림에서 1부터 b까지의 과정은 정적 과정이며, b부터 2까지의 과정은 정압 과정이다. 압력-체적 선도에서 과정을 나타내는 곡선 아랫부분의 면적이 일의 크기가 된다. 일의 크기는 위의 그림에서 b−2의 직선의 아랫부분의 면적, 즉 (100 kPa)(20 − 2 m^3) = 1800 kJ임을 알 수 있다. 한편 수식을 이용하여 표시하면 다음과 같다.

$$W_{12} = \int_1^2 pdV = \int_1^b pdV + \int_b^2 pdV = 0 + p_2\int_b^2 dV = p_2(V_2 - V_b) = (100\text{ kPa})(20 - 2\text{ m}^3) = 1800\text{ kJ}$$

즉 시스템이 1.8 MJ의 일을 외부에 하고 있음을 알 수 있다.

이 예제에서 보는 바와 같이 처음 상태와 나중 상태가 같다 하더라도 거쳐간 경로에 따라 일의 크기가 달라짐을 알 수 있다.

일의 크기는 압력 곱하기 체적의 변화이다. 절대 압력은 항상 양수인데 이 과정 동안 체적이 늘어났으므로 (즉 체적 변화는 양수) 일의 크기는 세 경우 모두 양수가 된다. 체적 증가, 즉 팽창을 통해 시스템이 주위에 대해 일을 행하고 있는 것이다.

3.3 열에너지

앞서 일과 열은 모두 경계를 넘는 에너지라는 공통점을 가지고 있다고 설명한 바 있다. 즉 일과 열은 본질적으로 모두 경계를 넘는 에너지이며 경계를 넘는 상황에 따라 일 또는 열로서 이름을 달리하여 구분할 뿐이다. 열에 의한 에너지 전달은 다음과 같이 정의한다.

> **열은 주어진 온도의 시스템의 경계를 넘어 그보다 낮은 온도의 시스템 또는 주위로 두 시스템 사이의 온도차에 의해서 전달되는 에너지의 한 형태이다.**

이 정의에서 우리는 열의 특성에 대해 몇 가지 사실을 요약할 수 있다. 먼저 앞서 지적한 바와 같이 열은 경계를 넘는 에너지의 한 형태라는 점과, 에너지가 열의 형태로 경계를 넘는 원인 또는 구동력(Driving Force)은 온도차라는 점이다. 온도차가 없으면 열전달도 없다. 이를 **단열과정**(Adiabatic Process)이라 한다. 이와 함께 열에너지가 흐르는 방향은 항상 높은 온도에서 낮은 온도로의 한 방향이라는 것을 명백하게 하고 있다. 열은 에너지로서 일과 같이 N m 또는 J의 단위를 갖는다. 여기서 열의 방향에 대한 부호를 약속할 필요가 있다. 앞서 일의 경우는 시스템이 주위로 일을 할 때를 양의 일로 약속하였다. 또한 시스템이 양의 일을 한다는 것은 시스템의 에너지가 감소하는 것을 의미한다는 사실을 지적하였다. 이 책에서는 열이 시스템으로 전달될 때를 양의 방향으로 정하기로 한다. 이 정의에 따르면 높은 온도의 시스템에서 낮은 온도의 주위로 열이 방출되는 것은 음의 열전달이 된다. 양의 열전달일 경우 즉 시스템으로 열이 전달될 경우는 시스템의 에너지가 증가하며, 음의 열전달의 경우는 시스템의 에너지가 감소하게 된다. 그림 3.8은 이 관계를 표시한다.

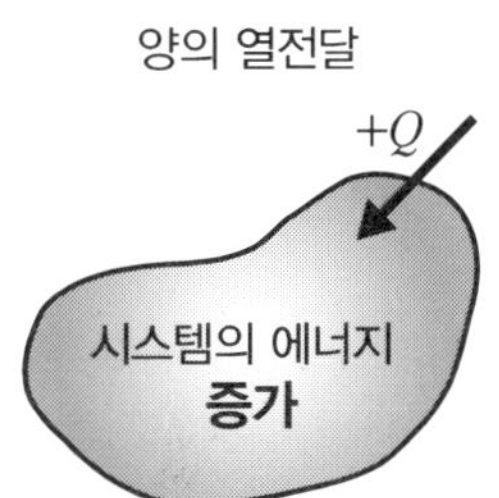

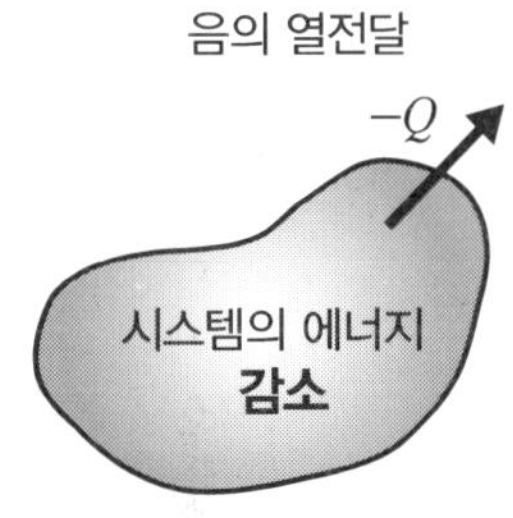

그림 3.8 열전달의 부호 약속

열은 경계를 넘는 에너지라는 점에서 본질적으로 일과 같은 형태의 에너지이다. 따라서 일과 마찬가지로 경로함수인 동시에 불완전 미분이다. 미소 열전달량은 그리스 문자 δ를 사용하여 δQ로 표시한다. 1 상태부터 2 상태로 변화를 겪는 동안의 열전달량은 적분식을 이용하여 다음의 식 (3.3.1)과 같이 표시된다.

$$Q_{12} = \int_1^2 \delta Q \tag{3.3.1}$$

일과 마찬가지로 열은 특정 상태에 대해 정의되는 것이 아니라 상태 1부터 상태 2까지라는 과정에 대해 정의된다. 절대로 1 상태에서의 열, 2 상태에서의 열 등의 개념이 존재하지 않음을 유의하라. 따라서 이 적분의 결과, 즉 총열전달량은 단순히 Q_{12}로 표시한다.

열전달의 시간에 따른 변화율을 **열전달률**(Heat Transfer Rate)이라 하며 다음 식으로 표시한다.

$$\dot{Q} = \lim_{\delta t \to 0} \frac{\delta Q}{\delta t} \tag{3.3.2}$$

열전달율의 단위는 동력의 단위와 마찬가지로 J/s 또는 W로 나타난다.

SI 단위가 정립되기 이전에 열전달량을 표시하기 위해 사용하던 단위로 cal(Calorie)와 Btu(British Thermal Unit)가 있다. 1 kcal는 물 1 kg의 온도를 14.5 ℃에서 15.5 ℃로 올리는데 필요한 열전달량으로 정의하였다. 한편 1 Btu는 영국 단위로 물 1 lb의 온도를 59.5 °F에서 60.5 °F로 올리는데 필요한 열전달양이다. 이들 사이의 관계는 다음과 같다.

1 kcal = 3.968 Btu

1 Btu = 1.055 056 kJ = 778.16934 ft lbf

J과 cal 사이의 관계는 다음과 같다

1 cal = 4.1855 J

3.4 에너지와 관련된 상태량

에너지와 관련된 몇 개의 중요한 상태량들에 대해 살펴본다.

엔탈피

시스템의 에너지 중 시스템 전체로서의 운동에너지와 위치에너지를 제외한 나머지를 내부에너지라 하고 내부에너지의 미시적인 특성에 대해서는 이미 설명하였다. 내부에너지만큼 자주 등장하는 상태량으로 다음과 같이 정의되는 **엔탈피**(Enthalpy)가 있다.

$$H = U + pV \quad \text{또는} \quad h = u + pv \tag{3.4.1}$$

위의 식과 같이 엔탈피는 내부에너지에 압력과 체적의 곱을 더한 양으로 내부에너지와 마찬가지로 종량성 상태량이며 J의 단위를 갖는다. 엔탈피는 열역학에 있어서 대단히 중요한 상태량으로 일 또는 열의 계산에 있어서 자주 등장하게 된다.

비열

단위 질량의 시스템의 온도를 단위 온도만큼 올리는데 필요한 열에너지의 양을 **비열**(Specific Heat)이라 정의하고 다음 식으로 표시한다.

$$C \equiv \frac{\delta Q}{\delta T} \cdot \frac{1}{m} \tag{3.4.2}$$

비열은 kJ/kg K 또는 kJ/kmol K의 단위를 갖는다.

비열의 정의식을 보면 경로함수인 열전달량 δQ와 점함수인 온도 T의 조합으로 이루어져 있다. 결과적으로 비열은 경로에 따라 다른 값을 갖는 경로함수일 것으로 의심할 수 있다. 따라서 정적 과정과 정압 과정이라는 특별한 두 경로를 설정하여 각각의 경우의 비열을 정적비열(Constant Volume Specific Heat)과 정압비열(Constant Pressure Specific Heat)이라 하면 이들은 다음과 같이 정의된다.

정적비열

$$C_v \equiv \left(\frac{\partial u}{\partial T}\right)_v \tag{3.4.3}$$

정압비열

$$C_p \equiv \left(\frac{\partial h}{\partial T}\right)_p \tag{3.4.4}$$

정적비열과 정압비열을 나타내는 식들의 우변은 모두 점함수인 상태량들로만 이뤄져 있으므로 정압비열과 정적비열 역시 모두 상태량임을 알 수 있다. 두 비열의 정의가 편미분으로 표시된 것은 내부에너지와 엔탈피가 각각 두 개의 독립 변수의 함수이기 때문이다.

정압비열과 정적비열의 비를 **비열비**(Specific Heat Ratio)라 하고 다음 식으로 표시한다.

$$k \equiv \frac{C_p}{C_v} \tag{3.4.5}$$

3장 개념문제

1. 에너지를 그 형태에 따라 여러 가지로 분류하여 설명하라.
2. 열과 일의 공통점과 차이점을 설명하라.
3. 일의 정의와 특성 및 부호 규약에 대해 설명하라.
4. 준평형 과정을 겪는 시스템의 움직이는 경계에서 행해지는 일의 크기를 압력-체적 선도를 통해 설명하라.
5. 폴리트로프 과정에 대해 설명하라.
6. 열의 정의와 특성 및 부호 규약에 대해 설명하라.
7. 엔탈피, 정압비열 및 정적비열을 정의하라.

3장 연습문제

3.1 질량이 1200 kg인 자동차가 있다. 경사가 15도인 빗면을 따라 500 m를 올라갔다. 이 자동차의 위치에너지 변화를 계산하라.

3.2 질량 1200 kg의 자동차가 100 km/h로 달리고 있다. 지면을 기준으로 이 자동차의 운동에너지를 계산하라.

3.3 질량이 10 kg인 시스템이 동일한 높이를 유지하면서 정지상태에서 10 m/s로 속도가 변화하였다. 이 과정 동안 시스템의 에너지는 3 kJ이 증가하였다. 이 시스템의 내부에너지 변화량을 계산하라.

3.4 어떤 자동차 엔진의 최대 토크는 4200 rpm에서 14.7 kgf m이며 최대 출력은 6300 rpm에서 120 마력이라 한다. 이 엔진의 최대 토크와 최대 출력을 SI 단위로 환산하라.

3.5 실린더-피스톤 장치 안에 가스가 채워져 있다. 피스톤의 단면적은 15 cm^2이고 가스의 처음 압력은 1 MPa이다. 일정한 압력을 유지하며 피스톤이 0.5 m 이동하면서 가스의 체적이 늘어났다. 이 때 일의 크기를 계산하라. 이와 함께 일의 부호를 검토하여 이 일이 시스템이 행한 일인지, 받은 일인지를 판단하라.

3.6 3 m^3의 체적을 갖는 강성 용기(Rigid Vessel) 안에 가스가 채워져 있다. 이 가스의 처음 압력은 0.1 MPa이다. 이 가스를 가열하여 압력이 1.5 MPa이 되었다. 용기의 체적은 변하지 않았다. 이 때 가스가 한 일의 양을 계산하라.

3.7 질량이 일정한 시스템이 있다. 처음 상태의 압력과 체적은 각각 0.2 MPa, 10 m^3이며, 나중 상태의 압력과 체적은 1.0 MPa, 2 m^3 이다. 다음 각 경우에 대해서 이 과정 중의 일을 계산하라.

(a) 처음 상태에서 나중 상태까지 pV = const의 변화를 한 경우

(b) 0.2 MPa의 일정한 압력으로 체적만 10 m^3에서 2 m^3로 변화하고, 다시 2 m^3의 일정한 체적 하에서 압력이 0.2 MPa에서 1.0 MPa로 변화하는 경우

(c) 10 m^3의 일정한 체적으로 압력만 0.2 MPa에서 1.0 MPa로 변화하고, 다시 일정한 압력 하에서 체적이 10 m^3에서 2 m^3로 변화하는 경우

3.8 실린더-피스톤 장치에 가스가 들어 있다. 처음 상태의 압력은 1 MPa이며 체적은 3 m^3이다. 폴리트로프 과정을 통해 압력이 2 MPa이 되었다. 이 때의 폴리트로프 지수는 1.4이다. 나중 상태 체적과 이 과정 중의 일의 양을 계산하라.

3.9 실린더-피스톤 장치 안에 0.5 m^3의 가스가 0.1 MPa의 압력을 유지하고 있다. 정압 과정을 통해 이 가스가 20 kJ의 일을 하였다. 가스의 최종 체적은 얼마인지 계산하라.

3.10 기중기를 이용하여 100 kg의 물체를 10 m 들어올리는데 30초가 소요되었다. 이 과정의 동력을 SI 단위와 hp 단위로 계산하라.

3.11 어떤 고체 물질 2 kg의 온도를 3 ℃ 올리는데 5.5 kJ의 열전달이 필요하였다. 이 물질의 비열을 계산하라.

4 동작유체의 거동

1장에서 다룬 각종 열장치들은 열과 일의 변환에 있어서 공통적으로 매개물질의 도움을 받고 있었다. 이와 같이 열과 일의 변환에 있어서 매개가 되는 물질인 동작유체의 거동을 파악하는 것은 열역학적 연구에 있어서 대단히 중요한 부분이 된다. 열장치들에 쓰이는 동작유체는 크게 두 가지로 구분된다. 첫 번째는 장치 내에서 상의 변화(Phase Change)를 일으키는 동작유체이며 두 번째는 처음부터 끝까지 같은 상을 유지하는 동작유체로서 이 경우는 보통 가스상을 유지한다. 앞의 것의 경우는 단순 증기원동소의 동작유체로 쓰이는 물이나 수은 및 냉동 사이클의 동작유체로 쓰이는 냉매, 즉 프레온 가스, 암모니아 등이 이에 해당한다. 상의 변화를 하지 않는 경우는 가솔린 기관, 디젤 기관 및 가스 터빈 기관 등의 동작유체의 주성분을 이루는 공기, 연소가스 등과 함께 질소, 이산화탄소 등 상온에서 기체 상태로 존재하는 대부분의 물질들이 이에 속한다. 이 단원에서는 물과 이상기체를 대상으로 하여 이들의 거동을 살펴본다.

4.1 순수물질과 단순 압축성 물질

앞으로 다루는 동작유체들은 별도의 언급이 없는 한 **순수물질**(Pure Substance)로 간주한다. 순수물질이란 상에 관계없이 화학적 조성(Chemical Composition)이 일정하고 균일하게 이루어진 물질을 말한다. 그림 4.1과 같이 물과 수증기가 혼합되어 있는 시스템은 위치에 따라 각각 액상과 기상으로서 상은 다르지만 화학적 조성은 어느 부분에서나 H_2O로 동일하다. 따라서 이 시스템은 순수물질로 이루어져 있다고 말할 수 있다. 이와 마찬가지로 고상인 얼음와 액상인 물이 혼합되어 있는 시스템도 순수물질로 이루어진 시스템이다. 산소와 질소 등이 균일하게 혼합되어 있는 공기의 경우는 아주 낮은 온도에서는 구성 물질들이 서로 분리되므로 엄밀하게는 순수물질이 아니며 순수물질의 혼합물(Mixture)이라 부르는 것이 정확하다. 그러나 기체 상태로 존재하는 공기는

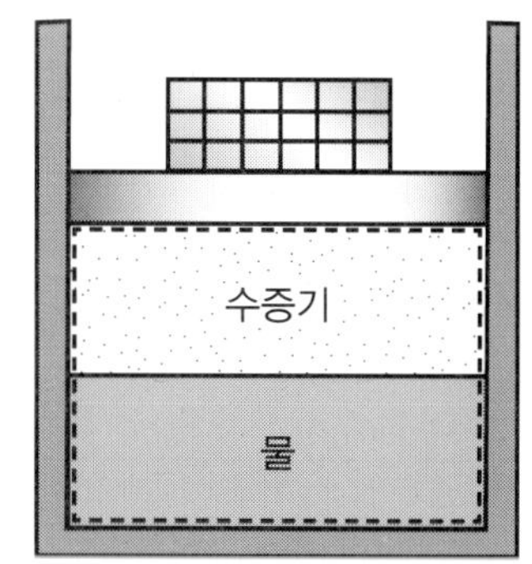

그림 4.1 순수물질로 이루어진 단순 압축성 시스템

순수물질의 주요한 특성을 나타내므로 공학적 적용에 있어서는 보통 순수물질로 간주한다.

시스템을 구성하는 물질은 중력의 효과(Gravitational Effect), 운동의 효과, 표면효과(Surface Effect), 전기 및 자기의 효과(Electric and Magnetic Effect) 등 여러 가지 효과를 받을 수 있다. 그러나 보통의 물질은 일의 계산에 있어서 이들의 효과가 중요하지 않으며 그림 4.1의 시스템과 같이 주로 체적의 변화(Change of Volume)가 주요한 관심의 대상이 된다. 일의 계산에 있어서 앞서 열거한 다른 효과들의 존재를 무시하고 오직 체적의 변화만이 의미를 갖는 것으로 간주하는 물질을 **단순 압축성 물질**(Simple Compressible Substance)이라 부르고, 단순 압축성 물질로 구성된 시스템을 **단순 압축성 시스템**(Simple Compressible System)이라 부른다. 만일 시스템이 자성을 띤 유체로 구성되어 있다면 전기 및 자기의 영향을 무시할 수 없으며 이 경우는 단순 압축성 시스템이 아니다. 또한 얇은 막(Film)으로 구성된 시스템 역시 표면장력(Surface Tension)의 영향을 무시할 수 없으므로 이 또한 단순 압축성 시스템이 아니다. 그러나 우리가 열역학에서 다루는 대부분의 경우는 그림 4.1의 경우와 같이 일의 계산에 있어서 체적의 변화가 주요 관심사가 된다. 앞으로 별도의 언급이 없으면 우리가 해석의 대상으로 하는 시스템은 순수물질로 이루어진 단순 압축성 시스템으로 생각한다.

앞서 독립 상태량에 대해 설명했는데, 독립 상태량은 한 상태를 다른 상태와 구분하기 위해 필요한 최소한의 숫자의 상태량들을 말한다. 결과적으로 독립 상태량들을 알면 다른 모든 상태량들은 그에 따라 종속적으로 결정된다. 어느 주어진 상태에 대해 그에 관한 정보를 알고 있느냐 모르느냐는 그 상태에 대한 독립 상태량들을 알고 있느냐의 문제로 귀결된다. 순수물질로 이루어진 단순 압축성 물질의 경우 독립 상태량의 개수는 대부분 2개이다. 즉 순수물질로 이루어진 단순 압축성 물질의 경우 2개의 독립 상태량을 파악하면 나머지 상태량은 관계식, 그림 또는 표 등의 자료에 의해 구할 수 있다.

4.2 이상기체와 실재가스의 거동

가스의 거동을 다루기 위해 먼저 이상기체의 거동을 검토하고 이어 이상기체가 아닌 가스 즉 실재가스(Real Gas)의 거동과의 차이를 검토한다.

4.2.1 이상기체 상태 방정식

17세기에 이미 Boyle과 Charles의 연구에 의해 가스의 체적은 압력에 반비례하고 온도에 비례함을 알게 되었다. 이 결과를 정리한 것이 Boyle–Charles의 법칙으로 다음과 같

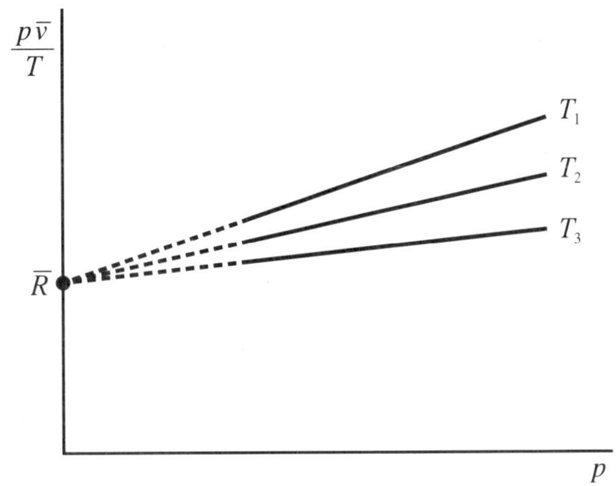

그림 4.2 온도와 압력의 변화에 따른 가스의 거동

이 표시된다.

$$\frac{pV}{T} = \text{constant} \tag{4.2.1}$$

여기서 각 기체에 대한 상수의 값이 얼마인지, 또 이 상수는 주위의 조건에 관계없이 일정한 값을 갖는지를 알기 위해 여러 가지 온도에서 압력을 바꾸어가며 많은 실험이 수행되었다. 그 결과 그림 4.2와 같이 동일한 온도에서도 압력이 변화하게 되면 근소하게나마 $p\bar{v}/T$의 값이 달라지게 나타났으며, 동일한 압력에 대해서도 온도에 따라 조금씩 다른 값을 나타내고 있다. 그러나 압력이 낮아질수록 $p\bar{v}/T$의 값들 간의 차이가 줄어드는 것을 볼 수 있으며 실험을 하지 못한 아주 낮은 압력 구간까지 그 경향을 연장하여 유추할 경우 절대 영압력(Absolute Zero Pressure)에서는 특정한 값에 수렴함을 알 수 있다. 또한 비체적을 몰 기준으로 표시할 경우 이 값은 가스의 종류에 관계없이 일정한 값을 갖는다. 즉

$$\frac{p\bar{v}}{T} = \bar{R} \quad \text{또는} \quad p\bar{v} = \bar{R}T \tag{4.2.2}$$

여기서 $\bar{R}$를 **일반기체상수**(Universal Gas Constant)라고 하며 가스의 종류에 관계없이 8314 J/kmol K의 값을 갖는다. 압력, 체적 및 온도의 관계가 정확하게 위의 식을 만족하는 가스를 **이상기체**(Ideal Gas)라고 부르며, 위의 식을 **이상기체 상태 방정식**(State Equation of Ideal Gas)이라 부른다. 이미 설명한 바와 같이 위의 식이 정확히 등식이 되는 것은 압력이 0으로 접근할 때 뿐이며, 이 상황에서 이상기체의 거동을 한다. 압력이 0으로 접근하는 상황은 거시적으로는 밀도가 아주 낮은 상태를 말하며 이는 충분히 높은 온도와 충분히 낮은 압력 상태를 의미한다. 미시적으로는 분자간의 상호작용이 무시할 수 있을 정도로 작으며, 분자 자체가 차지하는 체적이 가스의 전 체적에 비해 무시할 수 있을 정도로 작은 상태를 의미한다. 위의 식은 몰당 비체적 $\bar{v}$의 항으로 표시

하였으나 양변에 몰수 n을 곱함으로써 전 체적(Total Volume) V를 사용하여 다시 표시할 수 있다. 즉

$$pV = n\overline{R}T \tag{4.2.3}$$

식 (4.2.2)의 양변을 분자량 M으로 나누면 몰 기준의 비체적 $\overline{v}$ 대신에 질량 기준의 비체적 v를 사용하여 다시 표시할 수 있다. 즉

$$pv = RT \tag{4.2.4}$$

여기서 R은 일반기체상수 $\overline{R}$를 분자량 M으로 나눈 값으로 가스 마다 서로 다른 값을 갖는다. 이를 **기체상수**(Individual Gas Constant)라고 부른다. 즉

$$R = \frac{\overline{R}}{M} \tag{4.2.5}$$

질량 기준의 비체적 v를 사용하여 표시한 식 (4.2.4)는 양변에 질량 m을 곱함으로써 전 체적의 항으로 다시 표시할 수 있다.

$$pV = mRT \tag{4.2.6}$$

이상과 같이 이상기체 상태 방정식은 단위 체적당으로 또는 전 체적의 항으로, 몰 기준 또는 질량 기준으로 네 가지의 서로 다른 형식으로 표시할 수 있다. 방정식의 형태는 다르나 이 네 가지는 모두 이상기체 상태 방정식을 표시하고 있으며 상황에 따라 가장 편리한 것을 사용하면 된다. 다만 이 식들을 사용함에 있어서는 단위에 특히 유의해야 한다. 이 식들과 함께 관련된 단위를 정리하면 다음과 같다.

	질량 기준	몰 기준
단위 체적에 대해	$pv = RT$	$p\overline{v} = \overline{R}T$
전 체적에 대해	$pV = mRT$	$pV = n\overline{R}T$

여기서

p	압력 Pa
V	체적 m^3
v	비체적(질량 기준) m^3/kg
$\overline{v}$	비체적(몰 기준) $m^3/kmol$
T	온도 K
$\overline{R}$	일반기체상수 8314 J/kmol K
$R = \frac{\overline{R}}{M}$	기체상수 J/kg K
M	분자량 kg/kmol
m	질량 kg
n	몰수 kmol

이다.

4.2.2 실재가스의 거동

이상기체 상태 방정식은 식의 형태가 간결하다는 점에서 대단한 매력을 지니고 있으나 정확하게는 이상기체에만 적용된다. 그러므로 이상기체가 아닌 실제로 존재하는 가스, 즉 **실재가스**에 그대로 적용할 경우는 반드시 오차를 수반하게 된다. 이 오차의 크기를 가늠하기 위해 **압축성 인자**(Compressibility Factor)를 도입하여 실재가스의 거동과 이상기체의 거동이 얼마만큼 차이가 나는지를 검토한다. 압축성 인자 Z는 다음과 같이 정의한다.

$$Z = \frac{pv}{RT} \quad \text{또는} \quad Z = \frac{p\bar{v}}{RT} \tag{4.2.7}$$

압력이 0으로 접근하면, 즉 이상기체의 거동에 접근하면 Z의 값은 1에 접근한다. Z의 값이 1에서 얼마나 벗어나는 가의 정도가 실재가스가 이상기체 거동에서 멀어지는 정도를 표시한다.

그림 4.3은 공기의 주성분인 질소에 대해 여러 가지 온도에서 압력을 바꾸어가며 Z의 값을 산출한 결과를 나타내고 있다. 이 그림을 보면 온도에 관계없이 압력이 0에 접근하면 Z는 1에 접근하고, 따라서 이상기체 거동을 하는 것으로 나타나고 있다. 그러나 이와 같이 아주 낮은 압력은 실제의 열역학적 문제에서 거의 의미가 없다. 200 K의 낮은 온도의 경우 열장치에서 일반적으로 사용되는 압력값의 대부분 범위에서 Z=1의 값과 차이를 보이고 있으며, 이 오차는 무시할 수 없는 정도이다. 온도가 낮아지게 되면 이 차이는 더욱 벌어지게 된다. 그러나 대기 온도 수준을 나타내는 300 K의 경우를 보면 10 MPa의 압력 범위까지 Z의 값은 거의 1을 나타내고 있다. 이것은 이 범위

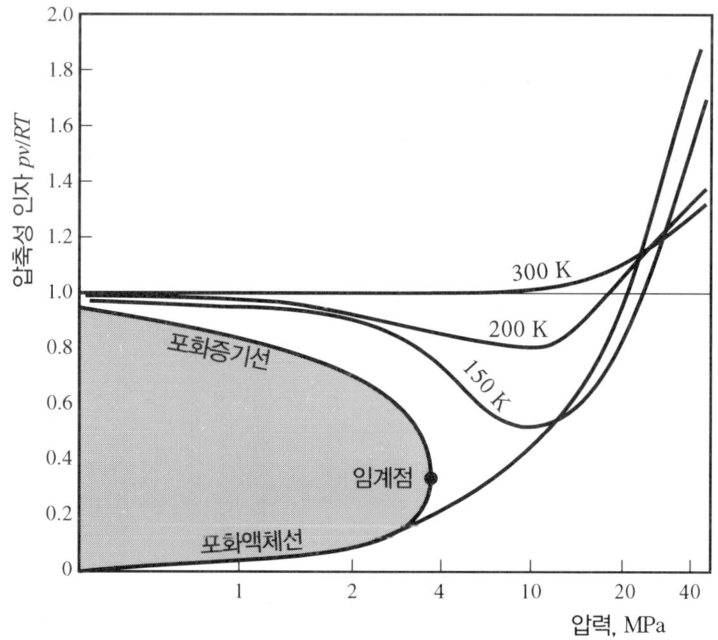

그림 4.3 질소의 압축성 인자 선도

의 압력에서 거의 이상기체 거동을 하고 있다는 것을 의미한다. 이 경향은 300 K 이상의 온도에 대해서도 마찬가지로 나타난다. 이상의 결과를 보면 질소의 경우는 아주 낮은 압력에서는 온도에 관계없이 이상기체 거동을 하며, 대기 온도 이상의 온도에서는 10 MPa의 압력까지 이상기체 거동을 하는 것으로 간주하여도 거의 오차가 없다는 것을 알 수 있다. 이 범위는 질소가 보통의 열장치에서 주로 사용되는 압력 범위이다. 따라서 일반적인 열장치에서 아주 특수하지 않은 조건 하에서 질소를 동작유체로 사용할 경우 이상기체 거동을 적용하여도 문제가 없다는 것을 말해주고 있다. 이는 공기의 경우도 마찬가지이다. 그 외의 다른 가스들 즉 수소(Hydrogen, H_2), 부탄(Butane, C_4H_{10}), 이산화탄소(Carbon Dioxide, CO_2), 에탄(Ethane, C_2H_6), 프로판(Propane, C_3H_8), 천연가스(Natural Gas) 등의 경우도 수치는 다르지만 질소의 경우와 유사한 경향을 보이고 있다. 즉 가스의 종류에 관계없이 아주 낮은 압력에서는 이상기체 거동을 하며, 높은 온도에서는 어느 정도의 (그러나 일반적으로 많이 사용되는) 압력까지 이상기체 거동을 하는 것으로 간주해도 문제가 없는 것으로 알려지고 있다. 그러나 상온에서 가스라 하더라도 아주 낮은 온도 또는 아주 높은 압력의 경우는 이상기체 거동에서 멀어지며 이 경우는 이상기체 상태식을 사용할 수 없다. 이 경우는 다음에 설명하는 물의 경우와 마찬가지로 별도로 마련된 표를 사용하거나 보다 정확한 다른 형태의 상태 방정식을 사용하여야 한다. 실재가스의 거동을 표시하기 위해 지금까지 발표된 관계식으로는 van der Waals 상태식, Dieterich 상태식, Kamerlingh Onnes의 Virial 상태식, Berthelot 상태식, Beattie–Bridgeman 상태식, Redlich–Kwong 상태식 및 Benedict–Webb–Rubin의 상태식 등이 있다. 이 식들은 각기 특징이 있으며 각 식들이 잘 들어맞는 범위가 서로 다르다.

4.2.3 이상기체 모델

앞서 순수물질로 이루어진 단순 압축성 시스템은 두 개의 독립 상태량을 갖는다고 설명하였다. 즉 임의의 상태를 알기 위해서는 두 개의 독립 상태량이 알려져 있어야 한다. 이는 수학적으로 임의의 상태량은 두 개의 독립변수의 함수임을 의미한다. 예를 들어 순수물질의 내부에너지는 두 개의 독립변수를 갖는다. 즉 가스의 내부에너지와 엔탈피는 온도와 압력 등 두 개의 서로 독립적인 상태량의 함수이다. 그러나 이상기체일 경우는 문제가 간단해 진다. 즉 이상기체일 경우 내부에너지와 엔탈피는 온도만의 함수이다.

이상기체의 내부에너지가 온도만의 함수라는 것은 1843년에 시행된 Joule의 실험에 의해 실험적으로 입증되었다. 이는 이론적으로도 증명할 수 있지만 그에 대한 설명은 생략한다. 일단 이상기체의 내부에너지가 온도만의 함수라는 사실을 받아들이면 이상기체의 엔탈피 역시 다음 관계에 의해 온도만의 함수라는 것을 알 수 있다.

$$h = u + pv = u + RT = h\ (T \text{ only}) \tag{4.2.8}$$

우리는 앞서 식 (3.4.3)과 식 (3.4.4)를 통해 내부에너지와 엔탈피를 이용하여 순수물질의 정적비열과 정압비열을 정의하였다. 순수물질의 내부에너지와 엔탈피가 두 개의 독립변수를 가지므로 정적비열과 정압비열은 편미분으로 표시되었다. 그러나 이상기체의 경우 내부에너지와 엔탈피가 온도만의 함수이므로 이상기체의 정적비열과 정압비열은 다음과 같이 간단하게 표시된다.

$$C_{v0} = \frac{du}{dT} \tag{4.2.9}$$

$$C_{p0} = \frac{dh}{dT} \tag{4.2.10}$$

가스는 절대 영압력에서 정확하게 이상기체 거동을 하므로 이상기체의 비열을 표시할 때 첨자 0을 덧붙여 표기하였다. 이러한 의미를 강조하기 위해 이상기체의 정적비열과 정압비열은 각각 영압력 정적비열(Zero−Pressure Constant Volume Specific Heat)과 영압력 정압비열(Zero−Pressure Constant Pressure Specific Heat)이라고도 부른다.

위의 관계식들을 이용하면 비열을 이용하여 주어진 상태의 내부에너지 및 엔탈피의 변화를 구할 수 있다. 즉 식 (4.2.9)는 다음과 같이 다시 표시할 수 있다.

$$du = C_{v0}\,dT \tag{4.2.11}$$

이 식을 적분하면 주어진 두 상태 사이의 내부에너지의 변화를 계산할 수 있다. 즉

$$u_2 - u_1 = \int_1^2 C_{v0}\,dT \tag{4.2.12}$$

마찬가지로 엔탈피의 경우도 식 (4.2.10)을 다시 정리하고 적분하여 두 상태 사이의 엔탈피의 변화를 알 수 있다. 즉

$$dh = C_{p0}\,dT \tag{4.2.13}$$

$$h_2 - h_1 = \int_1^2 C_{p0}\,dT \tag{4.2.14}$$

내부에너지와 엔탈피의 변화를 계산하기 위해서는 식 (4.2.12)와 (4.2.14)의 적분식을 계산해야 한다. 이 적분식을 계산하는 데에는 세 가지 방법이 있으며 여기서는 엔탈피의 경우를 예로 들어 설명한다.

식 (4.2.14)를 적분하는 가장 간단한 방법은 비열이 온도에 따라 변하지 않고 일정하다고 가정하는 방법이다. 이 경우의 적분은 다음과 같이 간단히 수행된다.

$$h_2 - h_1 = C_{p0}\,(T_2 - T_1) \tag{4.2.15}$$

이 식은 사용하기에 아주 간단하나 대부분의 경우 대단히 큰 오차를 가지고 있다. 그러나 아르곤(Ar), 헬륨(He), 네온(Ne) 등 단원자로 이루어진 가스(Monatomic Gas)의 경우는 실제로 온도에 따른 비열의 변화가 거의 없으므로 이 방법을 사용하여도 큰 오차가 없다. 그러나 다원자 분자(Polyatomic Molecule)인 경우는 온도에 따른 비열의 변

표 4-1 이상기체의 정압비열 관계식의 상수값

물질	화학식	a	b	c	d
헬륨	He	5.193	0	0	0
아르곤	Ar	0.52	0	0	0
수소	H_2	13.46	4.60	-6.85	3.79
산소	O_2	0.88	-0.0001	0.54	-0.33
질소	N_2	1.11	-0.48	0.96	-0.42
일산화탄소	CO	1.10	-0.46	1.00	-0.454
이산화탄소	CO_2	0.45	1.67	-1.27	0.39
공기		1.05	-0.365	0.85	-0.39

화를 무시할 수 없으므로 상당한 오차를 감수하여야 한다. 오차를 줄이기 위해 T_1과 T_2의 중간 온도에 대한 비열값을 쓰는 것이 한 방법이 될 수 있다.

식 (4.2.14)를 적분하는 두 번째 방법은 가스의 온도에 따른 비열의 변화 경향을 곡선 맞춤(Curve Fitting)한 식을 사용하여 수학적인 적분을 수행하는 것이다. 이 방법은 상당한 정확도를 가지고 있다. 곡선 맞춤식의 한 예로 정압비열을 온도의 함수로 다음의 식으로 표시한다.

$$C_{p0} = a + b\theta + c\theta^2 + d\theta^3 \quad \left(\theta = \frac{T\ (\mathrm{K})}{1000}\right) \tag{4.2.16}$$

여기서 a, b, c, d는 물질에 따라 달라지는 상수이다. 표 4-1은 몇 가지 물질에 대한 정압비열 곡선맞춤식의 상수값들을 표시하고 있다.

이 표에서 헬륨과 아르곤과 같은 단원자 기체는 정압비열 관계식에서 온도 항의 상수값들이 0인 것을 알 수 있다. 즉 단원자 기체는 정압비열이 온도에 따라 변화하지 않는다는 것을 나타내고 있다.

세 번째 방법은 표를 이용하는 것이다. 이는 기준 온도를 설정하고 이 기준온도에서 임의의 온도까지 적분한 결과를 표로 마련하고 이를 이용하는 것이다. 정압비열을 이용하여 엔탈피를 계산하는 관계식인 식 (4.2.14)를 다시 정리하면 다음과 같이 쓸 수 있다.

$$h_2 - h_1 = \int_1^2 C_{p0}\,dT = \int_0^2 C_{p0}\,dT - \int_0^1 C_{p0}\,dT \tag{4.2.17}$$

이 식에서 임의의 1 상태부터 임의의 2 상태까지의 적분을 기준 상태 0을 매개로 다시 표시하였다. 여기서 기준 온도인 T_0부터 임의의 온도인 T까지를 적분한 결과를 표준상태 엔탈피(Standardized Enthalpy)라 하고 다음과 같이 표시한다.

$$h_T^0 = \int_{T_0}^T C_{p0}\,dT \tag{4.2.18}$$

기준온도 T_0가 설정되면 각 온도에 대한 표준상태 엔탈피는 미리 계산하여 표로 제시할 수 있다. 그러면 식 (4.2.14)는 표준 상태 엔탈피의 차이로 표를 이용하여 쉽게 계산할 수 있다. 즉

$$h_2 - h_1 = h^0_{T_2} - h^0_{T_1} \tag{4.2.19}$$

정압비열을 적분하여 엔탈피를 구하는 세 가지 방법 중 세 번째 방법, 즉 표준상태 엔탈피의 표를 이용하는 방법의 정확도가 가장 높으며 해석적인 적분을 수행하는 두 번째 방법의 정확도도 세 번째 방법의 경우와 거의 비슷하게 나타난다.

일단 이상기체의 엔탈피의 변화가 계산되면 내부에너지의 변화는 다음 식으로도 구할 수 있다.

$$u_2 - u_1 = (h_2 - h_1) - R(T_2 - T_1) \tag{4.2.20}$$

이상기체의 경우 정적비열과 정압비열 사이에는 간단한 관계식이 성립한다. 이 관계식을 도출하기 위해 먼저 엔탈피의 정의에서 출발한다.

$$h \equiv u + pv \tag{4.2.21}$$

이상기체 상태식에 의해 위의 식은 다음과 같이 된다.

$$h = u + RT \tag{4.2.22}$$

이상기체의 엔탈피와 내부에너지는 온도만의 함수이므로 위의 식은 다음과 같이 미분된다.

$$dh = du + RdT \tag{4.2.23}$$

양변을 dT로 나누고 이상기체의 정압비열과 정적비열의 식 (4.2.9)와 (4.2.10)을 적용하면 다음과 같이 된다.

$$C_{p0} = C_{v0} + R \quad \text{또는} \quad C_{p0} - C_{v0} = R \tag{4.2.24}$$

이 식은 몰기준으로 다음과 같이 다시 나타낼 수 있다.

$$\overline{C}_{p0} - \overline{C}_{v0} = \overline{R} \tag{4.2.25}$$

이는 이상기체의 정압비열과 정적비열의 차이는 항상 일정하며 그 차이는 가스의 기체상수에 해당한다는 사실을 나타낸다. 위 관계식은 이상기체의 경우 정압비열과 정적비열 중 하나를 알면 기체상수를 빼거나 더해 줌으로써 다른 하나를 알 수 있다는 것을 의미한다.

이상기체의 비열비는 다음 식으로 표시한다.

$$k \equiv \frac{C_{p0}}{C_{v0}} \tag{4.2.26}$$

상온에서 공기의 비열비는 약 1.4 정도이며 이 수치는 여러 예제에서 자주 보게 된다.

식 (4.2.24)와 (4.2.26)을 조합하면 이상기체의 정압비열과 정적비열은 다음과 같이 비열비와 기체상수로 표시할 수 있다. 즉

$$C_{p0} = \frac{kR}{k-1} \tag{4.2.27}$$

$$C_{v0} = \frac{R}{k-1} \tag{4.2.28}$$

위의 식을 몰 기준으로 표시하면 다음과 같다.

$$\overline{C}_{p0} = \frac{k\overline{R}}{k-1} \tag{4.2.29}$$

$$\overline{C}_{v0} = \frac{\overline{R}}{k-1} \tag{4.2.30}$$

4.2.4 폴리트로프 과정을 겪는 이상기체

앞서 우리는 폴리트로프 과정을 정의하고 폴리트로프 과정을 겪는 시스템의 일을 계산하는 식을 도출하였다. 여기서는 이상기체가 폴리트로프 과정을 겪는 경우를 생각한다.

압력과 체적이 다음의 관계를 가지고 변화할 때 폴리트로프 과정을 겪는다고 하였다.

$$pV^n = \text{constant} \quad \text{또는} \quad p_1V_1^n = p_2V_2^n \tag{4.2.31}$$

여기에 이상기체 상태식을 적용하여 압력을 소거하면 온도와 체적 사이의 관계식을 다음과 같이 구할 수 있다.

$$TV^{n-1} = \text{constant} \quad \text{또는} \quad T_1V_1^{n-1} = T_2V_2^{n-1} \tag{4.2.32}$$

마찬가지로 이상기체 상태식을 적용하여 압력과 온도와의 관계식을 다음과 같이 구할 수 있다.

$$Tp^{\frac{1-n}{n}} = \text{constant} \quad \text{또는} \quad T_1p_1^{\frac{1-n}{n}} = T_2p_2^{\frac{1-n}{n}} \tag{4.2.33}$$

위의 관계식을 조합하여 나타내면 온도와 압력과 체적 사이의 관계를 다음과 같이 정리할 수 있다.

$$\frac{T_2}{T_1} = \left(\frac{p_2}{p_1}\right)^{\frac{n-1}{n}} = \left(\frac{V_1}{V_2}\right)^{n-1} \tag{4.2.34}$$

여기서 이상기체의 경우 폴리트로프 지수 n이 0인 경우는 정압과정, 1인 경우는 정온과정, $\pm\infty$인 경우는 정적과정을 나타내며 n이 비열비 k가 될 경우는 가역단열과정(Reversible Adiabatic Process)을 나타낸다. $n = k$인 가역단열과정은 7장에서 설명하게 될 등엔트로피 과정(Isentropic Process)이다. 그림 4.4는 이 과정들을 압력–체적 선도상에 표시한 것이다.

폴리트로프 과정을 겪는 이상기체가 단순 압축성 시스템을 통해 일을 하면 그 크기

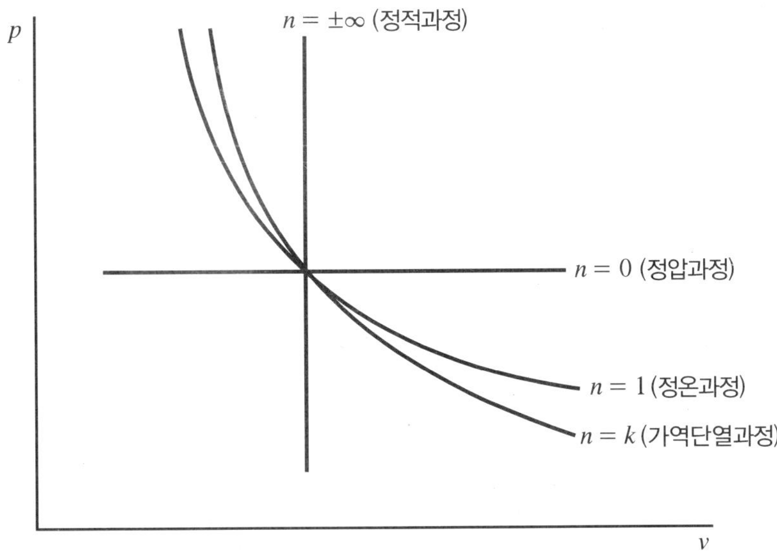

그림 4.4 압력-체적 선도에 나타낸 폴리트로프 과정

는 식 (3.2.7)과 (3.2.8)을 참조하여 다음과 같이 표시할 수 있다.

$$W = \int_1^2 pdV = \frac{p_2V_2 - p_1V_1}{1-n} = \frac{mR(T_2 - T_1)}{1-n} \qquad (n \neq 1) \qquad (4.2.35)$$

$$W = \int_1^2 pdV = p_1V_1 \ln\frac{V_2}{V_1} = mRT\ln\frac{V_2}{V_1} \qquad (n = 1) \qquad (4.2.36)$$

4장의 예제를 다루기에 앞서 간단한 문제풀이 요령을 설명한다. 지금까지의 문제는 크게 복잡하지 않았기 때문에 특별히 정형화된 접근 방법이 필요하지 않았다. 그러나 문제가 복잡해질수록 체계적인 접근 방법이 필요하다. 본격적인 문제 풀이 기법은 6장에서 다시 설명한다. 여기서는 몇 가지 기본적인 사항들을 정리한다. 이 단원에서의 문제 풀이에 있어서는 다음 단계들을 거친다.

1. **동작유체 식별**: 제일 먼저 동작유체가 무엇인지를 판단한다.
2. **지배방정식**: 1단계에서 판별한 동작유체가 공기, 질소 등의 기체라면 이상기체 상태 방정식과 이상기체 모델의 관계식들 사용하게 될 것이다. 물, 냉매 등이라면 그림이나 상태량표들을 참조해야 할 것이다.
3. **자료**: 지배방정식에서 문제 풀이의 순서를 가늠하고, 이때 필요한 자료들을 확보한다.
4. **계산**: 주어진 방정식과 자료들을 이용하여 계산을 수행한다.

간단한 문제의 경우 반드시 위의 과정을 모두 거칠 필요는 없을 것이다. 조금 복잡해 보이는 문제의 경우 위의 순서대로 접근할 경우 해결의 실마리를 보다 쉽게 찾을 수 있을 것이다. 위의 방법 따라 몇 가지 예제를 풀어본다.

예제 4.1 이상기체 상태 방정식

체적이 900 cc인 용기 내에 1 bar, 300 K의 공기가 들어 있다. 공기를 이상기체로 가정하고 용기 안의 공기의 질량을 계산하라.

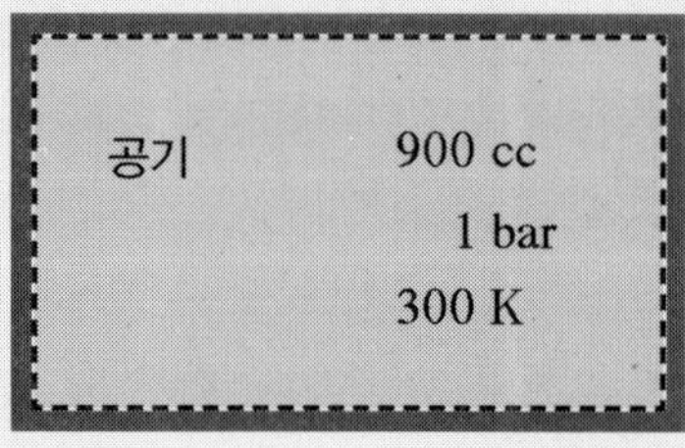

풀이

1. 동작유체 공기

2. 지배 방정식

이상기체 상태 방정식을 적용한다.

$$pV = mRT$$

3. 자료

공기에 대한 기본적인 자료들은 다음과 같다.

분자량 $M = 28.9647\ \text{kg/kmol}$

가스상수 $R = \dfrac{\overline{R}}{M} = \dfrac{8.314\ \text{kJ/kmol K}}{28.9647\ \text{kg/kmol}} = 0.287\ \text{kJ/kg K}$

앞으로의 예제에서는 공기의 가스상수로 이 값을 쓰도록 한다.

4. 계산

동작유체의 질량은 이상기체 상태 방정식으로부터 다음과 같이 구해진다.

$$m = \frac{pV}{RT} = \frac{(100\,000\ \text{Pa})(0.0009\ \text{m}^3)}{(287\ \text{J/kg K})(300\ \text{K})} = 1.045 \times 10^{-3}\ \text{kg}$$

예제 4.2 이상기체 모델

실린더 안에 이상기체로 간주할 수 있는 공기가 들어 있다. 처음 상태는 1 bar, 300 K이다. 이 공기를 가역 단열적으로 압축하여 체적이 처음 체적의 1/16이 되었을 때 나중 상태의 압력과 온도를 구하고 이 과정 중 단위 질량당의 내부에너지 변화량을 계산하라. 공기의 비열은 온도에 따라 달라지나 여기서는 300 K의 값으로 일정한 것을 가정한다. (이 책에서는 별도의 언급이 없으면 압력은 절대압력임을 유의하라.)

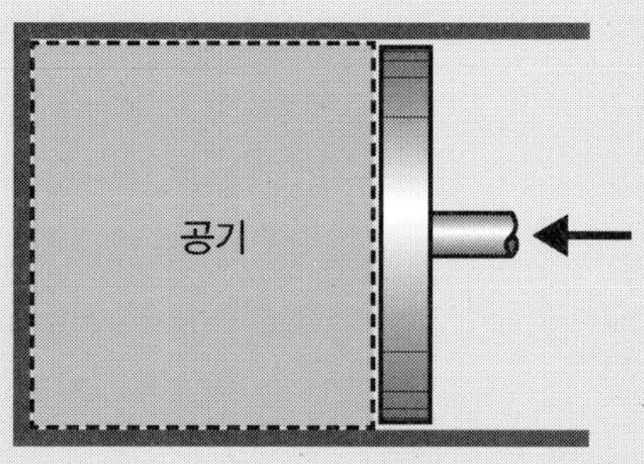

풀이

1. 동작유체 공기

2. 지배 방정식

가역단열 과정에 대한 폴리트로프 관계식

$$p_2 = p_1\left(\frac{V_1}{V_2}\right)^k$$

$$T_2 = T_1\left(\frac{V_1}{V_2}\right)^{k-1}$$

이상기체의 내부에너지 변화

$$u_2 - u_1 = C_{v0}(T_2 - T_1)$$

3. 자료

300 K에서 공기의 정적비열 $C_{v0} = 0.718$ kJ/kg K, 비열비 $k = 1.4$ (표 B-1)

4. 계산

가역단열 과정이므로 다음의 폴리트로프 관계식들을 사용한다.

$$p_2 = p_1\left(\frac{V_1}{V_2}\right)^k = (1\ \text{bar})(16)^{1.4} = 48.5\ \text{bar}$$

$$T_2 = T_1\left(\frac{V_1}{V_2}\right)^{k-1} = (300\ \text{K})(16)^{0.4} = 909\ \text{K}$$

내부에너지 변화

$$u_2 - u_1 = C_{v0}(T_2 - T_1) = (0.718\ \text{kJ/kg K})(909 - 300\ \text{K}) = 437.3\ \text{kJ/kg}$$

예제 4.3 이상기체 모델

실린더 안의 공기의 압력은 73 bar, 온도는 1350 K이다. 일정한 압력 하에서 열에너지를 공급하여 체적이 1.2배가 되었다. 나중 상태의 온도와 이 과정 중의 단위 질량당의 엔탈피의 변화를 계산하라. 계산 중 공기의 비열은 300 K의 값으로 일정한 것을 가정한다.

풀이

1. 동작유체 공기

2. 지배 방정식

이상기체 상태 방정식을 적용한다.

$$pV = mRT$$

이상기체의 엔탈피 변화

$$h_2 - h_1 = C_{p0}(T_2 - T_1)$$

3. 자료

300 K에서 공기의 정압비열 $C_{p0} = 1.007$ kJ/kg K, 비열비 $k = 1.4$ (표 B−1), 기체상수 0.287 kJ/kg K

4. 계산

이상기체 상태 방정식에서 압력이 일정한 경우 온도와 체적 사이에 다음의 관계를 갖는다.

$$\frac{V}{T} = \text{constant} \quad \text{또는} \quad \frac{V_2}{T_2} = \frac{V_1}{T_1}$$

$$T_2 = T_1 \frac{V_2}{V_1} = (1350\ \text{K})(1.2) = 1620\ \text{K}$$

엔탈피 변화

$$h_2 - h_1 = C_{p0}(T_2 - T_1) = (1.007\ \text{kJ/kg K})(1620 - 1350\ \text{K}) = 271.9\ \text{kJ/kg}$$

예제 4.4 폴리트로프 과정을 겪는 이상기체의 일

실린더 안의 공기의 압력은 1 bar, 체적은 1 m^3이다. $pV^{1.4} = \text{const}$인 폴리트로프 과정을 통해 압력이 2 bar가 되었다. 이 과정 중 시스템이 행한 일의 양을 계산하라.

풀이

1. 동작유체 공기

2. 지배 방정식

폴리트로프 관계식

$$pV^n = \text{const}$$

폴리트로프 과정을 겪는 이상기체의 일

$$W = \int_1^2 pdV = \frac{p_2V_2 - p_1V_1}{1-n} \qquad (n = 1.4)$$

3. 자료

폴리트로프 지수 $n = 1.4$

4. 계산

폴리트로프 관계식으로부터 나중 상태 체적은 다음과 같다.

$$V_2 = V_1\left(\frac{p_1}{p_2}\right)^{\frac{1}{n}} = (1\text{ m}^3)\left(\frac{1}{2}\right)^{\frac{1}{1.4}} = 0.610\text{ m}^3$$

폴리트로프 과정을 겪는 이상기체의 단위 질량당 일

$$W = \frac{p_2V_2 - p_1V_1}{1-n} = \frac{(200\text{ kPa})(0.610\text{ m}^3) - (100\text{ kPa})(1\text{ m}^3)}{1-1.4} = -54.8\text{ kJ}$$

즉 이 시스템은 54.8 kJ의 일을 받았다.

4.3 물의 거동

값싸고 풍부한 특성을 갖는 물은 가장 많이 사용하는 동작유체 중의 하나이다. 그러므로 물의 거동 특히 압력-온도-체적의 거동을 파악하고 이를 계산에 이용할 수 있도록 숙지하는 것이 대단히 주요하다. 먼저 물의 압력-온도 거동을 살펴보고 이어 온도-체적 거동 및 수증기표에 대해 살펴본다.

4.3.1 압력-온도 거동

우리는 물이 끓는 온도, 즉 액상에서 기상으로 상변화(Phase Change)하는 온도를 100 ℃로 알고 있다. 그러나 이 온도는 표준 대기압 상태에서의 끓는 온도일 뿐이다. 높은 산에서 밥을 할 때는 100 ℃ 이하에서 물이 끓기 때문에 밥이 잘 되지 않아 용기 위에 돌을 올려놓는 것이 고지대에서의 취사 요령이라는 것은 잘 알려져 있다. 이와 같이 상변화를 하는 온도는 압력에 따라 달라진다. "차가운 끓는 물(Cool Boiling Water)"이라는 말을 들어 본 적이 있는가? 우리는 보통 물이 100 ℃에서 끓는 것으로 알고 있기 때문에 끓는 물 즉 액체에서 증기로 상변화를 하는 물은 대단히 뜨거운 것으로 알고 있다. 그러나 아주 낮은 압력(수은주로 24 mmHg 또는 약 0.03 atm)에서는 25 ℃에서 물이 수증기로 상변화, 즉 끓게 된다. 이 경우는 맹렬하게 운동하는 기포를 보이며 물이 끓고 있어서 매우 뜨겁고 위험하게 생각되지만 실제 그 온도는 25 ℃로서 여름이라면 오히려 차갑게 느껴지는 온도이다. 이와 같이 압력이 높아짐에 따라 물질이 상변화를 하는 온도는 보통 높아지게 된다. 각 압력에서 상변화를 일으키는 온도를 **포화온도**(Saturation Temperature)라 부른다. 한편 각 온도에서 상변화가 일어나는 압력을 **포화압력**(Saturation Pressure)이라 한다. 그림 4.5는 물의 경우에 대해 액상에서 기상으로의 상변화, 즉 **증발**(Vaporization)이 일어나는 압력과 온도 사이의 관계를 나타낸 그림으로 이를 **증발곡선**(Vaporization Curve) 또는 **증기압 곡선**(Vapor-Pressure Curve)이라 한다.

그림 4.5의 A점은 1 atm(101.3 kPa), 20 ℃인 상태이다. 이 상태는 1 atm에 대한 포화온도인 100 ℃에 이르지 못하였으므로 액상으로 존재하게 된다. 다른 한편으로 생각하면 20 ℃의 물이 상변화가 일어나는 압력은 0.02 atm 부근인데 이 압력보다 훨씬 높은 압력 상태이므로 증발하지 못하고 액체 상태를 유지하고 있다고도 볼 수 있다. 그러므로 이 상태의 액체를 **압축액체**(Compressed Liquid) 또는 **아냉액체**(또는 **과냉액체**, Subcooled Liquid)라 한다. A점의 액체를 일정한 압력에서 가열하면 온도가 증가하고 B점의 100 ℃에 이르면 상변화 즉 증발이 시작된다. 증발이 진행되는 동안은 액체와 증기가 혼합되어 존재하며 이 과정 동안 온도는 일정하게 유지된다. 이 과정은 온도-체적 선도의 항에서 상세히 설명한다. 증발이 끝나고도 계속 열을 가하면 수증기로만 구성된 시스템의 온도는 다시 증가하게 되며 C점에 이르게 된다. 이와 같이 주어진 압력

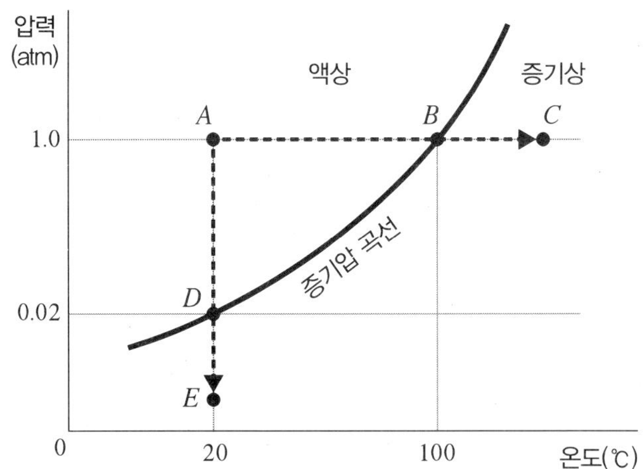

그림 4.5 증기압 곡선

에 대한 포화온도보다 높은 온도를 갖는 증기를 **과열증기**(Superheated Vapor)라 한다. 이와 같은 과정은 다른 압력에서도 마찬가지로 진행된다. 증기압 곡선의 왼쪽 영역은 압축액체 상태의 영역이며 증기압 곡선의 오른쪽 영역은 과열증기의 영역이 된다. 선 $\overline{ABC}$ 를 따른 변화는 일정한 압력 하에서 열을 가할 경우의 변화를 나타낸 것이다.

이번에는 일정한 온도에서 압력을 변화시킬 경우를 살펴본다. 역시 1 atm, 20 ℃로 액체 상태인 A점에서 출발한다. 온도를 일정하게 유지하고 적당한 방법으로 용기 내의 압력을 낮추게 되면 A점에서 점선을 따라 D점으로 이동하게 된다. 주어진 온도(20 ℃)에 대한 포화압력인 D점에 도달하게 되면 증발이 시작되고 증발이 끝나면 $\overline{DE}$ 선을 따라 과열증기 영역에 이르게 된다. 이 과정을 통해 열을 가하지 않고도 압력을 낮춤으로써 액체 상태의 물을 끓여 수증기로 만들 수 있음을 알 수 있다.

지금까지의 설명에서는 1 atm, 20 ℃의 물에서 출발을 했으나, 이번에는 1 atm, −20 ℃인 상태에서 출발한다. 이 상태에서의 상은 얼음이라 부르는 고상이다. 이 얼음에 열을 가하게 되면 얼음의 온도가 올라가며 체적은 아주 근소하게 증가한다. 경험을 통해 알고 있는 바와 같이 1 atm의 일정한 압력 하에서 얼음에 열을 가해 0 ℃에 이르게 되면 얼음이 녹아 물이 되는 현상이 나타나게 된다. 이 현상을 **융해**(Melting)라 한다. 얼음이 완전히 녹아 시스템 전체가 액체로 된 상태에서 계속 열을 가하게 되면 액체의 온도가 올라가고 1 atm의 포화온도인 100 ℃에 이르게 되면 증발이 일어난다. 증발이 끝난 후에는 과열증기가 된다. 액상에서 기상으로의 변화와 마찬가지로 고상에서 액상이 되는 온도도 압력에 따라 달라질 것이라 예측할 수 있고 또 압력이 높아짐에 따라 융해 온도도 높아질 것이라고 짐작할 수 있다. 대부분의 물질에서는 우리의 상식적인 예측과 같이 압력이 높아지면 융해가 일어나는 온도 역시 증가하게 되나 물과 같은 경우는 다른 양상을 보인다. 즉 물을 비롯한 몇 가지 물질은 융해가 일어나는 압력과 온도가 비례하는 것이 아니라 그 반대의 양상을 보이는 특이한 현상을 보이게 된다. 물은 얼 때 팽창한다는 사실 역시 우리의 경험을 통해 알고 있다. 그러나 이 현상

역시 특이한 현상이다. 일반적인 다른 물질들은 얼 때 그 체적이 줄어들며, 융해가 일어나는 압력과 온도는 일반적인 예측대로 서로 비례하는 관계를 가지고 있다. 반면 물과 같이 얼 때 팽창하는 물질은 압력이 높아질수록 융해가 일어나는 온도가 낮아지게 된다. 융해하는 압력과 온도와의 관계를 나타내는 곡선을 **융해곡선**(Fusion Curve)이라 한다.

다음으로 아주 낮은 압력 즉 0.26 kPa인 경우를 살펴본다. 온도는 역시 −20 ℃인 경우에서 출발한다. 이 상태의 얼음에 열을 가하면 얼음의 온도가 올라가면서 체적은 근소하게 증가한다. 온도가 증가하면서 어느 특정한 온도에서 액상으로 변화할 것으로 예측되지만 이 압력에서는 −10 ℃에서 고상에서 기상으로의 상변화가 일어난다. 즉 액상을 거치지 않는다. 이와 같이 고상에서 기상으로 직접 변화하는 것을 **승화**(Sublimation)라 한다. 승화가 일어나는 압력과 온도는 증발의 경우와 마찬가지로 서로 비례하는 관계에 있다. 승화하는 압력과 온도와의 관계를 나타내는 곡선을 **승화곡선**(Sublimation Curve)이라 한다.

지금까지의 설명을 통해 아주 낮은 압력에서는 고상에서 기상으로의 직접적인 상변화가 일어나고, 어느 정도 높은 압력에서는 고상에서 액상을 거쳐 기상으로의 변화가 일어남을 알았다. 그러면 액상이 존재할 수 있는 경계가 되는 압력이 얼마인가 하는 의문이 남게 된다. 연구를 통해 물의 경우 이 경계가 되는 압력은 0.611 657 kPa로 이 압력 이하에서는 액상이 존재하지 않음이 밝혀졌다. 그러면 이번에는 0.611 657 kPa, −20 ℃인 얼음을 출발점으로 하여 이 압력으로 일정하게 유지하고 얼음에 열을 가하는 과정을 생각한다. 열을 가함에 따라 얼음의 온도가 증가하고 체적은 근소하게 증가한다. 이 압력에서 0.01 ℃에 이르면 얼음의 일부는 융해되어 액상인 물이 되고, 일부는 고상에서 직접 수증기로 상변화하는 승화현상이 일어난다. 즉 같은 압력, 같은 온도(0.611 657 kPa, 0.01 ℃)에서 고상인 얼음, 액상인 물 및 기상인 수증기의 세 가지 상이 동시에 존재하게 된다. 이를 **물의 삼중점**(Triple Point of Water) 상태라 한다. 이 상태에서 계속 열을 가하면 완전히 기상으로 변하고 그 이후는 과열증기 상태가 된다.

삼중점 압력보다 낮은 압력에서는 액체 상태인 물이 존재하지 않지만 너무 높은 압력에서는 액체 상태인 물과 증기 상태인 수증기의 구별이 곤란하게 된다. 액상과 기상의 구분이 가능한 상한의 압력을 **임계압력**(Critical Pressure)이라 한다. 액상의 물은 삼중점 압력 이상 임계압력 이하의 압력 범위에서만 존재할 수 있다.

이상의 설명을 통해 관찰한 사실을 압력-온도 선도에 그리면 그림 4.6(a)와 같이 융해곡선, 증발곡선 및 승화곡선을 모두 볼 수 있으며 고상 영역, 액상 영역 및 기상 영역을 모두 관찰할 수 있다. 물과 같이 얼 때 팽창하는 물질들은 물질의 종류에 따라 상변화가 일어나는 온도와 압력의 수치가 다르지만 전체적으로는 그림 4.6(a)에서 보는 바와 같은 경향을 보인다. 반면 얼 때 수축하는 다른 대부분의 물질들의 경우는 융해곡선이 그림 4.6(a)와는 다른 양상을 보인다. 얼 때 수축하는 물질들의 상변화가 일어나는 압력과 온도의 관계는 그림 4.6(b)에 나타난 바와 같다.

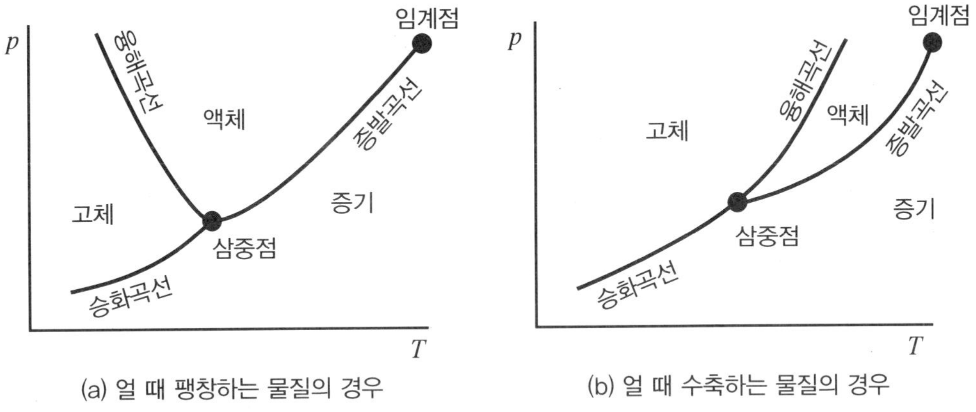

그림 4.6 얼 때 팽창하는 물질과 얼 때 수축하는 물질의 압력-온도 선도

삼중점의 상태는 물질에 따라 다르며 몇 가지 물질에 대한 삼중점은 부록의 표 A-1에 나타나 있다.

이 표를 보면 대부분의 물질의 삼중점 압력은 매우 낮으며 따라서 대기압 상태에서는 대부분의 물질들이 고상-액상-기상의 변화를 보이는 것을 알 수 있다. 그러나 이산화탄소의 경우는 삼중점 압력이 517 kPa로 매우 높은 것을 볼 수 있다. 대기 압력은 이산화탄소의 삼중점 압력보다 낮으므로 고체 이산화탄소 즉 드라이 아이스(Dry Ice)는 대기압 상태에서 고상에서 직접 기상으로의 변화를 보인다는 것을 알 수 있다.

4.3.2 온도-체적 거동

지금까지는 물을 대상으로 하여 상변화가 일어나는 압력과 온도의 관계를 알아보았다. 지금부터는 역시 물을 대상으로 하여 온도와 체적 및 상변화의 관계를 알아본다. 우선 1 atm (101.3 kPa), 20 ℃의 물을 일정한 압력 하에서 가열하는 경우를 생각한다.

그림 4.7(a)와 같이 피스톤이 끼워진 실린더에 20 ℃의 물이 들어 있다. 실린더 외부에서 열을 가하여 물을 가열하도록 한다. 이 상태에서 시스템인 물에 가해지는 압력은 일정하게 유지된다. 시스템에 가해지는 압력을 편의상 표준 대기압, 즉 101.3 kPa이라 가정한다. 이 상태의 물은 압축액체 상태이다. 이 상태는 물의 온도-체적 변화를 보여주는 그림 4.8에서 *A*점에 해당한다. 101.3 kPa로 일정한 압력 하에서 열을 가하면 물의 온도는 올라가고 체적은 증가하나 이 때의 체적의 증가량은 대단히 작다. 이 압력에서 100 ℃, 즉 주어진 압력에 대한 포화온도에 이르게 되면(그림 4.8에서 *B*점) 액체의 일부가 증기가 되기 시작한다. 즉 증발이 일어난다. 증발이 일어나고 있는 동안은 열을 가해도 온도는 변화하지 않는다. 즉 이 과정은 정온 정압 하에서 일어나는 상변화 과정이므로 그림 4.8에 나타난 바와 같이 온도-체적 선도 상에서 수평선으로 나타난다. 물의 일부가 증기로 변함에 따라 그 체적 또는 비체적은 급격히 증가하게 된다. 열을 가함에 따라 물은 계속 증기로 변화하여 액상의 비율은 줄어들고 기상의 비율이

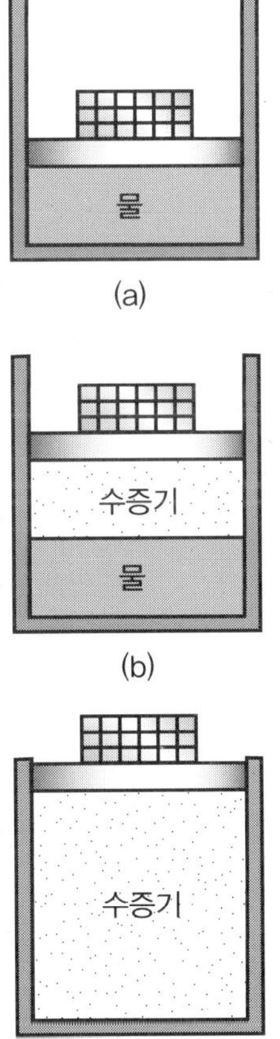

그림 4.7 일정한 압력 하에서의 물의 가열 과정

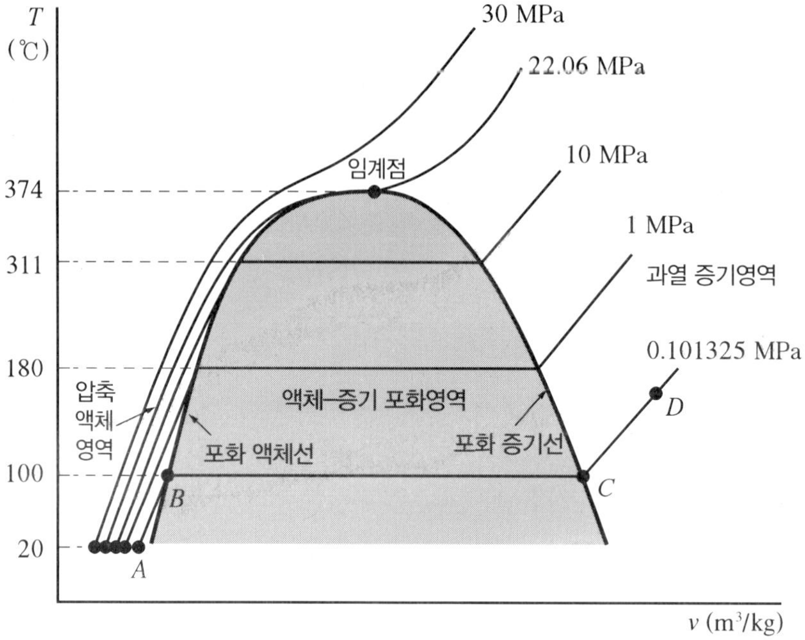

그림 4.8 물의 온도–체적 선도

늘어난다. 물이 완전히 증기로 변화하면 증발과정은 끝나고 시스템은 완전히 수증기로 채워진다. 이 상태를 그림 4.8에 *C*점으로 표시하였다. 그림에서 *B*점은 주어진 압력에 대한 포화온도에서 100 % 액상으로 존재하는 상태로 이 상태를 **포화액체**(Saturated Liquid) 상태라 한다. 그림의 *C*점은 주어진 압력에 대한 포화온도에서 100 % 증기로서 존재하는 상태로서 이 상태를 **포화증기**(Saturated Vapor) 또는 **건포화증기**(Dry Saturated Vapor) 상태라 한다. *BC*의 구간은 정온 정압 하에서 상변화가 일어나는 구간으로 이 구간에서는 액상과 기상이 서로 같이 존재한다. 이를 **습증기**(Wet Vapor)라 하며 이 구간의 상태를 **포화상태**(Saturated State)라 한다. 여기서 특기할 만한 사실은 101.3 kPa, 100 ℃에서 100 % 액체 즉 포화액체(*B*점)일 때의 비체적은 0.001 04 m^3/kg이지만, 같은 온도 같은 압력에서 100 % 증기가 된 상태 즉 포화증기 상태(C점)의 비체적은 1.672 m^3/kg로 동일한 온도와 압력 하에서 상변화가 일어나는 동안 1600배 이상의 체적이 증가하였다는 사실이다. 이는 물이 동작유체로 흔히 사용되는 중요한 이유 중의 하나이다. *C*점 즉 완전히 수증기로 변한 이후에도 계속 열을 가하면 수증기의 온도가 올라가며 앞서 설명한 바와 같이 이를 과열증기라 한다. 이상의 변화를 요약하면 그림 4.8에서 *A*점에서 *B*점 직전까지는 압축액체 상태, *BC* 구간은 포화상태로 습증기 구간이며 *B*점은 포화액체, C점은 포화증기가 된다. *C*점 이후는 과열증기 상태이다. 과열이 어느 정도 진행되었는가를 표시하기 위해 **과열도**(Degree of Superheated)라는 용어를 도입한다. 이는 과열증기의 온도와 그 압력에 대한 포화온도와의 차이($T_{superheated}-T_{saturated}$)로 정의되며 이 수치만큼 포화온도에서 온도가 증가하였음을 나타낸다.

101.3 kPa의 정압선에 있어서 과열증기를 나타내는 부분은 동일한 압력에 대해 여러 개의 온도와 체적을 가질 수 있음을 알 수 있다. 이는 압축액체 부분에서도 마찬가지이다. 이 사실은 압축액체와 과열증기 영역에서 온도와 압력은 서로 독립적임을 나타내고 있다. 즉 이 영역에서 압력과 온도는 독립 상태량이 된다. 따라서 이 영역에서 온도와 압력을 지정하면 그림에서 이 상태에 해당하는 비체적을 구할 수 있다. 그러나 포화영역에 있어서는 정압선이 곧 정온선이 되며 이 영역에서는 온도와 압력, 두 개의 상태량을 지정해 주어도 등온선(곧 등압선) 상의 어느 점인지를 알 수 없게 된다. 이는 포화영역에서는 온도와 압력이 독립적이지 않기 때문이다. 즉 포화영역에서 온도와 압력은 독립 상태량이 아니다. 따라서 포화영역에서 한 상태를 다른 상태와 구분하기 위해서는 압력과 온도 둘 중의 하나 외에 비체적 등 다른 상태를 지정해 주어야 한다. 포화영역에서의 상태를 나타내기 위해서 **건도**(Quality) 또는 **건분**이라는 새로운 상태량을 도입한다. 이는 시스템의 전 질량 m에 대한 수증기의 질량 m_{vap}의 비를 나타내는 양으로서 다음 식으로 정의한다.

$$x \equiv \frac{m_{vap}}{m} \tag{4.3.1}$$

따라서 포화액체의 건도는 0이 되며 포화증기의 건도는 1이 된다. 이와 같이 건도는 포화영역에서만 정의되는 상태량으로서 0과 1사이의 값을 갖는다. 포화영역이 아닌 영역에서는 건도는 의미가 없음을 유의해야 한다. 포화액체의 비체적(v_f)과 포화증기의 비체적(v_g)를 알고 건도 x를 알면 이 상태에 해당하는 습증기의 비체적을 알 수 있다.

건도 x에서의 시스템의 체적은 액체로 존재하는 부분과 증기로 존재하는 부분의 체적의 합으로 다음과 같이 나타낼 수 있다.

$$V = V_{liq} + V_{vap} \tag{4.3.2}$$

이 식에서 비체적의 정의를 사용하여 체적을 다시 나타내면 다음과 같다.

$$mv = m_{liq} v_f + m_{vap} v_g \tag{4.3.3}$$

양변을 시스템 전체의 질량 m으로 나누고 정리하면 다음과 같이 된다.

$$v = \frac{m_{liq} v_f}{m} + \frac{m_{vap} v_g}{m} = \frac{(m - m_{vap})}{m} v_f + \frac{m_{vap}}{m} v_g \tag{4.3.4}$$

여기서 $x \equiv m_{vap}/m$ 이므로 건도 x를 갖는 습증기의 비체적은 포화액체의 비체적과 포화증기의 비체적 및 건도를 사용하여 다음 식으로 표시된다.

$$v = (1 - x)v_f + xv_g \tag{4.3.5}$$

또는

$$v = v_f + x(v_g - v_f) \tag{4.3.6}$$

여기서 $v_g - v_f$를 v_{fg}로 정의하면 v_{fg}는 증발이 일어나는 동안의 비체적의 증가량이 되며 위의 식은 다음과 같이 표시된다.

$$v = v_f + xv_{fg} \tag{4.3.7}$$

이 식은 포화상태에서 건도를 알면 포화액체 및 포화증기의 비체적을 이용하여 특정한 건도에 대한 습증기의 비체적을 알 수 있게 하는 중요한 관계식이다. 이와 동일한 형태의 관계가 내부에너지, 엔탈피, 엔트로피(엔트로피는 7장에서 구체적으로 설명하도록 한다) 등 다른 상태량에도 그대로 적용된다. 즉

$$u = u_f + xu_{fg} \tag{4.3.8}$$

$$h = h_f + xh_{fg} \tag{4.3.9}$$

$$s = s_f + xs_{fg} \tag{4.3.10}$$

지금까지는 101.3 kPa의 일정한 압력 하에서의 변화를 살펴보았다. 이번에는 1 MPa로 약 10배 가량 압력이 높아진 상황에서 20 ℃의 물을 가열하는 과정을 살펴본다. 먼저 1 MPa, 20 ℃의 물의 비체적은 101.3 kPa의 경우의 비체적보다 약간(아주 약간이지만 그림에서는 차이를 나타내기 위해 과장되게 표시되었다) 작을 것이다. 이 상태의 물에 열을 가하면 101.3 kPa의 경우와 마찬가지로 온도가 증가하면서 비체적은 아주 조금 증가하게 된다. 101.3 kPa의 경우는 100 ℃에서 상변화가 시작되었지만 1 MPa의 경우는 100 ℃에서도 여전히 압축액체의 상태를 유지하며 179.9 ℃에 이르렀을 때 증발이 시작된다. 이때의 포화액체의 비체적은 101.3 kPa의 경우보다 약간 크게 된다. 이 상태에서 계속 열을 가하면 증발이 계속 진행되어 포화증기가 되며 이때의 비체적은 101.3 kPa의 경우보다 약간 작게 된다. 즉 1 MPa의 정온 증발 구간은 101.3 kPa의 경우보다 작게 나타나게 된다. 포화증기가 된 후에도 계속 가열하면 앞의 경우에서와 같이 증기가 과열되게 된다.

압력을 더 높여 10 MPa의 일정 압력에서 20 ℃의 물을 가열하게 되면 앞서와 동일한 경향을 보여주게 된다. 즉 증발이 일어나는 온도는 더 높아지고(10 MPa의 경우의 포화온도는 311 ℃이다) 정온 증발 구간은 작아지게 된다.

만일 22.064 MPa의 특정 압력에서 열을 가하게 되면 정온 증발 구간이 사라지게 된다. 즉 포화액체점이 곧 포화증기점과 같아지게 된다. 물의 경우 이 상태는 22.064 MPa, 373.946 ℃이며 이를 물의 **임계점**(Critical Point)이라 한다. 액상과 기상의 구별은 임계압력 이하에서만 나타나게 된다. 앞서 설명한 바와 같이 삼중점 압력 이하에서는 액상이 나타나지 않는다는 사실을 감안하면 액상은 삼중점 압력 이상, 임계압력 이하의 영역에서 존재한다는 사실을 알 수 있다.

임계압력 이상의 압력 즉 초임계압력(Supercritical Pressure)에서 열을 가하면 전 영역에 걸쳐 액상과 기상의 구별이 나타나지 않고 다만 비체적이 연속적으로 변화한다. 이 상태에서의 물질은 액상과 기상의 구별이 되지 않으므로 단순히 **유체**(Fluid)라고 부른

다. 구분의 편의상 초임계압력 상태이더라도 온도가 임계온도 이상이면 과열증기, 임계온도 이하이면 압축액체라고 부르기도 하나 이는 편의상의 구분일 뿐이지 실제로 액상과 기상을 의미하는 것은 아니다.

101.3 kPa, 1 MPa, 10 MPa 및 22.064 MPa 각각의 정압 변화에 대해 살펴보면서 각 정압선 마다 포화액체점과 포화증기점을 확인할 수 있었다. 각 압력에 대한 포화액체점을 이어서 그리면 **포화액체선**(Saturated Liquid Line)을 얻을 수 있으며, 같은 방법으로 **포화증기선**(Saturated Vapor Line)을 그릴 수 있다. 이 두 곡선은 임계점에서 만난다. 임계점은 22.064 MPa의 정압선에 대해 변곡점(Inflection)이 됨을 알 수 있다. 이 두 개의 포화선의 안쪽 영역은 포화영역(Saturation Region)이 되며 포화액체선의 왼쪽 영역은 압축액체 영역, 포화증기선의 오른쪽 영역은 과열증기 영역이 된다.

압력-온도-체적 및 기타의 열역학적 상태량의 변화는 이상과 같이 그림으로 표시할 수 있지만 보다 정확한 계산을 위해 수학적 관계식이나 표 또는 적절한 소프트웨어 등으로 제공되기도 한다. 수증기의 상태량들을 표시한 표를 일반적으로 **수증기표**(Steam Table)라고 하며 부록의 표 C-1, C-2, C-3 및 C-4에 수록되어 있다. 이와 동일한 형태의 표들이 일반적으로 사용하는 냉매 등(R-22, R-134a, 암모니아)에 대해 역시 부록에 표시되어 있다. 여기서는 수증기표의 구조에 대해서 설명한다. 물에 대한 상태량들을 표시하는 수증기표는 부록 C에 네 가지로 나뉘어 표시되어 있다. 이 표는 물과 수증기의 포화영역(표 C-1, C-2), 과열증기 영역(표 C-3) 및 압축액체 영역(표 C-4)에서의 상태량들을 표시하고 있다.

먼저 표 C-1의 경우는 물과 수증기의 포화영역을 온도를 기준으로 표시한 것이다. 첫 번째 열에는 온도를 일정 간격으로 표시하고 두 번째 열에는 각 온도에 대한 포화압력을 제시하였으며 세 번째와 네 번째 열에는 각 온도에 대한 포화액체의 비체적 및 포화증기의 비체적을 표시하고 있다. 내부에너지, 엔탈피 및 엔트로피도 동일한 방식으로 표시하고 있다. 물과 수증기의 포화상태에 대한 표는 액체로서의 물이 존재할 수 있는 범위, 즉 삼중점 이상, 임계점 이하의 온도 범위에 대해서만 주어져 있다.

표 C-2는 물과 수증기의 포화상태의 상태량을 압력을 기준으로 하여 다시 정리한 것이다. 첫 번째 열에는 압력을 일정 간격으로 표시하고, 두 번째 열에는 각 압력에 대한 포화 온도를 제시하였으며, 세 번째와 네 번째 열에는 각 압력에 대한 포화액체의 비체적 및 포화증기의 비체적을 표시하고 있다. 내부에너지, 엔탈피 및 엔트로피도 동일한 방식으로 표시하고 있다.

과열증기 영역에서는 압력과 온도가 독립적이므로 표의 구조는 부록의 표 C-3에 나타난 바와 같이 특정 압력에 대해서 여러 가지 온도에 대한 비체적, 내부에너지, 엔탈피 및 엔트로피 등을 표시한다. 물론 온도 범위는 해당 압력에 대한 포화온도 이상에 대해서만 존재한다.

압축액체를 나타내는 표 C-4의 경우도 과열 증기의 경우와 마찬가지이나 이 경우의 온도 범위는 주어진 압력에 대한 포화 온도 이하에 대해서이다. 그림 4.9와 4.10은 온

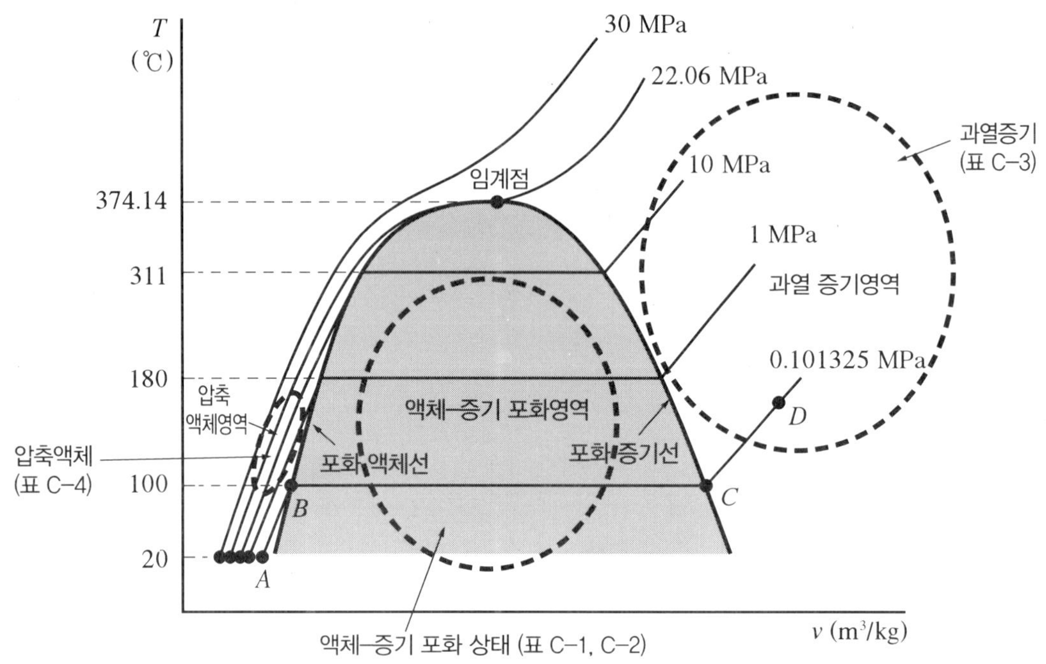

그림 4.9 물의 온도–체적 선도와 수증기표의 영역

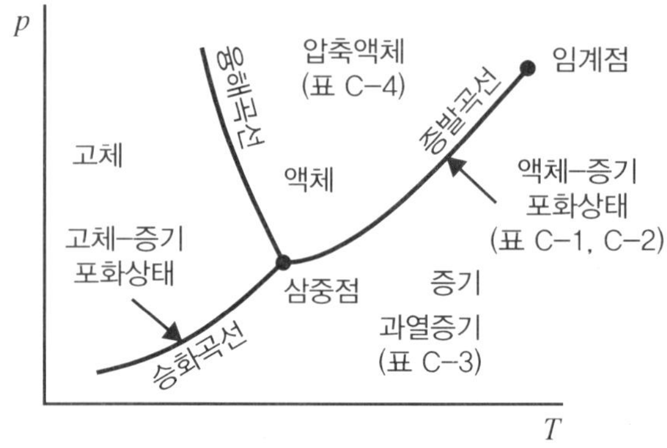

그림 4.10 물의 압력–온도 선도와 수증기표의 영역

도–체적 선도 및 압력–온도 선도와 수증기표의 관계를 보여주고 있다.

보통의 상태량표에서 포화상태의 표와 과열증기 상태의 표는 주어지지만 압축액체의 표는 아예 주어지지 않거나 또는 압력 범위가 상당히 제한적이어서 찾고자 하는 상태가 표에 없을 경우가 많다. 이럴 경우는 포화상태의 표를 참조함으로써 충분한 정확도를 가지고 압축액체의 상태량들을 구할 수 있다. 즉 주어진 상태의 압축액체와 동일한 온도를 갖는 포화액체의 상태량으로 압축액체의 상태량을 어느 정도 정확하게 산정할 수 있다. 10 MPa, 50 ℃의 상태를 갖는 물을 예로 들어 살펴본다. 이 상태는 압축액체 상태로서 부록의 표 C–4를 참조하면 이 상태의 비체적은 0.001 007 8 m^3/kg임을 알 수 있다. 50 ℃의 물의 포화압력은 0.012 352 MPa로서 주어진 압축액체의 압력과는 800배 이상의 차이가 남을 알 수 있다. 그러나 50 ℃의 포화액체의 비체적은 0.001 012 1 m^3/kg으로 압축액체의 비체적과는 불과 0.4 %의 차이밖에 보이지 않는다. 이는 이 조건에서 압축액체의 정확한 비체적 대신 주어진 압축액체의 온도와 동일한 온도의 포화액체의 비체적을 사용하여도 상당한 정확도를 가지고 계산할 수 있음을 나타내고 있다. 다른 한편으로 해석하면 이는 액체의 경우 주어진 상태에서 800배의 압력을 가하여도 비체적은 불과 0.4 %밖에 변화하지 않는다는 것을 보여주고 있다. 즉 액체인 물은 상당한 압력을 가하여도 그 체적이 거의 변화하지 않는다는 것을 나타낸다. 이는 고체의 경우도 마찬가지이다. 이런 의미에서 액체와 고체를 **비압축성 물질**(Incompressible Substance)이라 부른다. 압력에 따라 체적이 뚜렷하게 변화하는 가스는 **압축성 물질**(Compressible Substance)이라 한다.

압축액체의 비체적을 같은 온도의 포화액체의 비체적의 값으로 대치할 수 있다는 사실은 내부에너지, 엔탈피 및 엔트로피에도 그대로 적용된다. 이를 기호로 쓰면 다음과 같다.

$$v(T, p) \approx v_f(T)$$
$$u(T, p) \approx u_f(T)$$
$$h(T, p) \approx h_f(T)$$
$$s(T, p) \approx s_f(T)$$

다만 엔탈피의 경우는 다른 상태량 보다 조금 더 큰 오차를 나타낸다. 이 경우 압축액체의 엔탈피는 포화액체의 엔탈피를 그대로 쓰는 것 보다 다음 식을 쓰게 되면 상당한 정확도를 가지고 압축액체의 엔탈피를 근사할 수 있다.

$$h = h_f + (p - p_{sat})v_f \tag{4.3.11}$$

4.3.3 비압축성 모델

앞서 우리는 순수물질의 정압비열과 정적비열을 정의하면서 이들은 온도 이외에 또 다른 상태량의 함수임을 관찰한 바 있다. 그러나 고체나 액체와 같은 비압축성 물질의 경우는 내부에너지가 온도만의 함수라고 가정할 수 있다. 즉

$$u = u(T \text{ only})$$

이 경우 비압축성 물질의 정적비열은 다음과 같이 온도만의 함수로 표시된다.

$$C_v = \frac{du}{dT} \tag{4.3.12}$$

엔탈피와 내부에너지는 다음의 관계를 갖는다.

$$h = u + pv \tag{4.3.13}$$

고체나 액체와 같은 비압축성 물질의 경우 비체적의 크기는 대단히 작으며 따라서 비

체적이 곱해진 항은 무시할 수 있을 정도로 작다. 결과적으로 비압축성 물질의 경우 엔탈피와 내부에너지의 크기는 거의 같다고 볼 수 있다.

$$h \approx u \tag{4.3.14}$$

정압비열은 엔탈피를 이용하여, 정적비열은 내부에너지를 이용하여 정의된다. 비압축성 물질의 경우 엔탈피와 내부에너지의 크기가 거의 같으므로 정압비열과 정적비열의 구분이 필요없게 된다. 따라서 단순히 비열 C라고 표기하기도 한다. 즉

$$C_p = C_v \equiv C \tag{4.3.15}$$

비압축성 물질의 내부에너지 변화와 엔탈피의 변화는 거의 같은 것으로 간주할 수 있으며 다음 식으로 구할 수 있다.

$$h_2 - h_1 \approx u_2 - u_1 = \int_1^2 CdT \tag{4.3.16}$$

한걸음 더 나아가 비압축성 물질의 경우 비열은 온도에 따라 거의 변화하지 않는다. 따라서 비압축성 물질의 내부에너지 및 엔탈피의 변화는 다음 식으로 간단히 구할 수 있다.

$$h_2 - h_1 \approx u_2 - u_1 = C(T_2 - T_1) \tag{4.3.17}$$

예제 4.5 물의 상태량

물에 대해서 다음과 같이 다섯 개의 경우가 주어져 있다. 주어진 상태에 대해 내부에너지, 엔탈피 등 빈칸에 들어갈 상태량들을 구하라.

	압력 MPa	상태	온도 ℃	비체적 m^3/kg	내부에너지 kJ/kg	엔탈피 kJ/kg	엔트로피 kJ/kg K	건도 (해당될 경우)
a	5	포화액체						
b	5	포화증기						
c	5			0.03				
d	5		400					
e	5		100					

풀이

(a) 5 MPa, 포화액체

압력 기준의 포화상태 수증기표 C-2에서 5 MPa의 압력에 대한 포화온도를 찾으면 263.9 ℃임을 알 수 있

다. 포화액체의 상태량은 표에서 바로 알 수 있다.

$$v_f = 0.001\,286\,4\ \text{m}^3/\text{kg},\quad u_f = 1148.2\ \text{kJ/kg},\quad h_f = 1154.6\ \text{kJ/kg},\quad s_f = 2.9210\ \text{kJ/kg K}$$

(b) 5 MPa, 포화증기

압력 기준의 포화상태 수증기표 C-2에서 포화증기의 상태량은 다음과 같다.

$$T_{\text{sat}} = 263.9\ ^\circ\text{C}$$

$$v_g = 0.039\,446\ \text{m}^3/\text{kg},\quad u_g = 2597.0\ \text{kJ/kg},\quad h_g = 2794.2\ \text{kJ/kg},\quad s_g = 5.9737\ \text{kJ/kg K}$$

(c) 5 MPa, $v = 0.03\ \text{m}^3/\text{kg}$

먼저 압력 기준의 포화상태 수증기표 C-2에서 5 MPa의 압력에 대한 포화액체와 포화증기의 비체적을 찾으면 $v_f = 0.001\,286\,4\ \text{m}^3/\text{kg}$, $v_g = 0.039\,446\ \text{m}^3/\text{kg}$임을 알 수 있다. 주어진 비체적은 해당 압력에 대한 포화액체의 비체적보다 크고, 포화증기의 비체적 보다 작으므로 주어진 상태는 습증기로서 포화상태임을 알 수 있다. 알고 있는 자료로부터 이 상태의 건도를 다음 식으로 구할 수 있다.

$$v = v_f + x v_{fg} = v_f + x(v_g - v_f)$$

이 식을 이용하여 비체적 $0.03\ \text{m}^3/\text{kg}$에 대한 건도를 계산할 수 있다

$$0.03\ \text{m}^3/\text{kg} = 0.001\,286\,4 + x(0.039\,446 - 0.001\,286\,4)\ \text{m}^3/\text{kg}$$

이 식에서 주어진 조건에 해당하는 습증기의 건도 $x = 0.7525$임을 알 수 있다. 이 건도에 해당하는 다른 상태량들은 유사한 식으로 계산할 수 있다.

$$u = u_f + x(u_g - u_f) = 1148.2 + (0.7525)(2597.0 - 1148.2) = 2238.4\ \text{kJ/kg}$$
$$h = h_f + x(h_g - h_f) = 1154.6 + (0.7525)(2794.2 - 1154.6) = 2388.4\ \text{kJ/kg}$$
$$s = s_f + x(s_g - s_f) = 2.9210 + (0.7525)(5.9737 - 2.9210) = 5.2182\ \text{kJ/kg K}$$

(d) 5 MPa, 400 ℃

압력 기준의 포화상태 수증기표 C-2에서 5 MPa의 압력에 대한 포화온도를 찾으면 263.9 ℃이다. 예제의 온도 400℃는 주어진 압력에 대한 포화온도보다 높으므로 이 상태는 과열증기라는 것을 알 수 있다. 과열증기를 나타내는 표 C-3의 5 MPa 부분의 400 ℃에 해당하는 상태량들을 찾으면 다음과 같다.

$$v = 0.057\,837\ \text{m}^3/\text{kg},$$
$$u = 2907.5\ \text{kJ/kg},$$
$$h = 3196.7\ \text{kJ/kg},$$
$$s = 6.6483\ \text{kJ/kg K}$$

(e) 5 MPa, 100 ℃

압력 기준의 포화상태 수증기표 C-2에서 5 MPa의 압력에 대한 포화온도를 찾으면 263.9 ℃이다. 예제의 온도 100 ℃는 주어진 압력에 대한 포화온도보다 낮으므로 이 상태는 압축액체라는 것을 알 수 있다. 압축액체를 나타내는 표 C-4의 5 MPa 부분의 100 ℃에 해당하는 상태량들을 찾으면 다음과 같다.

$$v = 0.001\ 041\ \mathrm{m^3/kg},$$
$$u = 417.64\ \mathrm{kJ/kg},$$
$$h = 422.85\ \mathrm{kJ/kg},$$
$$s = 1.3034\ \mathrm{kJ/kg\ K}$$

만일 압축액체에 대한 표를 찾을 수 없다면 100 ℃에 해당하는 포화액체의 상태량을 사용해도 무방하다. 100 ℃ 포화액체의 상태량은 수증기표 C-1으로부터 다음과 같이 찾을 수 있다.

$$v = 0.001\ 043\ 5\ \mathrm{m^3/kg},$$
$$u = 419.06\ \mathrm{kJ/kg},$$
$$h = 419.17\ \mathrm{kJ/kg},$$
$$s = 1.3072\ \mathrm{kJ/kg\ K}$$

두 경우를 비교하면 압축액체에 대한 자료 대신 주어진 온도에 대한 포화액체의 자료를 사용할 경우 상대오차 1 % 미만의 정확도를 보이고 있다. 이는 물과 같은 비압축성 물질은 거의 온도만의 함수이기 때문이다.

예제에 주어진 표에 들어갈 상태량들은 다음과 같다.

	압력 MPa	상태	온도 ℃	비체적 $\mathrm{m^3/kg}$	내부에너지 kJ/kg	엔탈피 kJ/kg	엔트로피 kJ/kg K	건도 (해당될 경우)
a	5	포화액체	263.9	0.001 286 4	1148.2	1154.6	2.9210	
b	5	포화증기	263.9	0.039 446	2597.0	2794.2	5.9737	
c	5	습증기	263.9	0.03	2238.4	2388.4	5.2182	건도, 0.7525
d	5	과열증기	400	0.057 837	2907.5	3196.7	6.6483	
e	5	압축액체	100	0.001 041	417.64	422.85	1.3034	

예제 4.6 물의 상태량

체적이 2 m^3인 밀폐된 용기 안에 질량 1 kg의 증기가 들어 있다. 증기의 압력은 200 kPa이다. 이 증기의 온도와 내부에너지, 엔탈피 및 엔트로피 등의 상태량을 구하라.

풀이

주어진 자료를 가지고 증기의 비체적을 먼저 계산한다.

$$v = \frac{V}{m} = \frac{2\ \text{m}^3}{1\ \text{kg}} = 2\ \text{m}^3/\text{kg}$$

압력과 비체적 두 개의 상태량을 알고 있으므로 이 증기의 상태는 확정된 것이다. 먼저 압력 기준의 포화상태 수증기표 C-2에서 200 kPa의 압력에 대한 포화액체와 포화증기의 비체적을 찾으면

$$v_f = 0.001\ 060\ 5\ \text{m}^3/\text{kg}, \quad v_g = 0.885\ 68\ \text{m}^3/\text{kg}$$

임을 알 수 있다. 주어진 비체적은 해당 압력에 대한 포화증기의 비체적 보다 크므로 과열증기 상태라는 것을 알 수 있다. 과열증기표 C-3에서 200 kPa의 압력에서 비체적 $v = 2\ \text{m}^3/\text{kg}$에 해당하는 상태를 찾으면 된다. 주어진 상태는 과열증기표에서 200 kPa, 550 ℃와 200 kPa, 600 ℃의 범위 내에 있다. 해당 상태량들을 정리하면 다음과 같다.

압력 MPa	온도 ℃	비체적 m^3/kg	내부에너지 kJ/kg	엔탈피 kJ/kg	엔트로피 kJ/kg K
0.200	550	1.8973	3215.9	3595.4	8.6502
0.200	600	2.0130	3302.2	3704.8	8.7792

200 kPa, 2 m^3/kg에 해당하는 상태량은 이들 두 자료들 사이의 보간법에 의해 구할 수 있다.

$$T = 550 + \frac{2 - 1.8973}{2.0130 - 1.8973}(600 - 550) = 594.4\ ^\circ\text{C}$$

$$u = 3215.9 + \frac{2 - 1.8973}{2.0130 - 1.8973}(3302.2 - 3215.9) = 3292.5\ \text{kJ/kg}$$

$$h = 3595.4 + \frac{2 - 1.8973}{2.0130 - 1.8973}(3704.8 - 3595.4) = 3692.5\ \text{kJ/kg}$$

$$s = 8.6502 + \frac{2 - 1.8973}{2.0130 - 1.8973}(8.7792 - 8.6502) = 8.7647\ \text{kJ/kg K}$$

4장 개념문제

1. 이상기체 상태 방정식을 4가지로 표현하고 각 방정식에 들어가는 단위를 설명하라.
2. 압력이 0에 접근하는 극한에 대한 물리적인 의미를 설명하라.
3. 실재가스에 대해 이상기체 상태 방정식을 사용할 수 있는 조건에 대해 설명하라.
4. 순수물질과 이상기체의 정압비열과 정적비열을 구분하여 설명하라.
5. 이상기체의 정압비열과 정적비열 사이의 관계에 대해 설명하라.
6. 이상기체의 정압비열과 정적비열을 비열비와 가스상수의 항으로 나타내는 과정을 설명하라.
7. 폴리트로프 과정을 겪는 이상기체로 이루어진 시스템이 행하는 일의 크기를 계산하는 방법을 설명하라.
8. 물의 증기압 곡선을 그리고, 이 선도를 통해 가열하지 않고 증발을 일으키는 방법에 대해 설명하라.
9. 얼 때 팽창하는 물질에 대해 고상, 액상 및 증기상 사이의 상변화를 일으키는 압력과 온도 사이의 관계를 나타내는 선도를 그리고 설명하라.
10. 0.1 MPa, 1 MPa, 10 MPa, 22.06 MPa 및 30 MPa의 일정 압력 하에서 물을 가열할 때 나타나는 현상을 온도-체적 선도를 이용하여 설명하라.
11. 임계점에 대해 설명하라.
12. 포화상태에서 건도가 주어진 경우 포화액체 및 포화증기의 상태량을 이용하여 주어진 건도에서의 상태량을 구하는 방법을 설명하라.
13. 수증기표에 압축액체의 상태량을 나타내는 자료가 없을 경우 이를 해결하는 방법을 설명하라.
14. 비압축성 물질의 정압비열과 정적비열 사이의 관계를 설명하라.

4장 연습문제

4.1 체적이 1000 cc인 용기 내에 300 K의 공기가 0.03 kg 들어 있다. 공기를 이상기체로 가정하고 용기 안의 공기의 압력을 계산하라.

4.2 직경이 20 cm인 구형의 풍선 안에 절대압력 1.2 기압, 25 ℃의 헬륨이 들어 있다. 이 풍선 안에 들어 있는 헬륨의 질량을 계산하라.

4.3 직경이 100 mm, 높이가 50 mm인 원통 용기 안에 1 MPa, 1000 K의 질소가 들어 있다. 이 용기 안에 들어 있는 질소의 질량을 계산하라.

4.4 실린더 안에 이상기체로 간주할 수 있는 공기가 들어 있다. 처음 상태는 1 bar, 300 K이다. 이 공기를 등온 압축하여 체적이 처음 체적의 1/16이 되었을 때 나중 상태의 압력을 구하고 이 과정 중 단위 질량당의 내부 에너지 변화량을 계산하라.

4.5 실린더 안의 공기의 압력은 1 bar, 온도는 300 K이다. 가역단열적으로 압축하여 체적이 1/9이 되었다. 나중 상태의 압력과 온도 및 이 과정 중의 단위 질량당의 내부에너지와 엔탈피의 변화를 계산하라.

4.6 실린더 안의 공기의 온도가 300 K에서 1000 K으로 변화하였다. 정압비열을 일정하다고 가정하고 두 상태 사이의 엔탈피 변화를 다음의 세 가지 방법으로 계산하라.
(a) 정압비열을 300 K에서의 값으로 일정하다고 가정했을 경우
(b) 정압비열을 1100 K에서의 값으로 일정하다고 가정했을 경우
(c) 정압비열을 700 K에서의 값으로 일정하다고 가정했을 경우

4.7 실린더 안의 공기의 온도가 300 K에서 1000 K으로 변화하였다. 정압비열이 온도에 따라 변화하는 것을 고려하여 두 상태 사이의 엔탈피 변화를 다음 두 가지 방법으로 계산하고 그 결과를 문제 4.6의 경우들과 비교하라.
(a) 표 4.1의 관계식을 사용하여 적분한 경우
(b) 부록의 표 B-1의 엔탈피를 이용하여 계산한 경우

4.8 실린더 안의 공기의 압력은 1 bar, 체적은 1 m^3이다. $pV^{1.2}$ = const인 폴리트로프 과정을 통해 체적이 처음 상태의 2배가 되었다. 이 과정 중 시스템이 행한 일의 양을 계산하라.

4.9 실린더 안의 공기의 압력은 1 bar, 체적은 1 m^3이다. 등온과정을 통해 체적이 처음 상태의 2배가 되었다. 이 과정 중 시스템이 행한 일의 양을 계산하라.

4.10 냉매로 사용하는 R-22에 대해서 다음과 같이 다섯 개의 경우가 주어져 있다. 주어진 상태에 대해 내부에너지, 엔탈피 등 빈칸에 들어갈 상태량들을 구하라.

	압력 MPa	상태	온도 ℃	비체적 m^3/kg	내부에너지 kJ/kg	엔탈피 kJ/kg	엔트로피 kJ/kg K	건도 (해당될 경우)
a	2	포화액체						
b	2	포화증기						
c	2			0.01				
d	2		105					
e	2		25					

4.11 직경이 100 mm, 높이가 50 mm인 원통 용기 안에 1 MPa, 400 ℃의 수증기가 들어 있다. 이 용기 안에 들어 있는 수증기의 질량을 계산하라.

4.12 체적이 1 m^3인 밀폐된 용기 안에 0.5 kg의 수증기가 들어 있다. 수증기의 압력은 200 kPa이다. 이 수증기의 온도와 내부에너지, 엔탈피 및 엔트로피 등의 상태량을 구하라.

5 질량 보존의 법칙

질량 보존의 원리(Principle of Mass Conservation)는 "질량은 창조되지도 소멸되지도 않는다"는 단순한 보존의 원리의 하나이다. 이 원리는 질량 불변의 법칙, 또는 질량 평형식(Law of Mass Balance) 등 여러 이름으로 불린다. 열장치를 해석하는 과정에 있어서 우리의 관심의 대상인 시스템과 검사체적에 대해 자주 마주치는 몇 가지 상황을 설정하고 각각의 경우에 대해서 즉시 적용이 가능한 질량의 관계식들을 설정하도록 한다.

5.1 시스템에 대한 질량 보존

시스템(여기서 시스템은 밀폐 시스템을 의미한다)은 그 경계를 통해 유입 또는 유출하는 질량이 없다. 시스템 내의 질량에 영향을 미칠 수 있는 외부 요소가 없고 또 질량은 창조되지도 소멸되지도 않으므로 시스템 내의 질량은 시간에 따라 변화하지 않는다. 이를 기호를 이용하여 표시하면 다음과 같다.

$$m_{sys} = \text{const} \quad \text{또는} \quad \Delta m_{sys} = 0 \tag{5.1.1}$$

처음 상태의 시스템의 질량과 나중 상태의 시스템의 질량을 각각 하첨자 1과 2로 나타내면 위의 식은 다음과 같이 다시 표시할 수 있다.

$$m_{sys,1} = m_{sys,2} \tag{5.1.2}$$

이상과 같이 시스템 내의 질량은 일정하므로 시스템에 대해 해석을 할 때에는 질량의 변화는 별도로 고려할 필요가 없다. 처음 상태와 나중 상태의 시스템의 질량을 따로 구분할 필요 없이 m_{sys} 또는 단순히 m으로만 표시하도록 한다.

5.2 검사체적에 대한 질량 보존

과정이 일어나는 동안 질량의 유 · 출입이 없는 밀폐 시스템과는 달리 검사체적의 경우에는 그 경계인 검사면을 넘어 열과 일뿐만 아니라 질량도 출입한다. 시스템을 해석할 경우는 과정이 진행되는 동안 시스템의 질량의 변화를 고려할 필요가 없으나, 검사체적의 경우는 시시각각으로 변화하는 질량의 변화를 고려하여야 한다. 검사체적에 질량 보존의 원리를 적용하여 검사체적 내의 질량의 변화를 나타내는 관계식을 도출한다.

5.2.1 연속방정식

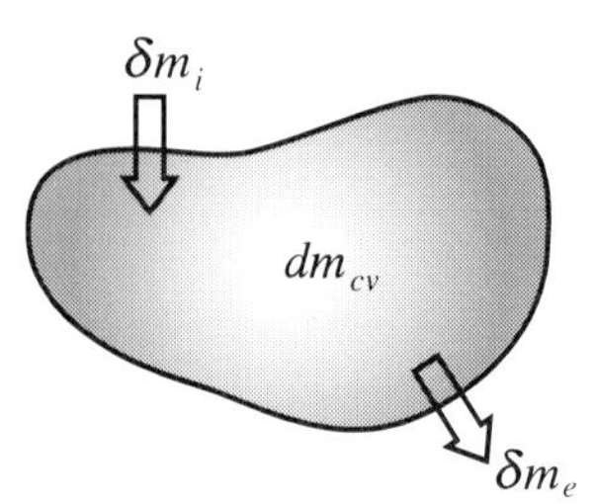

그림 5.1 검사체적에 대한 질량 평형

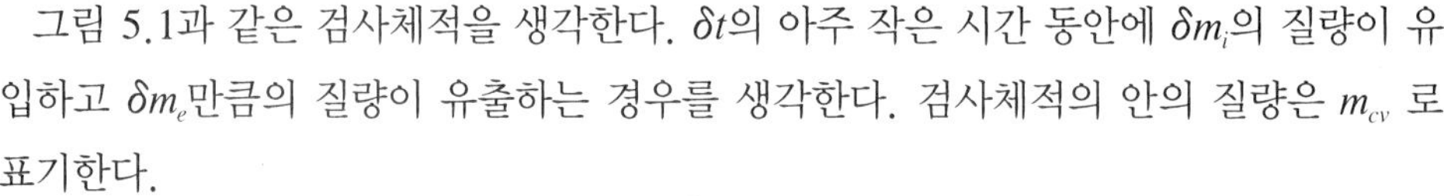

그림 5.1과 같은 검사체적을 생각한다. δt의 아주 작은 시간 동안에 δm_i의 질량이 유입하고 δm_e만큼의 질량이 유출하는 경우를 생각한다. 검사체적의 안의 질량은 m_{cv} 로 표기한다.

그림 5.1에서 경계를 넘어 유입하는 질량과 유출하는 질량 사이에 차이가 생길 수 있다. 질량 보존의 원리에 의하면 없던 질량이 생길 수도, 있던 질량이 없어질 수도 없으므로 "**경계를 통해 유입 또는 유출하는 질량의 차이만큼 검사체적 내의 질량은 증가 또는 감소한다**"라고 표현할 수 있을 것이다. 검사체적으로 유입하는 질량 δm_i를 양으로 하면 유출하는 질량 δm_e는 음이 되며 $+\delta m_i - \delta m_e$는 검사면을 통한 질량의 순 유입량(또는 정미 유입량, Net Inflow)이 된다. 이 양은 검사체적 내의 질량의 변화 dm_{cv}와 같아야 한다. 이를 식으로 표현하면 다음과 같다.

$$+\delta m_i - \delta m_e = dm_{cv} \tag{5.2.1}$$

이 식은 검사체적에 대해 질량보존의 원리를 미소 변화의 항으로 표시한 것이다.

이 과정은 δt라는 시간 간격 동안 일어난 변화로 식 (5.2.1)을 시간 δt로 나누어주면 이 기간 동안의 **평균 변화율**(Average Rate of Change)을 나타내는 다음의 식으로 표시된다.

$$\frac{\delta m_i}{\delta t} - \frac{\delta m_e}{\delta t} = \frac{dm_{cv}}{\delta t} \tag{5.2.2}$$

δt가 0으로 접근하는 극한을 취하면 위 식의 각 항은 다음과 같이 다시 쓸 수 있다.

$$\lim_{\delta t \to 0} \frac{\delta m_i}{\delta t} - \lim_{\delta t \to 0} \frac{\delta m_e}{\delta t} = \lim_{\delta t \to 0} \frac{dm_{cv}}{\delta t} \tag{5.2.3}$$

이 식의 여러 항들은 다음과 같이 미분 기호를 사용하여 다시 표시할 수 있다.

$\lim_{\delta t \to 0} \frac{\delta m_i}{\delta t} \equiv \dot{m}_i$ 시간 t에서 질량이 검사면을 넘어 검사체적 내로 유입하는 율

$$\lim_{\delta t \to 0} \frac{\delta m_e}{\delta t} \equiv \dot{m}_e$$ 시간 t에서 질량이 검사면을 넘어 검사체적 밖으로 유출하는 율

$$\lim_{\delta t \to 0} \frac{dm_{cv}}{\delta t} \equiv \frac{dm_{cv}}{dt}$$ 시간 t에서 검사체적 내의 질량의 시간에 따른 변화율

여기서 검사면을 넘는 질량에 대한 미분 기호로는 질량을 나타내는 기호 m 위에 도트 (•)로 표시하였으며, 검사체적 내의 질량에 대한 미분 표시는 dm_{cv}/dt로 나타내었다.

이를 이용하여 정리하면 검사체적에 대한 질량 평형은 다음과 같이 나타난다.

$$\dot{m}_i - \dot{m}_e = \frac{dm_{cv}}{dt} \tag{5.2.4}$$

위 식에서 나타난 $\dot{m}_i$, $\dot{m}_e$와 같이 검사면을 넘어 질량이 유동하는 시간율을 **질량유량** (Mass Flow Rate)이라 한다.

검사체적 내로 질량이 유입하거나 유출하는 통로는 여러 개가 될 수 있다. 여러 곳으로 유입하고 여러 곳을 통해 유출하는 일반적인 경우를 고려하기 위해 위의 식에서 유입 및 유출을 나타내는 항들에 여러 개의 합을 표시하는 Σ 기호를 붙여 입구와 출구가 여러 곳인 가능성을 고려한다. 따라서 위의 식은 다음과 같이 보다 일반적으로 표현할 수 있다.

$$\sum \dot{m}_i - \sum \dot{m}_e = \frac{dm_{cv}}{dt} \tag{5.2.5}$$

식 (5.2.5)는 검사체적에 대한 질량보존의 원리를 시간율의 항으로 나타낸 것으로 어느 한 순간에 대한 질량 평형(Mass Balance)을 표시한다. 이 식을 **연속방정식** (Continuity Equation)이라 부른다.

5.2.2 정상상태 유동을 하는 검사체적에 대한 질량 보존의 법칙

열장치를 운전할 경우는 장시간 동안 동일한 조건에서 운전하는 경우가 많이 있다. 이 경우 검사체적으로 유입하거나 유출하는 질량유량 및 그 질량이 갖는 상태량이 시간에 따라 변화하지 않는다. 동시에 검사면을 넘어서는 열전달과 일도 시간에 따라 변화하지 않는다. 이와 같이 검사체적 내의 상태에 영향을 미칠 수 있는 외부의 요소들이 모두 시간에 따라 변화하지 않으면 검사체적 내의 특정 위치의 상태량도 시간에 따라 변화하지 않는다. 이를 정상상태 유동(Steady State Flow)이라 한다. 검사체적 내의 임의의 상태량을 X_{CV}라 표시하면 정상상태 유동에 대해 다음과 같이 표시할 수 있다.

$$\frac{dX_{cv}}{dt} = 0 \tag{5.2.6}$$

여기서 X_{CV}는 검사체적 내의 질량이 될 수도 또는 에너지가 될 수도 있으며 그 밖의 다른 상태량이 될 수도 있다.

정상상태 유동을 하는 검사체적의 경우는 식 (5.2.5)에서 검사체적 내의 상태량의

시간에 따른 변화를 나타내는 항인 dm_{cv}/dt가 0이 된다. 따라서 식 (5.2.5)는 다음과 같이 간단하게 표시된다.

$$\sum \dot{m}_i = \sum \dot{m}_e \tag{5.2.7}$$

즉 정상상태 과정을 겪는 검사체적에 있어서 유입하는 질량유량의 합과 유출하는 질량유량의 합이 같다는 것을 의미한다.

정상상태 유동을 하는 대표적인 열장치들로는 같은 운전조건으로 장시간 작동하는 보일러, 터빈, 콘덴서, 펌프 등을 들 수 있다. 이 장치들 중 많은 경우에서 입구 및 출구가 각각 하나씩인 경우를 볼 수 있다. 이 경우 정상상태 유동에 대한 연속방정식을 나타내는 식 (5.2.7)에서 여러 유동의 합을 나타내는 Σ 기호가 제거된다.

$$\dot{m}_i = \dot{m}_e = \dot{m} \tag{5.2.8}$$

즉 입구 및 출구가 각 한 개씩이면서 정상상태 과정을 겪는 열장치의 경우 유입하는 질량유량과 유출하는 질량유량은 항상 동일하다.

5.2.3 과도상태 유동을 하는 검사체적에 대한 질량 보존의 법칙

열장치를 시동하거나 정지하는 경우 또는 한 운전 조건에서 다른 운전 조건으로 전환을 하는 경우를 생각한다. 이 경우 한 운전조건에 다른 조건으로 운전 조건이 바뀌고 있는 동안 검사체적 내의 상태량은 시시각각으로 변화하게 된다. 이와 같은 상태를 과도상태(Transient State)라 한다. 이 과정은 그림 2.10을 통해 나타낸 바 있다.

과도상태에 대한 또 다른 예로 탱크에 물을 채우거나 빼내는 과정(Filling and Emptying Process)을 들 수 있다. 탱크에 물을 채워나가는 동안 새로운 질량의 유입에 따라 탱크 안의 상태는 시시각각으로 변화하게 된다. 이는 물을 빼내는 과정도 마찬가지이다. 한쪽에서는 탱크 내에 물을 주입하고 한 쪽에서는 빼내는 과정에서 유입하는 질량과 유출하는 질량이 서로 다를 경우도 과도상태 유동에 해당한다.

과도상태 유동에 있어서는 매 순간마다 상태가 달라지기 때문에 식 (5.2.5)나 식 (5.2.7)과 같이 어느 한 순간에서의 질량 평형을 나타내는 시간율의 형식으로 표시된 관계식은 큰 의미를 갖지 못한다. 과도상태 유동에 대해서는 특정 시점부터 다른 시점까지의 총 변화가 얼마인지가 주요 관심의 대상이 된다. 따라서 과도상태 유동에 대한 연속방정식은 식 (5.2.5)를 주어진 시간 구간에 대해 적분한 식을 사용하는 것이 보다 바람직하다. 식 (5.2.5)의 각 항들을 시간에 대해 적분하면 다음과 같이 나타난다.

$\int_0^t \sum \dot{m}_i dt = \sum m_i$ 주어진 시간 동안 검사체적으로 유입하는 총 질량

$\int_0^t \sum \dot{m}_e dt = \sum m_e$ 주어진 시간 동안 검사체적에서 유출하는 총 질량

$\int_0^t \frac{dm_{cv}}{dt} dt = \int_0^t dm_{cv} = [m_2 - m_1]_{cv}$ 주어진 시간 동안 검사체적 내의 질량의 변화

따라서 과도 상태 유동에 대한 연속방정식은 다음 식으로 표시할 수 있다.

$$\sum m_i - \sum m_e = [m_2 - m_1]_{cv} \tag{5.2.9}$$

지금까지 검사체적에 대해 여러 가지 경우를 설정하고 각각의 경우에 직접 적용할 수 있는 여러 관계식들을 도출하였다. 이 관계식들을 정리하면 다음과 같다.

- 검사체적에 대한 일반적인 관계식 (시간율의 식)

$$\sum \dot{m}_i - \sum \dot{m}_e = \frac{dm_{cv}}{dt}$$

- 정상상태 유동을 하는 검사체적

$$\sum \dot{m}_i = \sum \dot{m}_e$$

- 입구 및 출구가 각각 한 개씩이면서 정상상태 유동을 하는 검사체적

$$\dot{m}_i = \dot{m}_e = \dot{m}$$

- 과도상태 유동을 하는 검사체적

$$\sum m_i - \sum m_e = [m_2 - m_1]_{cv}$$

위의 식들에서 나타난 질량유량 $\dot{m}$는 단면적이 일정한 일차원 유동(One-Dimensional Flow)의 경우 밀도와 속도 등의 상태량들을 이용하여 다음 식으로 표시할 수 있다.

$$\dot{m} = \frac{dm}{dt} = \frac{d(\rho Ax)}{dt} = \rho A V_x \tag{5.2.10}$$

여기서 기호 A는 단면적을 표시하며 x는 변위를, V_x는 유동 방향으로의 속도를 나타낸다.

예제 5.1 체적유량과 질량유량

1.00 bar, 300 K의 공기가 압축기로 유입하고 있다. 이 공기는 1초에 5 m^{3}씩 유입하고 있다. 압축기로 유입하는 공기의 질량유량을 계산하라.

풀이

1. 동작유체 공기

2. 지배방정식

- 체적유량과 질량유량의 관계식

$$\dot{m} = \rho \dot{Q}$$

• 이상기체 상태 방정식

$$pv = RT \quad \text{또는} \quad p = \frac{1}{v}RT = \rho RT$$

3. 자료

공기의 가스상수 0.287 kJ/kg K

4. 계산

주어진 조건에서 공기의 밀도

$$\rho = \frac{p}{RT} = \frac{100\,000 \text{ Pa}}{(287 \text{ J/kg K})(300 \text{ K})} = 1.161 \frac{\text{kg}}{\text{m}^3}$$

공기의 질량유량

$$\dot{m} = \rho\dot{Q} = \left(1.161 \frac{\text{kg}}{\text{m}^3}\right)\left(5 \frac{\text{m}^3}{\text{s}}\right) = 5.807 \frac{\text{kg}}{\text{s}}$$

예제 5.2 유동 통로와 질량유량

1 bar, 500 K의 공기가 40 m/s의 속도로 원형 노즐의 출구를 지나고 있다. 공기의 질량유량을 5 kg/s로 유지하기 위해서는 노즐 출구의 직경을 얼마로 해야 하는지 계산하라. (공기는 실제로 압축성 유체이나 여기서는 비압축성으로 가정한다.)

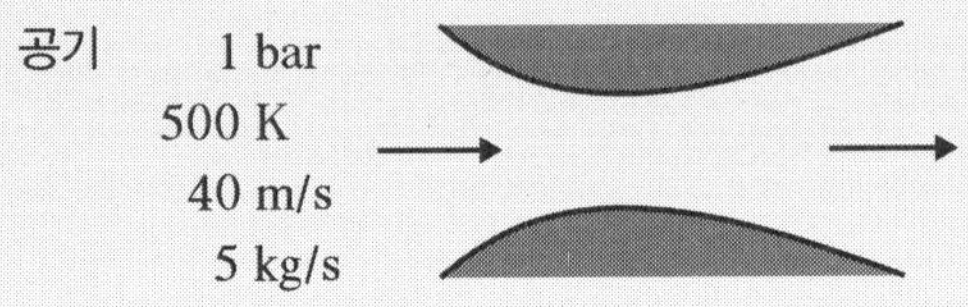

공기 1 bar
500 K
40 m/s
5 kg/s

풀이

1. 동작유체 – 공기

2. 지배방정식

• 체적유량과 질량유량의 관계식

$$\dot{m} = \rho A V_x = \rho \frac{\pi d^2}{4} V_x$$

• 이상기체 상태 방정식

$$pv = RT \quad \text{또는} \quad p = \frac{1}{v}RT = \rho RT$$

3. 자료

공기의 가스상수 0.287 kJ/kg K

4. 계산

주어진 조건에서 공기의 밀도

$$\rho = \frac{p}{RT} = \frac{100\,000\ \text{Pa}}{(287\ \text{J/kg K})(500\ \text{K})} = 0.697\ \frac{\text{kg}}{\text{m}^3}$$

유동 면적

$$A = \frac{\dot{m}}{\rho V_x} = \frac{5\ \dfrac{\text{kg}}{\text{s}}}{\left(0.697\ \dfrac{\text{kg}}{\text{m}^3}\right)\left(40\ \dfrac{\text{m}}{\text{s}}\right)} = 0.1793\ \text{m}^2$$

유동 통로의 직경

$$A = \frac{\pi d^2}{4} \text{에서}\ d = \sqrt{\frac{4A}{\pi}} = \sqrt{\frac{4(0.1793\ \text{m}^2)}{3.14}} = 0.478\ \text{m}$$

5장 개념문제

1. 질량보존의 법칙을 검사체적에 적용하여 연속방정식을 시간율의 형태로 유도하고 각 항의 의미를 설명하라.
2. 정상상태 과정을 겪는 검사체적에 대한 연속방정식을 도출하고, 입구 및 출구가 각 한 개씩인 경우에 대해 단순화하라.
3. 과도상태 과정을 겪는 검사체적에 대한 연속방정식을 도출하고 각 항의 의미를 설명하라.
4. 질량유량을 상태량으로 표시하고 각 항의 단위를 검토하라.

5장 연습문제

5.1 1.00 bar, 300 K의 공기가 원형 관으로 유입하고 있다. 원형 관의 직경은 25 cm이고 10 m/s의 속도로 유입하고 있다. 원형 관으로 유입하는 공기의 체적유량과 질량유량을 계산하라.

5.2 1.00 bar, 300 K의 공기가 가로와 세로 길이가 각각 200 mm와 100 mm인 사각 덕트로 흐르고 있다. 체적유량이 0.03 m^3임 때 덕트를 흐르는 공기의 속도와 질량유량을 계산하라.

5.3 15 bar, 400 K의 공기가 10 m/s의 속도로 원형 단면의 관으로 유입한다. 관의 직경은 일정하다. 공기가 12 bar, 350 K의 속도로 관에서 유출한다고 할 경우 출구에서의 공기의 속도를 계산하라.

5.4 정상상태 유동을 하며 입구 및 출구가 각각 한 개씩인 열장치에 공기가 흐르고 있다. 이 열장치의 입구 면적은 10 cm^2이고 여기를 통해 1 MPa, 450 K의 공기가 15 m/s의 속도로 유입한다. 출구에서의 압력은 0.5 MPa, 온도는 350 K이다. 출구 속도는 250 m/s이다. 입구 및 출구에서의 체적유량과 질량유량 및 출구의 단면적을 계산하라.

5.5 비어 있는 물탱크에 0.05 kg/s로 물을 공급하기 시작하였다. 다른 쪽에서는 0.01 kg/s의 질량유량으로 물이 유출되고 있다. 3시간 후 물탱크 안의 물의 질량은 얼마인가?

5.6 단면적이 0.25 m^2이고 높이가 0.2 m인 빈 용기가 있다. 이 용기에 400 cc/min의 체적유량으로 물이 흘러 들어가기 시작했다. 이 용기를 채우는데 걸리는 시간을 계산하라.

5.7 0.5 MPa, 200 ℃의 수증기가 단면적이 25 cm^2인 원형 관으로 유입하고 있다. 유입하는 속도가 15 m/s일 때 이 수증기의 체적유량과 질량유량을 계산하라.

5.8 100 kPa, 20 ℃의 공기가 단면적이 0.3 m^2로 일정한 열장치로 유입하여 정상상태 유동을 하고 있다. 유출하는 공기의 압력은 105 kPa, 온도는 23 ℃이다. 입구에서의 체적유량을 0.5 m^3/s라고 할 때, 공기의 질량유량과 입구 및 출구에서의 공기의 유동 속도를 계산하라.

5.9 1 MPa, 400 ℃의 수증기 15 m/s로 직경 100 mm인 관으로 흐르고 있다. 질량유량을 계산하라.

5.10 원형 단면을 가진 경사진 테이퍼 관에 물이 흐르고 있다. 입구의 직경은 30 mm이고, 출구 직경은 50 mm이며 관의 길이는 1 m이다. 입구에서의 물의 유속이 2 m/s일 때 출구에서의 물의 유속을 계산하라.

6

열역학 제1법칙

열역학 제1법칙(The First Law of Thermodynamics)은 에너지 보존의 원리(Principle of Energy Conservation)로 에너지들 사이의 정량적인 관계를 나타낸다. 이 단원에서는 앞서 연속방정식의 경우에서와 마찬가지로 열장치를 해석하는데 있어서 자주 접하게 되는 여러 상황들을 설정하고 각각의 경우에 대해 가장 적합한 제1법칙의 공식들을 유도하도록 한다. 먼저 밀폐 시스템에 대해 에너지 보존의 원리를 적용하고 이어 질량의 유 · 출입이 있는 검사체적에 대해 이 원리를 적용한다.

6.1 시스템에 대한 열역학 제1법칙

에너지 보존의 원리는 "에너지는 창조되지도 소멸되지도 않는다"는 단순한 보존의 원리의 하나이다. 에너지는 한 곳에서 다른 곳으로 이동하거나 한 형태의 에너지가 다른 형태의 에너지로 변환될 수는 있어도 우주에 존재하는 에너지의 총량은 변화하지 않는다는 것을 의미한다. 이를 식으로 쓰면 다음과 같다.

$$E_{\text{universe}} = \text{const} \quad \text{또는} \quad \Delta E_{\text{universe}} = 0 \qquad (6.1.1)$$

이 식은 열역학 제1법칙을 가장 간단하게 나타낸 표현이기는 하지만 우리의 관심의 대상이 전 우주가 아닌 이상 별 쓸모가 없다. 우리의 해석의 대상은 시스템과 검사체적이다. 이들을 대상으로 열장치의 해석에 있어서 자주 접하는 상황들을 설정하고 각각의 경우에 대해서 즉시 적용이 가능한 열역학 제1법칙의 관계식들을 설정하도록 한다. 먼저 시스템에 대해 에너지 보존의 원리를 적용한다.

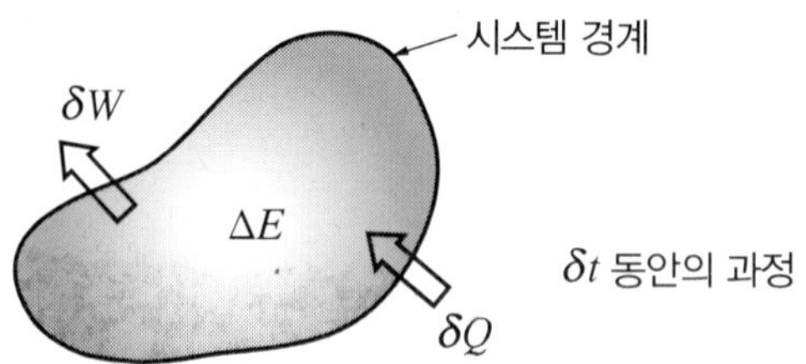

그림 6.1 시스템에 대한 에너지 평형

미소 변화를 겪는 시스템에 대한 제1법칙 식

δt의 아주 작은 시간 동안에 그림 6.1과 같은 시스템에 미소량의 열에너지 δQ가 전달되고 외부에 δW만큼 미소량의 일을 하는 경우를 생각한다. 시스템의 내부에는 시스템의 에너지 E가 존재한다.

일과 열은 경계를 흐르는 에너지이며 시스템의 에너지는 시스템 경계 내에 존재하는 에너지라는 사실을 상기하라. 경계를 통해 시스템으로 들어가고 나오는 에너지의 크기에 차이가 생긴다면 그 차이에 해당하는 에너지는 어떻게 되었을까? 에너지가 창조되지도 소멸되지도 않으므로 경계를 통해 시스템으로 들어간 에너지가 경계를 통해 흘러나온 에너지의 양보다 많다면 그 차이만큼 시스템 내의 에너지는 증가할 것이다. 반면 경계를 통해 유출된 에너지가 유입한 에너지보다 많다면 그 차이만큼 경계 안에 있는 에너지 즉 시스템의 에너지는 감소하였을 것이다. 이를 일반화하여 표현한다면 "에너지의 순 유출량(Net Outflow)만큼 시스템의 에너지는 감소한다" 또는 "에너지의 순 유입량(Net Inflow)만큼 시스템의 에너지는 증가한다"라고 표현할 수 있을 것이다. 보다 일반화시켜 표현한다면 "경계를 통해 유입 또는 유출하는 에너지의 차이만큼 시스템의 에너지는 변화한다"라고 표현할 수 있을 것이다. 일과 열의 부호 약속에서 시스템으로 전달되는 열에너지(즉 유입하는 에너지)를 양으로, 시스템이 주위에 행하는 일(즉 유출되는 에너지)을 역시 양으로 하였으므로 순수하게 경계를 통해 유입하는 에너지의 양은 $+\delta Q - \delta W$가 되며 이 양은 시스템의 에너지의 미소 변화 dE와 같아야 한다. 이를 식으로 표현하면 다음과 같다.

$$\delta Q - \delta W = dE \tag{6.1.2}$$

여기서 일과 열은 경로함수이므로 미소량의 표현에 있어서 δ를 사용한다. 시스템의 에너지 E는 점함수이며 상태량이므로 미소 변화를 표현하는데 있어서 d를 사용한다. 시스템의 에너지 E는 운동에너지, 위치에너지 및 내부에너지의 합으로 표시된다는 것을 3장에서 공부하였다. 이 개념을 이용하여 식 (6.1.2)를 다시 쓰면 다음과 같이 나타난다.

$$\delta Q - \delta W = dE = dU + d\left(\frac{1}{2}mV^2\right) + d(mgZ) \tag{6.1.3}$$

이 식은 시스템에 대해 열역학 제1법칙을 미소 변화의 항으로 표시한 것이다.

시간율로 표시한 시스템에 대한 제1법칙 식

앞서 전제한 바와 같이 이 과정은 δt의 시간 간격 동안 일어난 변화로 식 (6.1.2)를 δt로 나누어주면 이 기간 동안의 평균 변화율을 나타내는 다음의 식으로 표시된다.

$$\frac{\delta Q}{\delta t} - \frac{\delta W}{\delta t} = \frac{dE}{\delta t} \tag{6.1.4}$$

δt가 0으로 접근하는 극한을 취하면 식 (6.1.4)의 각 항은 다음과 같이 다시 쓸 수 있다.

$$\lim_{\delta t \to 0}\frac{\delta Q}{\delta t} - \lim_{\delta t \to 0}\frac{\delta W}{\delta t} = \lim_{\delta t \to 0}\frac{dE}{\delta t} \tag{6.1.5}$$

여기서

$\lim_{\delta t \to 0}\frac{\delta Q}{\delta t} \equiv \dot{Q}$　시간 t에서 열전달로서 에너지가 시스템의 경계를 넘어 유입하는 율(열전달율)

$\lim_{\delta t \to 0}\frac{\delta W}{\delta t} \equiv \dot{W}$　시간 t에서 일로서 에너지가 시스템의 경계를 넘어 유출하는 율(동력)

$\lim_{\delta t \to 0}\frac{dE}{\delta t} \equiv \frac{dE}{dt}$　시간 t에서 시스템의 에너지의 시간에 따른 변화율

여기서 시스템의 경계를 넘는 에너지 즉 열과 일에 대한 미분 표시로는 열과 일을 나타내는 Q와 W 위에 도트(•)로 표시하였으며, 시스템 내의 에너지에 대한 미분 표시는 dE/dt로 나타내었다. 이는 질량 보존의 원리를 식으로 표시할 때와 동일한 방식이다.

이를 이용하여 정리하면 다음과 같이 나타난다.

$$\dot{Q} - \dot{W} = \frac{dE}{dt} \tag{6.1.6}$$

식 (6.1.6)은 열역학 제1법칙을 시간율의 식으로 나타낸 것으로서 어느 한 순간에 대한 에너지 평형(Energy Balance)을 표시한다.

유한한 변화를 겪는 시스템에 대한 제1법칙 식

상태 1부터 상태 2까지 유한한 변화를 겪는 경우에 대해 제1법칙 식을 도출하기로 한다. 이는 미소 변화에 대한 제1법칙 식 (6.1.2) 또는 (6.1.3)의 각 항들을 상태 1부터 상태 2까지 적분하면 된다. 즉

$$\int_1^2 \delta Q - \int_1^2 \delta W = \int_1^2 dE \tag{6.1.7}$$

δQ에 대한 적분의 결과는 상태 1부터 상태 2에 이르는 동안의 총 열전달량을 의미하므로 이를 단순히 Q_{12}로 표기하도록 한다. 마찬가지로 δW의 유한한 구간에 걸친 적분

의 결과도 W_{12}로 표기하고 주어진 기간 동안 외부에 행하여진 일의 총량으로 해석한다. dE의 적분은 상태량의 적분이므로 상태 2에서의 시스템의 에너지에서 상태 1에서의 시스템의 에너지를 빼주면 된다. 즉

$$\int_1^2 dE = E_2 - E_1 \tag{6.1.8}$$

이상의 결과를 정리하고 시스템의 에너지를 내부에너지, 운동에너지 및 위치에너지의 항으로 표시하면 상태 1부터 상태 2까지 유한한 변화를 겪는 시스템에 대한 열역학 제1법칙의 식은 다음과 같이 나타난다.

$$Q_{12} - W_{12} = E_2 - E_1 = (U_2 - U_1) + \left(\frac{1}{2}mV_2^2 - \frac{1}{2}mV_1^2\right) + (mgZ_2 - mgZ_1) \tag{6.1.9}$$

사이클을 겪는 시스템에 대한 제1법칙 식

이상에서는 상태 1부터 상태 2까지 유한한 변화를 겪는 경우에 대해 제1법칙 식을 도출하였다. 만일 상태 2가 상태 1과 동일한 상태량을 갖는다면 우리는 이를 사이클을 겪었다고 한다. 이 경우에 대해서는 식 (6.1.2)를 사이클에 대해 적분하면 된다. δQ의 사이클 적분은 의미상으로는 사이클 동안의 총 열전달량이 되며 이를 Q_{cycle}이라 표기하도록 한다. 역시 δW의 사이클 적분도 의미상으로는 사이클 동안에 한 일의 총량이 되며 이를 W_{cycle}이라 표기하도록 한다. 그러나 dE의 사이클 적분은 $E_1 - E_1$의 형태가 되어 0이 된다. 즉 사이클을 겪은 후의 시스템의 상태는 과정을 시작할 때의 상태와 동일하므로 사이클을 겪는 동안 시스템 내부의 상태량의 순 변화(Net Change)는 없다. 결과적으로 사이클을 겪는 시스템에 대한 열역학 제1법칙은 다음 식과 같이 표현된다.

$$Q_{cycle} = W_{cycle} \tag{6.1.10}$$

즉 사이클을 겪는 동안 경계를 통해 전달되는 총 열에너지량은 사이클 동안에 경계를 통해 행해진 일의 총량과 동일하다.

여러 가지 과정을 겪는 밀폐 시스템에 대해 열역학 제1법칙 식을 정리하면 다음과 같다.

미소 과정을 겪는 시스템에 대한 열역학 제1법칙 식

$$\delta Q - \delta W = dE = dU + d\left(\frac{1}{2}mV^2\right) + d(mgZ) \tag{6.1.3}$$

유한한 과정을 겪는 시스템에 대한 열역학 제1법칙 식

$$Q_{12} - W_{12} = E_2 - E_1 = (U_2 - U_1) + \left(\frac{1}{2}mV_2^2 - \frac{1}{2}mV_1^2\right) + (mgZ_2 - mgZ_1) \tag{6.1.9}$$

시간율의 형태로 표시한 열역학 제1법칙 식

$$\dot{Q} - \dot{W} = \frac{dE}{dt} \tag{6.1.6}$$

사이클을 겪는 시스템에 대한 열역학 제1법칙 식

$$Q_{\text{cycle}} = W_{\text{cycle}} \tag{6.1.10}$$

물리적으로 보면 식 (6.1.3)은 아주 작은 시간 동안의 에너지 평형을 나타낸 식이며, 식 (6.1.9)는 의미를 갖는 유한한 시간 동안의 에너지 평형을 나타내는 식이다. 식 (6.1.6)은 한 점에서의 에너지 평형식, 즉 어느 특정한 한 순간에 대한 에너지 평형식이다. 식 (6.1.10)은 식 (6.1.9)의 특별한 경우로 사이클이라는 특정한 과정에 대한 에너지 평형식이라 볼 수 있다. 수학적 용어로 표현하면 식 (6.1.3)은 미분형으로 표시한 에너지 평형식이며, 식 (6.1.9)는 적분형(여기서는 적분의 결과)의 에너지 평형식이다. 식 (6.1.6)은 시간율의 식, 즉 시간에 따른 미분식이다. 식 (6.1.10)은 사이클 적분을 수행한 식이다.

6.2 문제 풀이 과정

해결하고자 하는 문제를 접할 때 간단한 문제라면 처음부터 끝까지의 풀이 과정이 한번에 머리 속에 떠오를 수도 있을 것이다. 그러나 여러 가지 개념이 서로 연결된 복잡한 문제라면 어디서 어떻게 시작하고 어떤 과정을 밟아야 할 지를 한번에 파악할 수 없는 경우도 있을 것이다. 풀이 과정에 대한 어떤 정형화된 절차를 설정하고 이에 따라 풀이를 진행한다면 복잡한 문제를 해결해 나가는데 있어 실마리를 제공할 수 있을 것이다.

이 책에서는 다음 7 단계의 절차를 제시한다.

1. 해석의 대상 선정
2. 개략도와 선도 작성
3. 동작유체 파악
4. 지배방정식 선정
5. 자료 취합
6. 계산 수행
7. 해석 수행

이들 중 일부를 필요에 따라 적용한다. 각 단계를 부연하여 설명한다.

1. 해석의 대상: 시스템 또는 검사체적

문제를 접했을 때 가장 먼저 확인해야 할 사항은 해석의 대상을 무엇으로 할 것인지에 관한 것이다. 이것은 해석의 대상이 특정 질량 즉 시스템인지, 해석의 대상이 특정 공간 즉 검사체적인지에 관한 것이다. 해석의 대상이 시스템인지 검사체적인지에 따라 질량의 변화 즉 연속방정식이 포함될 것인지의 여부가 결정될 수 있다. 아울러 해석의 대상이 시스템인지 검사체적인지에 따라 여러 개의 열역학 제1, 2법칙 식 중 어느 것을 적용할 지의 문제가 달라진다. 2장에서 설명한대로 해석의 대상은 동작유체가 있는 공간을 주목하고, 그 공간으로 질량의 유입 또는 유출이 전혀 없으면 해석의 대상은 질량 그 자체 즉 시스템을 해석의 대상으로 한다. 만일 동작유체가 있는 공간으로 질량의 유입 또는 유출이 있으면 해석의 대상은 동작유체가 있는 공간 즉 검사체적으로 한다. 해석의 대상을 검사체적으로 할 경우 상황에 따른 질량의 변화를 고려해야 한다. 해석의 대상을 설정했으면 문제 풀이가 끝날 때까지 무엇이 해석의 대상인지를 잊지 말아야 한다. 다시 강조하지만 해석의 대상이 시스템인지 검사체적인지에 따라 적용하는 방정식의 형태가 달라지기 때문이다.

2. 개략도와 선도: 열장치 그림과 압력-체적 또는 온도-엔트로피 선도

문제에 나타난 열장치에 대한 이해를 돕기 위해 가능하다면 문제에서 제시한 열장치의 개략도를 그리고, 필요하다면 주어진 조건의 일부를 개략도에 함께 그린다. 특히 동작유체가 흐르는 방향, 경계를 넘는 열과 일 및 질량 등을 화살표를 이용해서 표시한다.

이와 함께 압력-체적 선도, 온도-엔트로피 선도 등의 작성이 가능하다면 이 단계 또는 다음 단계 중 일부에서 이 선도들을 그려 보도록 한다. 이와 같은 개략도나 상태량 선도들은 열장치의 동작과 문제의 핵심을 이해하는데 큰 도움이 될 수 있다.

3. 동작유체: 공기 유형 또는 물 유형

해석의 대상이 되는 동작유체가 어떤 종류인지를 파악한다. 동작유체가 공기, 질소, 연소가스 등이고 이상기체 거동으로 간주할 수 있는 물질인지(이를 공기 유형이라 하자), 그렇지 않으면 물, 프레온 가스 등으로 장치 내에서 상변화를 겪고 있는 물질(이를 물 유형이라 하자)인지를 파악한다.

동작유체가 공기 유형이라면 이상기체 모델의 여러 관계식들이 유용할 것이다.

동작유체가 물 유형이라면 수증기표 등 상태량표 자료들이나 그림 자료들을 이용해서 상태량을 파악해야 할 것이다.

4. 지배방정식: 이상기체 관계식, 연속방정식, 제1, 2법칙 식 등

동작유체가 공기, 질소 등이고 이들이 너무 높은 압력이거나 또는 너무 낮은 온도에서 작동하는 상황이 아니라면 이상기체 상태 방정식 및 이상기체 모델의 여러 관계식들 중 일부가 적용될 것이다. 따라서 이들 중 유용한 관계식들을 준비해야 할 것이다.

문제에 일의 계산이 포함된다면 압력과 체적 변화의 항으로 표시한 일의 관계식, 폴리트로프 과정을 겪는 동작유체의 일을 구하는 식이나, 열역학 제 1법칙의 관계식들이 필요하게 될 것이다.

특히 해석의 대상이 시스템인지, 검사체적인지의 여부에 따라 연속방정식의 포함 여부와 함께 여러 종류의 열역학 제1, 2법칙의 관계식들 중 어느 것을 적용할 것인지가 달라지게 된다.

5. 자료: 처음 상태와 나중 상태 및 과정

풀어야 할 방정식들의 윤곽이 어느 정도 나타나면 이 방정식들을 풀기 위한 상태량들을 결정해야 한다. 특히 처음 상태와 나중 상태에 대해 어느 정도 알고 있는지를 판단해야 한다. 어떤 상태에 대해 안다는 것은 그 상태에 대한 독립 상태량 두개를 알고 있다는 의미이다. 이 단계에서는 처음 상태와 나중 상태에 대해서 알고 있는 상태량과 구해야 할 상태량이 무엇인지를 명확히 파악해야 한다. 처음 상태와 나중 상태를 파악하는 것과 함께, 처음 상태에서 나중 상태로 진행하는 과정이 무엇인지를 파악해야 한다. 어떤 과정을 통해 상태 변화를 겪는지를 알면 아직 모르는 상태량을 결정하고 또 지배방정식들을 단순화하는데 큰 도움이 된다.

처음 상태와 나중 상태라는 표현은 문제에 따라서는 입구 상태와 출구 상태라는 공간적인 표현으로 바꾸어 생각하기도 한다.

6. 계산: 방정식 적용 순서의 결정

이상과 같이 지배 방정식과 알고 있는 변수값 및 구해야 할 변수가 결정되면 주어진 자료들을 잘 관찰해서 어떤 순서로 해석해야 할 지를 판단하고 순서에 따라 계산을 진행한다.

7. 해석 : 타당성 검토와 공학적 의미 파악

문제에서 요구하는 답을 구했으면 그 답이 실제의 물리적 현상에 부합하는지를 검토한다. 아울러 문제를 통해 얻을 수 있는 공학적 의미가 무엇인지를 생각해 본다.

이상과 같이 제시된 절차는 모든 문제에 대해서 전부 적용되어야 하는 것은 아니다. 문제에 따라 일부 생략될 수도 있다. 그리고 문제 풀이에 필요한 모든 과정이 전부 포함되어 있다고 볼 수도 없다. 경우에 따라 이 절차에 없는 내용이 문제 풀이 과정에서 새로 고려되어야 할 경우도 있을 것이다. 또 반드시 앞에 제시하는 순서대로가 아닐 수도 있다. 그러나 복잡해서 무엇부터 시작해야 할 지 모르는 상황에서 이상의 절차를 고려한다면 보다 쉽게 문제 풀이에 접근할 수 있을 것이다.

제시된 앞의 단계들을 고려하여 시스템에 대한 열역학 제1법칙과 관련한 예제들을 풀어 보기로 한다.

예제 6.1 시스템의 에너지

질량이 5 kg인 물체가 있다. 이 물체의 처음 위치에서의 높이와 속도는 각각 1 m와 2 m/s이다. 이 물체가 외부에서 1000 J의 일을 받아 높이와 속도가 각각 5 m 및 10 m/s가 되었다. 이 과정 중에 열전달은 없다. 이 물체의 내부에너지는 얼마큼 변하였는가?

풀이

1. 해석의 대상 시스템

2. 지배방정식

유한한 과정을 겪는 시스템에 대한 열역학 제1법칙

$$Q_{12} - W_{12} = E_2 - E_1 = (U_2 - U_1) + \left(\frac{1}{2}mV_2^2 - \frac{1}{2}mV_1^2\right) + (mgZ_2 - mgZ_1)$$

3. 자료

처음 상태: 높이 $Z_1 = 1$ m, 속도 $V_1 = 2$ m/s

나중 상태: 높이 $Z_2 = 5$ m, 속도 $V_2 = 10$ m/s

과정: 단열과정

4. 계산

이 방정식의 각 항은 다음과 같이 계산된다.

열전달항 $Q_{12} = 0$ (단열과정)

일의 항 $W_{12} = -1000$ J (시스템에 행해진 일이므로 음의 부호를 갖는다)

운동에너지의 변화 $\frac{1}{2}mV_2^2 - \frac{1}{2}mV_1^2 = \frac{1}{2}(5\text{ kg})(10^2 - 2^2\text{ m}^2/\text{s}^2) = 240\text{ J}$

위치에너지의 변화 $mgZ_2 - mgZ_1 = (5\text{ kg})(9.8\text{ m/s}^2)(5 - 1\text{ m}) = 196\text{ J}$

이 값들을 위의 식에 대입하면 다음과 같다.

$$0 - (-1000) = (U_2 - U_1) + (240) + (196)$$

따라서

$$U_2 - U_1 = 564\text{ J}$$

즉 물체의 내부에너지는 564 J만큼 증가하였다.

예제 6.2 시스템에 대한 열역학 제1법칙 – 폴리트로프 과정

질량이 일정한 시스템이 있다. 처음 상태의 압력과 체적은 각각 100 kPa, 5 m^3이며 225 kJ의 내부에너지를 가지고 있다. 나중 상태의 압력과 내부에너지는 각각 200 kPa 및 500 kJ이다. 처음 상태부터 나중 상태까지 $pV^{1.4} = \text{const}$의 변화를 겪은 경우 이 과정 중의 일과 열전달량을 계산하라. (단 처음과 나중 상태의 상대 이동은 무시할 정도이다.)

풀이

1. 해석의 대상 시스템

2. 지배방정식

처음 상태부터 나중 상태로의 과정은 지수가 1.4인 폴리트로프 과정을 겪는다.

폴리트로프 관계식은 다음과 같다

$$pV^n = \text{const} = p_1V_1^n = p_2V_2^n$$

폴리트로프 과정을 겪는 시스템의 일의 양을 나타내는 관계식은 다음과 같다.

$$W_{12} = \frac{p_2V_2 - p_1V_1}{1-n}$$

유한한 과정을 겪는 시스템에 대한 열역학 제1법칙은 다음과 같이 주어진다.

$$Q_{12} - W_{12} = E_2 - E_1 = (U_2 - U_1) + \left(\frac{1}{2}mV_2^2 - \frac{1}{2}mV_1^2\right) + (mgZ_2 - mgZ_1)$$

운동에너지 및 위치에너지의 변화를 무시하면 열역학 제1법칙은 다음과 같이 단순화 된다.

$$Q_{12} - W_{12} = U_2 - U_1$$

3. 자료

처음 상태: $p_1 = 100$ kPa, $V_1 = 5$ m^3, $U_1 = 225$ kJ

나중 상태: $p_2 = 200$ kPa, $V_2 = ?$, $U_2 = 500$ kJ

과정: $pV^{1.4} = \text{const}$

4. 계산

위의 식들을 단계적으로 적용하면 일과 열전달량을 순차적으로 계산할 수 있다. 처음 상태의 압력과 체적이 알려져 있는 반면 나중 상태의 경우는 압력 만을 알고 있다. 나중 상태의 체적은 다음의 폴리트로프 관계식을 통해 구할 수 있다.

$$pV^n = \text{const} = p_1 V_1^n = p_2 V_2^n$$

여기서 $n = 1.4$이며 나중 상태 체적은 다음과 같이 계산된다.

$$V_2 = V_1\left(\frac{p_1}{p_2}\right)^{\frac{1}{n}} = (5\text{ m}^3)\left(\frac{100}{200}\right)^{\frac{1}{1.4}} = 3.048\text{ m}^3$$

폴리트로프 과정을 겪는 시스템의 일

$$W_{12} = \frac{p_2 V_2 - p_1 V_1}{1-n} = \frac{(200\text{ kPa})(3.048\text{ m}^3) - (100\text{ kPa})(5\text{ m}^3)}{1-1.4} = -274\text{ kJ}$$

즉 이 시스템은 외부에서 274 kJ의 일을 받고 있다.

일과 내부에너지에 관한 정보를 알고 있으므로 1법칙 식에서 열전달량을 계산할 수 있다.

$$Q_{12} = W_{12} + (U_2 - U_1) = -274\text{ kJ} + (500 - 225\text{ kJ}) = 1\text{ kJ}$$

즉 외부에서 이 시스템에 1 kJ의 열에너지가 전달되고 있다.

5. 해석

열전달량의 수치로 볼 때 이 시스템은 거의 단열과정을 겪는 것으로 볼 수 있다(계산 중 체적을 소수점 아래 두 자리까지 고려하면 열전달량은 0으로 계산되기도 한다).

폴리트로프 지수가 공기의 비열비인 1.4이고 계산 결과 단열과정에 가까운 것으로 미루어 볼 때 이 문제에서 제시하고 있는 것은 가역단열 과정을 겪고 있는 공기로 추정된다.

예제 6.3 시스템에 대한 열역학 제1법칙 – 정적 가열

1 m^3의 체적을 가진 강성 용기(Rigid Vessel)에 5 MPa, 400 ℃의 수증기가 들어 있다. 이 수증기를 150 ℃로 냉각하려고 한다. 수증기의 질량과 냉각에 필요한 열전달량을 구하라.

풀이

1. 해석의 대상 용기 안의 물 – 시스템

2. 개략도

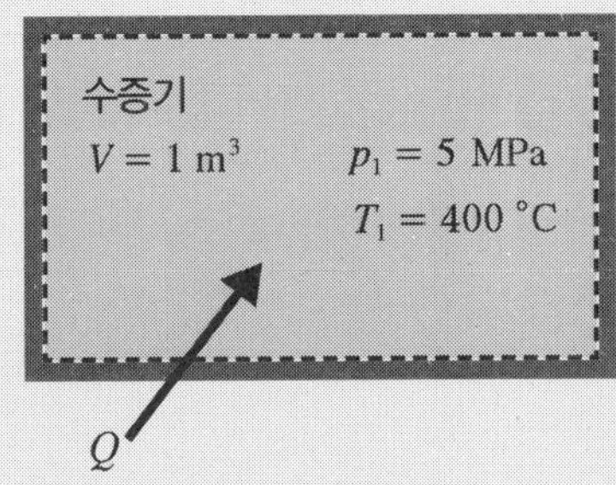

3. 동작유체 물

4. 지배방정식

유한한 과정을 겪는 시스템에 대한 열역학 제1법칙은 다음과 같이 주어진다.

$$Q_{12} - W_{12} = E_2 - E_1 = (U_2 - U_1) + \left(\frac{1}{2}mV_2^2 - \frac{1}{2}mV_1^2\right) + (mgZ_2 - mgZ_1)$$

운동에너지 및 위치에너지의 변화가 없으므로 열역학 제1법칙은 다음과 같이 된다.

$$Q_{12} - W_{12} = U_2 - U_1$$

$\delta W = pdV$에서 이 과정은 정적과정($dV = 0$)이므로 과정 중 일의 양은 0이 된다. 따라서 열역학 제1법칙 식은 다음과 같이 단순화 된다.

$$Q_{12} = U_2 - U_1 = m(u_2 - u_1)$$

열전달량을 계산하기 위해서는 시스템의 질량 및 과정 전후의 단위 질량당의 내부에너지의 크기를 파악해야 함을 알 수 있다.

5. 자료와 선도

처음 상태: $P_1 = 5$ MPa, $T_1 = 400$ ℃, 1 m^3

나중 상태: $T_2 = 150$ ℃

과정: 변형이 생기지 않는 강성 용기 안에서 일어나는 과정이므로 이 과정은 정적과정이다. 즉

$$V_2 = V_1 \text{ 또는 } v_2 = v_1$$

나중 상태에 대해서도 온도와 체적의 두 독립 상태량을 알고 있으므로, 나중 상태도 확정되었다고 볼 수 있다.

6. 계산

처음 상태 $P_1 = 5$ MPa, $T_1 = 400$ ℃, 1 m^3

이 상태는 과열증기 상태이다. 표 C-3 과열증기표에서 5 MPa, 400 ℃인 경우에 대해

$$v_1 = 0.057\ 837\ \text{m}^3/\text{kg},\ u_1 = 2907.5\ \text{kJ/kg}$$

나중 상태 $T_2 = 150$ ℃, $v_2 = v_1 = 0.057\ 837\ \text{m}^3/\text{kg}$
물의 포화상태를 알려주는 표 C-1에서 150 ℃ 경우

$$v_f = 0.001\ 090\ 5\ \text{m}^3/\text{kg},\ v_g = 0.392\ 45\ \text{m}^3/\text{kg}$$

$v_f < v_2 < v_g$이므로 나중 상태는 습증기 상태, 즉 포화영역 내에 있다. 이 온도에 대한 포화압력은 0.476 MPa이며, 이때의 내부에너지는 다음과 같이 주어진다.

$$u_f = 631.66\ \text{kJ/kg},\ u_g = 2559.1\ \text{kJ/kg}$$

이 과정을 온도-체적 선도에 그리면 다음과 같다.

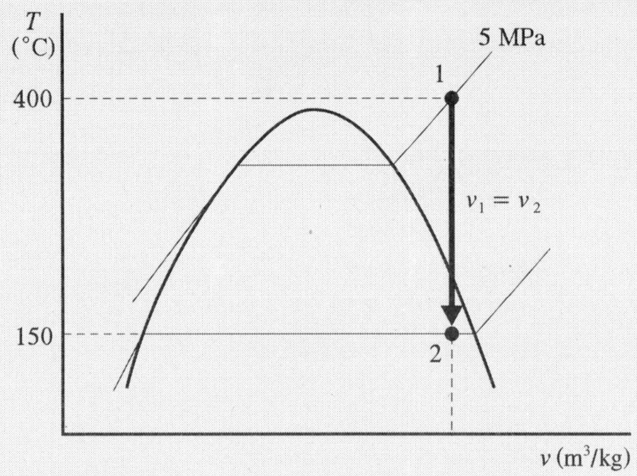

나중 상태인 습증기 상태의 내부에너지를 알기 위해서는 먼저 건도를 파악해야 한다. 건도는 비체적 자료를 이용해서 구할 수 있다.

$$v_2 = v_1 = 0.057\,837\ \ \text{m}^3/\text{kg} = v_f + x_2 v_{fg} = 0.001\,090\,5 + x_2(0.392\,45 - 0.001\,090\,5)$$

여기서 나중 상태의 건도 $x_2 = 0.1450$을 구할 수 있다(이 건도의 값으로 볼 때 위에서 임시로 그린 온도-체적 선도에서 점 2의 위치는 실제보다 오른쪽으로 많이 치우친 것을 알 수 있다. 이는 수치를 고려하지 않고 전체적인 경향만을 그리는 경우 흔히 일어나는 일이다.). 이를 이용해 나중 상태의 내부에너지를 알 수 있다.

$$u_2 = u_f + x_2 u_{fg} = 631.66 + (0.1450)(2559.1 - 631.66) = 911.14\ \text{kJ/kg}$$

시스템의 질량은 체적과 비체적의 관계식에서 간단하게 구해진다.

$$m = \frac{V}{v} = \frac{1\ \text{m}^3}{0.057\,837\ \dfrac{\text{m}^3}{\text{kg}}} = 17.29\ \text{kg}$$

이상의 자료들을 이용해서 열전달량을 최종적으로 계산할 수 있다.

$$Q_{12} = U_2 - U_1 = m(u_2 - u_1) = (17.29\ \text{kg})(911.14 - 2907.5\ \text{kJ/kg}) = -\ 34\,517.1\ \text{kJ}$$

즉 이 수증기의 냉각을 위해서는 34.5 MJ의 에너지를 열전달로서 방출해야 함을 알 수 있다.

예제 6.4 시스템에 대한 열역학 제1법칙 – 가스의 팽창

1 kg의 공기가 밀폐된 용기 내에서 300 kPa의 일정한 압력을 유지하면서 1 m^3에서 2 m^3로 팽창한다. 처음과 나중 온도, 일과 열전달량 및 엔탈피의 변화량을 구하라. (비열은 300 K의 값으로 일정하다고 가정한다.)

풀이

1. 해석의 대상 용기 안의 공기 – 시스템

2. 개략도

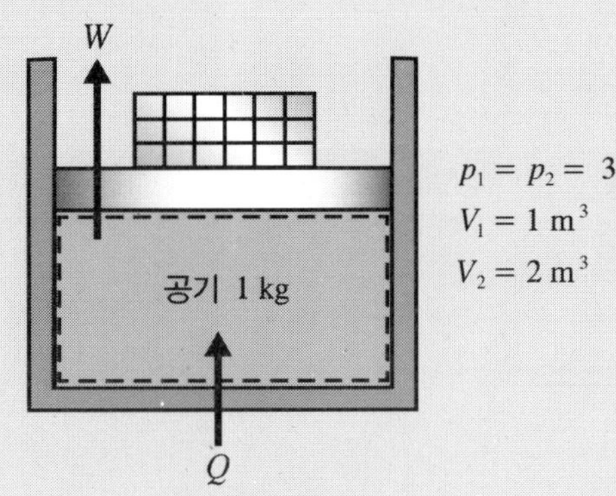

3. 동작유체 공기

4. 지배방정식

• 이상기체 상태 방정식

$$pv = mRT$$

• 유한한 과정을 겪는 시스템에 대한 열역학 제1법칙 (운동에너지 및 위치에너지의 변화를 무시한 경우)

$$Q_{12} - W_{12} = U_2 - U_1$$

• 일의 계산(정압 과정)

$$W_{12} = \int_1^2 pdV = p(V_2 - V_1)$$

위의 두 관계식을 조합하면 다음과 같이 정리할 수 있다.

$$Q_{12} = W_{12} + U_2 - U_1 = (U_2 + pV_2) - (U_1 + pV_1) = H_2 - H_1 = m(h_2 - h_1)$$

• 이상기체 모델

$$h_2 - h_1 = C_{p0}(T_2 - T_1)$$

이 식에서 정압 과정을 겪는 시스템의 열전달량은 엔탈피의 차이로 구할 수 있음을 알 수 있다.

5. 자료

질량 1 kg

처음 상태: $p_1 = 300$ kPa, $V_1 = 1\ m^3$

나중 상태: $p_2 = 300$ kPa, $V_2 = 2\ m^3$

과정: 정압 과정

공기에 대한 기본적인 자료들은 다음과 같다.

가스상수 0.287 kJ/kg K

300 K에서 정압비열 $C_{p0} = 1.007$ kJ/kg K

6. 계산

우선 이상기체 방정식을 이용하여 처음과 나중 상태의 온도를 알 수 있다.

$$T_1 = \frac{P_1 V_1}{mR} = \frac{(300\text{ kPa})(1\text{ m}^3)}{(1\text{ kg})(0.287\text{ kJ/kg K})} = 1045.3\text{ K}$$

$$T_2 = \frac{P_2 V_2}{mR} = \frac{(300\text{ kPa})(2\text{ m}^3)}{(1\text{ kg})(0.287\text{ kJ/kg K})} = 2090.6\text{ K}$$

그러므로 처음 온도는 1045.3 K, 나중 온도는 2090.6 K임을 알 수 있다.

일의 양은 다음과 같이 계산한다.

$$W_{12} = \int_1^2 pdV = p(V_2 - V_1) = (300\text{ kPa})(2 - 1\text{ m}^3) = 300\text{ kJ}$$

일의 크기가 +300 kJ이므로 팽창에 의해 가스가 외부에 대해 일을 행하였음을 알 수 있다.

열전달량은 이미 도출한 식대로 엔탈피의 변화량과 동일함을 알고 있고 다음 식과 같이 계산한다..

$$Q_{12} = m(h_2 - h_1) = mC_{p0}(T_2 - T_1) = (1\text{ kg})(1.007\text{ kJ/kg K})(2090.6 - 1045.3\text{ K}) = 1052.6\text{ kJ}$$

즉 예제에서 설명하는 팽창과정을 일으키기 위해서는 1052.6 kJ의 열에너지를 가해 주어야 한다. 이 예제에서 공기의 정압비열은 300 K의 값으로 일정한 것으로 가정하고 계산하였다. 실제로 공기의 비열은 온도에 따라 변화한다. 이 예제의 경우 비열을 일정한 값으로 가정할 경우 300 K보다는, 처음 온도인 1045.3 K과 나중 온도인 2090.6 K의 중간 온도인 1568.0 K에서의 비열값을 사용하면 보다 정확한 결과를 얻을 수 있다.

예제 6.5 시스템에 대한 열역학 제1법칙 – 가스의 압축

실린더–피스톤 장치를 이용해서 100 kPa, 300 K의 공기를 $pv^{1.1}$ = const의 경로를 따라 500 K이 될 때까지 압축한다. 이 과정 중의 단위 질량당 열전달량과 압축에 소요되는 일량을 계산하라.

풀이

1. 해석의 대상 장치 안의 공기 – 시스템

2. 개략도와 *p*-*V* 선도

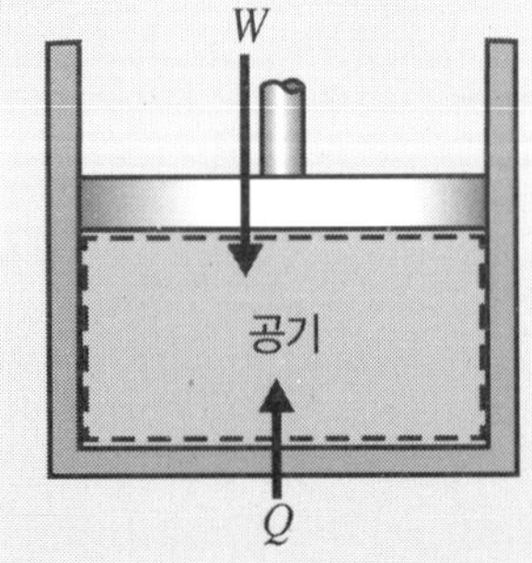

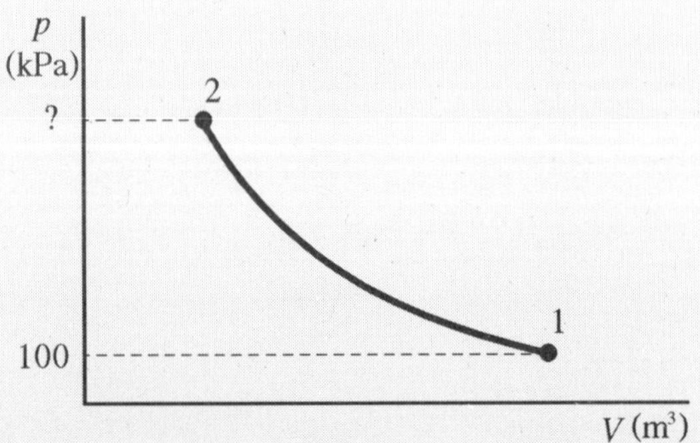

3. 동작유체 공기

4. 지배방정식

• 유한한 과정을 겪는 시스템에 대한 열역학 제1법칙(운동에너지 및 위치에너지의 변화를 무시한 경우, 단위 질량당의 식)

$$q - w = u_2 - u_1$$

여기서 $q = \dfrac{Q}{m}$, $w = \dfrac{W}{m}$

• 폴리트로프 과정을 겪는 시스템의 일(단위 질량당의 식)

$$w = \frac{p_2 v_2 - p_1 v_1}{1-n} = \frac{R(T_2 - T_1)}{1-n}$$

• 이상기체 모델

$$u_2 - u_1 = C_{v0}(T_2 - T_1)$$

5. 자료

질량 1 kg

처음 상태: $p_1 = 100$ kPa, $T_1 = 300$ K

나중 상태: $T_2 = 500$ K

과정: $pv^{1.1} = \text{const}$

6. 계산

우선 단위 질량 당의 일은 다음과 같이 계산된다.

$$w = \frac{p_2 v_2 - p_1 v_1}{1-n} = \frac{R(T_2 - T_1)}{1-n} = \frac{0.287 \text{ kJ/kg K}}{1-1.1}(500 - 300 \text{ K}) = -574.0 \text{ kJ/kg}$$

다음으로 단위 질량당의 내부에너지 변화량은 다음과 같이 계산된다.

$$u_2 - u_1 = C_{v0}(T_2 - T_1) = (0.718 \text{ kJ/kg K})(500 - 300 \text{ K}) = 143.6 \text{ kJ/kg}$$

마지막으로 단위 질량당의 열전달량은 다음 식으로 계산된다.

$$q = w + (u_2 - u_1) = -574.0 + 143.6 = -430.4 \text{ kJ/kg}$$

부호를 고려하여 생각할 때 예제에서 설명한 압축 과정을 위해서는 시스템으로 574.0 kJ/kg의 일을 투입하여야 하며, 이 과정 동안 주위로 430.4 kJ/kg의 열전달이 일어난다.

6.3 검사체적에 대한 열역학 제1법칙

과정이 일어나는 동안 질량의 유·출입이 없는 밀폐 시스템과는 달리 검사체적의 경우에는 그 경계인 검사면을 넘어 열과 일뿐만 아니라 질량도 출입한다. 시스템을 해석할 경우는 과정이 진행되는 동안 시스템의 경계를 넘어 열과 일 만이 출입하므로 열과 일 및 시스템의 에너지 사이에서의 평형만을 고려하면 되었다. 검사체적의 경우는 에너지 보존의 원리를 적용함에 있어서 열과 일이 경계를 넘어서는 현상과 함께 질량의 유입과 유출에 따른 에너지의 유입과 유출을 별도로 고려하여야 한다.

6.3.1 열역학 제1법칙의 일반적인 표현식

그림 6.2와 같은 검사체적에 δt의 아주 작은 시간 동안 δm_i의 질량이 유입하고 δm_e 만큼의 질량이 유출하는 경우를 생각한다. 이와 함께 검사체적으로 δQ_{cv}의 열이 전달되고 외부에 대해 δW_{cv}의 일을 한다. 검사체적 안의 에너지는 E_{cv}로 표기한다.

이 경우 검사면을 넘는 에너지는 δQ_{cv}와 δW_{cv}가 있으며 이와 함께 질량의 유·출입에 수반하는 에너지의 유·출입이 함께 고려되어야 한다.

유입하는 질량 δm_i의 단위 질량당 에너지를 e_i라고 하면 δm_i가 유입함으로써 $\delta m_i e_i$의 에너지가 함께 유입하게 된다. 이와 함께 이 질량이 검사면을 넘어 검사체적 내로 들어오는 과정에서 검사체적에 대해 일을 하게 된다. 이는 또 다른 형태의 에너지의 유입을 의미하며 이를 **유동일**(Flow Work)이라 한다. 유동일의 크기는 앞서 움직이는 경계가 행하는 일의 크기를 계산할 때 제시하였던 것처럼 유입하는 질량의 압력과 질량의 유입에 따른 체적의 변화 항의 곱으로 표시된다. 즉

$$\text{Flow Work} = p_i dV_i \tag{6.3.1}$$

여기서 dV_i는 비체적을 이용하여 $\delta m_i v_i$의 항으로 표시할 수 있다. 따라서 질량의 유입에 따른 유동일을 상태량을 이용하여 표시하면 다음과 같이 나타난다.

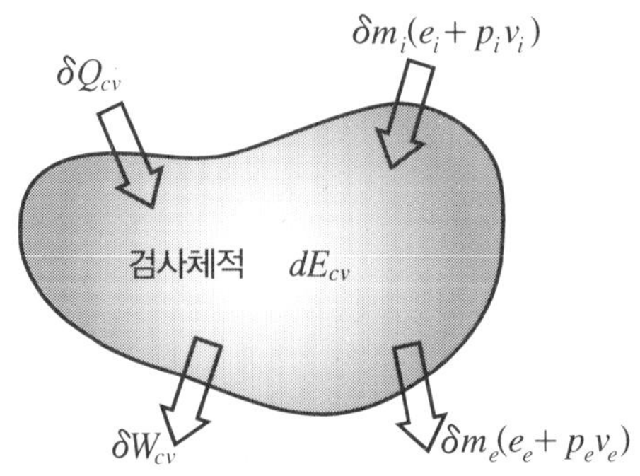

그림 6.2 검사체적에 대한 에너지 평형

$$\text{Flow Work} = \delta m_i p_i v_i \tag{6.3.2}$$

이 일은 검사체적 내로 유입하는 에너지가 된다. 따라서 질량의 유입에 따라 검사면을 넘어 검사체적으로 유입하는 에너지는 유입 질량 자체가 가진 에너지와 함께 유동일의 합으로서 다음 식으로 표시된다.

$$\text{질량의 유입에 따른 에너지 유입량} = \delta m_i e_i + \delta m_i p_i v_i \tag{6.3.3}$$

여기서 유입하는 질량의 단위 질량당 에너지는 내부에너지, 운동에너지 및 위치에너지의 항으로 다시 표시할 수 있다. 즉

$$\begin{aligned}\text{질량의 유입에 따른 에너지 유입량} &= \delta m_i \left(u_i + \frac{V_i^2}{2} + gZ_i\right) + \delta m_i p_i v_i \\ &= \delta m_i \left(u_i + \frac{V_i^2}{2} + gZ_i + p_i v_i\right)\end{aligned} \tag{6.3.4}$$

위의 식에서 나타난 항 $u_i + p_i v_i$는 엔탈피 h_i로 표시할 수 있으므로 질량의 유입에 따른 에너지 유입량은 최종적으로 다음과 같이 표시할 수 있다.

$$\text{질량의 유입에 따른 에너지유입량} = \delta m_i \left(h_i + \frac{V_i^2}{2} + gZ_i\right) \tag{6.3.5}$$

유출하는 질량에 대해서도 동일한 논리가 전개된다. 유출하는 질량이 가진 에너지를 단위 질량당 에너지 e_e로 표기하면 유출하는 질량 δm_e가 있는 경우도 질량의 유출에 따라 $\delta m_e e_e$의 에너지가 유출된다. 이와 함께 질량 δm_e가 검사면을 넘어 유출하면서 주위에 유동일을 하게 되며 이는 에너지의 유출에 해당한다. 유입하는 질량의 경우와 마찬가지의 과정에 의해 질량의 유출에 따른 에너지 유출량을 상태량을 이용하여 표시하면 다음과 같이 나타난다.

$$\text{질량의 유출에 따른 에너지 유출량} = \delta m_e \left(h_e + \frac{V_e^2}{2} + gZ_e\right) \tag{6.3.6}$$

따라서 검사면을 넘어 검사체적으로 유입하는 총 에너지는 다음과 같다.

$$\delta Q_{cv} + \delta m_i \left(h_i + \frac{V_i^2}{2} + gZ_i\right)$$

검사면을 넘어 검사체적으로부터 유출하는 총 에너지는 다음과 같다.

$$\delta W_{cv} + \delta m_e \left(h_e + \frac{V_e^2}{2} + gZ_e\right)$$

검사면을 넘어 유출하는 에너지와 유입하는 에너지 사이의 차이가 존재할 때는 그 차이만큼 검사체적 내의 에너지 E_{cv}의 변화 dE_{cv}로 나타나게 된다. 이를 식으로 나타내면 다음과 같다.

$$\left[\delta Q_{cv} + \delta m_i \left(h_i + \frac{V_i^2}{2} + gZ_i\right)\right] - \left[\delta W_{cv} + \delta m_e \left(h_e + \frac{V_e^2}{2} + gZ_e\right)\right] = dE_{cv} \tag{6.3.7}$$

이 식은 검사체적에 대해 에너지 보존의 원리를 미소 변화의 항으로 표시한 것이다.

이 과정은 δt라는 시간 간격 동안 일어난 변화로서 식 (6.3.7)의 각 항을 δt로 나누어

주면 이 기간 동안에서의 평균 변화율이 된다. 여기서 δt가 0으로 접근하는 극한을 취하면 식 (6.3.7)의 각 항들은 다음과 같이 된다.

$\lim_{\delta t \to 0} \frac{\delta Q_{cv}}{\delta t} \equiv \dot{Q}_{cv}$ 시간 t에서 열전달로서 에너지가 검사면를 넘어 유입하는 율(열전달률)

$\lim_{\delta t \to 0} \frac{\delta W_{cv}}{\delta t} \equiv \dot{W}_{cv}$ 시간 t에서 일로서 에너지가 검사면을 넘어 유출하는 율(동력)

$\lim_{\delta t \to 0} \frac{dE_{cv}}{\delta t} \equiv \frac{dE_{cv}}{dt}$ 시간 t에서 검사체적 내의 에너지의 시간에 따른 변화율

$\lim_{\delta t \to 0} \frac{\delta m_i}{\delta t} \equiv \dot{m}_i$ 시간 t에서 질량이 검사면을 넘어 검사체적 내로 유입하는 율

$\lim_{\delta t \to 0} \frac{\delta m_e}{\delta t} \equiv \dot{m}_e$ 시간 t에서 질량이 검사면을 넘어 검사체적 밖으로 유출하는 율

여기에서도 경계를 넘는 양의 미분 표시는 $\dot{m}_i$, $\dot{m}_e$, $\dot{W}_{cv}$ 및 $\dot{Q}_{cv}$와 같이 해당 기호에 도트를 붙여 나타내었고, 경계 내의 에너지의 시간에 따른 변화율은 dE_{cv}/dt로 나타내었다.

이들을 이용하여 정리하고 연속방정식을 도출할 때와 마찬가지로 여러 군데의 입구와 출구를 가질 경우를 고려하여 질량의 유 · 출입 항에 Σ 기호를 붙여 정리하면 검사체적에 대한 열역학 제1법칙을 시간율로 표시한 다음의 식을 얻을 수 있다.

$$\dot{Q}_{cv} + \sum \dot{m}_i \left(h_i + \frac{V_i^2}{2} + gZ_i \right) = \dot{W}_{cv} + \sum \dot{m}_e \left(h_e + \frac{V_e^2}{2} + gZ_e \right) + \frac{dE_{cv}}{dt} \qquad (6.3.8)$$

이 식은 검사체적에 대해 도출되었지만 유입하는 질량과 유출하는 질량이 없는 경우 즉 $\dot{m}_i = \dot{m}_e = 0$인 경우를 생각하면 이는 곧 시스템이 되며 시스템에 대한 제1법칙 식인 식 (6.1.6)과 동일해 진다. 그러므로 식 (6.3.8)을 **열역학 제1법칙에 대한 일반적인 표현식(General Expression of the First Law of Thermodynamics)**이라 부른다.

검사체적에 대한 에너지의 유 · 출입을 종합하면 그림 6.3과 같다.

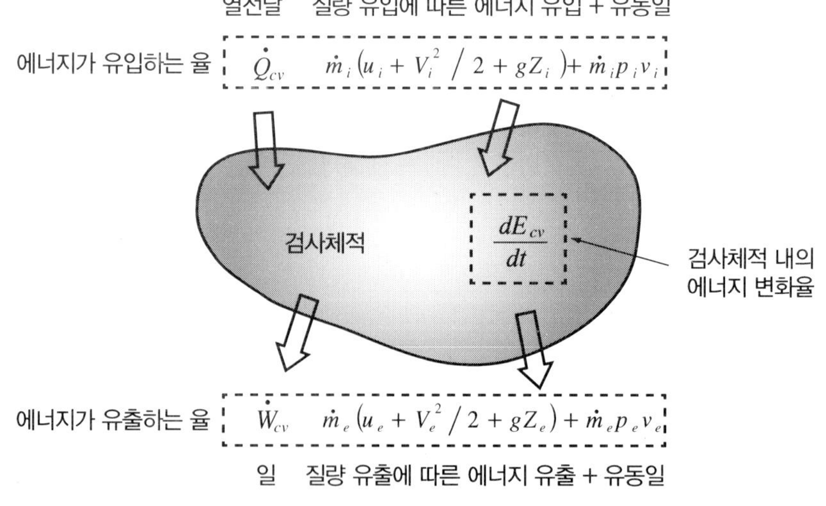

그림 6.3 시간율의 식으로 나타낸 검사체적에 대한 에너지 평형

6.3.2 정상상태 유동을 하는 검사체적에 대한 열역학 제1법칙

앞서 5장에서 정상상태 유동에 대해 설명하였다. 동일한 운전 조건으로 장시간 동안 운전하는 경우 검사체적으로 유입하거나 유출하는 질량유량 및 그 질량이 갖는 상태량, 그리고 검사면을 넘어서는 열전달과 일 등 검사체적 내에 영향을 미칠 수 있는 외부의 요소들이 모두 시간에 따라 변화하지 않으면 검사체적 내의 특정 위치의 상태량도 시간에 따라 변화하지 않는다.

정상상태 유동을 하는 검사체적에 대한 열역학 제1법칙의 식은 식 (6.3.8)에서 검사체적 내의 상태량의 시간에 따른 변화를 나타내는 항인 dE_{cv}/dt를 0으로 놓으면 된다. 즉

$$\dot{Q}_{cv} + \sum \dot{m}_i \left(h_i + \frac{V_i^2}{2} + gZ_i \right) = \dot{W}_{cv} + \sum \dot{m}_e \left(h_e + \frac{V_e^2}{2} + gZ_e \right) \tag{6.3.9}$$

이 식은 정상상태 유동을 하는 검사체적에 대한 열역학 제1법칙의 식으로 식 (6.3.8)에 비해 항이 하나 없어진 데 불과한 것처럼 보이지만 실제의 계산에 있어서는 상당히 편리하게 된다.

정상상태 유동을 하는 대표적인 열장치들로는 장시간 같은 운전조건으로 작동하는 보일러, 터빈, 콘덴서, 펌프 및 노즐 등을 들 수 있다. 이 장치들 중 많은 경우가 입구 및 출구가 각각 하나 씩인 경우를 볼 수 있다. 입구 및 출구가 각각 하나 씩인 정상상태 유동 장치에 대한 열역학 제1법칙 식은 식 (6.3.9)에서 Σ 기호를 제거하여 다음과 같이 표시된다.

$$\dot{Q}_{cv} + \dot{m}_i \left(h_i + \frac{V_i^2}{2} + gZ_i \right) = \dot{W}_{cv} + \dot{m}_e \left(h_e + \frac{V_e^2}{2} + gZ_e \right) \tag{6.3.10}$$

$\dot{m}_i = \dot{m}_e = \dot{m}$ 이므로 이 식의 양변을 $\dot{m}$ 으로 나누어 주면 다음과 같이 나타난다.

$$\frac{\dot{Q}_{cv}}{\dot{m}} + \left(h_i + \frac{V_i^2}{2} + gZ_i \right) = \frac{\dot{W}_{cv}}{\dot{m}} + \left(h_e + \frac{V_e^2}{2} + gZ_e \right) \tag{6.3.11}$$

식의 표현을 좀 더 간단히 하기 위해 다음과 같이 단위 질량당의 열전달율과 단위 질량유량당의 동력을 정의하고 소문자 q 및 소문자 w를 사용하여 표시한다.

$$q \equiv \frac{\dot{Q}_{cv}}{\dot{m}} \tag{6.3.12}$$

$$w \equiv \frac{\dot{W}_{cv}}{\dot{m}} \tag{6.3.13}$$

이 기호들을 사용하여 식 (6.3.11)을 다시 정리하면 다음과 같이 입구와 출구가 각각 한 개씩인 경우의 정상상태 유동 장치에 대한 열역학 제1법칙의 식을 얻을 수 있다.

$$q + h_i + \frac{V_i^2}{2} + gZ_i = w + h_e + \frac{V_e^2}{2} + gZ_e \tag{6.3.14}$$

이 식은 열역학 제1법칙에 대한 일반적인 표현식인 식 (6.3.8)에 비해 상당히 간결해졌음을 알 수 있다.

실제의 경우 터빈과 노즐을 제외한 대부분의 장치에서는 운동에너지의 변화와 위치에너지의 변화가 엔탈피의 변화에 비해 무시할 수 있을 정도로 작다. 그러므로 이 항들을 무시할 수 있다고 가정하면 식 (6.3.14)가 실제로 사용될 경우는 더욱 간단해진다. 즉

$$q + h_i = w + h_e \tag{6.3.15}$$

6.3.3 과도상태 유동을 하는 검사체적에 대한 열역학 제1법칙

열장치를 시동하거나 정지하는 경우 또는 한 운전 조건에서 다른 운전 조건으로 전환을 하는 경우는 검사체적 내의 상태량이 시시각각으로 변화하게 된다. 이와 같은 상태를 과도상태라 하며 2장과 5장에서 이미 설명한 바 있다. 5장에서는 일반적인 시간율의 형식인 연속방정식을 과도상태 유동에 적합하게 변형한 바 있다. 여기서는 앞서와 동일한 절차를 거쳐 열역학 제1법칙 식을 과도상태 유동에 적합하도록 변형하고자 한다.

과도상태 유동에 있어서는 매 순간마다 상태가 달라지기 때문에 식 (6.3.8)과 같이 어느 한 순간에서의 에너지 평형을 표시하는 시간율의 식으로 표시된 관계식은 의미를 갖지 못한다. 과도상태 유동에 대해서는 특정 시점부터 다른 시점까지의 총 변화가 주요 관심의 대상이 된다. 따라서 과도상태 유동에 대한 제1법칙의 식은 식 (6.3.8)을 주어진 시간 구간에 대해 적분하여 사용하는 것이 바람직하다. 적분의 편의를 위해 유입하는 질량과 유출하는 질량 및 검사체적 내의 질량의 상태는 전 공간에 걸쳐 균일하다고 가정한다.

과도상태 유동에 대한 제1법칙 식을 구하기 위해 식 (6.3.8)의 각 항을 적분하면 다음과 같이 나타난다.

$\int_0^t \dot{Q}_{cv} dt = Q_{cv}$ 주어진 시간 동안 검사체적으로 전달되는 총 열전달량

$\int_0^t \dot{W}_{cv} dt = W_{cv}$ 주어진 시간 동안 검사체적이 하는 총 일량

$\int_0^t \sum \dot{m}_i \left(h_i + \frac{V_i^2}{2} + gZ_i\right) dt = \sum m_i \left(h_i + \frac{V_i^2}{2} + gZ_i\right)$ 주어진 시간 동안 유입하는 질량에 수반하여 유입하는 에너지의 총량

$\int_0^t \sum \dot{m}_e \left(h_e + \frac{V_e^2}{2} + gZ_e\right) dt = \sum m_e \left(h_e + \frac{V_e^2}{2} + gZ_e\right)$ 주어진 시간 동안 유출하는 질량에 수반하여 유출하는 에너지의 총량

$\int_0^t \frac{dE_{cv}}{dt} dt = \int_0^t dE_{cv} = [E_2 - E_1]_{cv}$ 주어진 시간 동안 검사체적 내의 에너지 변화량

결과적으로 과도상태 유동에 대한 열역학 제1법칙의 식은 다음 식으로 표시할 수 있다.

$$Q_{cv} + \sum m_i\left(h_i + \frac{V_i^2}{2} + gZ_i\right) = W_{cv} + \sum m_e\left(h_e + \frac{V_e^2}{2} + gZ_e\right) + [E_2 - E_1]_{cv} \quad (6.3.16)$$

여기서 검사체적 내의 에너지를 표시하는 E_2와 E_1은 각각 질량과 비에너지를 사용하여 다음 식으로 표시할 수 있다.

$$E_2 = m_2\left(u_2 + \frac{V_2^2}{2} + gZ_2\right) \quad (6.3.17)$$

$$E_1 = m_1\left(u_1 + \frac{V_1^2}{2} + gZ_1\right) \quad (6.3.18)$$

이 관계식을 식 (6.3.16)에 대입하면 과도상태에 대한 열역학 제1법칙의 식을 얻을 수 있다.

$$\begin{aligned} Q_{cv} + \sum m_i\left(h_i + \frac{V_i^2}{2} + gZ_i\right) &= W_{cv} + \sum m_e\left(h_e + \frac{V_e^2}{2} + gZ_e\right) \\ &+ \left[m_2\left(u_2 + \frac{V_2^2}{2} + gZ_2\right) - m_1\left(u_1 + \frac{V_1^2}{2} + gZ_1\right)\right]_{cv} \end{aligned} \quad (6.3.19)$$

이 식은 대단히 복잡해 보이나 실제의 계산에 있어서는 검사체적 내의 운동에너지와 위치에너지 변화를 무시한다. 또한 특별한 경우를 제외하고는 유 · 출입하는 질량의 운동에너지와 위치에너지의 변화도 무시한다. 이 경우 식 (6.3.19)는 다음과 같이 보다 간략하게 표시된다.

$$Q_{cv} + \sum m_i h_i = W_{cv} + \sum m_e h_e + [m_2 u_2 - m_1 u_1]_{cv} \quad (6.3.20)$$

지금까지 검사체적에 대해 여러 가지 경우를 설정하고 각각의 경우에 직접 적용할 수 있는 관계식들을 도출하였다. 이 관계식들을 정리하면 다음과 같다.

검사체적에 대한 일반적인 관계식(시간율의 식):

- 연속방정식

$$\sum \dot{m}_i - \sum \dot{m}_e = \frac{dm_{cv}}{dt}$$

- 열역학 제1법칙

$$\dot{Q}_{cv} + \sum \dot{m}_i\left(h_i + \frac{V_i^2}{2} + gZ_i\right) = \dot{W}_{cv} + \sum \dot{m}_e\left(h_e + \frac{V_e^2}{2} + gZ_e\right) + \frac{dE_{cv}}{dt}$$

정상상태 유동을 하는 검사체적:

- 연속방정식

$$\sum \dot{m}_i = \sum \dot{m}_e$$

• 열역학 제1법칙

$$\dot{Q}_{cv} + \sum \dot{m}_i \left(h_i + \frac{V_i^2}{2} + gZ_i \right) = \dot{W}_{cv} + \sum \dot{m}_e \left(h_e + \frac{V_e^2}{2} + gZ_e \right)$$

입구 및 출구가 각각 한 개씩인 정상상태 검사체적:

• 연속방정식

$$\dot{m}_i = \dot{m}_e = \dot{m}$$

• 열역학 제1법칙

$$q + h_i + \frac{V_i^2}{2} + gZ_i = w + h_e + \frac{V_e^2}{2} + gZ_e$$

과도상태 유동을 하는 검사체적:

• 연속방정식

$$\sum m_i - \sum m_e = [m_2 - m_1]_{cv}$$

• 열역학 제1법칙

$$Q_{cv} + \sum m_i \left(h_i + \frac{V_i^2}{2} + gZ_i \right) = W_{cv} + \sum m_e \left(h_e + \frac{V_e^2}{2} + gZ_e \right) + \left[m_2 \left(u_2 + \frac{V_2^2}{2} + gZ_2 \right) - m_1 \left(u_1 + \frac{V_1^2}{2} + gZ_1 \right) \right]_{cv}$$

예제 6.6 검사체적에 대한 열역학 제1법칙 – 노즐

5 bar, 600 K의 고압의 공기가 50 m/s의 속도로 노즐로 유입하여 1 bar, 450 K의 상태로 노즐에서 나온다. 정상상태 유동을 한다고 가정할 경우 노즐 출구에서의 속도를 구하라.

풀이

1. 해석의 대상 노즐 – 검사체적

2. 개략도

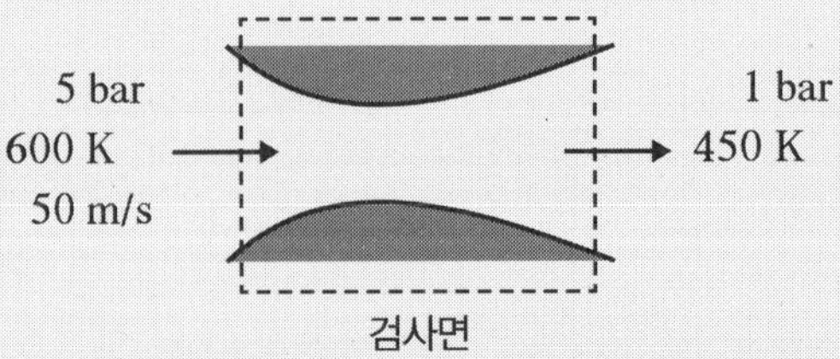

3. 동작유체 공기

4. 지배방정식

정상상태 유동을 하며 입구 및 출구가 각 하나인 검사체적에 대한 지배방정식들은 다음과 같다.

- 연속방정식

$$\dot{m}_i = \dot{m}_e = \dot{m}$$

- 열역학 제1법칙

$$q + h_i + \frac{V_i^2}{2} + gZ_i = w + h_e + \frac{V_e^2}{2} + gZ_e$$

여기서 위치에너지의 변화는 무시한다. 이 과정 중에 일은 없으며 동작유체의 속도가 빠르고 전열 면적이 작으므로 열전달 항은 무시할 수 있다. 열역학 제1법칙은 다음과 같이 간단하게 정리된다.

$$h_i + \frac{V_i^2}{2} = h_e + \frac{V_e^2}{2}$$

출구 속도의 항으로 다시 표시하면 다음과 같다.

$$V_e = \sqrt{2(h_i - h_e) + V_i^2}$$

이상기체 모델로부터 공기의 엔탈피 변화는 정압비열과 온도의 항으로 표시된다.

$$h_i - h_e = C_{p0}(T_i - T_e)$$

최종적으로 노즐 출구 속도를 온도를 이용해서 표시할 수 있다.

$$V_e = \sqrt{2C_{p0}(T_i - T_e) + V_i^2}$$

5. 자료

입구 상태: $p_i = 5$ bar, $T_i = 600$ K, $V_i = 50$ m/s

출구 상태: $p_e = 1$ bar, $T_e = 450$ K

과정: 정상상태 과정

300 K에서 공기의 정압비열 C_{p0} = 1.007 kJ/kg K

6. 계산

$$V_e = \sqrt{2C_{p0}(T_i - T_e) + V_i^2} = \sqrt{2(1007\ \text{J/kg K})(600 - 450\ \text{K}) + (50\ \text{m/s})^2} = 551.9\ \text{m/s}$$

이 계산에서 엔탈피 항과 운동에너지 항의 단위를 맞춰 주기 위해 정압비열의 값으로 1007 J/kg K를 사용한 것에 유의하라.

이 노즐을 통해 50 m/s로 유입한 공기가 551.9 m/s의 고속으로 가속되는 것을 볼 수 있다.

7. 해석

참고로 위의 식에서 유입 속도를 0으로 할 경우 유출 속도는 549.6 m/s로 큰 차이를 보이지 않는다. 이는 노즐의 계산에 있어서 유입 속도에 관한 마땅한 자료가 없을 경우 유입 속도를 0으로 가정하고 계산해도 큰 문제가 없을 것이라는 것을 의미한다.

예제 6.7 검사체적에 대한 열역학 제1법칙 – 증기 터빈

5 MPa, 400 ℃의 수증기가 터빈으로 유입하여 팽창하고 50 kPa의 압력으로 터빈을 나온다. 이때 수증기의 상태는 습증기 상태이며 건도는 0.8547이다. 수증기의 질량유량이 10 kg/s일 때 이 증기 터빈의 출력을 계산하라. 입구와 출구의 운동에너지와 위치에너지 변화는 무시될 수 있다고 보고, 터빈에서의 열손실도 없다고 가정한다.

풀이

1. 해석의 대상 증기 터빈 – 검사체적

2. 개략도

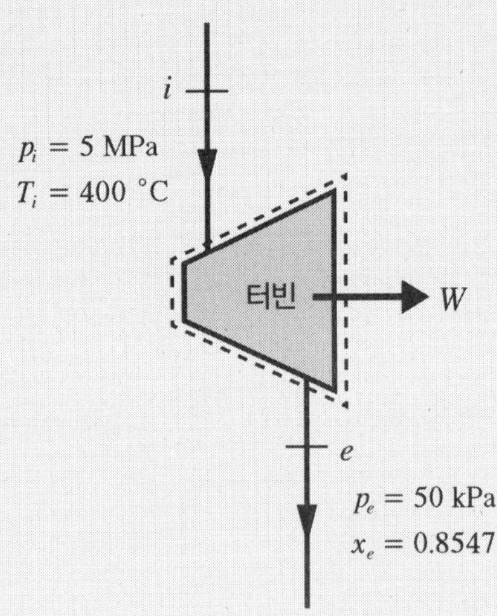

3. 동작유체 수증기

4. 지배방정식

정상상태 유동을 하며 입구 및 출구가 각 하나인 검사체적에 대한 지배방정식들은 다음과 같다.

- 검사체적에 대한 연속방정식

$$\dot{m}_i = \dot{m}_e = \dot{m}$$

- 검사체적에 대한 열역학 제1법칙

$$q + h_i + \frac{V_i^2}{2} + gZ_i = w + h_e + \frac{V_e^2}{2} + gZ_e$$

터빈에서의 열손실이 없으므로 운동에너지와 위치에너지 변화를 무시하고 위의 식을 정리하면 터빈을 지나는 동작유체의 단위 질량당의 일은 다음과 같이 간단히 표시된다.

$$w_t = h_i - h_e$$

5. 자료

입구 상태: 수증기표에서 5 MPa, 400 ℃의 수증기는 과열증기이며 이때의 엔탈피는 수증기표 C-3에서 3196.7 kJ/kg임을 알 수 있다.

출구 상태: 터빈 출구 압력은 50 kPa이고 포화상태이므로 수증기표 C-2에서 50 kPa의 포화액체와 포화증기의 엔탈피를 알 수 있다. 즉

$$h_f = 340.54 \text{ kJ/kg}, \qquad h_g = 2645.2 \text{ kJ/kg}$$

이 자료를 이용해서 건도가 0.8547일 때의 습증기의 엔탈피를 구할 수 있다.

$$h_e = h_f + xh_{fg,0.05\text{ MPa}} = 340.54 + (0.8547)(2645.2 - 340.54) = 2310.3 \text{ kJ/kg}$$

6. 계산

동작유체 단위 질량당의 터빈일은 다음과 같이 계산된다.

$$w_t = h_i - h_e = 3196.7 - 2310.3 \text{ kJ/kg} = 886.4 \text{ kJ/kg}$$

동작유체의 질량유량이 10 kg/s인 경우 이 증기 터빈의 출력은 다음과 같이 계산된다.

$$\dot{W}_t = \dot{m}w_t = (10 \text{ kg/s})(886.4 \text{ kJ/kg}) = 8864 \text{ kJ/s} = 8864 \text{ kW}$$

1 PS은 0.7457 kW이므로 이를 마력 단위로 환산하면 다음과 같다.

$$\dot{W}_t = 8864 \text{ kW}\frac{1 \text{ PS}}{0.7457 \text{ kW}} = 11\,887 \text{ PS}$$

예제 6.8 검사체적에 대한 열역학 제1법칙 – 펌프

펌프를 이용해서 50 kPa의 포화액체의 물을 5 MPa의 압축액체 상태로 가압하고자 한다. 압축과정은 단열적으로 이루어지며 운동에너지와 위치에너지 변화는 무시될 수 있다고 가정한다. 이 펌프를 구동하기 위해 동작유체 1 kg 당 5.10 kJ의 동력이 소요되었다. 이 펌프의 출구 엔탈피와 출구 온도를 구하라.

풀이

1. 해석의 대상 펌프 – 검사체적

2. 개략도

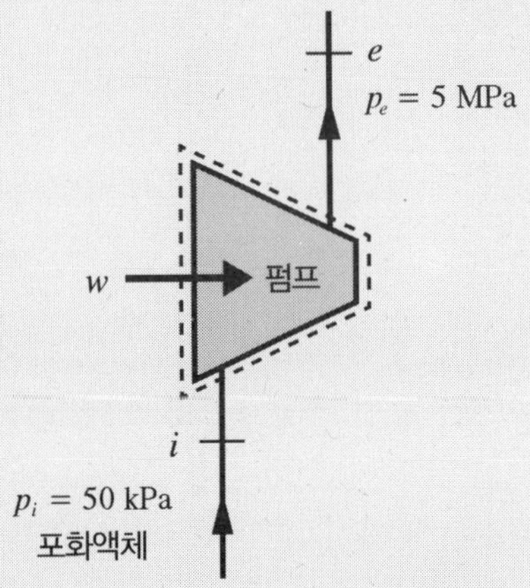

3. 동작유체 물

4. 지배방정식

정상상태 유동을 하며 입구 및 출구가 각 하나인 검사체적에 대한 지배방정식들은 다음과 같다.

• 검사체적에 대한 연속방정식

$$\dot{m}_i = \dot{m}_e = \dot{m}$$

• 검사체적에 대한 열역학 제1법칙

$$q + h_i + \frac{V_i^2}{2} + gZ_i = w + h_e + \frac{V_e^2}{2} + gZ_e$$

운동에너지와 위치에너지 변화를 무시한다. 펌프는 단열과정을 겪으므로 펌프를 지나는 동작유체의 단위 질량당의 일은 다음과 같이 간단히 표시된다.

$$w_p = h_i - h_e$$

5. 자료

입구 조건: 50 kPa의 포화액체 $T_i = 81.3$ ℃, $h_i = 340.54$ kJ/kg (표 C-2)

출구 조건: 5 MPa의 압축액체

6. 계산

출구 엔탈피는 다음과 같이 계산된다.

$$h_e = h_i - w_p = 340.54 - (-5.10)\ \text{kJ/kg} = 345.64\ \text{kJ/kg}$$

출구 상태에 대해 두 개의 독립 상태량 즉 압력과 엔탈피를 알고 있으므로 다른 상태량들도 자료를 통해 구할 수 있다.

압축액체의 수증기표 C-4에서 5 MPa의 압력에서 345.64 kJ/kg의 엔탈피를 갖는 상태는 다음의 범위에 있음을 알 수 있다.

5 MPa 75 ℃ $h = 318.03$ kJ/kg

100 ℃ $h = 422.85$ kJ/kg

335.44 kJ/kg의 엔탈피를 갖는 온도는 위의 두 온도 사이에 보간법을 적용하여 계산할 수 있다.

$$T_e = 75 + \frac{100 - 75}{422.85 - 318.03}(345.64 - 318.03) = 81.6\,^\circ\text{C}$$

즉 펌프 출구 상태는 5 MPa, 81.6 ℃의 압축액체 상태로서 이때의 엔탈피는 335.44 kJ/kg이다.

7. 해석

동작유체인 물은 50 kPa, 81.3 ℃의 포화액체 상태로서 펌프로 유입하여 5 MPa, 81.6 ℃의 압축액체 상태로 펌프에서 나온다. 일에너지가 투입된 결과 펌프 출구의 온도가 근소하게 증가하였으나 온도 변화는 거의 없는 것으로 보아도 상관없을 정도이다.

예제 6.9 검사체적에 대한 제1법칙 – 공기 압축기

100 kPa, 300 K의 공기가 압축기로 유입된다. 압축기 출구 상태는 1 MPa, 580 K이다. 이 압축기의 운전에 필요한 소요 동력을 계산하라. 공기의 질량유량은 10 kg/s이다. 운동에너지와 위치에너지의 변화를 무시하고 압축과정은 단열적으로 진행된다고 가정한다.

풀이

1. 해석의 대상 압축기 – 검사체적

2. 개략도

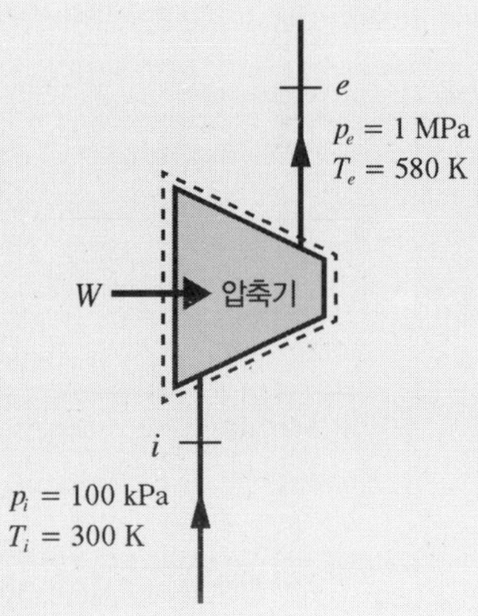

3. 동작유체 공기

4. 지배방정식

정상상태 유동을 하며 입구 및 출구가 각 하나인 검사체적에 대한 지배방정식들은 다음과 같다.

- 연속방정식

$$\dot{m}_i = \dot{m}_e = \dot{m}$$

- 열역학 제1법칙

$$q + h_i + \frac{V_i^2}{2} + gZ_i = w + h_e + \frac{V_e^2}{2} + gZ_e$$

운동에너지와 위치에너지 변화를 무시하고 압축기는 단열과정을 겪으므로 압축기를 지나는 동작유체의 단위 질량당의 일은 다음과 같이 간단히 표시된다.

$$w_c = h_i - h_e$$

이상기체 모델로부터 공기의 엔탈피 변화는 정압비열과 온도의 항으로 표시된다.

$$h_i - h_e = C_{p0}(T_i - T_e)$$

최종적으로 압축기의 단위 질량당 일은 온도를 이용해서 표시할 수 있다.

$$w_c = h_i - h_e = C_{p0}(T_i - T_e)$$

5. 자료

입구 조건: $p_i = 100$ kPa, $T_i = 300$ K

출구 조건: $p_e = 1$ MPa, $T_e = 580$ K

300K에서 공기의 정압비열 $C_{p0} = 1.007$ kJ/kg K

6. 계산

$$w_c = C_{p0}(T_i - T_e) = (1.007 \text{ kJ/kg K})(300 - 580 \text{ K}) = -282.0 \text{ kJ/kg}$$

즉 압축기로 동작유체 1 kg 당 282 kJ의 일을 투입해야 한다.

동작유체의 질량유량이 10 kg/s인 경우 이 압축기를 운전하기 위해 필요한 동력은 다음과 같이 계산된다.

$$\dot{W}_c = \dot{m}w_c = (10 \text{ kg/s})(282.0 \text{ kJ/kg}) = 2820 \text{ kJ/s} = 2820 \text{ kW}$$

이를 마력 단위로 환산하면 다음과 같다.

$$\dot{W}_c = 2820 \text{ kW}\frac{1 \text{ PS}}{0.7457 \text{ kW}} = 3782 \text{ PS}$$

여기서 부호는 고려하지 않았다.

예제 6.10 검사체적에 대한 열역학 제1법칙 – 열교환기

단순 증기 원동소의 응축기로 50 kPa의 습증기가 0.8547의 건도로 유입한다. 응축기를 통해 흐르는 동작유체의 질량유량은 10 kg/s이다. 이 동작유체를 냉각시켜 50 kPa의 포화액체 상태로 응축기를 나오도록 하고자 한다. 외부에서 100 kPa, 25 ℃의 냉각수를 공급한다. 냉각수의 출구 온도를 35 ℃로 제한하려면 시간당 몇 kg의 냉각수를 공급해주어야 하는지 계산하라.

풀이

1. 해석의 대상 열교환기 – 검사체적

2. 개략도

응축기를 지나는 증기와 응축기 냉각수를 동시에 고려하면 입구 2개, 출구 2개인 검사체적이 되며 그 개략도는 다음과 같다.

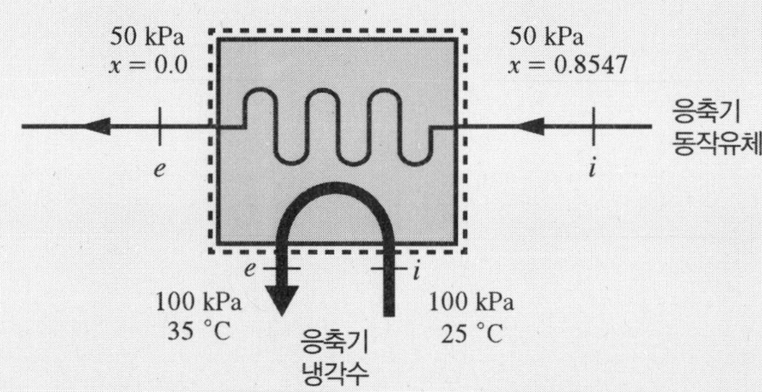

3. 동작유체 수증기와 물

4. 지배방정식

정상상태 유동을 하는 검사체적에 대한 지배방정식은 다음과 같다.

• 연속방정식

$$\sum \dot{m}_i = \sum \dot{m}_e$$

• 열역학 제1법칙

$$\dot{Q}_{cv} + \sum \dot{m}_i \left(h_i + \frac{V_i^2}{2} + gZ_i \right) = \dot{W}_{cv} + \sum \dot{m}_e \left(h_e + \frac{V_e^2}{2} + gZ_e \right)$$

응축기로 유입하는 습증기는 냉각수와 열교환을 하지만 여기서는 습증기와 냉각수를 포함하는 장치 전체를 검사체적으로 하였으므로 외부와의 열전달은 없다는 점을 특히 유의해야 한다. 일도 없고 운동에너지와 위치에너지의 변화를 무시하면 제1법칙 식은 다음과 같이 단순화된다.

$$\sum \dot{m}_i h_i = \sum \dot{m}_e h_e$$

응축기로 유입하는 단순 증기 원동소의 동작유체를 첨자 c로 하고, 이 응축수를 냉각시키기 위해 흐르는 냉각수를 첨자 w로 구분하여 위의 식을 풀어 쓰면 다음과 같이 나타난다.

$$\dot{m}_c h_{c,i} + \dot{m}_w h_{w,i} = \dot{m}_c h_{c,e} + \dot{m}_w h_{w,e}$$

우리가 구하고자 하는 냉각수 질량유량은 다음 식으로 표시된다.

$$\dot{m}_w = \dot{m}_c \frac{h_{c,i} - h_{c,e}}{h_{w,e} - h_{w,i}}$$

5. 자료

• 응축수 입구 상태: 50 kPa, 건도 0.8547인 습증기 상태의 엔탈피는 수증기표 C-2로부터 다음과 같이 구해진다.

$$h_{c,i} = h_f + x h_{fg,0.05\text{ MPa}} = 340.54 + (0.8547)(2645.2 - 340.54) = 2310.3\text{ kJ/kg}$$

• 응축수 출구 상태: 50 kPa 포화액체의 엔탈피는 수증기표 C-2로부터 다음과 같이 구해진다.

$$h_{c,e} = h_{f,\,0.05\text{ MPa}} = 340.54\text{ kJ/kg}$$

• 냉각수 입구 상태: 100 kPa, 25 ℃의 압축액체

이 상태의 엔탈피는 25 ℃의 포화액체의 엔탈피를 사용한다(표 C-1).

$$h_{w,i} = h_{f,25℃} = 104.83 \text{ kJ/kg}$$

• 냉각수 출구 상태: 100 kPa, 35 ℃의 압축액체

이 상태의 엔탈피는 35 ℃의 포화액체의 엔탈피를 사용한다(표 C-1).

$$h_{w,e} = h_{f,35℃} = 146.63 \text{ kJ/kg}$$

6. 계산

$$\dot{m}_w = \dot{m}_c \frac{h_{c,i} - h_{c,e}}{h_{w,e} - h_{w,i}} = (10 \text{ kg/s})\frac{2310.3 - 340.54}{146.63 - 104.83} = 471.2 \frac{\text{kg}}{\text{s}} \frac{1 \text{ ton}}{1000 \text{ kg}} \frac{3600 \text{ s}}{1 \text{ h}} = 1696 \text{ ton/h}$$

시간당 1696 ton의 냉각수를 공급해 주어야 함을 알 수 있다.

예제 6.11 검사체적에 대한 열역학 제1법칙 – 팽창 밸브

냉동기의 동작유체로 R-134a를 사용한다. 1 MPa의 포화액체 상태로 냉동기로 유입하여 100 kPa의 상태로 팽창 밸브를 나온다. 팽창밸브에서의 유동은 단열이며 운동에너지와 위치에너지의 변화를 무시한다. 팽창밸브를 나오는 냉매의 상태를 파악하라.

풀이

1. 해석의 대상 팽창밸브 – 검사체적

2. 개략도

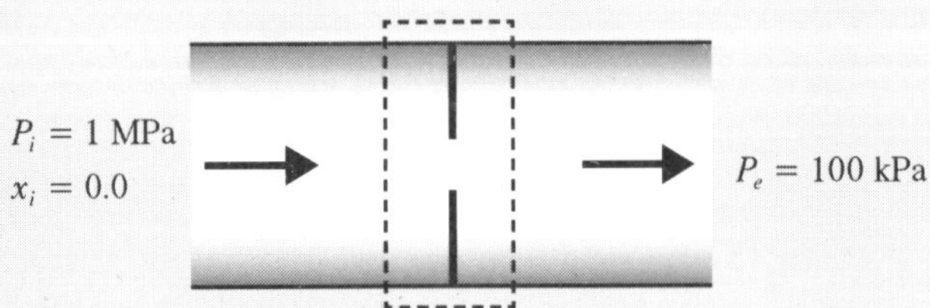

3. 동작유체 R-134a

4. 지배방정식

정상상태 유동을 하며 입구 및 출구가 각 하나인 검사체적에 대한 지배방정식들은 다음과 같다.

• 연속방정식

$$\dot{m}_i = \dot{m}_e = \dot{m}$$

• 열역학 제1법칙

$$q + h_i + \frac{V_i^2}{2} + gZ_i = w + h_e + \frac{V_e^2}{2} + gZ_e$$

팽창밸브는 단열이라 가정하였으며 팽창밸브에서의 일은 없다. 아울러 운동에너지와 위치에너지 변화를 무시하면 제1법칙 식은 다음과 같이 간단히 표시된다.

$$h_i = h_e$$

즉 팽창밸브에서의 과정은 등엔탈피 과정이다.

5. 자료

입구 상태: R−134a, 1 MPa의 포화액체 (표 E−2)

$T_{sat} = 39.4$ ℃, $h_f = 255.50$ kJ/kg

출구 상태: R−134a, 100 kPa (표 E−2)

$T_{sat} = -26.4$ ℃, $h_f = 165.44$ kJ/kg, $h_g = 382.60$ kJ/kg

6. 계산

팽창밸브에서의 과정은 등엔탈피 과정이므로 밸브를 지난 후의 엔탈피는 밸브를 유입할 때의 엔탈피와 동일하다. 즉,

$$h_i = h_e = 255.50 \text{ kJ/kg}$$

이 엔탈피 값은 100 kPa의 R−134a의 포화액체의 엔탈피 값과 포화증기의 엔탈피 값의 사이에 있으므로 밸브 출구에서의 상태는 포화상태임을 알 수 있다. 밸브 출구에서의 온도는 100 kPa의 포화온도인 −26.4 ℃이며, 이 상태에서의 건도는 다음 관계식으로 계산할 수 있다.

$$h_e = h_f + x_e h_{fg,\,0.1\text{ MPa}}$$

$$255.50 \text{ kJ/kg} = 165.44 + x_e(382.60 - 165.44)$$

밸브 출구에서의 상태는 100 kPa, −26.4 ℃의 포화상태로 건도는 0.4147이다.

이 예제에서는 증발기 입구에서의 냉매의 건도가 다소 높게 나왔다. 증발기 입구의 건도는 낮을수록 기화열량이 늘어나서 주위로부터 열을 많이 빼앗으므로 냉동능력이 커진다.

6.4 열기관과 냉동기의 효율과 열역학 제1법칙

1장에서 열기관과 냉동기를 정의한 바 있다. 여기서는 열기관과 냉동기 각각에 대해 열역학 제1법칙을 적용하고 또 각 장치가 얼마나 효과적으로 작동하는 가를 나타내는 효율에 관한 정의를 내리고자 한다.

6.4.1 열기관

그림 6.4는 1장에서 설명한 열기관의 개념도를 다시 표시한 것이다. 이 열기관은 사이클로 작동하며 고온 물체로부터 Q_H의 열을 공급받고 저온 물체에 Q_L의 열을 방출하며 그 결과 W_{cycle}의 일을 외부에 대해 하게 된다.

이 열기관에 열역학 제1법칙을 적용시킬 경우 제1법칙에 대한 여러 가지 관계식들 중 사이클을 겪는 시스템에 대한 관계식인 식 (6.1.10)을 적용한다. 열기관에 식 (6.1.10)을 적용하면 다음의 식을 얻을 수 있다.

$$Q_H - Q_L = W_{cycle} \tag{6.4.1}$$

이 식은 열기관을 통해 얻을 수 있는 일의 크기는 고온 물체로부터 공급받은 열전달량과 저온 물체로 방출한 열전달량의 차이에 해당한다는 것을 의미한다.

이 열기관이 얼마나 효과적으로 작동하는 가를 나타내기 위해 열기관의 **열효율**(Thermal Efficiency)을 정의한다. 열기관의 열효율은 공급한 에너지에 대해 얼마나 많은 일을 얻어냈는가의 척도로서 다음 식으로 정의한다.

$$\eta_{\text{th}} = \frac{\text{Work Output}}{\text{Heat Transferred}} = \frac{W_{\text{cycle}}}{Q_H} \tag{6.4.2}$$

$W_{cycle} = Q_H - Q_L$임을 고려하면 위의 식은 다음과 같이 변환된다.

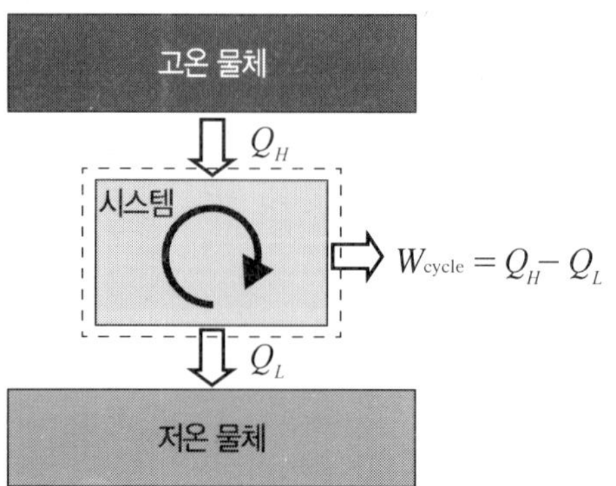

그림 6.4 열기관

$$\eta_{th} = \frac{W_{cycle}}{Q_H} = \frac{Q_H - Q_L}{Q_H} = 1 - \frac{Q_L}{Q_H} \qquad (6.4.3)$$

이 식에서 Q_L/Q_H는 1보다 작은 양수이므로 열기관의 효율은 1보다 작은 유한한 양수 값을 갖게 된다.

6.4.2 냉동기

그림 6.5는 1장에서 설명한 냉동기를 다시 표시한 것이다. 이 냉동기는 사이클로 작동하며 W_{cycle}의 일을 소비하여 저온 물체로부터 Q_L의 열을 제거하고 고온 물체에 Q_H의 열을 방출한다. 열을 제거하는 대상이 되는 공간을 **냉동 공간**(Cooling Space)이라 하고, 냉동기가 냉동공간에서 제거하는 열에너지의 양을 **냉동능력**(Cooling Capacity)이라 한다.

이 냉동기에 열역학 제1법칙을 적용시킬 경우 제1법칙에 대한 여러 가지 관계식들 중 사이클을 겪는 시스템에 대한 관계식인 식 (6.1.10)을 적용한다. 냉동기에 식 (6.1.10)을 적용하면 다음의 식을 얻을 수 있다.

$$-Q_H + Q_L = -W_{cycle} \quad \text{또는} \quad Q_H - Q_L = W_{cycle} \qquad (6.4.4)$$

이 식은 냉동기를 작동하기 위해서는 고온 물체로의 열전달과 저온 물체로부터의 열전달의 차이에 해당하는 만큼의 일을 투입하여야 한다는 것을 의미한다.

이 냉동기가 얼마나 효과적으로 작동하는가를 나타내기 위해 냉동기의 효율을 정의하며 이를 **냉동기의 성능계수**(또는 성적계수, COP: Coefficient of Performance)라 한다. 냉동기의 성능계수는 공급한 에너지, 즉 일에 대해 얼마만큼 많은 열을 저온 물체로부터 제거하였는가의 척도로 다음 식으로 정의한다.

$$\text{COP} = \frac{\text{Heat Transferred from Cooling Space}}{\text{Work Input}} = \frac{Q_L}{W_{cycle}} \qquad (6.4.5)$$

$W_{cycle} = Q_H - Q_L$임을 고려하면 위의 식은 다음과 같이 변환된다.

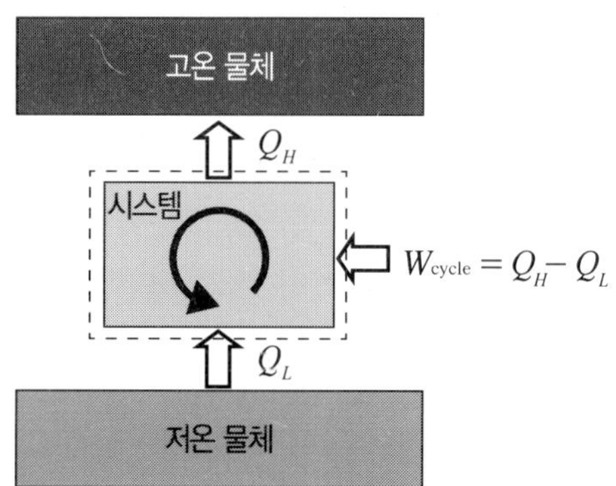

그림 6.5 냉동기

$$\text{COP} = \frac{Q_L}{W_{\text{cycle}}} = \frac{Q_L}{Q_H - Q_L} \tag{6.4.6}$$

열기관의 열효율이 항상 1보다 작게 나오는 것과는 달리 냉동기의 성능계수는 1보다 클 수도 있음을 유의해야 한다.

그림 6.5의 냉동기는 냉동 공간에서 Q_L의 열을 제거하는 목적으로 사용된다. 그러나 고온 물체로 방출하는 열량 Q_H를 이용한다면 이 장치는 난방의 목적으로도 사용할 수 있다. 이러한 목적으로 사용될 때 이를 **열펌프**(Heat Pump)라 한다. 열펌프가 얼마나 효과적으로 작동하는가를 나타내기 위해 열펌프의 효율을 정의한다. 이를 열펌프의 성능계수라 하고 COP′으로 표시한다. **열펌프의 성능계수**는 공급한 에너지에 비하여 얼마만큼 많은 열을 고온 물체로 전달하였는가의 척도로 다음 식으로 정의한다.

$$\text{COP}' = \frac{\text{Heat Transferred to High temperature Space}}{\text{Work Input}} = \frac{Q_H}{W_{\text{cycle}}} \tag{6.4.7}$$

다시 $W_{\text{cycle}} = Q_H - Q_L$임을 고려하여 위의 식은 다음과 같이 변환할 수 있다.

$$\text{COP}' = \frac{Q_H}{W_{\text{cycle}}} = \frac{Q_H}{Q_H - Q_L} \tag{6.4.8}$$

식 (6.4.6)과 (6.4.8)을 비교하면 냉동기로 작동할 때의 성능계수와 열펌프로 작동할 때의 성능계수는 다음의 관계를 가짐을 알 수 있다.

$$\text{COP}' - \text{COP} = 1 \tag{6.4.9}$$

예제 6.12 열기관의 효율

2400 K의 고온 물체에서 1000 kJ의 열을 공급 받고 300 K의 주위에 550 kJ의 열을 방출하는 열기관이 있다. 이 열기관이 하는 일의 양과 열효율을 계산하라.

풀이

1. 해석의 대상 열기관 – 시스템

2. 개략도

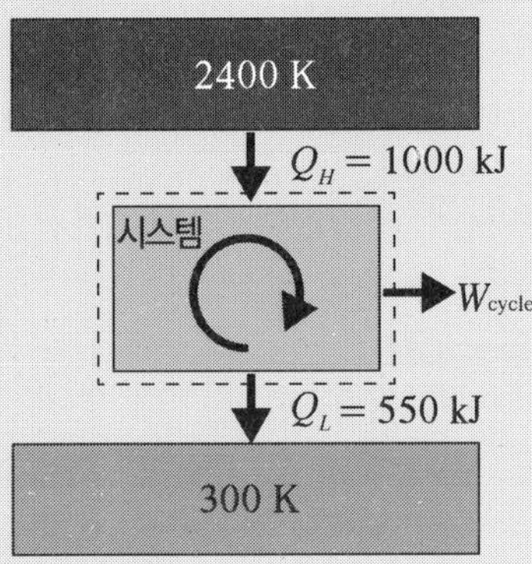

3. 지배방정식

사이클을 겪는 시스템에 대한 열역학 제1법칙은 다음과 같다.

$$Q_{cycle} = W_{cycle}$$

이를 열기관에 적용하면 다음의 식을 얻을 수 있다.

$$Q_H - Q_L = W_{cycle}$$

열기관의 열효율은 다음과 같다

$$\eta_{th} = \frac{W_{cycle}}{Q_H} = 1 - \frac{Q_L}{Q_H}$$

4. 계산

$$W_{cycle} = Q_H - Q_L = 1000 - 550 = 450 \text{ kJ}$$

열기관의 열효율

$$\eta_{th} = \frac{W_{cycle}}{Q_H} = \frac{450 \text{ kJ}}{1000 \text{ kJ}} = 0.45 = 45\ \%$$

열효율은 다음 식으로도 계산할 수 있다.

$$\eta_{th} = 1 - \frac{Q_L}{Q_H} = 1 - \frac{550}{1000} = 1 - 0.55 = 45\ \%$$

예제 6.13 냉동기의 성능계수

에어컨을 사려고 선전지를 보니 에어컨의 냉방능력은 2800 W이며 소비전력은 0.75 kW라고 표시하고 있다. 이 에어컨의 성능계수를 계산하라.

풀이

1. 해석의 대상 냉동기(에어컨) – 시스템

2. 개략도

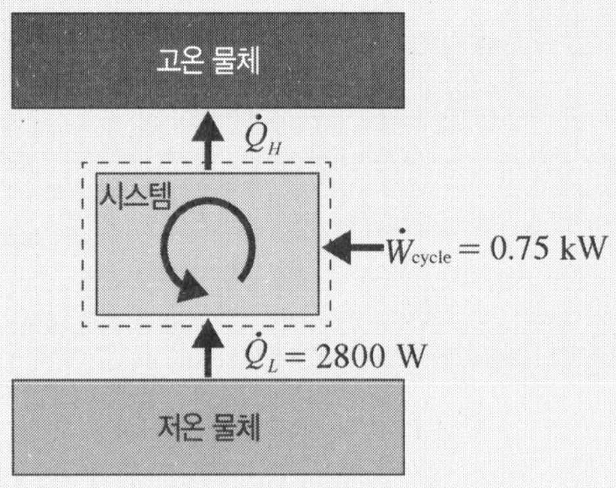

3. 지배방정식

냉동기의 성능계수는 다음과 같다.

$$\text{COP} = \frac{Q_L}{W_{cycle}}$$

4. 계산

$$\text{COP} = \frac{Q_L}{W_{cycle}} = \frac{\dot{Q}_L}{\dot{W}_{cycle}} = \frac{2800\ W}{750\ W} = 3.73$$

6장 개념문제

1. 에너지 보존의 법칙을 시스템에 적용하여 다음 경우에 대한 열역학 제1법칙의 식을 유도하라.
   A. 미분형의 경우 (미소 시간 동안의 변화)
   B. 시간율의 식의 경우 (순간에서의 변화)
   C. 적분형의 경우 (유한한 시간 동안의 총 변화)
   D. 사이클을 겪는 경우
2. 검사체적에 대해 다음 각 경우에 대한 열역학 제1법칙식을 도출하라.
   A. 일반적인 경우
   B. 정상상태 유동의 경우
   C. 입구와 출구가 각 하나인 정상상태 유동의 경우
   D. 과도상태 유동의 경우
3. 열기관의 열효율과 냉동기의 성능계수에 대해 설명하라.

6장 연습문제

6.1 질량이 5 kg인 물체가 정지 상태에 있다. 이 물체가 외부에서 5 kJ의 일을 받아 속도가 60 km/h가 되었다. 이 과정 중에 외부에 1.5 kJ의 열전달이 있다. 이 물체의 내부에너지는 얼마만큼 변하였는가?

6.2 질량이 일정한 시스템이 있다. 처음 상태의 압력과 체적은 각각 200 kPa, 5 m^3이며 500 kJ의 내부에너지를 가지고 있다. 나중 상태의 압력과 내부에너지는 각각 500 kPa 및 750 kJ이다. 처음 상태부터 나중 상태까지 $pV^{1.1}$ = const의 변화를 겪은 경우 이 과정 중의 일과 열전달량을 계산하라.

6.3 처음 체적이 1 m^3인 열장치에 2 MPa, 200 ℃의 H_2O가 들어 있다. 이 H_2O를 정압 과정을 통해 300 ℃로 가열하려고 한다. H_2O의 질량과 가열에 필요한 열전달량 및 이 과정 중의 일의 양을 구하라.

6.4 2 m^3의 체적을 가진 강성 용기에 0.1 MPa, 30 ℃의 공기가 들어 있다. 이 수증기를 150 ℃로 가열하려고 한다. 공기의 질량과 가열에 필요한 열전달량을 구하라.

6.5 실린더-피스톤 장치를 이용해서 0.1 MPa, 30 ℃의 공기를 $pV^{1.4}$ = const의 경로를 따라 300 ℃가 될 때까지 압축한다. 이 과정 중의 단위 질량당 열전달량과 압축에 소요되는 일량을 계산하라.

6.6 5 bar, 600 K의 고압의 공기가 10 m/s의 속도로 수평으로 설치된 노즐로 유입하여 가역단열 과정을 겪고 1 bar의 압력으로 노즐에서 나온다. 정상상태 유동을 한다고 가정할 경우 노즐 출구에서의 공기의 온도와 속도를 구하라.

6.7 5 MPa 포화증기 상태의 수증기가 터빈으로 유입하여 팽창하고 50 kPa의 압력으로 터빈을 나온다. 이때 수증기의 상태는 습증기 상태이며 건도는 0.90이다. 수증기의 질량유량이 5 kg/s일 때 이 증기 터빈의 출력을 계산하라. 운동에너지와 위치에너지의 변화는 무시될 수 있다고 보고, 터빈에서의 열손실도 없다고 가정한다.

6.8 펌프를 이용해서 50 kPa의 포화액체의 물을 10 MPa, 90 ℃의 압축액체 상태로 가압하고자 한다. 압축 과정은 단열적으로 이루어지며 운동에너지와 위치에너지의 변화는 무시될 수 있다고 가정한다. 동작유체의 질량유량이 5 kg/s일 때 이 펌프를 구동하기 위해 소요되는 동력을 구하라.

6.9 100 kPa, 300 K의 공기가 압축기로 유입된다. 공기는 가역단열적으로 압축되어 압축기 출구 압력이 5 MPa이 된다. 이 압축기의 운전에 필요한 소요 동력을 계산하라. 공기의 질량유량은 5 kg/s이다.

6.10 단순 증기 원동소의 응축기로 50 kPa의 습증기가 0.90의 건도로 유입한다. 응축기를 통해 흐르는 동작유체의 질량유량은 5 kg/s이다. 이 동작유체를 냉각시켜 50 kPa 포화액체의 상태로 응축기를 나오도록 하고자 한다. 외부에서 100 kPa, 25 ℃의 냉각수를 공급한다. 냉각수의 출구 온도는 30 ℃로 제한된다. 냉각수를 시간당 몇 kg 공급해야 하는지 계산하라.

6.11 냉동기의 동작유체로 R-22를 사용한다. 3 MPa의 포화액체 상태로 냉동기로 유입하여 100 kPa의 상태로 팽창밸브를 나온다. 팽창밸브에서의 유동은 단열이며 운동에너지와 위치에너지 변화를 무시한다. 팽창밸브를 나오는 냉매의 건도를 계산하라.

6.12 어떤 엔진으로 42 000 kJ/kg의 발열량을 갖는 연료가 시간당 28.6 kg씩 공급되고 있다. 이 엔진의 열효율이 30 %라고 할 때 이 엔진의 출력을 계산하라.

6.13 10 000 kW의 출력으로 운전하는 엔진이 있다. 이 엔진의 열효율은 50 %이다. 이 출력으로 계속 운전하기 위해서는 한 시간에 몇 kg의 연료를 공급해야 하는지 계산하라. 연료의 발열량은 42 000 kJ/kg으로 한다.

6.14 어떤 난방기의 난방능력은 3000 W이며 소비전력은 0.70 kW라고 표시하고 있다. 이 난방기의 성능계수를 계산하라.

7 열역학 제2법칙

열역학 제1법칙은 에너지 보존의 원리로서 에너지들 사이의 정량적인 관계를 나타낸다. 그러나 열역학 제1법칙을 만족하였다고 하여 그 과정이 실제로 일어난다는 것을 보장하지는 않는다.

뜨거운 커피를 실내에 놓아두면 시간이 지남에 따라 커피의 온도는 점점 내려간다. 이는 커피에서 실내의 공기로 에너지가 전달된 결과이다. 커피가 잃어버린 에너지만큼 실내 공기의 에너지는 증가하였고 그 결과 공기의 온도는 증가할 것이다. (그러나 공기의 질량이 커피의 질량에 비해 워낙 크므로 온도 상승은 거의 측정할 수 없다. 커피잔 주위에서만 일시적으로 약간의 온도 상승을 관찰할 수 있을 것이다.) 커피에서 공기로 에너지의 이동이 일어나기 전후 커피와 대기의 에너지의 총량은 동일할 것이다.

반대로 실내의 공기가 커피에 열을 전달하여 그 결과 실내의 온도는 내려가 점점 시원해지고 커피는 공기로부터의 열전달에 의해 저절로 뜨거워지는 현상이 일어나는지를 생각해 보자. 이 경우도 공기에서 커피로의 에너지의 이동이 일어난 전후 커피와 공기의 에너지의 총량은 동일할 것이다. 즉 열역학 제1법칙에 어긋나지 않는 것이다. 그러나 이러한 현상은 절대로 일어나지 않는다는 것을 우리의 경험을 통해 잘 알고 있다.

이와 같이 열역학 제1법칙이 만족되었다고 해서 그 과정이 반드시 일어나는 것은 아니다. 커피의 예에 있어서는 뜨거운 커피에서 그 보다 낮은 온도의 공기로의 에너지 이동만이 가능하며 그 반대의 현상은 생기지 않는다. 과정이 자발적으로 일어나는 데에는 방향성이 있다. 과정이 일어나는 가능성 또는 방향성을 설명하는 것이 열역학 제2법칙으로서 제1법칙과 제2법칙을 모두 만족할 경우에만 실제로 과정이 일어날 수 있다.

이 단원에서는 열역학 제2법칙을 먼저 정성적으로 설명하고, 이어 엔트로피라는 상태량을 도입하여 열역학 제2법칙을 나타내는 관계식의 도출, 즉 열역학 제2법칙의 정량화에 대해 공부한다.

7.1 열역학 제2법칙의 정성적인 표현

먼저 열역학 제2법칙에 관한 표현을 파악하고 이어서 Carnot 사이클의 의의를 살펴 보도록 한다.

7.1.1 Kelvin–Planck의 진술과 Clausius의 진술

열역학 제2법칙은 전통적으로 두 가지 방법에 의해 표현되고 있다. 이는 Kelvin–Planck의 진술과 Clausius의 진술로 각각 다음과 같은 내용을 갖는다.

Kelvin–Planck의 진술(Kelvin–Planck Statement):
열역학적 사이클로 작동하면서 단 한 개의 열저장조와 열교환을 하고 어떤 무게를 들어 올리는 것 외에 다른 아무런 효과를 내지 않는 기계장치를 구성하는 것은 불가능하다.

Clausius의 진술(Clausius Statement):
저온물체로부터 고온물체로 열을 전달하는 것 외에 다른 아무런 효과를 내지 않는 기계장치를 구성하는 것은 불가능하다.

열역학 제2법칙에 대한 두 개의 진술을 설명하기 전에 먼저 Kelvin–Planck의 진술에서 설명한 **열저장조**(Thermal Reservoir)의 개념에 대해 알아보자.

열저장조는 무한히 열에너지를 주고받아도 일정한 온도를 유지하는 시스템을 가리킨다. 이러한 열저장조의 예로는 해석의 대상이 되는 시스템에 비해 질량이 무한히 크다고 볼 수 있는 대기, 바다, 강, 호수 등을 들 수 있다. 열저장조의 온도가 상대적으로 높아서 열을 공급하는 역할을 하는 열저장조를 **고온 열저장조**(High–Temperature Thermal Reservoir) 또는 **열원**(Heat Source)이라 한다. 반대로 열저장조의 온도가 상대적으로 낮아서 열을 공급 받는 역할을 하는 열저장조를 **저온 열저장조**(Low–Temperature Thermal Reservoir) 또는 **열침**(Heat Sink)이라 한다. 고온 열저장조와 저온 열저장조를 각각 **고열원**과 **저열원**이라 부르기도 한다.

먼저 Kelvin–Planck의 진술이 가지는 의미를 살펴본다. Kelvin–Planck의 진술을 검토하기 위해 1장과 6장에서 설명했던 열기관을 그림 7.1(a)에 다시 나타내었다. 이 열기관은 열역학적 사이클로 작동하고 고온 물체로부터 열을 공급받고 저온 물체로 일부의 열을 방출하는 과정을 통해 어떤 무게를 들어 올리는 역할 즉 일을 하고 있다. 이 열기관은 식 (6.4.3)에 나타난 것과 같이 1보다 작은 열효율을 가지고 있다. 열효율이 1보다 작아지는 이유는 저온 물체로 방출되는 열에너지 즉 Q_L의 존재 때문이다.

Kelvin–Planck의 진술에서 단 한 개의 열저장조와 열교환을 하며 어떤 무게를 들어 올리는 효과를 내는 기계장치는 그림 7.1(b)와 같이 저온 물체로 열을 방출하지 않는 열기관, 즉 $Q_L = 0$인 열기관을 의미한다. 이 열기관의 열효율은 당연히 100 %가 된다.

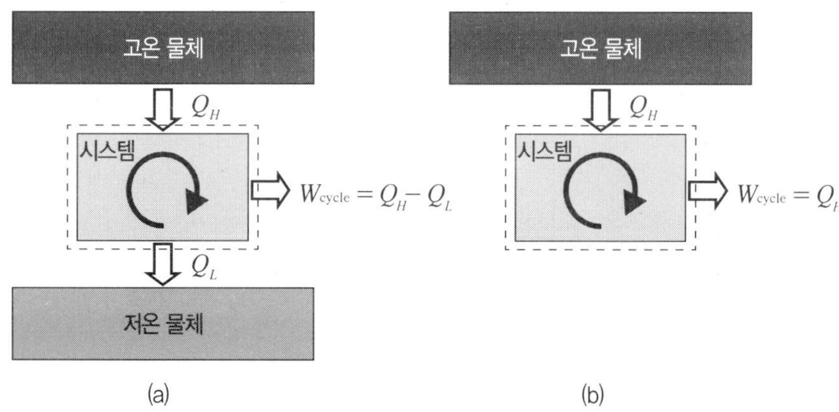

그림 7.1 열기관과 Kelvin-Planck의 진술

Kelvin-Planck의 진술은 이러한 열기관, 즉 100 %의 열효율을 갖는 열기관은 있을 수 없다는 것을 이야기 하고 있다. 100 %의 열효율을 갖는 열기관이란 공급받은 열에너지를 모두 일로 변환하는 열기관을 말하며 이 경우 저온 물체의 존재는 필요 없게 된다. Kelvin-Planck의 진술은 결과적으로 열에너지를 모두 일에너지로 바꿀 수는 없으며 열을 일로 변환하는 과정에 있어서는 공급 받은 열에너지의 일부를 반드시 그 보다 낮은 온도의 물체로 방출하여야 한다는 것을 의미한다. 즉 열을 일로 변환 하는데 있어서는 두 개의 열저장조가 필요하다는 것을 말해주고 있다. 엄밀히 말해 공급받은 열에너지가 일로 바뀐다기 보다는 온도차에 의한 열의 흐름의 과정을 통해 에너지 일부가 일로 변환된다는 표현이 정확할 것이다.

Clausius의 진술을 살펴보기 위해 1장과 6장에서 설명한 냉동기를 그림 7.2(a)에 나타내었다. 이 냉동기는 일을 소비해서 저온 물체로부터 고온 물체로 열을 전달한다. 이 냉동기의 성능계수는 식 (6.4.6)에 나타난 것과 같이 어떤 유한한 수치를 갖는다. 분모의 W_{cycle}, 즉 투입하여야 하는 일에너지가 작으면 작을수록 성능계수가 커지며 만일 W_{cycle}가 0이 되면 성능계수는 무한대가 된다. Clausius의 진술은 이러한 냉동기, 즉 일의 투입이 없이 작동하는 냉동기[그림 7.2(b)]는 불가능하다는 것을 말해주고 있다.

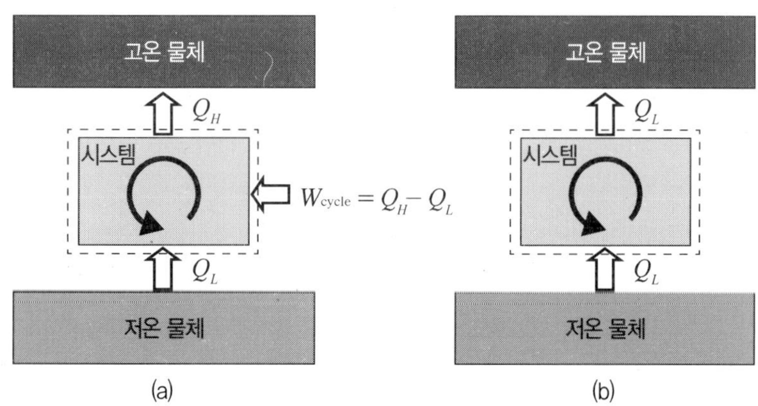

그림 7.2 냉동기와 Clausius의 진술

다른 관점으로 보면 Clausius의 진술은 낮은 온도의 물체에서 높은 온도의 물체로의 열전달이 저절로(자발적으로) 일어날 수 없다는 것을 의미한다. 이는 경험을 통해서도 잘 알고 있는 사실이다.

이상과 같이 Kelvin–Planck의 진술과 Clausius의 진술은 에너지의 전달과 변환에 있어서 가능한 방향을 말해주는 열역학 제2법칙의 서로 다른 표현으로 사실상 두 개의 진술은 동일한 의미를 가지고 있다.

7.1.2 가역과정

Kelvin–Planck의 진술에 의하면 열기관의 열효율은 절대로 100 %가 될 수 없다. 그러면 열역학 제2법칙을 위배하지 않는 상황에서 가장 높은 열효율은 얼마가 될 것인가 하는 의문을 갖게 된다. 가장 효율이 높은 상태는 2장에서 준평형 과정과 동일한 개념이라고 설명하였던 **가역과정**(Reversible Process)을 통해서 과정이 진행될 때이다. 가역과정은 한 번 일어났던 과정이 거꾸로도 일어날 수 있으며 이때 시스템과 주위에 아무런 변화도 남기지 않는 과정을 의미한다.

가역과정의 의미를 보다 잘 이해하기 위해 과정이 가역적으로 진행할 수 없게 만드는 요소, 즉 **비가역성**(Irreversibility) 인자들을 살펴본다. 과정을 비가역적으로 만드는 대표적인 인자는 **마찰**(Friction)이다. 두 개의 요소가 서로 접촉하여 상대운동을 할 때 두 표면 사이에는 열이 발생한다. 이는 일의 형태의 에너지가 열에너지로 바뀐 것이다. 이 과정이 역으로 일어나기 위해서는 마찰에 의해 생겨난 열에너지가 다시 일로 바뀌어야 한다. 그러나 열역학 제2법칙을 설명하는 Kelvin–Planck의 진술에 의하면 열에너지는 100 % 모두 일로 바뀔 수 없다고 얘기하고 있다. 결과적 마찰은 완전히 원상태로 되돌릴 수 없는 과정 즉 비가역적 과정이다. 연료의 연소(Combustion) 또한 쉽게 생각할 수 있는 비가역적 과정이다. 연료와 공기가 반응하여 연소생성물, 대표적인 예로 재(Ash)가 되었을 때 이 재를 다시 연료와 공기로 되돌릴 수는 없다.

이외의 대표적인 비가역적 과정으로는 유한한 온도차에 의한 열전달, **불구속 팽창**(Unrestrained Expansion) 또는 **자유팽창**(Free Expansion), 서로 다른 두 물질의 혼합, 저항을 통해 전류가 흐르면서 나타나는 발열 현상, 소성 변형(Plastic Deformation) 등이 있다. 이 중 유한한 온도차에 의한 열전달에 관해서 살펴보자.

그림 7.3(a)는 유한한 온도차 ΔT에 의한 열전달을 표시하고 있다. 이 그림에서 고온 물체(외부 열공급원)와 저온 물체(수증기와 물)를 시스템으로 생각한다. 이 경우 높은 온도의 물체에서 낮은 온도의 물체로의 열전달은 자발적으로 일어난다. 그러나 시스템을 원 상태로 돌리기 위해서는 저온 물체로부터 고온 물체로의 열전달이 일어나야 하며 이 과정은 자발적으로는 일어나지 않으므로 일을 투입하여야 한다. 일을 투입함으로써 저온 물체에서 열에너지를 제거하면 저온 물체 부분은 원래 상태로 돌아갈 수 있다. 고온 물체는 이미 방출하였던 열전달량 이외에 외부에서 투입한 일에 해당하는 에

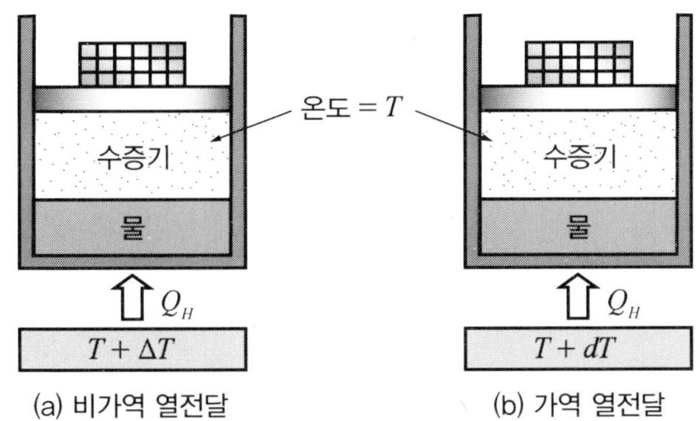

그림 7.3 가역 열전달과 비가역 열전달

너지를 더 공급받았으므로 고온 물체 부분은 원래의 상태보다 더 많은 에너지를 보유하게 된다. 고온 물체 부분에서 일에너지의 크기에 해당하는 만큼의 열을 방출한다면 고온 물체 부분도 원래의 상태를 유지할 수 있으므로 한번 일어났던 과정이 거꾸로 진행되었고 시스템이 원래의 상태로 돌아갔으므로 언뜻 보면 가역과정이 이루어진 것처럼 보인다. 그러나 시스템과 상호작용을 하고 있는 주위의 입장은 그렇지 못하다. 주위의 경우는 일에너지를 시스템에 공급하고 같은 크기이기는 하지만 열에너지를 대신 돌려 받은 상황이 된다. 주위도 원래의 상태로 되돌아가기 위해서는 새로이 받은 열에너지를 전부 일에너지로 되돌릴 수 있어야 하나 Kelvin–Planck의 진술에 의하면 이는 불가능하다. 따라서 주위는 원래 상태로 돌아갈 수 없다.

결과적으로 유한한 온도차에 의한 열전달은 비가역 과정이며 비가역의 정도는 온도 차가 크면 클수록 더 커진다. 두 물체 사이의 온도 차가 작을수록 비가역성은 작아지게 되며 과정은 가역에 접근하게 될 것이다. 극한의 경우 온도 차가 무한히 작은 상태에서 열전달 과정이 일어난다면 이 과정은 가역적인 과정으로 볼 수 있을 것이다. 이와 같이 무한소의 온도차(Infinitesimal Temperature Difference)에 의한 열전달을 **가역 열전달**(Reversible Heat Transfer)로 간주한다[그림 7.3(b)]. 한번 일어났던 과정이 거꾸로 일어나고 시스템 자체는 원래의 상태로 돌아갔으나 주위가 원래의 상태로 돌아가지 못한 과정을 **내부적 가역과정**(Internally Reversible Process)이라 한다. 그림 7.3(a)의 경우는 비가역 열전달이지만 시스템이 원래 상태로 돌아간다면 내부적 가역과정을 겪고 있다고 말할 수 있다.

7.1.3 Carnot 사이클

다시 처음의 명제 즉 최대의 열효율을 갖는 열기관에 대한 물음으로 돌아간다. 앞서의 설명을 통해 비가역성은 경우에 따라 일과 같이 유용한 에너지의 손실을 의미하기도 한다는 것을 알 수 있었다. 손실이 없는 과정 즉 가역적으로 과정이 진행된다면 열기관은 최대의 효율을 가질 수 있다. **Carnot 사이클**은 이와 같이 작동하는 열기관을 말한다. Carnot 사이클은 두 개의 주어진 열저장조 사이에서 작동하면서 모든 과정이 가역적으로 이루어지는 열기관으로 정의한다. 열기관을 거꾸로 돌릴 수 있다면 그것은 냉동 사이클이 된다. 따라서 Carnot 사이클은 두 개의 주어진 열저장조 사이에서 작동하면서 모든 과정이 가역적으로 이루어지는 냉동기라고 정의할 수도 있다.

Carnot 사이클을 이해하기 위해 모든 과정이 가역적으로 이루어지는 그림 7.4와 같은 단순 증기 원동소를 생각한다. 이 원동소의 첫 번째 과정은 펌프에서의 과정으로서 동작유체의 온도가 저온 열저장조(저열원)의 온도에서 고온 열저장조(고열원)의 온도로 상승한다. 주위의 온도는 일정하므로 온도 상승 과정 중 주위와의 온도 차이는 필연적이며, 만일 주위와 열전달이 생길 경우 이 과정은 유한한 온도차를 가진 열전달이므로 비가역적으로 진행하게 된다. 따라서 가역적으로 동작유체의 온도가 상승할 수 있도록 하기 위해서는 주위와의 열전달 자체가 없어야 한다. 그러므로 Carnot 사이클의 첫 번째 과정은 가역단열(Reversible Adiabatic) 온도 상승 과정이 되어야 한다.

두 번째 과정은 보일러에서의 과정으로 고열원으로부터 동작유체로의 열전달 과정이다. 이 열전달이 이루어지기 위해서는 고열원의 온도가 동작유체의 온도보다 커야 한다. 한편 가역적으로 열전달 과정이 일어나기 위해서는 온도 차이가 무한히 작아야 하며 이 경우 고열원의 온도와 보일러 내의 동작유체의 온도는 거의 같은 온도라고 볼 수 있다. 고열원은 열저장조로서 항상 일정한 온도를 유지하므로 보일러에서의 동작유체의 온도 역시 열전달이 진행되는 동안 같은 온도를 유지하게 된다. 따라서 Carnot 사이클에 있어서의 두번째 과정은 가역등온 열전달 과정이 된다.

세 번째 과정은 터빈에서의 과정으로서 이 과정을 통해 고열원과 같은 동작유체의 온도가 저열원의 온도로 떨어져야 한다. 이 과정은 첫 번째 과정인 펌프에서의 과정과 마찬가지로 가역단열 과정이 되어야 한다.

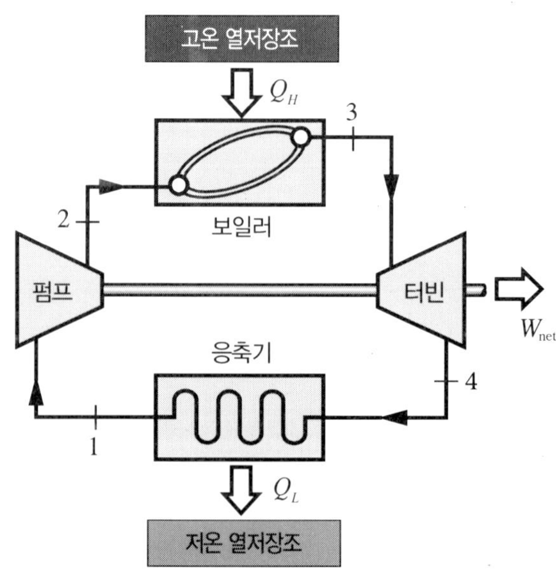

그림 7.4 Carnot 사이클로 작동하는 단순 증기 원동소

마지막 과정은 응축기에서의 과정으로서 동작유체로부터 저열원으로의 열전달 과정이다. 이 과정이 가역적으로 이루어지기 위해서는 보일러에서의 과정과 마찬가지의 이유로 가역등온 열전달 과정이 되어야 한다.

이상을 정리하면 Carnot 사이클의 4대 기본 과정을 아래와 같이 요약할 수 있다.

1. 가역단열 과정을 통한 온도 상승 (저열원의 온도에서 고열원의 온도로)
2. 가역등온 열전달 과정을 통한 고열원과의 열교환
3. 가역단열 과정을 통한 온도 강하 (고열원의 온도에서 저열원의 온도로)
4. 가역등온 열전달 과정을 통한 저열원과의 열교환

Carnot 사이클에 대한 이상의 설명은 열기관을 예로 들었지만 냉동기에도 마찬가지로 적용되며 위의 4대 기본 과정이 그대로 적용된다. 두 번째 과정의 고열원과의 열교환은 열기관으로 작동하는 Carnot 사이클의 경우는 고열원으로부터의 열공급이 되며, 냉동기로 작동하는 Carnot 사이클의 경우는 고열원으로의 열방출이 된다. 이는 네 번째 과정의 경우에도 마찬가지로 적용되며 열전달의 방향에만 차이가 있을 뿐이다.

Carnot 사이클을 주목하는 이유는 이 사이클의 효율이 중대한 의미를 갖기 때문이다. Carnot 사이클의 효율에 대해서는 다음과 같이 두 가지의 중요한 명제가 있다.

1. 동일한 두 개의 열저장조 사이에서 작동하는 비가역 사이클의 효율은 가역 사이클의 효율보다 낮다.
2. 동일한 두 개의 열저장조 사이에서 작동하는 모든 가역 사이클의 효율은 같다.

첫 번째 명제는 동일한 열저장조 사이에서 작동하는 모든 사이클 중 가역 사이클의 효율, 즉 Carnot 사이클의 효율이 가장 높다는 것을 의미한다. 이는 열역학 제2법칙을 위배하지 않으면서 가장 높은 효율은 Carnot 사이클로 작동할 때 얻을 수 있다는 것을 의미한다. 따라서 Carnot 사이클의 효율은 우리가 지향할 수 있는 최대의 효율이 된다.

두 번째 명제는 Carnot 사이클의 효율은 온도만의 함수라는 점이다. 앞에서는 단순 증기 원동소로 작동하는 Carnot 사이클의 예를 들었지만 동일한 온도 사이에서 Carnot 사이클로 작동하는 실린더-피스톤 장치도 생각할 수 있다. 사이클의 구성은 전혀 다르지만 같은 고열원과 저열원 사이에서 두 장치 모두 Carnot 사이클로, 즉 가역적으로 작동한다면 이 두 장치의 효율은 같다. 한편 같은 단순 증기 원동소의 경우도 동작유체를 물로 할 수도 있고 수은으로 할 수도 있을 것이다. 동작유체는 다르지만 같은 고열원과 저열원 사이에서 두 장치 모두 Carnot 사이클로 작동한다면 동작유체의 종류에 관계없이 열효율은 같다. 즉 Carnot 사이클의 열효율은 두 열저장조의 온도만의 함수가 된다. 이는 **열역학적 절대 온도 척도**(Absolute Scale of Thermodynamics)를 정의하는 중요한 이론적 배경이 된다.

마지막으로 Carnot 사이클의 효율, 즉 최대의 효율은 얼마가 되는가 하는 점이다. 앞서 열기관의 열효율은 다음과 같이 고온 물체에서 공급받은 열에너지와 저온 물체에 방출한 열에너지의 비(Ratio)의 항으로 표시한 바 있다.

$$\eta_{\text{th}} = 1 - \frac{Q_L}{Q_H}$$

Carnot 사이클의 효율은 고열원에서 공급받은 열에너지와 저열원에 방출한 열에너지의 비가 고열원과 저열원의 절대 온도의 비와 같을 때 달성할 수 있다. 즉

$$\frac{Q_L}{Q_H} = \frac{T_L}{T_H} \tag{7.1.1}$$

따라서 최대의 효율인 Carnot 사이클의 효율은 고열원과 저열원의 절대 온도의 비의 함수로서 다음과 같이 얻어진다.

$$\eta_{\text{th, max}} = 1 - \frac{T_L}{T_H} \tag{7.1.2}$$

동일한 열원 사이에서 작동하는 모든 열기관의 효율은 절대로 식 (7.1.2)로 주어진 Carnot 사이클의 열효율보다 크게 나타날 수 없다.

이는 Carnot 사이클로 작동하는 냉동기의 성능계수의 경우도 마찬가지다. 최대의 성능계수는 냉동기가 Carnot 사이클로 작동할 때 나타나며 이 성능계수는 고열원에 방출한 열에너지와 저열원에서 제거한 열에너지의 비가 고열원과 저열원의 절대 온도의 비와 같을 때 얻어질 수 있다. 즉

$$\text{COP}_{\text{Carnot}} = \frac{Q_L}{Q_H - Q_L} = \frac{1}{\dfrac{Q_H}{Q_L} - 1} = \frac{1}{\dfrac{T_H}{T_L} - 1} = \frac{T_L}{T_H - T_L} \tag{7.1.3}$$

이 사이클이 열펌프로 작동하는 Carnot 사이클이라면 그 성능계수는 다음과 같다.

$$\text{COP}'_{\text{Carnot}} = \frac{Q_H}{Q_H - Q_L} = \frac{T_H}{T_H - T_L} \tag{7.1.4}$$

예제 7.1 Carnot 사이클의 효율

누군가가 획기적인 열기관을 고안하였다고 주장한다. 이 사람의 주장은 2000 K의 열원에서 1000 kJ의 열을 공급 받아 900 kJ의 일을 하고 300 K의 주위에 열을 방출함으로써 90 %의 열효율을 달성한 열기관을 고안하였다고 한다. 이 사람의 주장이 합리적인지를 판단하라.

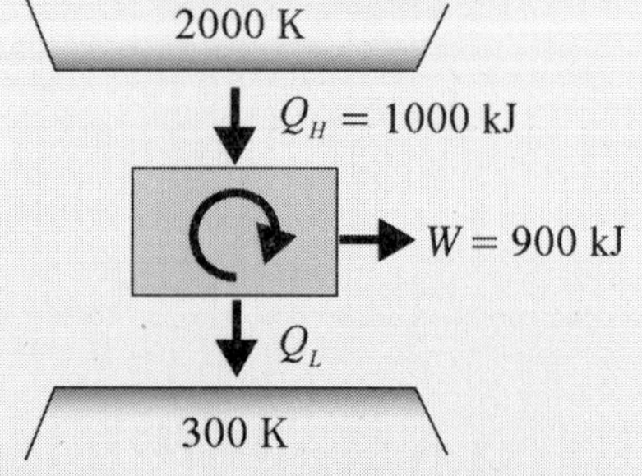

풀이

주어진 열원 사이에서 작동하는 열기관 중 가장 높은 효율을 갖는 열기관은 Carnot 사이클로 작동하는 열기관이다. 그 효율은 다음 식으로 나타난다.

$$\eta_{\text{Carnot}} = 1 - \frac{T_L}{T_H} = 1 - \frac{300}{2000} = 0.85 = 85\ \%$$

즉 2000 K과 300 K의 열원 사이에서 작동하는 열기관은 최대 85 %의 효율을 초과할 수 없다. 이 사람이 주장하는 90 %의 열효율은 불가능하다.

예제 7.2 Carnot 사이클의 효율

왕복식 내연기관의 경우 실린더 최고 온도를 2400 K으로 하는 것이 가능하다. 어느 가스 터빈 기관의 경우 가스 터빈 입구 온도를 1500 K으로 제한하고 있다. 어떤 증기 터빈 기관의 경우는 증기 터빈 입구 온도를 1000 K으로 제한하고 있다. 이 온도들을 세 사이클 각각의 고열원의 온도라고 간주한다. 세 기관이 Carnot 사이클로 작동할 경우 열효율을 비교하라. 저열원의 온도는 300 K으로 한다.

풀이

1. 관련 공식

Carnot 사이클로 작동하는 열기관의 효율은 다음 식으로 나타난다.

$$\eta_{\text{Carnot}} = 1 - \frac{T_L}{T_H}$$

2. 계산

(a) 왕복식 내연기관의 경우

$$\eta_{\text{Reciprocating}} = 1 - \frac{T_L}{T_H} = 1 - \frac{300}{2400} = 0.875 = 87.5\ \%$$

(b) 가스 터빈 기관의 경우

$$\eta_{\text{Gas Turbine}} = 1 - \frac{T_L}{T_H} = 1 - \frac{300}{1500} = 0.800 = 80.0\ \%$$

(c) 증기 터빈 기관의 경우

$$\eta_{\text{Stean Turbine}} = 1 - \frac{T_L}{T_H} = 1 - \frac{300}{1000} = 0.700 = 70.0\ \%$$

3. 해석

흡입, 압축, 팽창 및 배기의 서로 다른 과정을 하나의 용기 내에서 교대로 수행하는 왕복식 내연기관의 경우는 실린더 내의 연소가스에 의해 일시적으로 상당한 고온에 도달한다. 그러나 왕복식 내연기관은 팽창 및 배기 과정 이후의 흡기 과정 중에 저온의 신기가 유입하여 실린더가 냉각된다. 즉 왕복식 내연기관은 자기 냉각 기능을 갖는다. 따라서 이 기관의 경우 사이클 최고 온도를 상당히 높게 유지하는 것이 가능하다.

연속 동작을 하는 가스 터빈 기관의 경우 터빈이 사이클의 전 과정을 통해 계속적으로 고온 환경에 놓이게 된다. 따라서 가스 터빈 부품의 내구성을 고려해 일정 온도 범위 내로 터빈 입구 온도를 제한해야 한다.

단순 증기 원동소의 또 다른 이름인 증기 터빈 기관의 경우 터빈을 지나는 동작유체 내에 액체인 수분이 존재한다. 결과적으로 증기 터빈의 부품은 열적 부담 외에 역학적 충격 및 침식의 부담까지 갖게 된다. 따라서 증기 터빈 기관은 터빈 입구 온도를 더 낮게 유지해야 한다.

Carnot 사이클의 열효율은 고열원의 온도에 따라 높아진다. 왕복식 내연기관과 가스 터빈 및 증기 터빈 기관이 Carnot 사이클로 작동한다는 전제 하에서는 이 세 기관의 열효율은 사이클 최고 온도의 순서와 동일하게 나타난다. 왕복식 내연기관을 고온 영역 열기관, 가스 터빈 기관을 중온 영역 열기관, 증기 터빈 기관을 저온 영역 열기관으로 분류하기도 한다.

7.2 엔트로피

지금까지 열역학 제2법칙의 정성적인 측면을 공부하였으므로 이제부터는 열역학 제2법칙의 개념을 계산에 이용하기 위해 이를 정량화하는 과정을 진행한다. 열역학 제2법칙의 수식화를 위해 **엔트로피**(Entropy)라는 상태량을 도입한다. 먼저 엔트로피의 개념을 설명하고 이어서 엔트로피를 이용하여 제2법칙을 수식으로 나타내도록 한다. 열역학 제2법칙은 과정이 일어날 수 있는 가능성 또는 방향성을 나타내므로 열역학 제2법칙의 관계식은 부등식(Inequality)의 형태가 될 것이다.

7.2.1 엔트로피의 정의

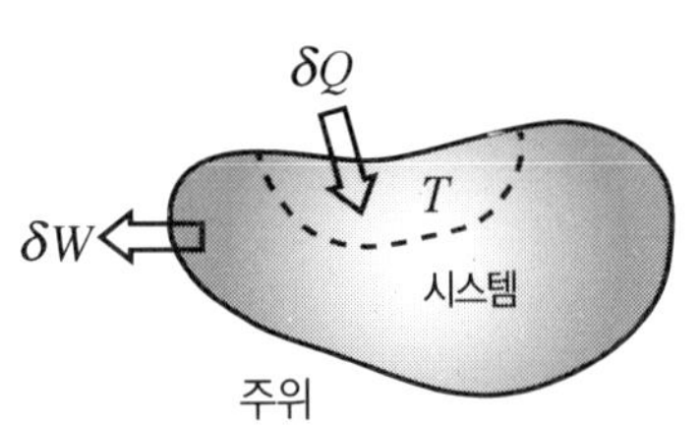

그림 7.5 시스템으로의 가역 열전달

그림 7.5와 같이 절대온도가 T인 시스템으로 δQ의 열전달이 가역적으로 일어나는 경우를 생각한다. 이 경우에 대해 엔트로피 변화를 다음과 같이 정의한다.

$$dS \equiv \left(\frac{\delta Q}{T}\right)_{\text{rev}} \tag{7.2.1}$$

또는

$$S_2 - S_1 \equiv \int_1^2 \left(\frac{\delta Q}{T}\right)_{\text{rev}} \tag{7.2.2}$$

위의 식에서 알 수 있듯이 엔트로피의 단위는 kJ/K이 되며 이는 종량성 상태량이다. 단위 질량당의 엔트로피 즉 비엔트로피(Specific Entropy)는 기호 s를 사용하며 그 단위는 kJ/kg K이 된다. 엔트로피의 변화를 정의함에 있어서 가역과정이라는 전제가 있음을 유의해야 한다. 즉 식 (7.2.2)에 의해서 두 상태 간의 엔트로피 변화를 계산할 경우 반드시 가역 경로에 따라서 δQ와 T 사이의 관계를 적분해야 한다. 그러나 엔트로피는 상태량이므로 일단 주어진 두 상태에 대해 엔트로피의 값들이 알려지면 같은 상태에 대해서는 지나온 경로에 관계없이 동일한 엔트로피의 값을 갖는다.

식 (7.2.1)을 관찰하면 엔트로피가 어느 경우에 증가하고 또 감소하는지 알 수 있다. 절대 온도는 항상 양의 값을 가지므로 엔트로피의 변화 dS는 δQ의 부호에 좌우된다. δQ가 양인 경우 즉 시스템이 가역적으로 열을 전달받는 경우는 dS의 부호가 양, 즉 시스템의 엔트로피가 증가하게 된다. 반대로 시스템으로부터 가역적으로 열을 방출할 경우는 시스템의 엔트로피가 감소한다. 가역과정에서 δQ가 0인 경우, 즉 가역단열 과정(Reversible Adiabatic Process)의 경우는 엔트로피의 변화가 없다. 즉 **등엔트로피 과정**(Isentropic Process)이 된다.

식 (7.2.1)을 다시 정리하여 적분하면 다음과 같다.

$$(\delta Q)_{\text{rev}} = TdS \tag{7.2.3}$$

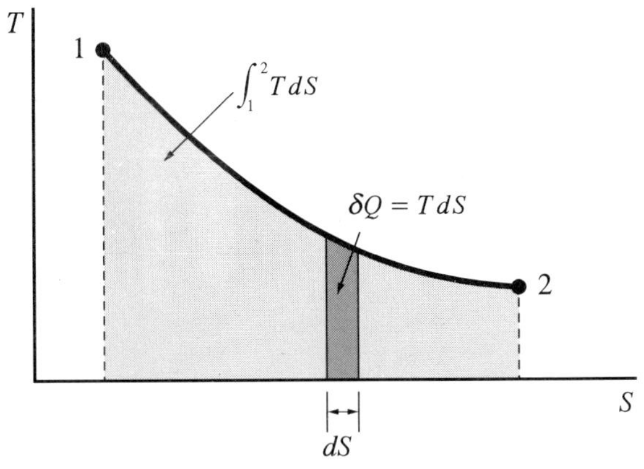

그림 7.6 가역과정을 겪는 시스템에 있어서 열전달과 T–S 선도의 관계

$$Q_{\text{rev}} = \int_1^2 TdS \tag{7.2.4}$$

즉 가역과정에 있어서의 열전달량은 온도와 엔트로피의 관계를 적분하여 구할 수 있다. 식 (7.2.4)의 우변은 그림 7.6과 같은 **온도-엔트로피 선도**(T–S 선도)에서 과정을 나타내는 곡선의 아랫부분의 면적이 된다. 따라서 가역과정을 겪는 시스템에 있어서 열전달량은 T–S 선도에서 과정을 나타내는 곡선의 밑의 부분의 면적으로 표시된다. 이는 준평형 과정 즉 가역 과정을 겪는 단순 압축성 시스템의 움직이는 경계에서 행하여지는 일은 p–V 선도에서 과정을 나타내는 곡선의 아랫부분의 면적으로 표시된다는 사실과 함께 열과 일의 계산에 있어서 대단히 중요한 개념이다.

7.2.2 Carnot 사이클의 엔트로피 변화

엔트로피의 개념을 보다 잘 이해하기 위해 Carnot 사이클로 작동하는 단순 증기 원동소의 각 과정에서의 엔트로피 변화를 고려한다. 그림 7.7에서 펌프 입구를 상태 1로 하여 시작한다. 펌프 출구를 상태 2로 하면 펌프에서의 과정 1–2는 가역단열 과정으로 등엔트로피 과정이다. 이 과정 중 온도가 저열원의 온도 T_L에서 고열원의 온도 T_H로 상승한다. 이 과정에서의 열전달은 식 (7.2.3)에서 0으로 나타난다.

펌프 출구와 보일러 입구를 연결하는 관에서 상태량의 변화가 없다고 가정하면 상태 2는 펌프 출구의 상태량임과 동시에 보일러 입구의 상태량이 된다. 보일러 출구를 상태 3으로 하면 2–3과정은 가역등온 과정이므로 식 (7.2.2)는 다음과 같이 간단히 적분된다.

$$S_3 - S_2 = \int_2^3 \left(\frac{\delta Q}{T}\right)_{\text{rev}} = \frac{1}{T_H}\int_2^3 \delta Q = \frac{Q_H}{T_H} \tag{7.2.5}$$

이 과정은 그림 7.7의 T–S 선도 상에서 엔트로피가 증가하는 등온선으로 표시되며

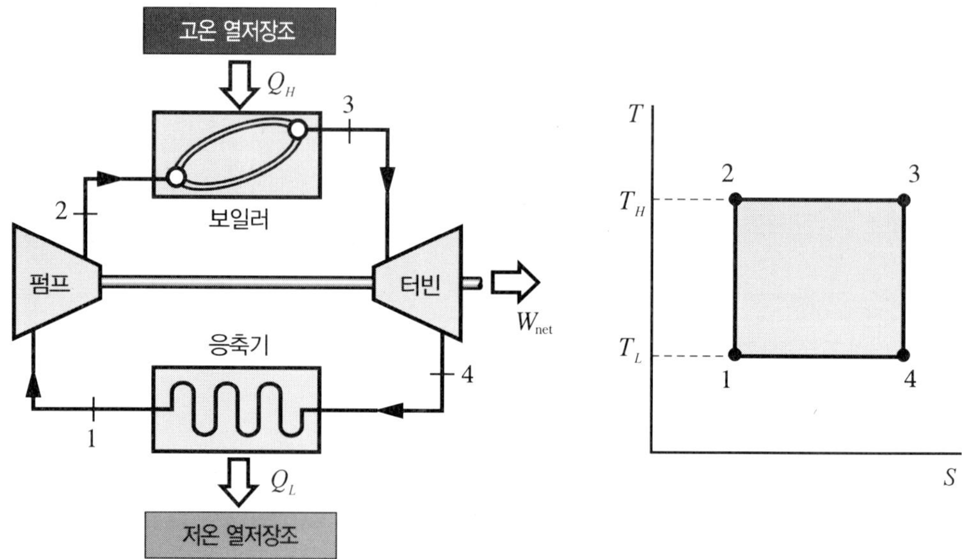

그림 7.7 Carnot 사이클로 작동하는 단순 증기 원동소와 T–S 선도

식 (7.2.5)에서 열전달량 Q_H는 $T_H(S_3 - S_2)$로 그림 7.7의 2–3과정을 나타내는 선분의 아랫부분의 면적이 된다. 터빈에서의 과정 3–4는 가역단열 과정으로서 등엔트로피 과정이며 이 과정 중 고열원의 온도 T_H에서 저열원의 온도 T_L로 온도가 강하한다. 이 과정에서의 열전달은 식 (7.2.3)에서 0으로 나타난다.

응축기에서의 과정인 4–1과정은 가역등온 과정이므로 식 (7.2.2)는 다시 다음과 같이 간단히 적분된다.

$$S_1 - S_4 = \int_4^1 \left(\frac{\delta Q}{T}\right)_{rev} = \frac{1}{T_L}\int_4^1 \delta Q = \frac{-Q_L}{T_L} \tag{7.2.6}$$

이 과정 중 열이 방출되므로 열전달이 음의 부호를 갖는다. 이 과정은 그림 7.7의 T–S 선도 상에서 엔트로피가 감소하는 등온선으로 표시되며 식 (7.2.6)에서 열전달량 Q_L은 $T_L|S_1 - S_4|$로 그림 7.7의 4–1과정을 나타내는 선분의 아랫부분의 면적이 된다. Carnot 사이클의 경우 열전달량과 절대온도 사이에는 다음의 관계가 성립함을 이미 설명한 바 있다.

$$\frac{Q_H}{Q_L} = \frac{T_H}{T_L}$$

따라서

$$\frac{Q_H}{T_H} = \frac{Q_L}{T_L} \tag{7.2.7}$$

이 식에 식 (7.2.5)와 (7.2.6)에서 나타난 결과를 부호를 무시하고 대입하면 다음과 같이 나타난다.

$$|S_1 - S_4| = |S_3 - S_2| \tag{7.2.8}$$

즉 2−3 과정과 4−1과정에서의 엔트로피 변화량은 동일하다.

열기관에 대해 순 일 $W_{cycle} = Q_H - Q_L$이 되며, 이는 그림 7.7에서 폐곡선 (1−2−3−4−1) 안의 면적이 된다.

Carnot 사이클로 작동하는 냉동기에 대해서도 동일한 *T–S* 선도를 얻을 수 있다. 다만 사이클이 진행하는 방향은 열기관의 경우와 반대로 나타난다.

7.2.3 엔트로피 관계식

식 (7.2.2)를 이용하여 엔트로피의 변화를 계산하기 위해서는 경로함수인 열전달과 점함수인 온도와의 관계를 가역경로를 따라 알고 있어야 한다. 만일 점함수인 상태량만을 가지고 엔트로피의 변화를 계산할 수 있으면 대단히 편리할 것이다.

다음과 같이 시스템에 대한 열역학 제1법칙의 관계식에서 출발한다.

$$\delta Q - \delta W = dE \approx dU \tag{7.2.9}$$

이 식에서 운동에너지의 변화 및 위치에너지의 변화는 무시하였다. 가역과정의 경우 δQ 및 δW는 각각 TdS 및 pdV가 되므로 이들을 위의 식에 대입하고 정리하면 다음의 관계를 얻는다.

$$TdS = dU + pdV \tag{7.2.10}$$

또한 $H = U + pV$이므로 이 식을 미분하여 식 (7.2.10)의 dU 항을 소거하면 다음의 식이 나타난다.

$$TdS = dH - Vdp \tag{7.2.11}$$

이 식들은 엔트로피의 변화를 나타내는 관계식들로 특히 점함수인 상태량들만으로 이루어졌다는 점에서 매우 중요한 의미를 갖는다. 엔트로피는 상태량이므로 위의 방정식들을 적분하여 구한 엔트로피 변화는 주어진 두 상태에 대해 가역, 비가역 여부에 관계없이 모든 경로에 대해 동일한 값을 갖는다.

식 (7.2.10)과 (7.2.11)의 각 항들을 질량 m으로 나누면 다음과 같이 단위 질량당 상태량으로 표시할 수 있다.

$$Tds = du + pdv \tag{7.2.12}$$

$$Tds = dh - vdp \tag{7.2.13}$$

마찬가지로 식 (7.2.12)와 (7.2.13)의 각 항들에 분자량을 곱하면 다음과 같이 단위 몰당 상태량으로 표시할 수 있다.

$$Td\bar{s} = d\bar{u} + pd\bar{v} \tag{7.2.14}$$

$$Td\bar{s} = d\bar{h} - \bar{v}dp \tag{7.2.15}$$

식 (7.2.12)와 (7.2.13)에 대해 이상기체 관계식을 적용하면 이상기체의 엔트로피 변화를 계산하는 관계식을 구할 수 있다. 먼저 이 식들을 다시 쓰면 다음과 같다.

$$ds = \frac{du}{T} + \frac{p}{T}dv \tag{7.2.16}$$

$$ds = \frac{dh}{T} - \frac{v}{T}dp \tag{7.2.17}$$

이상기체에 대해 $du = C_{v0}dT$, $dh = C_{p0}dT$ 및 $pv = RT$ 이므로 이 관계를 위의 식에 적용하고 정리하면 다음과 같이 나타난다.

$$ds = C_{v0}(T)\frac{dT}{T} + R\frac{dv}{v} \tag{7.2.18}$$

$$ds = C_{p0}(T)\frac{dT}{T} - R\frac{dp}{p} \tag{7.2.19}$$

이 식들을 적분하면 두 상태 사이의 이상기체의 엔트로피 변화를 구하는 다음의 관계식들을 구할 수 있다.

$$s_2 - s_1 = \int_1^2 C_{v0}(T)\frac{dT}{T} + R\ln\frac{v_2}{v_1} \tag{7.2.20}$$

$$s_2 - s_1 = \int_1^2 C_{p0}(T)\frac{dT}{T} - R\ln\frac{p_2}{p_1} \tag{7.2.21}$$

만일 이상기체가 일정한 비열을 갖는 것으로 간주하면 위의 식들은 다음과 같이 적분된다.

$$s_2 - s_1 = C_{v0}\ln\frac{T_2}{T_1} + R\ln\frac{v_2}{v_1} \tag{7.2.22}$$

$$s_2 - s_1 = C_{p0}\ln\frac{T_2}{T_1} - R\ln\frac{p_2}{p_1} \tag{7.2.23}$$

고체 또는 액체와 같은 비압축성 물질의 경우 식 (7.2.12)에서 체적의 변화 항을 무시할 수 있다. 또한 $du = C(T)$이므로 이 식은 다음과 같이 간단하게 적분된다.

$$s_2 - s_1 = \int_1^2 C(T)\frac{dT}{T} \tag{7.2.24}$$

또한 비열이 일정하다고 가정하면 (이는 비압축성 물질에 대해 매우 타당한 가정이다) 위의 식은 다음과 같이 간단하게 된다.

$$s_2 - s_1 = C(T)\ln\frac{T_2}{T_1} \tag{7.2.25}$$

7.3 열역학 제2법칙의 정량적 표현

열역학 제1법칙의 경우와 마찬가지로 열장치를 사용함에 있어서 자주 접하는 여러 상황을 설정하고, 각 경우에 대해 적합한 열역학 제2법칙의 관계식들을 도출한다.

7.3.1 시스템에 대한 열역학 제2법칙 관계식

사이클을 겪는 시스템에 대해 Clausius는 다음의 관계가 성립될 때만 과정이 일어날 수 있음을 증명하였다.

$$\oint \left(\frac{\delta Q}{T} \right) \le 0 \tag{7.3.1}$$

즉 $\delta Q/T$를 사이클 전체에 대해 적분하면 그 결과는 결코 0보다 클 수 없다는 것을 표시한다. 이 식을 **Clausius의 부등식**(Inequality of Clausius)이라 한다. 이 식에서 등식은 가역 사이클에 대해 성립하며 부등식은 비가역 사이클에 대해 적용된다. 이 책에서는 자세한 증명 과정은 생략하도록 한다. 이 식은 **엔트로피 생성**(Entropy Produced or Entropy Generated) σ를 도입하여 등식으로도 표현할 수 있다. 즉

$$\oint \left(\frac{\delta Q}{T} \right) = -\sigma_{\text{cycle}} \qquad (\sigma_{\text{cycle}} \ge 0) \tag{7.3.2}$$

여기서 엔트로피 생성항 σ는 가역 사이클일 경우는 0이며 비가역 사이클의 경우는 양수의 유한한 값을 갖는다. 즉 엔트로피 생성은 비가역성에 관련한 값으로서 비가역성이 증가함에 따라 큰 값을 가진다. 결과적으로 이는 비가역성을 나타내는 척도임을 알 수 있다.

Clausius의 부등식은 사이클이라는 특수한 과정에 대해 전개한 열역학 제2법칙의 관계식이다. 이제 보다 일반적인 과정을 갖는 시스템에 대해 열역학 제2법칙의 관계식을 소개한다. 임의의 과정을 겪는 밀폐 시스템에 대한 열역학 제2법칙의 식은 다음과 같이 나타난다.

$$S_2 - S_1 \ge \int_1^2 \left(\frac{\delta Q}{T} \right) \quad \text{또는} \quad S_2 - S_1 = \int_1^2 \left(\frac{\delta Q}{T} \right) + \sigma \tag{7.3.3}$$

여기서 엔트로피 생성 σ는 시스템 내에 비가역성이 있을 때 양의 값을 가지며 가역 과정에 대해서는 0이 된다. σ가 0이 될 경우 위의 식은 엔트로피의 정의식 식 (7.2.2)와 동일해진나. 식 (7.3.3)을 관찰해 보면 가역과징, 즉 $\sigma = 0$일 경우 엔트로피 변화를 유발하는 요소는 열전달 뿐이다. 비가역 과정의 경우에는 엔트로피 변화를 유발하는 요인은 열전달 외에 다른 요소가 있다는 것을 알 수 있다. 이 다른 요소 σ는 비가역성에 관련된 것으로 항상 양수의 값을 갖고 있다는 점을 지적한 바 있다. 따라서 비가역 과

정에 있어서는 시스템으로의 열전달에 의해 엔트로피가 증가하는 동시에, 비가역적 요인에 의해서도 시스템의 엔트로피는 증가한다. 앞서 가역단열 과정의 경우는 엔트로피가 일정하다는 사실을 설명한 바 있다. 비가역단열 과정의 경우는 열전달이 없더라도 비가역적 요소에 의해 엔트로피가 증가한다. 비가역 과정에 있어서 엔트로피가 감소할 수 있는 경우는 단 하나, 즉 시스템으로부터 열을 방출시킬 때뿐이다. 그것도 정확하게는 열방출에 의한 엔트로피 감소가 비가역적 요인에 의한 엔트로피 증가량보다 클 때 뿐이다.

식 (7.3.3)은 적분 항을 포함하고 있어 계산이 복잡한 듯 보인다. 실제의 경우 시스템 경계의 여러 부분에서 열전달이 일어나며, 열전달이 일어나고 있는 각 부분의 온도가 시간에 따라 변화하지 않고 부분적으로 균일한 경우가 있다. 이러한 경우를 **국소평형**(Local Equilibrium)이라 한다. 이 경우 시스템 전체에 대한 열전달 항의 적분은 각각의 국소평형을 이루는 부분에 대한 열전달 항들을 더해 줌으로써 대치할 수 있다. 그러면 식 (7.3.3)은 다음과 같이 다시 쓸 수 있다.

$$S_2 - S_1 \geq \sum \frac{Q_j}{T_j} \quad \text{또는} \quad S_2 - S_1 = \sum \frac{Q_j}{T_j} + \sigma \tag{7.3.4}$$

앞으로는 식 (7.3.4)를 과정을 겪는 시스템에 대한 열역학 제2법칙의 관계식으로 사용한다.

과정을 겪는 시스템에 대한 열역학 제2법칙의 관계식을 시간율의 식으로 쓰면 다음과 같이 나타난다.

$$\frac{dS}{dt} \geq \sum \frac{\dot{Q}_j}{T_j} \quad \text{또는} \quad \frac{dS}{dt} = \sum \frac{\dot{Q}_j}{T_j} + \dot{\sigma} \tag{7.3.5}$$

이 식의 좌변은 시스템의 엔트로피의 시간에 따른 변화율이며 우변의 첫째 항은 열전달에 의한 엔트로피 변화율의 합이며 우변 마지막 항은 내부 비가역에 의한 엔트로피 생성율을 표시한다.

7.3.2 검사체적에 대한 열역학 제2법칙 관계식

검사체적에 대한 엔트로피 관계식을 도출하기 위해 그림 7.8과 같은 검사체적을 고려한다.

열역학 제2법칙의 관계식들은 복잡한 과정을 거치는 유도나 증명 보다는 관계식 자체의 개념이 중요하므로 여기서는 직관적인 개념에 의해 검사체적에 대한 제2법칙의 식을 도출하도록 한다.

그림 7.8과 같이 검사체적으로 $\dot{m}_i$의 질량이 유입하고, $\dot{m}_e$의 질량이 검사체적으로부터 유출한다. 이에 따라 $\dot{m}_i s_i$의 엔트로피가 질량과 함께 유입하여 검사체적의 엔트로피를 증가시킨다. 한편 $\dot{m}_e s_e$의 엔트로피가 질량과 함께 검사면을 넘어 유출한 결과로 그만큼의 엔트로피가 검사체적 내에서 감소할 것이다. 또한 검사체적의 엔트로피는

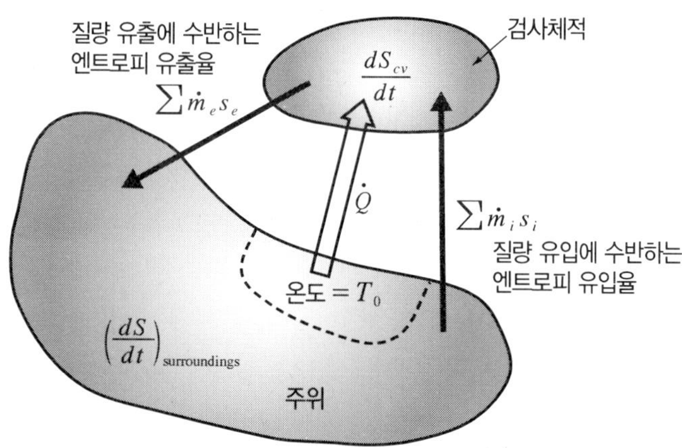

그림 7.8 검사체적에서의 엔트로피 변화

열전달에 의해 변화할 것이며 열전달이 엔트로피 변화에 미치는 영향은 가역 과정일 경우는 식 (7.2.1) 또는 (7.2.2)에 나타난 바와 동일할 것이다. 또한 검사체적의 엔트로피는 비가역성에 의해 증가하게 될 것이다. 이상의 요소들을 모두 고려하여 검사체적에 대한 열역학 제2법칙의 식을 시간율의 형식으로 표시하면 다음과 같이 나타난다.

$$\frac{dS_{cv}}{dt} \geq \sum \frac{\dot{Q}_j}{T_j} + \sum \dot{m}_i s_i - \sum \dot{m}_e s_e$$

$$\text{또는} \quad \frac{dS_{cv}}{dt} = \sum \frac{\dot{Q}_j}{T_j} + \sum \dot{m}_i s_i - \sum \dot{m}_e s_e + \dot{\sigma}_{cv} \tag{7.3.6}$$

이 식은 엔트로피 변화를 나타내는 가장 일반적인 관계식이다.

만일 검사체적이 정상상태 유동을 한다면 식 (7.3.6)에서 검사체적 내의 엔트로피의 시간에 따른 변화율을 나타내는 좌변이 0이 될 것이며, 정리하면 다음과 같다.

$$\sum \dot{m}_e s_e \geq \sum \frac{\dot{Q}_j}{T_j} + \sum \dot{m}_i s_i \quad \text{또는} \quad 0 = \sum \frac{\dot{Q}_j}{T_j} + \sum \dot{m}_i s_i - \sum \dot{m}_e s_e + \dot{\sigma}_{cv} \tag{7.3.7}$$

이 식은 단열 과정일 경우 엔트로피의 총 유출율이 엔트로피의 총 유입율보다 크다는 것을 나타내고 있다. 이는 물론 비가역성 때문이다

입구와 출구가 각각 한 개이면서 정상상태 유동을 하는 경우에 대해 열역학 제2법칙 식을 도출하면 다음과 같다.

$$s_e - s_i \geq \frac{1}{\dot{m}}\left(\sum \frac{\dot{Q}_j}{T_j}\right) \quad \text{또는} \quad s_e - s_i = \frac{1}{\dot{m}}\left(\sum \frac{\dot{Q}_j}{T_j}\right) + \frac{\dot{\sigma}_{cv}}{\dot{m}} \tag{7.3.8}$$

이 방정식에서 단열일 경우의 제2법칙의 식은 다음과 같이 나타난다.

$$s_e \geq s_i \quad \text{또는} \quad s_e - s_i = \frac{\dot{\sigma}_{cv}}{\dot{m}} \tag{7.3.9}$$

이 경우 유출하는 엔트로피는 유입하는 엔트로피보다 크게 되며 이는 물론 비가역성 때문이다.

과도상태 과정을 겪는 검사체적에 대해 열역학 제2법칙을 도출하기 위해서는 열역학 제1법칙 식을 도출할 때와 마찬가지로 식 (7.3.6)의 각 항을 시간에 대해 적분한다. 그 결과는 다음과 같다.

$$(m_2 s_2 - m_1 s_1)_{cv} \geq \int_0^t \sum \frac{\dot{Q}_j}{T_j} dt + \sum m_i s_i - \sum m_e s_e$$

$$\text{또는}\quad (m_2 s_2 - m_1 s_1)_{cv} = \int_0^t \sum \frac{\dot{Q}_j}{T_j} dt + \sum m_i s_i - \sum m_e s_e + \sigma_{cv} \tag{7.3.10}$$

지금까지 검사체적에 대해 여러 가지 경우를 설정하고 각각의 경우에 직접 적용할 수 있는 제2법칙의 관계식들을 도출하였다. 앞서 구한 연속방정식과 열역학 제1법칙 관계식 등을 함께 정리하면 각 경우에 대한 지배방정식들은 다음과 같다.

검사체적에 대한 일반적인 관계식(시간율의 식):

- 연속방정식

$$\sum \dot{m}_i - \sum \dot{m}_e = \frac{dm_{cv}}{dt}$$

- 열역학 제1법칙

$$\dot{Q}_{cv} + \sum \dot{m}_i \left(h_i + \frac{V_i^2}{2} + gZ_i \right) = \dot{W}_{cv} + \sum \dot{m}_e \left(h_e + \frac{V_e^2}{2} + gZ_e \right) + \frac{dE_{cv}}{dt}$$

- 열역학 제2법칙

$$\frac{dS_{cv}}{dt} = \sum \frac{\dot{Q}_j}{T_j} + \sum \dot{m}_i s_i - \sum \dot{m}_e s_e + \dot{\sigma}_{cv}$$

정상상태 유동을 하는 검사체적:

- 연속방정식

$$\sum \dot{m}_i = \sum \dot{m}_e$$

- 열역학 제1법칙

$$\dot{Q}_{cv} + \sum \dot{m}_i \left(h_i + \frac{V_i^2}{2} + gZ_i \right) = \dot{W}_{cv} + \sum \dot{m}_e \left(h_e + \frac{V_e^2}{2} + gZ_e \right)$$

- 열역학 제2법칙

$$\sum \dot{m}_e s_e = \sum \frac{\dot{Q}_j}{T_j} + \sum \dot{m}_i s_i + \dot{\sigma}_{cv}$$

입구 및 출구가 각각 한 개씩인 정상상태 검사체적:

- 연속방정식

$$\dot{m}_i = \dot{m}_e = \dot{m}$$

- 열역학 제1법칙

$$q + h_i + \frac{V_i^2}{2} + gZ_i = w + h_e + \frac{V_e^2}{2} + gZ_e$$

• 열역학 제2법칙

$$s_e - s_i = \frac{1}{\dot{m}}\left(\sum \frac{\dot{Q}_j}{T_j}\right) + \frac{\dot{\sigma}_{cv}}{\dot{m}}$$

과도상태 유동을 하는 검사체적:

• 연속방정식

$$\sum m_i - \sum m_e = [m_2 - m_1]_{cv}$$

• 열역학 제1법칙

$$Q_{cv} + \sum m_i\left(h_i + \frac{V_i^2}{2} + gZ_i\right) = W_{cv} + \sum m_e\left(h_e + \frac{V_e^2}{2} + gZ_e\right) + \left[m_2\left(u_2 + \frac{V_2^2}{2} + gZ_2\right) - m_1\left(u_1 + \frac{V_1^2}{2} + gZ_1\right)\right]_{cv}$$

• 열역학 제2법칙

$$(m_2 s_2 - m_1 s_1)_{cv} = \int_0^t \sum \frac{\dot{Q}_j}{T_j} dt + \sum m_i s_i - \sum m_e s_e + \sigma_{cv}$$

7.3.3 엔트로피 증가의 원리

앞서 연속방정식과 열역학 제1법칙을 정량화하는데 있어서 질량 보존의 원리 및 에너지 보존의 원리를 적용하였다. 특정 대상에 대한 보존의 원리는 그 총량이 변화하지 않는다는 것이 골자이다. 즉 시스템의 경계를 넘어 주위로 질량이 이동하면 시스템의 질량은 감소하지만 시스템과 상호 작용을 하는 주위는 그 만큼의 질량을 받아들이게 되어 결과적으로 질량의 총량은 동일하다는 것이다. 이는 에너지의 경우도 마찬가지이며 에너지의 경우는 에너지의 이동뿐만 아니라 형태의 변화도 고려하였다. 여기서 우리는 상태량인 엔트로피의 경우도 보존의 원리가 성립되는가에 대해 검토하고자 한다.

그림 7.8과 같이 시스템으로 열이 전달되면 이에 따라 열을 공급받은 시스템의 엔트로피는 증가한다. 한편 시스템으로 열을 방출한 주위의 경우는 열방출에 의해 엔트로피가 감소하게 될 것이다. 그러면 시스템의 엔트로피 증가량과 주위의 엔트로피 감소량을 합하면 0이 될 것인가? 이는 시스템과 주위의 엔트로피의 총량이 일정, 즉 보존된다는 것을 의미한다. 과연 엔트로피에도 이러한 보존의 원리가 성립되는지 의문을 갖게 된다. 대답은 "아니다" 이다. 시스템과 주위 사이의 열 교환에 의해 한 쪽은 엔트로피 변화의 열전달 항이 양수가 되고 다른 한 쪽은 음수가 되어 열전달 항끼리는 서로 소거될 수 있다.

비가역성이 존재하는 경우는 열전달의 유무 또는 열전달의 방향과 관계없이 비가역성이 엔트로피를 증가시키는 요소로 작용하므로 시스템과 주위의 엔트로피 변화를 합하면 항상 0보다 큰 값을 갖게 된다. 즉 과정이 일어날 때마다 시스템과 주위의 엔트로피의 총합은 항상 증가하게 되는 것이다. 이를 **엔트로피 증가의 원리**(Principle of Increasing Entropy)라고 부른다. 다른 방식으로 표현하면 과정은 항상 시스템과 주위의 엔트로피의 총합이 증가하는 방향으로만 일어날 수 있다는 것이다. 엔트로피 증가의 원리는 시스템이 진행할 수 있는 방향을 제시하고 있다. 이를 식으로 표시하면 다음과 같다.

$$\Delta S_{\text{Total}} = \Delta S_{\text{system}} + \Delta S_{\text{surr}} \geq 0 \tag{7.3.11}$$

여기서 등호가 성립하는 경우 즉 총 엔트로피가 변화하지 않는 경우는 가역과정일 경우뿐이다.

엔트로피 설명을 마치기 전에 **열역학 제3법칙**(The Third Law of Thermodynamics)에 관해 간략하게 언급하고자 한다. 열역학 제3법칙은 엔트로피의 절대값에 대해 설명하고 있다. 이 법칙에 의하면 절대 영도의 온도에서 완전 결정체(Perfect Crystal)의 절대 엔트로피 값은 0이다. 공업열역학에서는 주로 엔트로피의 차이를 사용하고 특정한 한 상태에서의 엔트로피의 절대값이 관심의 대상이 되는 경우가 거의 없다. 따라서 상태량표에 있어서도 엔트로피의 기준 온도를 절대 영도로 하지 않고 임의의 온도에서의 엔트로피 값을 0으로 정하고 이에 대한 상대적인 값들을 제시하는 것이 보통이다.

예제 7.3 가역과 비가역 과정의 엔트로피 계산

엔트로피가 2.5000 kJ/kg K인 1 kg의 동작유체가 있다. 이 유체를 100 ℃의 일정한 온도에서 다음의 세 가지 방법으로 가열하여 동일한 나중 상태에 도달하도록 한다. 다음의 서로 다른 과정(경로)을 통해 가열하고 난 후의 엔트로피를 구하고 각 과정의 특징을 파악하라.

A. 첫번째 과정: 가역적으로 1000 kJ의 열을 가한다.
B. 두번째 과정: 비가역적으로 800 kJ의 열을 가한다.
C. 세번째 과정: 비가역적으로 1200 kJ의 열을 가한다.

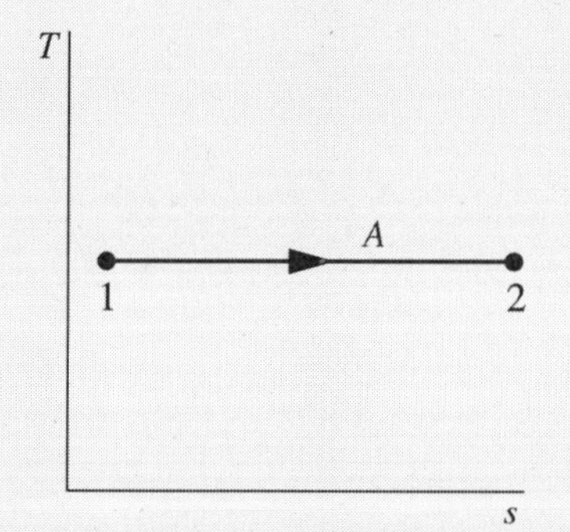

풀이

1. 지배방정식

엔트로피 변화는 다음 식으로 계산할 수 있다.

$$s_2 - s_1 = \frac{1}{m}\int_1^2 \left(\frac{\delta Q}{T}\right)_{\text{rev}}$$

2. 자료

처음 상태: $s_1 = 2.5000$ kJ/kg K, $T_1 = 100\,°\text{C}$

나중 상태: $s_2 = ?$, $T_2 = 100\,°\text{C}$

과정: 등온 과정, 서로 다른 열전달

3. 계산

위의 식을 사용할 경우 유의할 점은 이 식의 괄호 밖 첨자를 통해 명백히 나타나고 있듯이 이 식의 적분은 가역과정에 대해서만 유효하다. 따라서 첫 번째의 가역과정에 대해서는 이 식을 사용할 수 있다. 두 번째와 세 번째의 과정은 가역과정이 아니므로 이 식을 이용하여 엔트로피 변화를 계산할 수 없다.

우선 첫번째의 가역 과정에 대해 위의 식을 이용하여 엔트로피 변화를 계산한다.

$$s_2 - s_1 = \frac{1}{m}\int_1^2 \left(\frac{\delta Q}{T}\right)_{\text{rev}} = \frac{1}{m}\frac{1}{T}\int_1^2 (\delta Q)_{\text{rev}} = \frac{1}{m}\frac{Q_{12}}{T} = \frac{1}{1\text{ kg}}\frac{1000\text{ kJ}}{373.15\text{ K}} = 2.6799\text{ kJ/kg K}$$

따라서 나중 상태의 엔트로피는 다음과 같이 계산된다.

$$s_2 = s_1 + 2.6799 = 2.5000 + 2.6799\text{ kJ/kg K} = 5.1799\text{ kJ/kg K}$$

엔트로피는 상태량이다. 세 과정 모두 나중 상태인 상태 2가 동일하다면 상태에 도달한 경로가 어떤 경로인지에 관계 없이 동일한 상태에 대해 동일한 상태량을 갖는다. 따라서 두 번째 과정과 세 번째 과정을 거쳐 상태 2에 도달한 동작유체는 상태 2에서 모두 동일한 엔트로피 값 5.1799 kJ/kg K을 갖는다.

다시 설명하면 엔트로피 변화와 열전달에 대한 위의 방정식은 가역 경로를 통해서만 적분될 수 있지만 일단 주어진 두 상태에 대한 엔트로피 변화가 계산되면 두 상태 사이의 과정에 관계없이 두 점 사이의 엔트로피 변화는 동일하다.

비가역 과정에 대해 엔트로피 관계식은 다음과 같다.

$$s_2 - s_1 > \frac{1}{m}\int_1^2 \left(\frac{\delta Q}{T}\right)$$

두 번째 과정에 대해 우변의 값을 계산하면 다음과 같다.

$$\frac{1}{m}\int_1^2 \left(\frac{\delta Q}{T}\right) = \frac{1}{m}\frac{Q_{12}}{T} = \frac{1}{1}\frac{800}{373.15} = 2.1439\text{ kJ/kg K}$$

두 번째 과정의 엔트로피 변화 $s_2 - s_1$은 첫 번째 경우의 계산과 동일한 2.6799 kJ/kg K로 열전달을 적분하여 얻은 값인 2.1439 kJ/kg K보다 크다. 따라서 두 번째 과정은 열역학 제2법칙의 식을 만족하는 것을 알 수 있다.

세 번째 과정에 대해 우변의 값을 계산하면 다음과 같다.

$$\frac{1}{m}\int_1^2 \left(\frac{\delta Q}{T}\right) = \frac{1}{m}\frac{Q_{12}}{T} = \frac{1}{1}\frac{1200}{373.15} = 3.2159\text{ kJ/kg K}$$

세 번째 과정의 엔트로피 변화 $s_2 - s_1$은 첫 번째 경우의 계산과 동일한 2.6799 kJ/kg K임을 설명하였다. 이 값은 3.2159 kJ/kg K보다 작다. 따라서 세 번째 과정은 열역학 제2법칙의 식의 만족하지 못한다. 즉 세 번째 과정은 현실적으로 있을 수 없는 과정으로 비가역적으로 1200 kJ의 열을 가해서 5.1799 kJ/kg K의 엔트로피 값에 도달할 수는 없다는 것을 얘기하고 있다.

예제 7.4 Clausius의 부등식

누군가가 획기적인 열기관을 고안하였다고 주장한다. 이 사람의 주장은 2000 K의 열원에서 1000 kJ의 열을 공급 받아 900 kJ의 일을 하고 300 K의 주위에 열을 방출함으로써 90 %의 열효율을 달성한 열기관을 고안하였다고 한다. 이 주장이 합리적인지를 Clausius의 부등식을 이용하여 판단하라.

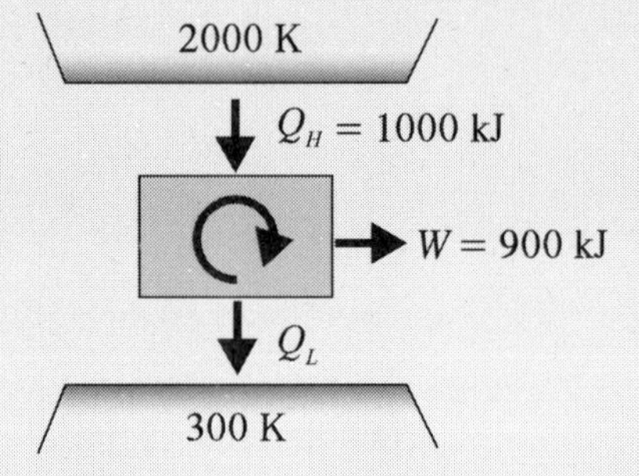

풀이

1. 지배방정식

사이클을 겪는 시스템에 대한 열역학 제1법칙 관계식은 다음과 같다.

$$Q_{\text{cycle}} = W_{\text{cycle}}$$

이를 열기관에 적용하면 다음과 같이 나타난다.

$$Q_H - Q_L = W_{\text{cycle}}$$

사이클을 겪는 시스템에 대한 열역학 제2법칙을 정량적으로 표시하고 있는 Clausius의 부등식은 다음과 같다.

$$\oint \left(\frac{\delta Q}{T}\right) \leq 0$$

고열원과 저열원의 온도는 일정하므로 위의 식은 다음과 같이 정리할 수 있다.

$$\oint \left(\frac{\delta Q}{T}\right) = \frac{Q_H}{T_H} + \frac{-Q_L}{T_L}$$

2. 계산

저열원에 방출한 열전달은 다음과 같이 계산한다.

$$Q_L = Q_H - W_{\text{cycle}} = 1000 - 900 \text{ kJ} = 100 \text{ kJ}$$

Clausius 부등식에 Q_H, Q_L, T_H 및 T_L을 대입하여 계산하면 적분값은 다음과 같이 나타난다.

$$\oint \left(\frac{\delta Q}{T}\right) = \frac{Q_H}{T_H} + \frac{-Q_L}{T_L} = \frac{1000}{2000} + \frac{-100}{300} = 0.5 - 0.33 = 0.17 > 0$$

이 적분값은 항상 0보다 작은 값이 되어야 하는데 여기서는 0보다 큰 값을 나타내고 있다. 따라서 이 열기관은 사이클을 겪는 시스템에 대한 열역학 제2법칙을 나타내고 있는 Clausius의 부등식을 만족하지 못한다. 이 사람이 주장하는 열기관은 열역학 제2법칙에 위배되는 열기관으로서 현실적으로 존재할 수 없는 열기관이다.

7.4 엔트로피와 과정의 효율

앞서 열기관과 냉동기의 경우에 대해 이 장치들이 얼마나 효율적으로 작동하는가를 나타내는 척도로서 열효율과 성능계수를 정의하였다. 이 인자들은 사이클 전체에 대한 효율을 나타내는 인자들이다.

열기관의 대표적인 예의 하나인 단순 증기 원동소는 보일러, 터빈, 응축기 및 펌프로 이루어져 전체적으로는 사이클로 작동한다. 이 사이클이 효과적으로 작동하기 위해서는 사이클을 구성하는 각각의 요소들, 즉 보일러, 터빈, 응축기 및 펌프 각각에서의 과정이 효과적으로 이루어져야 한다. 따라서 단순 증기 원동소라는 열장치 전체로서의 효율, 즉 열효율과 함께 이 사이클을 구성하는 각 요소에서 일어나는 각각의 과정이 얼마나 효율적으로 이루어지는가에 대해 관심을 갖게 된다. 여기서는 사이클을 구성하는 각각의 특정 과정 또는 특정 구성 요소가 얼마나 효율적으로 작동하는지에 대한 척도, 즉 **과정에 대한 효율**을 정의한다. 사이클에 대한 효율은 사이클로 투입한 에너지에 대한 목적하는 에너지의 비로 정의하였다. 그러나 특정 과정에 대한 효율은 그 과정이 이상적으로 진행되었을 때 얻어지는 성능과, 동일한 조건에서 실제로 얻어진 성능의 비로 정의한다. 각 과정에 대한 이상적인 과정이 무엇인지는 정의하기 나름이지만 보통 가역단열 과정 즉 등엔트로피 과정으로 정의한다. 실제의 경우는 보통 손실을 나타내는 요소인 엔트로피가 증가하면서 과정이 진행되기 마련이다. 각 장치의 효율들을 설명한다.

터빈

터빈을 지나는 유체는 크게 두 가지의 손실을 겪는다. 우선 동작유체가 터빈의 날개(Blade)를 지나면서 마찰 등에 의한 비가역적 과정을 겪게 된다. 이는 에너지의 손실임과 동시에 엔트로피의 증가를 유발하게 되는 요소이다. 다른 한편으로는 터빈의 케이싱(Casing)을 통한 외부로의 열손실이다. 이는 엔트로피를 감소시키는 요인이다. 일반적으로 터빈의 경우 열손실로 인한 엔트로피의 감소보다는 마찰 등의 비가역적 요인에 의한 엔트로피 증가의 효과가 크게 된다. 결과적으로 터빈을 나오는 동작유체의 엔트로피는 그림 7.9와 같이 들어갈 때 보다 증가하게 된다. 동작유체가 등엔트로피 변화를 겪을 때 터빈의 일은 최대가 되며 이를 터빈의 **이상일**(Ideal Work)이라 한다. 이를 기준으로 하여 동일한 조건에서 터빈이 실제로 생산하는 일과의 비를 **터빈의 등엔트로피 효율**(Isentropic Efficiency of Turbine)이라 하고 다음과 같이 정의한다.

$$\eta_{\text{turbine}} = \frac{\text{Actual Work}}{\text{Ideal Work for Isentropic Process}} = \frac{h_3 - h_4}{h_3 - h_{4s}} \qquad (7.4.1)$$

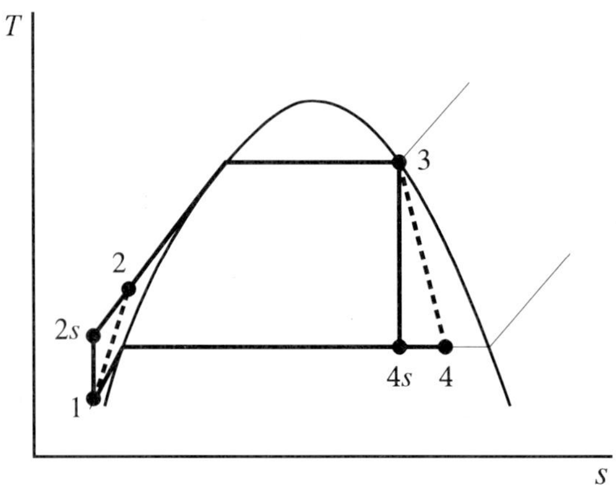

그림 7.9 터빈과 압축기에서의 엔트로피 변화

압축기

압축기는 일을 투입하여 동작유체의 압력을 증가시키는 장치로서 이 장치는 얼마나 작은 일을 사용하여 원하는 상태 변화를 이룰 수 있는지의 여부가 관심의 대상이다. 압축기에서의 이상적인 과정은 터빈의 경우와 마찬가지로 등엔트로피 과정으로 생각한다. 따라서 압축기의 등엔트로피 효율은 압축기에서 등엔트로피 과정을 겪을 때 투입하는 일과, 동일한 조건에서 실제로 투입하는 일과의 비로 정의한다. 즉

$$\eta_{\text{compressor}} = \frac{\text{Ideal Work for Isentropic Process}}{\text{Actual Work}} = \frac{h_1 - h_{2s}}{h_1 - h_2} \qquad (7.4.2)$$

압축기의 경우는 이상적인 경우의 투입일이 실제의 투입일보다 더 작으므로 터빈의 경우와는 달리 이상적인 경우의 성능이 분자에 배치되어 효율 값이 100 %보다 작게 나타나도록 하고 있다.

노즐

노즐은 단면적의 변화를 통해 출구 속도를 증가시키려는 목적으로 사용하는 장치로서 출구에서의 운동에너지를 극대화하는 것이 목표가 된다. 노즐에서의 이상적인 과정은 터빈과 마찬가지로 등엔트로피 과정으로 한다. 따라서 노즐의 등엔트로피 효율은 노즐에서 등엔트로피 과정을 겪을 때 얻어지는 운동에너지에 대해 동일한 입구 조건과 출구 압력 하에 노즐 출구에서 실제로 얻어지는 운동에너지의 비로 정의한다. 즉

$$\eta_{\text{nozzle}} = \frac{\text{Actual Exit Kinetic Energy}}{\text{Ideal Exit Kinetic Energy for Isentropic Process}} = \frac{\frac{1}{2}V_a^2}{\frac{1}{2}V_s^2} \qquad (7.4.3)$$

7.5 가역과정을 겪는 정상상태 유동의 일

입구 및 출구가 각각 한 개씩이면서 가역 정상상태 유동을 하는 경우에 대해 일을 계산하는 관계식을 도출하도록 한다. 이 경우에 대한 열역학 제1법칙 식은 다음과 같다.

$$q + h_i + \frac{V_i^2}{2} + gZ_i = w + h_e + \frac{V_e^2}{2} + gZ_e$$

여기서 운동에너지 및 위치에너지의 변화를 무시하면 이 식은 다음과 같이 간단하게 정리된다.

$$w = q + (h_1 - h_2) \tag{7.5.1}$$

여기서 입구를 첨자 1, 출구를 첨자 2로 표시하였다.

엔트로피 관계식 식 (7.2.13)을 적분하면 다음과 같다.

$$\int_1^2 Tds = h_2 - h_1 - \int_1^2 vdp \tag{7.5.2}$$

여기서 가역과정의 경우 $\int_1^2 Tds = q$ 이므로 이 관계식을 식 (7.5.1)에 대입하면 한 개의 입구와 한 개의 출구를 갖는 가역 정상상태 유동을 겪는 검사체적이 하는 일에 관한 다음의 식을 얻을 수 있다.

$$w = -\int_1^2 vdp \tag{7.5.3}$$

이 식의 우변은 그림 7.10에 나타난 바와 같이 p–v 선도에서 과정을 나타내는 곡선의 왼쪽 부분의 면적으로 **공업일**(Engineering Work)이라고도 부른다. 터빈일, 펌프일 등의 축일이 여기에 해당한다. 이 식에서 음의 부호에 대한 의미를 유의해야 한다. 압력이 강하하면서 양의 일 즉 외부에 대해 일을 하며, 압력이 상승하는 경우는 음의 일, 즉 일의 투입이 필요하다는 것을 의미한다.

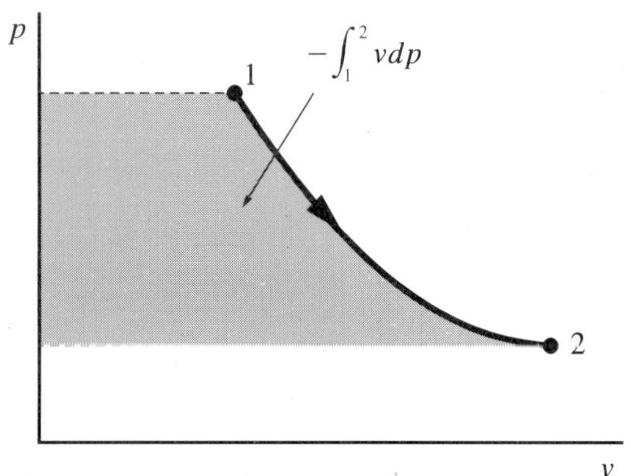

그림 7.10 가역 정상상태 유동을 하는 검사체적에서의 일

예제 7.5 비가역 과정을 겪는 펌프

단순 증기 원동소의 펌프를 해석하고자 한다. 동작유체는 물이다. 펌프 입구에서의 동작유체의 상태는 50 kPa의 포화액체이며, 펌프 출구에서의 압력은 5 MPa이다. 펌프의 등엔트로피 효율은 90 %이다. 동작유체 1 kg에 대해 펌프일을 산출하라.

풀이

1. 해석의 대상 펌프 – 검사체적

2. 개략도와 *T-s* 선도

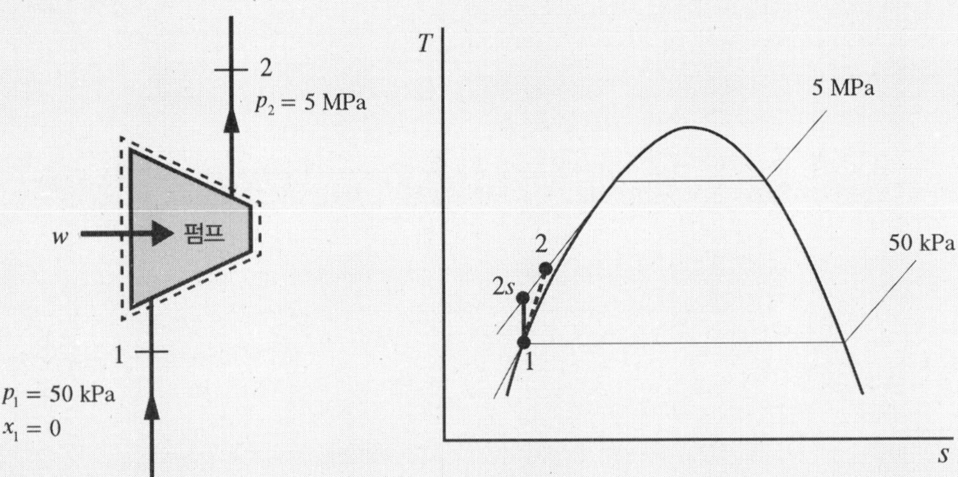

3. 동작유체 물

4. 지배방정식

입구 및 출구가 각 한 개이고 정상상태 유동을 하는 검사체적에 대해 열전달과 운동에너지 및 위치에너지의 변화를 무시하고 열역학 제1법칙을 적용하면 다음과 같이 펌프에서의 단위 질량당 일을 구할 수 있다.

$$w_p = h_e - h_i$$

펌프의 입구 상태를 첨자 1로, 출구 상태를 첨자 2으로 표시하고 등엔트로피 과정을 겪은 후의 출구 상태를 첨자 2s로 표시한다. 여기서 펌프일의 부호는 양수가 되도록 하였다.

등엔트로피 과정을 겪는 경우의 펌프일은 압축과정 중 물의 비체적이 거의 일정하므로 다음 식으로 나타낼 수 있다.

$$w_{p,\text{ideal}} = h_{2S} - h_1 = \int_1^2 v dp = v_1(p_2 - p_1)$$

펌프의 등엔트로피 효율은 이상적인 경우, 즉 등엔트로피 과정을 겪을 때의 펌프일과 실제의 펌프일 사이의 비이다.

$$\eta_{\text{pump}} = \frac{w_{p,\text{ideal}}}{w_{p,\text{actual}}} = \frac{h_{2s} - h_1}{h_2 - h_1}$$

이 식들을 정리하면 우리가 구하고자 하는 실제 펌프일은 다음과 같이 나타난다.

$$w_{p,\text{actual}} = \frac{w_{p,\text{ideal}}}{\eta_{\text{pump}}}$$

5. 자료

펌프 입구 상태인 50 kPa 포화액체의 상태량은 수증기표 C-2에서 다음과 같다.

$$50\ \text{kPa},\ T_{\text{sat}} = 81.3\ ℃,\ v_f = 0.001\ 029\ 9\ \text{m}^3/\text{kg},\ h_f = 340.54\ \text{kJ/kg}$$

6. 계산

등엔트로피 압축 과정에서의 일의 크기는 다음과 같다.

$$w_{p,\text{ideal}} = v_{f,50\ \text{kPa}}(p_2 - p_1) = (0.001\ 029\ 9\ \text{m}^3/\text{kg})(5000 - 50\ \text{kPa}) = 5.10\ \text{kJ/kg}$$

실제로 공급해 주어야 하는 펌프일은 다음 식과 같다.

$$w_{p,\text{actual}} = \frac{w_{p,\text{ideal}}}{\eta_{\text{pump}}} = \frac{5.10}{0.9} = 5.66\ \text{kJ/kg}$$

참고로 비가역 변화를 겪는 후의 상태 2의 엔탈피는 다음과 같이 구할 수 있다.

$$h_2 = h_1 + \frac{w_{p,\text{ideal}}}{\eta_{\text{pump}}} = 340.54 + \frac{5.10}{0.9} = 346.20\ \text{kJ/kg}$$

7. 해석

펌프에 비가역성이 존재하게 되면 이상적인 경우에 비해 펌프일이 더 많이 소요되는 것을 알 수 있다.

예제 7.6 비가역 과정을 겪는 터빈

수증기를 동작유체로 하는 단열 증기 터빈을 해석하고자 한다. 터빈으로 들어가는 동작유체는 5 MPa, 400 ℃의 과열 증기이며 터빈에서 50 kPa까지 팽창한다. 터빈의 등엔트로피 효율이 90 %일 때 동작유체 1 kg에 대해 터빈에서 발생하는 일의 양을 계산하고 터빈 출구에서의 동작유체의 상태를 파악하라.

풀이

1. 해석의 대상 터빈 – 검사체적

2. 개략도와 *T-s* 선도

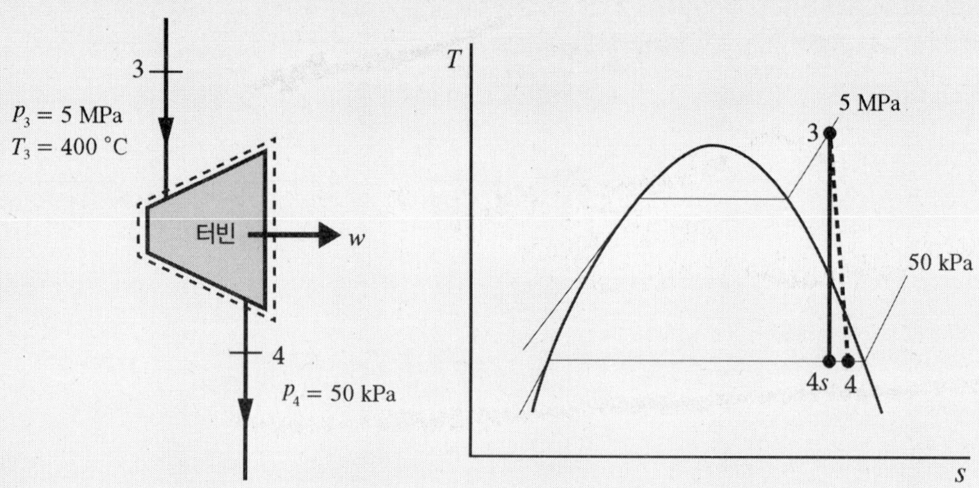

3. 동작유체 수증기

4. 지배방정식

입구 및 출구가 각 한 개이고 정상상태 유동을 하는 검사체적에 대해 열전달과 운동에너지 및 위치에너지의 변화를 무시하고 열역학 제1법칙을 적용하면 다음과 같이 터빈의 단위 질량당 일을 구할 수 있다.

$$w_t = h_i - h_e$$

터빈의 입구 상태를 첨자 3으로, 출구 상태를 첨자 4로 표시하고 등엔트로피 과정을 겪는 후의 출구 상태를 첨자 4*s*로 표시한다.

등엔트로피 과정을 겪은 경우의 터빈일은 다음 식으로 나타낼 수 있다.

$$w_{t,\text{ideal}} = h_3 - h_{4s}$$

터빈의 등엔트로피 효율은 이상적인 경우, 즉 등엔트로피 과정을 겪을 때의 터빈일에 대한 실제의 터빈일의 비이다.

$$\eta_{\text{turbine}} = \frac{w_{t,\text{actual}}}{w_{t,\text{ideal}}} = \frac{h_3 - h_4}{h_3 - h_{4s}}$$

이 식들을 정리하면 우리가 구하고자 하는 실제 터빈일은 다음과 같이 나타난다.

$$w_{t,\mathrm{actual}} = \eta_{\mathrm{turbine}} w_{t,\mathrm{ideal}}$$

5. 자료

입구 상태:

터빈 입구 상태인 5 MPa, 400 ℃의 과열 증기의 상태량은 수증기표 C-3에서 다음과 같이 구할 수 있다.

$$h_3 = 3196.7\ \mathrm{kJ/kg},\ s_3 = 6.6483\ \mathrm{kJ/kg\ K}$$

출구 상태:

등엔트로피 과정을 겪은 후의 터빈 출구 상태 4s는 0.05 MPa, 엔트로피 6.6483 kJ/kg K이다.

수증기표 C-2에서 0.05 MPa에서 $s_f = 1.0912$, $s_g = 7.5930$ kJ/kg K이다. $s_f < s_{4s} < s_g$이므로 상태 4s는 포화상태임을 알 수 있다. 이 상태의 온도는 0.05 MPa의 포화온도인 81.3 ℃이다.

$$s_{4s} = 6.6483 = s_f + x_{4s} s_{fg,0.05\,\mathrm{MPa}} = 1.0912 + x_{4s}(7.5930 - 1.0912)$$

위 관계식에서 상태 4s의 건도 x_{4s}는 0.8547임을 알 수 있다. 이 상태에서 엔탈피는 다음과 같이 구해진다.

$$h_{4s} = h_f + x_{4s} h_{fg,0.05\,\mathrm{MPa}} = 340.54 + (0.8547)(2645.2 - 340.54) = 2310.3\ \mathrm{kJ/kg}$$

6. 계산

이상적인 터빈일은 다음과 같이 구해진다.

$$w_{t,\mathrm{ideal}} = h_3 - h_{4s} = 3196.7 - 2310.3 = 886.4\ \mathrm{kJ/kg}$$

실제로 터빈에서 생산되는 일은 다음과 같다.

$$w_{t,\mathrm{actual}} = \eta_{\mathrm{turbine}} w_{t,\mathrm{ideal}} = (0.9)(886.4\ \mathrm{kJ/kg}) = 797.8\ \mathrm{kJ/kg}$$

비가역 변화를 겪는 후의 상태 4의 엔탈피를 다음과 같이 구할 수 있다.

$$h_4 = h_3 - w_{t,\mathrm{actual}} = 3196.7 - 797.8 = 2398.9\ \mathrm{kJ/kg}$$

이때의 건도는 다음 식으로부터 정해진다.

$$h_4 = 2398.9\ \mathrm{kJ/kg} = h_f + x_4 h_{fg,0.05\,\mathrm{MPa}} = 340.54 + x_4(2645.2 - 340.54)$$

즉 터빈 출구에서의 실제의 건도는 0.8931로 등엔트로피 팽창을 한 경우의 0.8547보다 높은 값을 가짐을 알 수 있다.

7.해석

단열 터빈에 비가역성이 존재하게 되면 이상적인 경우에 비해 터빈일이 적게 생산되는 것을 알 수 있다. 아울러 터빈 출구에서의 엔드로피와 건도가 증가함을 알 수 있다.

예제 7.7 비가역 과정을 겪는 노즐

5 bar, 600 K의 고압의 공기가 50 m/s의 속도로 노즐로 유입하여 1 bar, 450 K의 상태로 노즐에서 나온다. 노즐에서 정상상태 유동을 한다고 가정한다. 동일한 입구 상태와 출구 압력의 조건에서 이 노즐의 등엔트로피 효율을 계산하라.

풀이

이 문제는 예제 6.6에서 다룬 상황이다. 5 bar, 600 K의 고압의 공기가 50 m/s의 속도로 노즐로 유입하여 1 bar, 450 K의 상태로 노즐에서 나올 때 551.9 m/s로 노즐에서 나온다는 것을 이미 계산한 바 있다. 이 문제에서는 먼저 등엔트로피 팽창을 한 후 노즐 출구의 압력이 1 bar일 때의 상태를 구해야 한다.

1. 해석의 대상 노즐 – 검사체적

2. 개략도

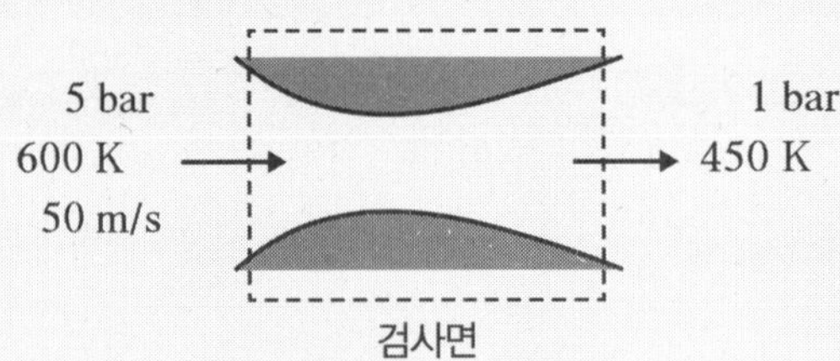

3. 동작유체 공기

4. 지배방정식

입구와 출구 사이에서 등엔트로피 과정을 겪을 경우 출구에서의 온도는 다음의 폴리트로프 관계식을 사용하여 구할 수 있다.

$$T_2 = T_1\left(\frac{p_2}{p_1}\right)^{\frac{k-1}{k}}$$

출구 온도가 구해지면 예제 6.6에서 도출한 바와 같이 노즐 출구 속도를 온도를 이용해서 표시할 수 있다.

$$V_e = \sqrt{2C_{p0}(T_i - T_e) + V_i^2}$$

노즐의 등엔트로피 효율은 다음과 같다.

$$\eta_{\text{nozzle}} = \frac{\frac{V_a^2}{2}}{\frac{V_s^2}{2}}$$

5. 자료

입구 상태: 5 bar, 600 K, 50 m/s

출구 상태: 1 bar, 450 K

과정: 정상상태 과정

300 K에서 공기의 정압비열 $C_{p0} = 1.007$ kJ/kg K

6. 계산

입구와 출구 사이에서 등엔트로피 과정을 겪을 경우 출구에서의 온도는 다음의 폴리트로프 관계식을 사용하여 구할 수 있다.

$$T_2 = T_1\left(\frac{p_2}{p_1}\right)^{\frac{k-1}{k}} = (600\ \text{K})\left(\frac{1}{5}\right)^{\frac{1.4-1}{1.4}} = 378.8\ \text{K}$$

즉 노즐에서 등엔트로피 팽창을 하면 출구 온도는 378.8 K이 된다. 이 온도에 해당하는 출구 속도는 다음과 같다.

$$V_e = \sqrt{2C_{p0}(T_i - T_e) + V_i^2}$$

$$V_e = \sqrt{2C_{p0}(T_i - T_e) + V_i^2} = \sqrt{2(1007\ \text{J/kg K})(600 - 378.8\ \text{K}) + (50\ \text{m/s})^2} = 669.3\ \text{m/s}$$

따라서 5 bar, 600 K의 고압의 공기가 50 m/s의 속도로 노즐로 유입하여 1 bar의 출구 압력까지 등엔트로피 팽창을 할 경우 출구 속도는 669.3 m/s이다. 한편 예제 6.6과 같이 5 bar, 600 K의 고압의 공기가 50 m/s의 속도로 노즐로 유입하여 1 bar, 450 K의 상태까지 팽창을 할 경우의 출구 속도는 551.9 m/s이다. 이를 이용해서 노즐의 등엔트로피 효율을 계산할 수 있다. 즉

$$\eta_{\text{nozzle}} = \frac{\frac{V_a^2}{2}}{\frac{V_s^2}{2}} = \frac{\frac{551.9^2}{2}}{\frac{669.3^2}{2}} = 68.0\ \%$$

7장 개념문제

1. 열역학 제2법칙에 대한 Kelvin–Plank의 진술을 설명하고 그 의미에 대해 설명하라.
2. 열역학 제2법칙에 대한 Clausius의 진술을 설명하고 그 의미에 대해 설명하라.
3. 비가역 과정의 예를 들고 그 과정이 왜 비가역 과정인지 이유를 설명하라.
4. Carnot 사이클의 정의와 4대 기본 과정에 대해 설명하라.
5. Carnot 사이클의 효율을 나타내는 식에 대해 설명하고 Carnot 사이클의 효율이 갖는 의미에 대해 설명하라.
6. 엔트로피의 정의와 엔트로피의 변화에 대해 설명하라.
7. 열기관 사이클로 작동하는 Carnot 사이클의 온도와 엔트로피 변화를 선도를 그려 설명하라.
8. 냉동 사이클로 작동하는 Carnot 사이클의 온도와 엔트로피 변화를 선도를 그려 설명하라.
9. Clausius의 부등식에 대해 설명하라.
10. 시스템의 엔트로피가 증가하는 경우와 감소하는 경우에 대해 설명하라.
11. 엔트로피 증가의 원리에 대해 설명하라.
12. 사이클의 효율과 과정의 효율에 대해 설명하라.
13. 터빈, 압축기 및 노즐 각각에 대한 등엔트로피 효율을 정의하라

7장 연습문제

7.1 100 ℃의 공기가 있는 열저장조가 있다. 일정한 온도를 유지하면서 1200 kJ의 열을 가역적으로 전달하였다. 이 과정 중의 엔트로피 변화량을 계산하라.

7.2 2000 K의 고열원에서 1000 kJ의 열을 공급 받아 300 K의 주위에 열을 방출하는 열기관이 있다. 이 열기관이 도달할 수 있는 최대의 열효율을 계산하고 이 때의 일의 양을 계산하라.

7.3 2000 K의 고열원에서 1000 kW의 열을 공급 받아 300 K의 주위에 열을 방출하는 열기관이 있다. 이 열기관의 열효율이 35 %라고 할 때 이 기관의 출력은 얼마인가? 또 이 기관이 이론적으로 가능한 최대의 열효율을 가질 때의 출력은 얼마인지를 계산하라.

7.4 50 ℃의 고열원과 −10 ℃의 저열원 사이에서 작동하는 냉동기가 있다. 이 냉동기가 달성할 수 있는 최대의 성능계수는 얼마인가? 또 이 장치가 난방기로 작동할 경우 도달할 수 있는 최대의 성능계수는 얼마인가?

7.5 전기로 작동하는 에어컨이 있다. 이 에어컨의 냉방능력은 7000 W라고 표시되어 있다. 이 에어컨의 성능계수가 3.20이라 할 때 소비전력을 계산하라.

7.6 2000 K의 열원에서 1000 kJ의 열을 공급 받아 500 kJ의 일을 하고 300 K의 주위에 열을 방출함으로써 사이클을 완결하는 열기관이 있다. 이 열기관의 열효율을 계산하고 아울러 이 열기관이 Clausius의 부등식을 만족하는지를 판단하라.

7.7 2000 K의 열원에서 1000 kJ의 열을 공급 받아 300 K의 주위에 100 kJ의 열을 방출함으로써 사이클을 완결하는 열기관이 있다. 이 열기관이 Clausius의 부등식을 만족하는지를 판단하라.

7.8 300 K의 고열원과 250 K의 저열원 사이에서 작동하는 냉동기가 있다. 저열원에서 8000 W의 열을 제거하여 고열원에 9000 W의 열을 방출한다. 이 냉동기가 Clausius의 부등식을 만족하는지를 판단하라.

7.9 단순 증기 원동소의 펌프를 해석하고자 한다. 동작유체는 물이다. 펌프 입구에서 동작유체의 상태는 0.1 MPa의 포화액체이며, 펌프 출구에서의 압력은 0.7 MPa이다. 펌프의 등엔트로피 효율은 90 %이다. 동작유체 1 kg에 대해 펌프일을 산출하라.

7.10 수증기를 동작유체로 하는 증기 터빈을 해석하고자 한다. 터빈으로 들어가는 동작유체는 5 MPa의 포화증기이며 터빈에서 50 kPa까지 팽창한다. 터빈의 등엔트로피 효율이 90 %일 때 동작유체 1 kg에 대해 터빈에서 발생하는 일의 양을 계산하고 터빈 출구에서의 동작유체의 상태를 파악하라.

7.11 5 bar, 600 K의 고압의 공기가 50 m/s의 속도로 노즐로 유입하여 1 bar까지 팽창한 후 노즐을 나온다. 이 노즐의 등엔트로피 효율을 80 %라고 할 때 노즐 출구에서의 공기의 온도를 계산하라.

8 증기 동력 사이클

1장에서 열장치들을 소개하면서 실린더-피스톤 장치, 단순 증기 원동소, 가스 터빈 기관과 분사 추진 기관 및 냉동기의 구성과 작동원리에 대해 서술하였다. 8장, 9장 및 10장에서는 이들 장치에 지금까지 공부한 열역학적 원리들을 적용하여 이 장치들의 성능을 해석한다. 해석을 통해 성능에 영향을 미치는 인자들을 파악하고 이를 토대로 개선된 형태의 장치들에 대해 설명한다. 8장과 9장에서는 열기관에 해당하는 동력 사이클로 작동하는 장치들을 다루며 9장에서는 냉동 사이클로 작동하는 장치들을 다룬다.

열장치들을 작동하는데 있어서는 필수적으로 동작유체가 포함되어야 하며 이 동작유체는 사이클 중에 상변화를 겪는 동작유체와 사이클 동안 상변화를 겪지 않고 가스상을 유지하는 동작유체로 구분할 수 있다. 따라서 동력 사이클과 냉동 사이클은 사용하는 동작유체의 종류에 따라 각각 두 가지로 구분할 수 있다. 동력 사이클을 예로 설명하면 사이클 동안 동작유체가 액체와 증기 사이의 상변화를 겪는 **증기 동력 사이클**과 처음부터 끝까지 가스상을 유지하는 **가스 동력 사이클**의 두 종류로 구분한다. 동작유체에 따른 분류는 냉동 사이클에도 마찬가지로 적용된다. 이와 같은 분류에 의해 열장치들을 열거하면 다음과 같다.

증기 동력 사이클(Vapor Power Cycle)

- 증기 터빈 기관(Steam Turbine Engine) – Rankine 사이클
- 재열 사이클 (Reheat Cycle)
- 재생 사이클 (Regenerative Cycle)

가스 동력 사이클 (Gas Power Cycle)

- 왕복식 가스 동력 사이클 (Reciprocating Gas Power Cycle)
  - 스파크 점화 기관(Spark Ignition Engine) – Otto 사이클
  - 압축 착화 기관(Compression Ignition Engine) – Diesel 사이클, Sabathe 사이클
- 가스 터빈 사이클(Gas Turbine Cycle)
  - 가스 터빈 기관(Gas Turbine Engine) – Brayton 사이클

- 분사 추진 사이클(Jet Propulsion Cycle)
  - 터보제트 기관(Turbojet Engine)
  - 터보팬 기관(Turbofan Engine)
  - 터보프롭 기관(Turboprop Engine)
  - 터보축 기관(Turboshaft Engine)
  - 램제트 기관(Ramjet Engine)

증기 냉동 사이클 (Vapor Refrigeration Cycle)

- 증기 압축 냉동기(Vapor-Compression Refrigerator)
- 흡수식 냉동기(Absorption Refrigerator)

가스 냉동 사이클 (Gas Refrigeration Cycle)

- 가스 냉동기

8.1 Rankine 사이클

그림 8.1에 표시된 증기 동력 사이클은 화석 연료 발전소(Fossil-Fueled Power Plant) 또는 원자력 발전소(Nuclear Power Plant) 등에서 발전기에 동력을 공급하는 핵심 사이클이다. 지금까지 주로 단순 증기 원동소라는 이름으로 설명하였다.

이 사이클에 여러 열역학적 원리들을 적용하여 사이클의 성능에 영향을 미치는 인자들을 살펴보고 성능의 개선을 위해 시행하는 여러 가지 방안을 검토한다.

그림 8.1의 증기 동력 사이클을 열역학적으로 모델링한 사이클을 **Rankine 사이클**이라 하며 Rankine 사이클을 해석하기 위해 다음과 같은 가정을 한다.

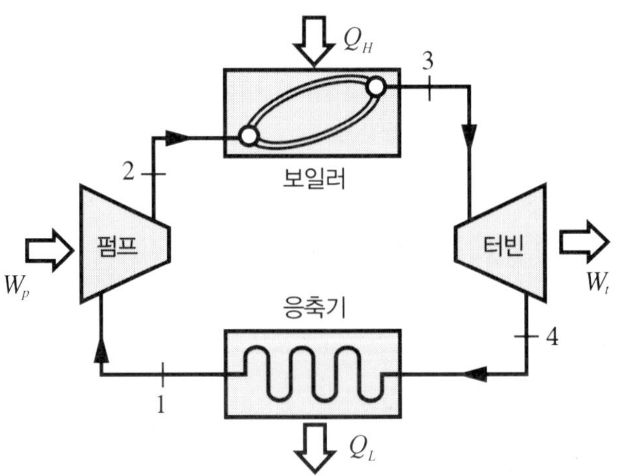

그림 8.1 Rankine 사이클

1. 정상상태 유동을 한다.
2. 각 장치들과 주위와의 열전달은 무시한다(보일러와 응축기는 제외).
3. 운동에너지 및 위치에너지의 변화는 무시한다.

이와 같은 가정 하에 각 장치들에 대해 열역학 제1법칙 등을 적용하여 해석한다. 각 장치들은 입구와 출구가 각 한 개씩인 정상상태 장치이므로 다음의 열역학 제1법칙 식을 적용한다.

$$q + h_i + \frac{V_i^2}{2} + gZ_i = w + h_e + \frac{V_e^2}{2} + gZ_e \tag{8.1.1}$$

여기서 운동에너지 및 위치에너지의 변화를 무시하면 다음과 같이 정리된다.

$$q + h_i = w + h_e \tag{8.1.2}$$

펌프

그림 8.2는 펌프를 해석하기 위해 펌프를 검사체적으로 삼은 그림을 나타낸다. 펌프 입구 상태를 1, 출구 상태를 2로 하고 펌프에서의 열손실을 무시하면 식 (8.1.2)에서 단위 질량당 펌프로의 투입일은 다음 식으로 표시된다.

$$w_p = -w = h_2 - h_1 \tag{8.1.3}$$

가역단열 과정을 겪는 펌프에서의 일은 식 (7.5.3)을 이용하여 압력과 비체적의 항으로 다음과 같이 계산할 수도 있다.

$$w_p = \int_1^2 vdp \approx v_1(p_2 - p_1) \tag{8.1.4}$$

이 식에서 펌프를 흐르는 동작유체는 액체이므로 압력의 변화에 따른 비체적의 변화는 무시하였다.

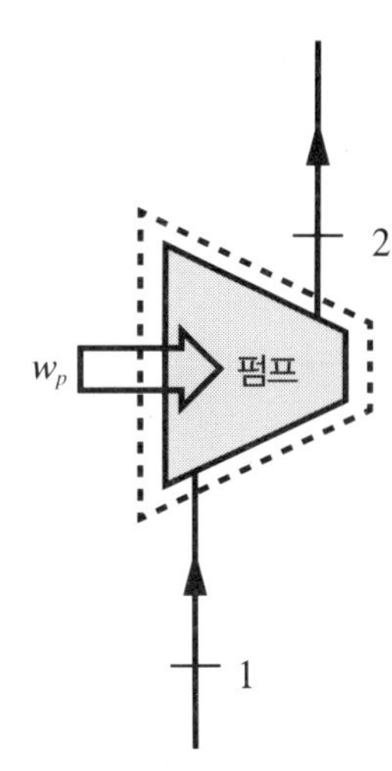

그림 8.2 펌프 주위의 검사체적

보일러

그림 8.3은 보일러를 검사체적으로 삼은 그림을 나타낸다. 보일러의 입구를 상태 2로, 출구를 상태 3으로 하면 보일러에서의 일은 없으므로 단위 질량당 보일러로 공급하는

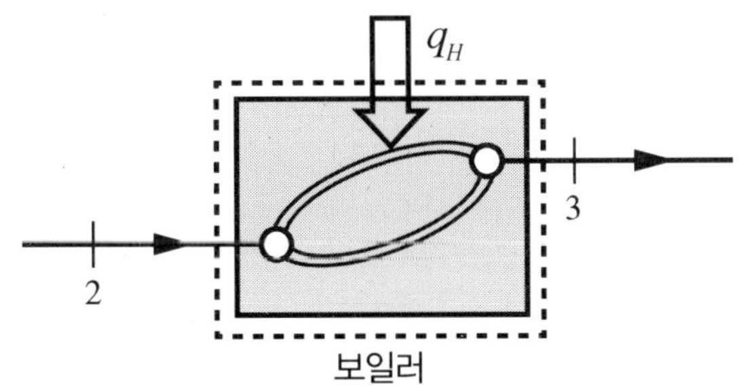

그림 8.3 보일러 주위의 검사체적

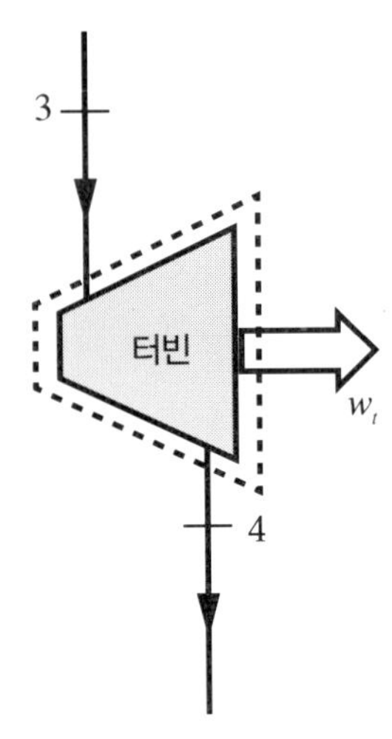

그림 8.4 터빈 주위의 검사체적

열전달의 크기는 식 (8.1.2)에서 다음 식으로 표시된다.

$$q_H = h_3 - h_2 \tag{8.1.5}$$

터빈

그림 8.4는 터빈을 해석하기 위해 터빈을 검사체적으로 삼은 그림을 나타낸다. 터빈의 입구를 상태 3로, 출구를 상태 4로 하고 터빈에서의 열손실을 무시하면 단위 질량당 터빈일은 다음 식으로 표시된다.

$$w_t = h_3 - h_4 \tag{8.1.6}$$

응축기

그림 8.5는 응축기를 검사체적으로 삼은 그림을 나타낸다. 장치의 입구를 상태 4로, 출구를 상태 1로 한다. 응축기에서의 일은 없으므로 단위 질량당 응축기에서 방출하는 열전달의 크기는 다음 식으로 표시된다.

$$q_L = -q = h_4 - h_1 \tag{8.1.7}$$

Rankine 사이클의 열효율을 각 점의 상태량들을 이용하여 표시하면 다음과 같다.

$$\eta_{\text{Rankine}} = \frac{w_t - w_p}{q_H} = \frac{(h_3 - h_4) - (h_2 - h_1)}{h_3 - h_2} = 1 - \frac{h_4 - h_1}{h_3 - h_2} \tag{8.1.8}$$

다음의 과정을 통해서도 동일한 결과를 얻을 수 있다.

$$\eta_{\text{Rankine}} = \frac{q_H - q_L}{q_H} = 1 - \frac{h_4 - h_1}{h_3 - h_2} \tag{8.1.9}$$

Rankine 사이클의 성능을 나타내는 인자 중 중요한 요소로 **역일비**(Back Work Ratio)가 있다. 이는 터빈에서 발생한 일에 대해 펌프가 소비하는 일의 비로서 다음과 같이 정의된다.

$$\text{bwr} = \frac{w_p}{w_t} = \frac{h_2 - h_1}{h_3 - h_4} \tag{8.1.10}$$

이 역일비는 증기 동력 사이클의 경우 매우 작은 값으로 나타난다.

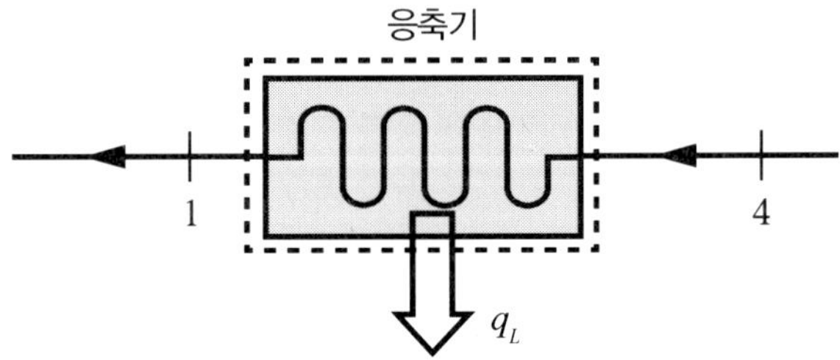

그림 8.5 응축기 주위의 검사체적

8.1.1 이상적인 Rankine 사이클

해석을 간단히 하고 또 Rankine 사이클이 가질 수 있는 최대의 효율을 알아보기 위해 이상적으로 작동하는 Rankine 사이클(Ideal Rankine Cycle)을 고려한다.

동작유체가 보일러와 응축기를 지날 경우 실제로는 장치 내의 복잡하고 긴 관로들을 지나면서 비가역적 마찰을 겪고 되고 결과적으로 장치를 지나면서 압력이 강하한다. 이상적으로 작동하는 Rankine 사이클의 경우는 보일러와 응축기에서의 비가역적 요소가 없다고 가정한다. 따라서 장치를 지나면서 압력 강하는 없는 것으로 생각한다. 즉 이상적인 Rankine 사이클에 있어서 보일러 및 응축기와 같은 열교환 장치에서는 정압 열전달 과정(Constant Pressure Heat Transfer Process)을 겪게 된다. 동작유체가 펌프와 터빈 등 일에 관련되는 장치를 지날 때에는 마찰과 같은 비가역적 손실과 함께 주위로의 열손실이 발생하게 된다. 이상적으로 작동하는 Rankine 사이클의 경우 이러한 비가역성과 열손실은 없는 것으로 간주한다. 따라서 펌프와 터빈에서의 과정은 가역단열과정, 즉 등엔트로피 과정으로 진행된다. 이상적인 Rankine 사이클에서 각 과정은 다음과 같이 정리할 수 있다(그림 8.6 참고).

과정 1-2 : 펌 프 : 등엔트로피 압축 : 일 투입, 온도 상승
과정 2-3 : 보일러 : 정압 열전달 : 열 공급, 엔트로피 증가
과정 3-4 : 터 빈 : 등엔트로피 팽창 : 일 발생, 온도 강하
과정 4-1 : 응축기 : 정압 열전달 : 열 방출, 엔트로피 감소

물론 모든 과정은 내부적으로 가역적으로 진행된다. 이상의 과정을 온도-엔트로피 선도 상에 표시하면 그림 8.6과 같다.

그림 8.6에서 보일러에서의 열전달량은 보일러에서의 과정을 나타내는 곡선 (2-3)의 아랫부분의 면적 즉 면적 (2-3-b-a-2)가 된다. 엔트로피 변화 $(s_3 - s_2)$를 밑변으

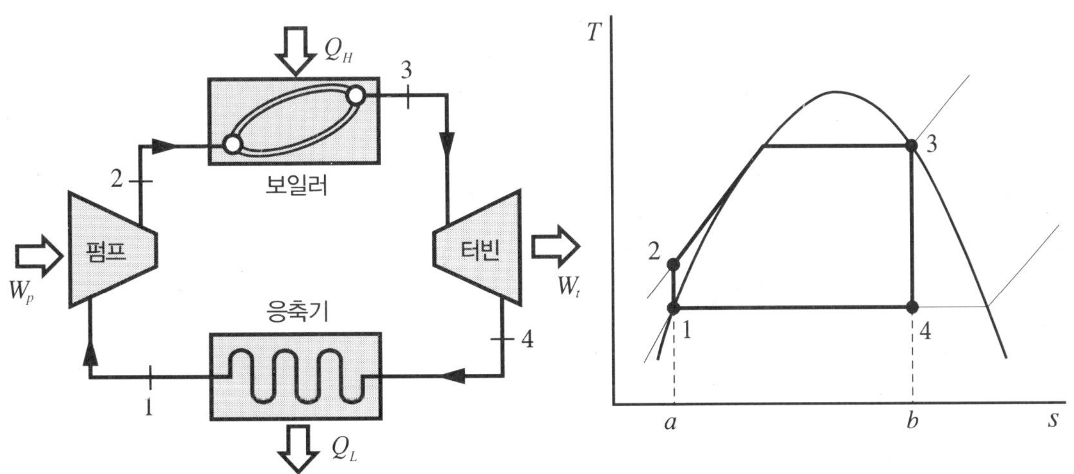

그림 8.6 이상적인 Rankine 사이클의 구성도와 T–s 선도

로 하고 면적 (2−3−b−a−2)와 같은 면적이 되도록 하는 온도 $T_{H,\text{avg}}$를 정하면 이 온도는 보일러에서의 급열 평균 온도가 되며 이를 이용하여 열공급량을 다음과 같이 표시할 수 있다.

$$q_H = T_{H,\text{avg}}(s_3 - s_2) \tag{8.1.11}$$

그림 8.6에서 응축기에서의 열방출량은 응축기에서의 과정을 나타내는 곡선 (4−1)의 아랫부분의 면적 즉 면적 (4−1−a−b−4)가 되며 열전달량을 온도와 엔트로피를 이용하여 표시하면 다음과 같다.

$$q_L = T_L(s_4 - s_1) = T_L(s_3 - s_2) \tag{8.1.12}$$

식 (8.1.11)과 (8.1.12)를 이용하여 이상적인 Rankine 사이클의 열효율을 표시하면 다음과 같다.

$$\eta_{\text{Ideal Rankine}} = 1 - \frac{q_L}{q_H} = 1 - \frac{T_L}{T_{H,\text{avg}}} \tag{8.1.13}$$

이 식에서 보일러에서의 급열 평균 온도가 높을수록, 또 응축기에서의 방열 온도가 낮을수록 이상적인 Rankine 사이클의 열효율이 높아지는 것을 알 수 있다. 보일러에서의 급열 평균 온도는 보일러에서의 압력을 높이면 높아지며, 응축기에서의 압력이 낮아지면 방열 온도가 낮아지게 된다. 따라서 이상적인 Rankine 사이클의 효율은 보일러에서의 압력을 높일수록, 또 응축기에서의 압력을 낮출수록 높아짐을 알 수 있다. 그림 8.7과 8.8은 이를 나타낸다.

그림 8.7에서 보일러의 압력을 증가시키면 터빈 출구에서의 건도가 상태 4에서 상태 4′으로 낮아지는 것을 볼 수 있다. 응축기 압력을 낮출 경우도 그림 8.8에서 볼 수 있는 바와 같이 터빈 출구에서의 건도가 상태 4에서 상태 4″으로 낮아지는 것을 볼 수 있다. 터빈 출구에서의 건도가 낮다는 것은 터빈을 지나는 동안 동작유체의 습분이 높다는 것을 의미한다. 이는 터빈 날개에 대한 침식과 부식 등을 유발하게 되어 터빈의 효

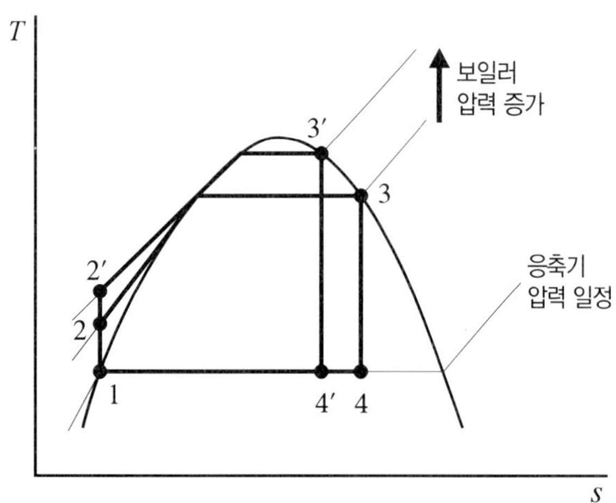

그림 8.7 보일러 압력의 영향

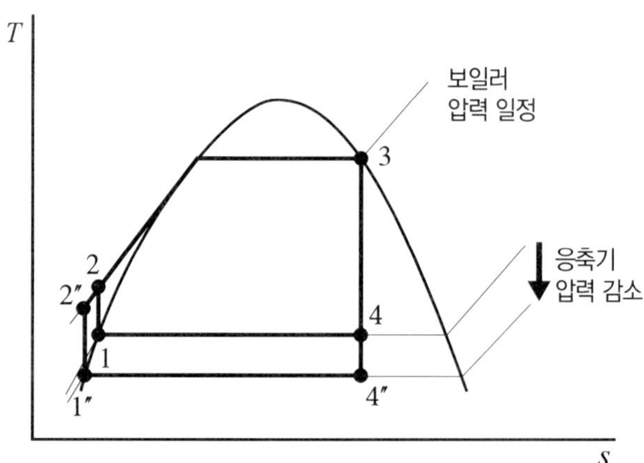

그림 8.8 응축기 압력의 영향

율을 떨어뜨리고 수명을 단축시키는 원인이 된다. 그러므로 터빈 출구에서의 동작유체의 건도는 보통 90% 이상이 되도록 유지한다.

8.1.2 실제의 Rankine 사이클

이상적인 Rankine 사이클은 각 과정에서의 비가역적 요소와 열손실이 없다고 가정하였다. 그러나 실제로는 모든 과정에서 손실을 유발하는 요소가 존재하게 되며 이는 사이클의 효율을 떨어뜨리는 요인이 된다. 주요 손실은 다음과 같다.

관로 손실(Piping Loss)

각 장치를 연결하는 관에서는 동작유체가 관로를 흐르면서 마찰에 의한 압력 강하가 생기게 된다. 또한 주위와의 온도차에 의해 열손실이 발생하게 된다.

터빈에서의 손실

터빈을 지나는 동작유체는 터빈에서 팽창하는 동안 마찰 등에 의한 내부 비가역적 손실을 겪는다. 이는 엔트로피를 증가시키는 요인이 된다. 한편 터빈을 지나는 동작유체는 고온이므로 주위로의 열손실을 겪게 되며 이는 엔트로피를 감소시키게 된다. 열손실보다는 마찰에 의한 손실이 더 크므로 터빈을 나올 때의 동작유체의 엔트로피는 들어갈 때에 비해 그림 8.9와 같이 증가하게 된다.

그림 8.9를 참조하면 터빈의 등엔트로피 효율은 다음과 같이 표시된다.

$$\eta_{\text{turbine}} = \frac{\text{Actual Work}}{\text{Ideal Work for Isentropic Process}} = \frac{w_{t,\text{actual}}}{w_{t,\text{ideal}}} = \frac{h_3 - h_4}{h_3 - h_{4s}} \tag{8.1.14}$$

펌프에서의 손실

펌프를 지나는 동작유체는 터빈과 마찬가지로 마찰 등에 의한 내부 비가역적 손실을

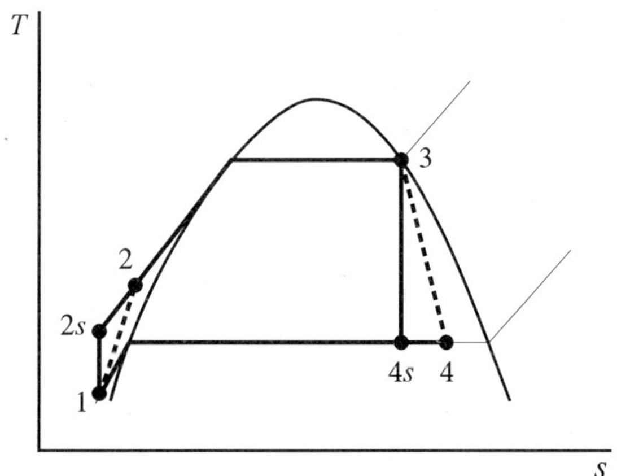

그림 8.9 터빈과 압축기에서의 엔트로피 변화

겪게 되며 이는 그림 8.9에 나타나는 바와 같이 펌프를 나오는 동작유체의 엔트로피를 증가시키는 요인이 된다. 펌프의 등엔트로피 효율은 다음과 같다.

$$\eta_{\text{compressor}} = \frac{\text{Ideal Work for Isentropic Process}}{\text{Actual Work}} = \frac{w_{p,\text{ideal}}}{w_{p,\text{actual}}} = \frac{h_{2s} - h_1}{h_2 - h_1} \quad (8.1.15)$$

보일러와 응축기에서의 손실

동작유체가 보일러와 응축기 내부를 지나는 동안 유동에 따른 마찰 손실을 겪게 되며 이는 각 장치를 지나는 동안 압력을 강하 시키게 된다. 특히 보일러에서의 압력 강하 만큼 펌프에서는 더 많은 일을 투입해야 한다.

응축기 출구의 동작유체는 포화액체로 가정하고 있으나 실제의 경우는 그림 8.9의 상태 1에서와 같이 압축액체 상태로 되며 온도가 포화액체의 온도보다 낮게 된다. 이는 보일러에서의 열공급이 이상적인 경우에서 보다 더 많아져야 한다는 것을 의미한다.

예제 8.1 이상적인 Rankine 사이클

수증기를 동작유체로 하는 이상적인 Rankine 사이클로 작동하는 단순 증기 원동소를 해석하고자 한다. 보일러 압력은 5 MPa이며, 응축기 압력은 50 kPa이다. 보일러를 나와 터빈으로 들어가는 동작유체는 400 ℃의 과열 증기이며, 응축기를 나오는 동작유체는 포화액체이다. 동작유체 1 kg에 대해 터빈일, 펌프일, 보일러에서의 열전달량 및 응축기에서의 열방출량을 계산하고 최종적으로 열효율과 역일비를 산출하라.

풀이

1. 해석의 대상 시스템 – 전체를 해석할 때

검사체적 – 각각의 요소를 해석할 때

2. 개략도와 *T*-*s* 선도

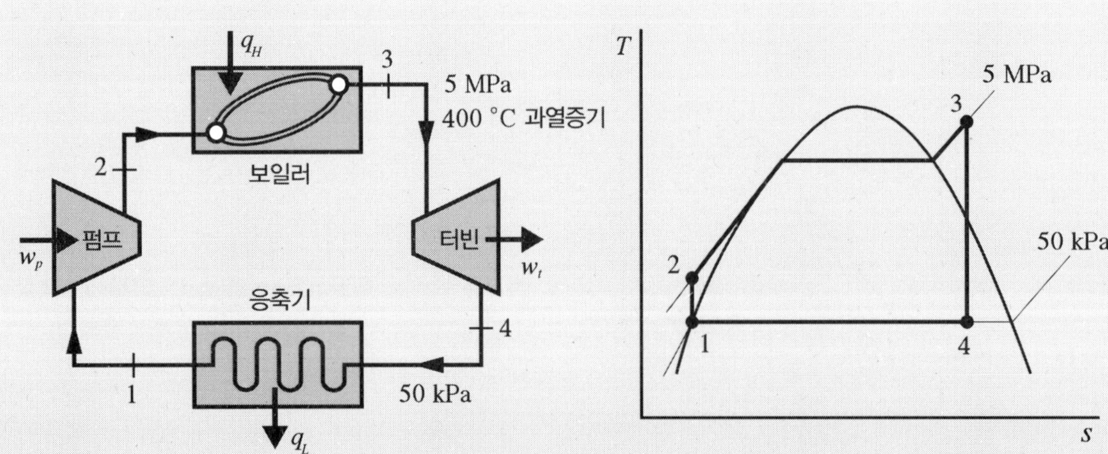

3. 동작유체 수증기

4. 지배방정식

입구 및 출구가 각 한 개이고 정상상태 유동을 하는 검사체적에 대한 열역학 제1법칙은 다음과 같다.

$$q + h_i + \frac{V_i^2}{2} + gZ_i = w + h_e + \frac{V_e^2}{2} + gZ_e$$

운동에너지와 위치에너지 변화를 무시하면 열역학 제 1법칙은 다음과 같이 간단히 표시된다.

$$q + h_i = w + h_e$$

이 식을 각 요소에 대해 적용하면 다음과 같이 각 요소에서의 단위 질량당 일 또는 열전달량을 구할 수 있다.

펌프: $w_p = h_2 - h_1 = \int_1^2 v dp = v_1(p_2 - p_1)$

보일러: $q_H = h_3 - h_2$

터빈: $w_t = h_3 - h_4$

응축기: $q_L = h_4 - h_1$

사이클의 열효율: $\eta_{\text{th}} = \dfrac{w_{\text{NET}}}{q_H}$

역일비: $\text{bwr} = \dfrac{w_p}{w_t}$

5. 자료

위의 식들을 통해 우리가 알고자 하는 값들을 구하기 위해서는 각 점의 상태량들, 특히 각 점에서의 엔탈피들을 알아야 한다. 이들을 알기 위해 다음과 같이 상태량표(State Point Table)를 작성하여 정리하면 이해가 간편해진다. 상태량표는 처음 소개하는 것이니만큼 이 예제에서는 상태량표의 완성 과정에 대해 자세히 설명하도록 한다.

위치	상태	p (MPa)	T (℃)	v (m³/kg)	h (kJ/kg)	s (kJ/kg K)	과정
1	포화액체	0.05	$T_{\text{sat}} = 81.3$	$v_f = 0.001\,029\,9$	$h_f = 340.54$	$s_f = 1.0912$	1–2 등엔트로피 과정 $w_p = h_2 - h_1 = v_1(p_2 - p_1)$
2	압축액체	5			①	$s_2 = s_1$ 1.0912	2–3 정압 과정
3	과열증기	5	400	0.057 837	3196.7	6.6483	3–4 등엔트로피 과정
4	②	0.05	③	④	⑤	$s_4 = s_3$ 6.6483	4–1 정압 과정

위의 상태량표에서 위치 1은 응축기 출구, 펌프 입구의 지점으로 50 kPa 포화액체 상태이므로 수증기표 C-2에서 이 압력에 대한 포화액체의 상태량들을 구할 수 있다. 2로 표시된 위치는 펌프 출구, 보일러 입구 상태로 5 MPa의 압축액체 상태이다. 이상적인 Rankine 사이클의 펌프에서의 과정은 등엔트로피 과정이므로 상태 2의 엔트로피는 상태 1의 엔트로피와 동일하다. 위치 3으로 표시된 지점은 보일러 출구, 터빈 입구의 지점으로서 과열증기 상태이다. 수증기표 C-3에서 5 MPa, 400 ℃ 과열증기의 상태량을 모두 구할 수 있다. 4로 표시된 위치는 터빈 출구, 응축기 입구의 위치로서 과열증기일 수도, 습증기일 수도 있다. 이상적인 Rankine 사이클의 터빈에서의 과정은 등엔트로피 과정이므로 상태 4의 엔트로피는 상태 3의 엔트로피와 동일하다. 이상과 같이 주어진 조건만으로 바로 알 수 있는 상태량들은 상태량표에 그대로 표시하였다. ①-⑤의 부분은 주어진 조건 만으로 바로 알 수 있는 상태량이 아니므로 각 과정에 대한 해석을 통해 찾아내야 한다.

6. 계산

• 1-2 과정

이 과정은 등엔트로피 과정으로 다음과 같이 펌프일을 계산한다.

$$w_p = h_2 - h_1 = \int_1^2 v dp = v_1(p_2 - p_1) = v_{f,0.05\text{ MPa}}(p_2 - p_1)$$
$$= (0.001\,029\,9\text{ m}^3/\text{kg})(5000 - 50\text{ kPa}) = 5.10\text{ kJ/kg}$$

이 결과에서 상태 2의 엔탈피를 구할 수 있다.

$$h_2 = w_p + h_1 = 5.10 + 340.54 = 345.64\text{ kJ/kg}$$

따라서 ①의 위치에 들어가는 상태량, 즉 상태 2의 엔탈피는 345.64 kJ/kg이 된다.

• 3-4 과정

이 과정은 등엔트로피 과정이므로 상태 4는 0.05 MPa, 엔트로피 6.6483 kJ/kg K이다.

$$0.05\text{ MPa에서 } s_f = 1.0912,\ s_g = 7.5930\text{ kJ/kg K (표 C-2)}$$

$s_f < s_4 < s_g$이므로 상태 4는 포화상태임을 알 수 있다. 계산에 직접 필요하지는 않지만 ③의 위치에 들어갈 온도는 0.05 MPa의 포화온도인 81.3 ℃이다. 이미 알고 있는 상태 4의 엔트로피를 이용해서 상태 4의 건도를 알 수 있다.

$$s_4 = 6.6483 = s_f + x_4 s_{fg,0.05\text{ MPa}} = 1.0912 + x_4(7.5930 - 1.0912)$$

위의 관계식에서 상태 4의 건도 x_4는 0.8547임을 알 수 있다. ④와 ⑤의 위치에 들어갈 상태 4에서의 비체적과 엔탈피는 다음과 같이 구해진다.

$$v_4 = v_f + x_4 v_{fg,0.05\text{ MPa}} = 0.001\,029\,9 + (0.8547)(3.2400 - 0.001\,029\,9) = 2.7694\text{ m}^3/\text{kg}$$

$$h_4 = h_f + x_4 h_{fg,0.05\text{ MPa}} = 340.54 + (0.8547)(2645.2 - 340.54) = 2310.3\text{ kJ/kg}$$

이 문제에 있어서는 상태 4의 비체적은 계산에 반드시 필요한 것이 아니므로 구하지 않아도 좋다.

이상의 과정을 통해 앞의 상태량표의 빈칸에 들어갈 값들이 파악되었다. 완성된 상태량표는 다음과 같다.

위치	상태	p (MPa)	T (℃)	v (m³/kg)	h (kJ/kg)	s (kJ/kg K)	과정
1	포화액체	0.05	$T_{sat} = 81.3$	$v_f = 0.001\,029\,9$	$h_f = 340.54$	$s_f = 1.0912$	1–2 등엔트로피 과정 $w_p = h_2 - h_1 = v_1 (p_2 - p_1)$
2	압축액체	5			345.64	$s_2 = s_1$ 1.0912	2–3 정압 과정
3	과열증기	5	400	0.057 837	3196.7	6.6483	3–4 등엔트로피 과정
4	습증기	0.05	81.3	2.7694	2310.3	$s_4 = s_3$ 6.6483	4–1 정압 과정

이상과 같이 모든 점에서의 상태량들, 특히 엔탈피 값들이 확보되면 다음의 과정에 의해 각 성능 인자들을 계산할 수 있다. 단위 질량당 펌프일은 이미 계산하였다.

단위 질량당 보일러 열전달량: $q_H = h_3 - h_2 = 3196.7 - 345.64 = 2851.1$ kJ/kg

단위 질량당 터빈일: $w_t = h_3 - h_4 = 3196.7 - 2310.3 = 886.4$ kJ/kg

단위 질량당 응축기 열방출량: $q_L = h_4 - h_1 = 2310.3 - 340.54 = 1969.8$ kJ/kg

이 Rankine 사이클의 열효율은 다음과 같다.

$$\eta_{th} = \frac{w_t - w_p}{q_H} = \frac{886.4 - 5.10}{2851.1} = 0.309 = 30.9\ \%$$

아울러 이 사이클의 역일비는 다음과 같이 계산된다.

$$\text{bwr} = \frac{w_p}{w_t} = \frac{5.10}{886.4} = 0.58\ \%$$

예제 8.2 비가역과정을 겪는 Rankine 사이클

수증기를 동작유체로 하는 Rankine 사이클로 작동하는 단순 증기 원동소를 해석하고자 한다. 보일러 압력은 5 MPa이며, 응축기 압력은 50 kPa이다. 보일러를 나와 터빈으로 들어가는 동작유체는 400 ℃의 과열 증기이며, 응축기를 나오는 동작유체는 포화액체이다. 터빈과 펌프의 등엔트로피 효율은 각각 90 %이다. 동작유체 1 kg에 대해 터빈일, 펌프일, 보일러에서의 열전달량 및 응축기에서의 열방출량을 계산하고 최종적으로 열효율과 역일비를 산출하라.

풀이

1. 해석의 대상 시스템 – 전체를 해석할 때

검사체적 – 각각의 요소를 해석할 때

2. 개략도와 *T*-*s* 선도

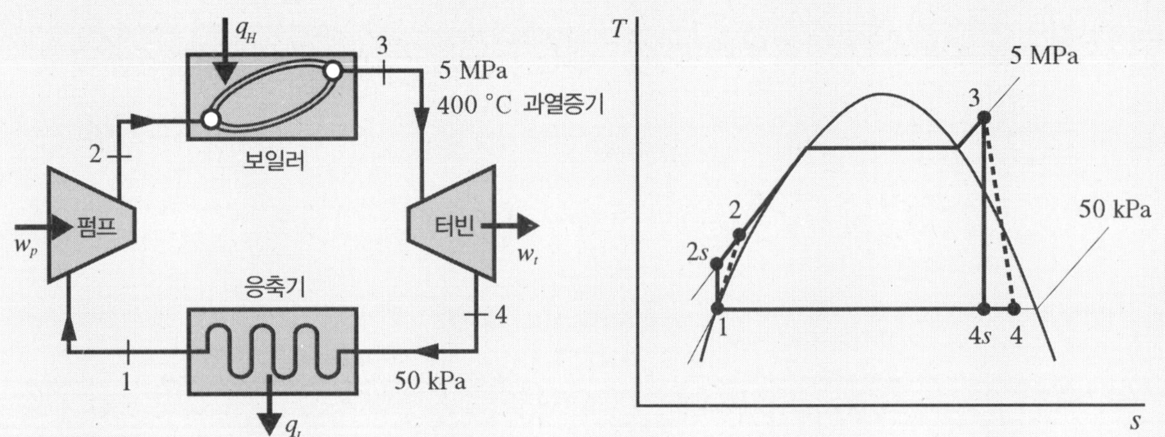

3. 동작유체 증기

4. 지배방정식

입구 및 출구가 각 한 개이고 정상상태 유동을 하는 검사체적에 대해 열역학 제1법칙을 적용하면 다음과 같이 각 요소에서의 단위 질량당 일 또는 열전달량을 예제 8.1과 동일하게 구할 수 있다.

펌프: $w_p = h_2 - h_1 = \int_1^2 v dp = v_1(p_2 - p_1)$

보일러: $q_H = h_3 - h_2$

터빈: $w_t = h_3 - h_4$

응축기: $q_L = h_4 - h_1$

사이클의 열효율: $\eta_{th} = \dfrac{w_{NET}}{q_H}$

역일비: $\text{bwr} = \dfrac{w_p}{w_t}$

터빈의 등엔트로피 효율: $\eta_{\text{turbine}} = \dfrac{h_3 - h_4}{h_3 - h_{4s}}$

펌프의 등엔트로피 효율: $\eta_{\text{pump}} = \dfrac{h_{2s} - h_1}{h_2 - h_1}$

5. 자료

사이클 전체에 대해 상태량표를 작성하면 다음과 같다. 다만 이 상태량표에서는 등엔트로피 과정을 겪은 후의 상태인 2s와 4s점을 함께 나타내었다. 2s와 4s점의 상태량은 이상적인 과정을 겪는 경우인 예제 8.1의 2와 4점의 상태와 각각 동일하다.

위치	상태	p (MPa)	T (℃)	v (m³/kg)	h (kJ/kg)	s (kJ/kg K)	과정
1	포화액체	0.05	$T_{sat} = 81.3$	$v_f = 0.001\,029\,9$	$h_f = 340.54$	$s_f = 1.0912$	1–2s 등엔트로피 과정 $w_p = h_{2s} - h_1 = v_1(p_2 - p_1)$
2s	압축액체	5			345.64	$s_{2s} = s_1$ 1.0912	$\eta_{\text{pump}} = \dfrac{h_{2s} - h_1}{h_2 - h_1}$
2	압축액체	5			①		$h_2 = h_1 + \dfrac{h_{2s} - h_1}{\eta_{\text{pump}}} = h_1 + \dfrac{w_p}{\eta_{\text{pump}}}$
3	과열증기	5	400	0.057 837	3196.7	6.6483	3–4s 등엔트로피 과정
4s	습증기	0.05	81.3	2.7694	2310.3	$s_{4s} = s_3$ 6.6483	$\eta_{\text{turbine}} = \dfrac{h_3 - h_4}{h_3 - h_{4s}}$
4	습증기	0.05	81.3		②		$h_4 = h_3 - \eta_{\text{turbine}}(h_3 - h_{4s})$

6. 계산

- **1–2s 과정**

이 과정은 등엔트로피 압축 과정으로 2s로 표시한 상태는 예제 8.1의 상태 2와 동일하다.

$$w_{ps} = h_2 - h_1 = \int_1^2 v dp = v_1(p_2 - p_1) = v_{f,0.05\text{ MPa}}(p_2 - p_1)$$
$$= (0.001\,029\,9\text{ m}^3/\text{kg})(5000 - 50\text{ kPa}) = 5.10\text{ kJ/kg}$$

- **1–2 과정**

펌프의 등엔트로피 효율은 다음 식과 같다.

$$\eta_{\text{pump}} = \frac{h_{2s} - h_1}{h_2 - h_1}$$

이 관계식으로부터 비가역 변화를 겪는 후의 상태 2의 엔탈피를 다음과 같이 구할 수 있다.

$$h_2 = h_1 + \frac{h_{2s} - h_1}{\eta_{\text{pump}}} = h_1 + \frac{w_{ps}}{\eta_{\text{pump}}} = 340.54 + \frac{5.1}{0.9} = 346.21 \text{ kJ/kg}$$

이 값이 상태량표의 ① 위치에 해당한다.

• **3-4*s* 과정**

이 과정은 등엔트로피 팽창 과정으로 4*s*로 표시한 상태는 예제 8.1의 상태 4와 동일한 방법으로 구할 수 있다.

• **3-4 과정**

터빈의 등엔트로피 효율은 다음 식과 같다.

$$\eta_{\text{turbine}} = \frac{h_3 - h_4}{h_3 - h_{4s}}$$

이 관계식으로부터 비가역 변화를 겪는 후의 상태 4의 엔탈피를 다음과 같이 구할 수 있다.

$$h_4 = h_3 - \eta_{\text{turbine}}(h_3 - h_{4s}) = 3196.7 - 0.9(3196.7 - 2310.3) = 2398.9 \text{ kJ/kg}$$

이 값이 상태량표의 ②위치에 해당한다.

이상과 같이 상태량표가 완성되면 각 성능 인자들이 다음과 같이 구해진다.

단위 질량당 펌프일: $w_p = h_2 - h_1 = 346.21 - 340.54 = 5.67 \text{ kJ/kg}$

단위질량당 보일러 열전달량: $q_H = h_3 - h_2 = 3196.7 - 346.21 = 2850.5 \text{ kJ/kg}$

단위 질량당 터빈일: $w_t = h_3 - h_4 = 3196.7 - 2398.9 = 797.8 \text{ kJ/kg}$

단위질량당 응축기 열방출량: $q_L = h_4 - h_1 = 2398.9 - 340.54 = 2058.4 \text{ kJ/kg}$

Rankine 사이클의 열효율: $\eta_{\text{th}} = \dfrac{w_t - w_p}{q_H} = \dfrac{797.8 - 5.67}{2850.5} = 0.278 = 27.8\,\%$

역일비: $\text{bwr} = \dfrac{w_p}{w_t} = \dfrac{5.67}{797.8} = 0.71\,\%$

7. 해석

위의 값들을 이상적인 경우인 예제 8.1의 다음 결과들과 비교하여 정리하면 다음과 같다.

항목	이상적인 Rankine 사이클	비가역 Rankine 사이클	비고
펌프일	5.10 kJ/kg	5.67 kJ/kg	증가
터빈일	886.4 kJ/kg	797.8 kJ/kg	감소
열효율	30.9 %	27.8 %	감소
역일비	0.58 %	0.71 %	증가

위의 표에서 보는 바와 같이 보일러 압력과 응축기 압력이 동일한 경우, 펌프와 터빈에 비가역성이 존재하게 되면 이상적인 경우에 비해 펌프일은 더 많이 소요되고 반면에 터빈일은 감소한다. 결과적으로 사이클 전체의 열효율과 역일비는 악화되는 것을 알 수 있다.

8.2 재열 사이클

Rankine 사이클에 있어서 보일러 압력을 높이거나 응축기 압력을 낮춤으로써 열효율이 증대됨은 이미 설명하였다. 그러나 터빈 출구에서의 건도가 감소하여 터빈의 내구성에 좋지 않은 영향을 미치게 된다는 사실도 지적하였다. 그림 8.10의 1−2−3′−4′−1과 같이 과열을 시행하면 터빈 출구에서의 건도가 4에서 4′으로 향상되는 것을 알 수 있다. 과열을 시행할 경우 건도의 향상과 함께 보일러에서의 급열 평균 온도가 올라가므로 열효율이 증대되는 효과도 함께 꾀할 수 있다. 그러나 보일러에서의 최고 온도 또는 터빈 입구에서의 온도가 어느 한도 이상 올라가게 되면 장치에 사용되는 재료의 강도가 문제가 되므로 보일러 최고 온도는 어느 정도의 수준으로 제한을 받게 된다.

Rankine 사이클의 열효율을 증대시키고 또 터빈 출구에서의 건도를 향상시키기 위한 또 다른 방법으로 재열(Reheat)을 시행한다. **재열 사이클**은 그림 8.11과 같이 보일러를 나온 증기가 고압 터빈에서 1차적으로 팽창한 다음, 이 동작유체를 다시 보일러로 보내 재가열을 한 후 저압 터빈을 통해 2차적으로 팽창하도록 고안한 사이클이다. 그림 8.11의 T–s 선도에 나타난 바와 같이 상태 3에서 한 개의 터빈으로 응축기 압력까지 팽창시킬 경우 건도는 상태 4′과 같이 된다. 만약 상태 4의 중간 압력까지 팽창시키고 보일러로 보내 재가열한 후 두번째 터빈에서 다시 팽창시키면 터빈 출구에서의 건도는 상태 6과 같이 개선되는 것을 알 수 있다. 또한 재열 과정 4−5에서의 평균 온도는 과정 2−3의 평균 온도보다 높다. 그러므로 재열 사이클의 급열 평균 온도는 재열을 시행하지 않을 경우의 급열 평균 온도보다 높게 되고 결과적으로 사이클의 열효율은 향상된다.

재열 사이클에 있어서 동작유체 단위 질량당의 열공급량을 산출한다. 이는 보일러를 검사체적으로 하고 여러 개의 입구와 여러 개의 출구를 갖는 정상상태 과정에 대한 열

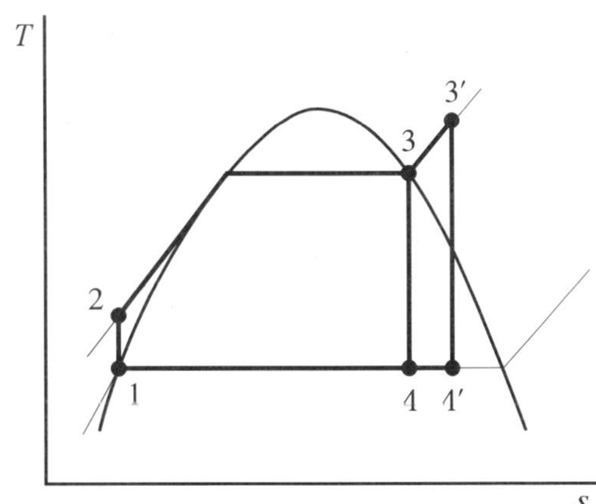

그림 8.10 Rankine 사이클에서 과열의 영향

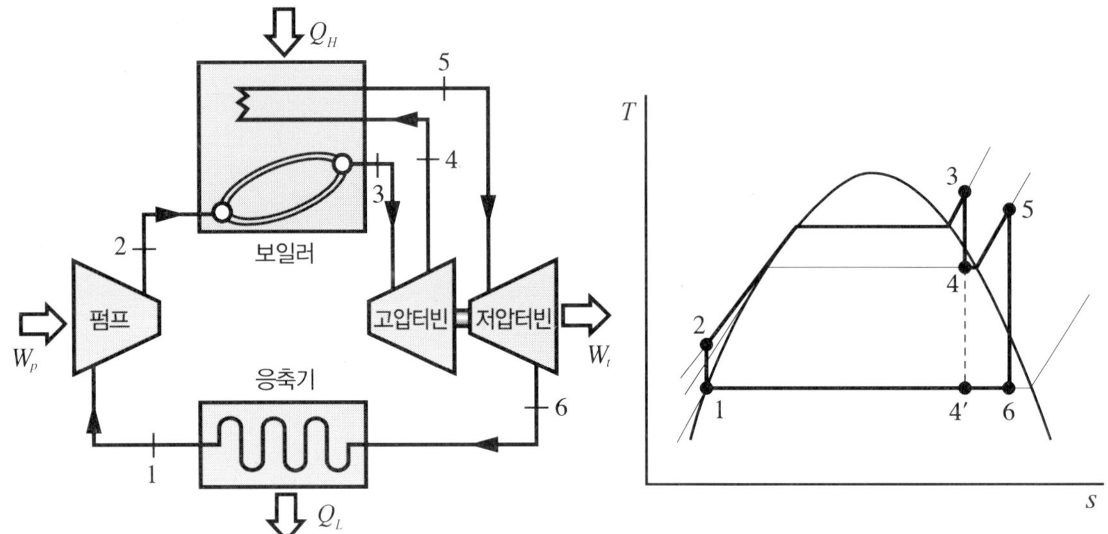

그림 8.11 재열 사이클의 구성도와 T–s 선도

역학 제 1법칙 식을 적용하여 구할 수 있다.

$$q_H = (h_3 - h_2) + (h_5 - h_4) \tag{8.2.1}$$

동작유체 단위 질량당의 터빈일은 고압 터빈에서의 일과 저압 터빈에서의 일의 합으로 다음과 같이 표시된다.

$$w_t = w_{t,1} + w_{t,2} = (h_3 - h_4) + (h_5 - h_6) \tag{8.2.2}$$

동작유체 단위 질량당의 펌프일은 다음과 같다.

$$w_p = h_2 - h_1 \tag{8.2.3}$$

따라서 재열 사이클의 열효율은 각 점에서의 엔탈피를 이용하여 다음과 같이 나타낼 수 있다.

$$\eta_{\text{Reheat}} = \frac{w_t - w_p}{q_H} = \frac{(h_3 - h_4) + (h_5 - h_6) - (h_2 - h_1)}{(h_3 - h_2) + (h_5 - h_4)} \tag{8.2.4}$$

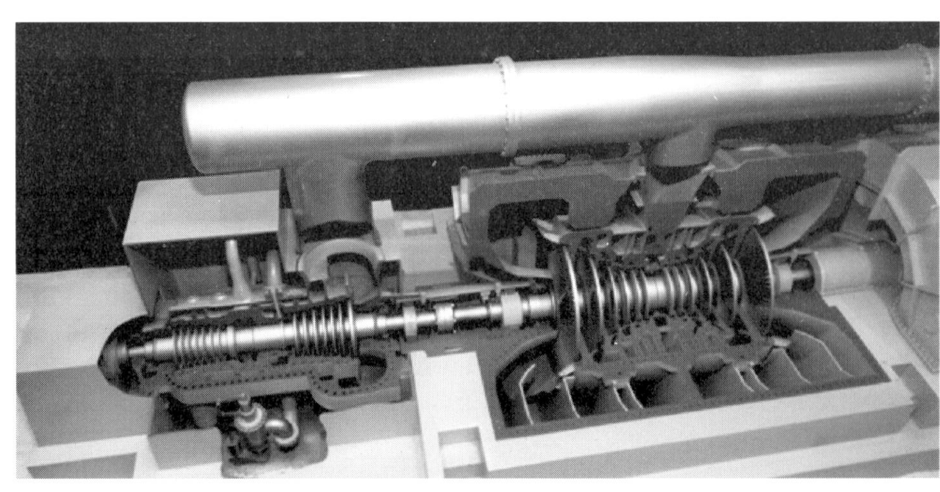

증기 터빈의 모형 사진. 한국형 표준 석탄 화력 발전소에 적용되는 500 MW의 출력을 갖는 증기 터빈으로서 고압터빈, 중압터빈 및 저압터빈을 볼 수 있다. 터빈으로 유입되는 증기의 압력은 24.1 MPa이며, 증기의 온도는 566/593 ℃이다. 이 터빈은 3600 rpm으로 회전하며 회전체의 직경은 3.6 m이다.
(출처: 두산중공업)

예제 8.3 이상적인 재열 사이클

수증기를 동작유체로 하는 Rankine 사이클로 작동하는 단순 증기 원동소가 과열과 재열을 시행하고 있다. 1단의 고압 터빈으로 유입하는 증기는 5.0 MPa, 400 ℃의 과열증기이다. 이 증기는 고압 터빈에서 0.8 MPa까지 팽창하고 350 ℃까지 재가열되어 2단 터빈으로 유입한다. 응축기 압력은 50 kPa이고 응축기를 나오는 동작유체는 포화액체이다. 터빈과 펌프는 등엔트로피 과정을 겪는다. 동작유체 1 kg에 대해 터빈일, 펌프일, 보일러에서의 열전달량 및 응축기에서의 열방출량을 계산하고 최종적으로 열효율과 역일비를 산출하라.

풀이

1. 해석의 대상 시스템 – 전체를 해석할 때

검사체적 – 각각의 요소를 해석할 때

2. 개략도와 *T*-*s* 선도

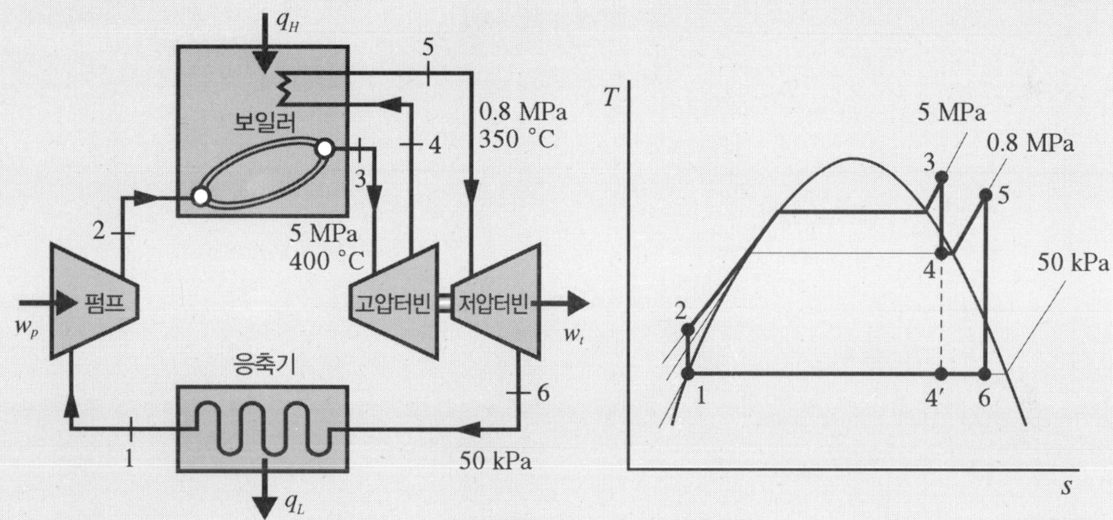

3. 동작유체 증기

4. 지배방정식

열역학 제1법칙식을 각 요소에 대해 적용하면 다음과 같이 각 요소에서의 단위 질량당 일 또는 열전달량을 구할 수 있다.

펌프: $w_p = h_2 - h_1 = \int_1^2 v dp = v_1(p_2 - p_1)$

보일러: $q_H = (h_3 - h_2) + (h_5 - h_4)$

터빈: $w_t = (h_3 - h_4) + (h_5 - h_6)$

응축기: $q_L = h_6 - h_1$

사이클의 열효율: $\eta_{th} = \dfrac{w_{NET}}{q_H}$

역일비: $\text{bwr} = \dfrac{w_p}{w_t}$

5. 자료

위의 식들을 통해 우리가 알고자 하는 값들을 구하기 위해서는 각 점의 상태량들 특히 각 점에서의 엔탈피들을 알아야 한다. 이들을 알기 위해 다음과 같이 상태량표를 작성한다. 우선 문제에 주어진 자료들로 상태량표를 만들면 다음과 같다.

위치	상태	p (MPa)	T (℃)	v (m^3/kg)	h (kJ/kg)	s (kJ/kg K)	과정
1	포화액체	0.05	$T_{sat} = 81.3$	$v_f = 0.001\,029\,9$	$h_f = 340.54$	$s_f = 1.0912$	1–2 등엔트로피 과정 $w_p = h_2 - h_1 = v_1(p_2 - p_1)$
2	압축액체	5			①	$s_2 = s_1$ 1.0912	2–3 정압과정
3	과열증기	5	400	0.057 837	3196.7	6.6483	3–4 등엔트로피 과정
4	②	0.8			③	$s_4 = s_3$ 6.6483	4–5 정압과정
5	과열증기	0.8	350	0.35442	3162.2	7.4106	5–6 등엔트로피 과정
6	④	0.05			⑤	7.4106	6–1 정압과정

위의 표에서 원문자로 표시된 부분은 각 과정의 해석을 통해 계산해야 하는 항목들이다.

6. 계산

• 과정 1-2 (펌프에서의 등엔트로피 압축)

이 과정에서의 계산은 앞의 예제에서와 동일하다.

$$w_p = h_2 - h_1 = \int_1^2 v dp = v_1(p_2 - p_1) = v_{f,0.05\,\text{MPa}}(p_2 - p_1)$$
$$= (0.001\,029\,9\ \text{m}^3/\text{kg})(5000 - 50\ \text{kPa}) = 5.10\ \text{kJ/kg}$$
$$h_2 = w_p + h_1 = 5.10 + 340.54 = 345.64\ \text{kJ/kg}$$

따라서 ①의 위치에 들어가는 상태량, 즉 상태 2의 엔탈피는 345.64 kJ/kg이 된다.

• 3-4 과정

이 과정은 등엔트로피 과정이므로 상태 4는 0.8 MPa, 엔트로피 6.6483 kJ/kg K이다.

$$0.8\ \text{MPa에서}\ s_f = 2.0457,\ s_g = 6.6616\ \text{kJ/kg K (표 C-2)}$$

$s_f < s_4 < s_g$이므로 ②에 들어가는 상태 정보는 습증기 상태임을 알 수 있다. 계산에 직접 필요하지는 않지만 상태 4의 온도는 0.8 MPa의 포화온도인 170.41 ℃이다. 이미 알고 있는 상태 4의 엔트로피를 사용해서 상

태 4의 건도를 계산한다.

$$s_4 = 6.6483 = s_f + x_4 s_{fg,0.8\,\text{MPa}} = 2.0457 + x_4(6.6616 - 2.0457)$$

위의 관계식에서 상태 4의 건도 x_4는 0.9971임을 알 수 있다. ③의 위치에 들어갈 상태 4에서의 엔탈피는 다음과 같이 구해진다.

$$h_4 = h_f + x_4 h_{fg,0.8\,\text{MPa}} = 720.86 + (0.9971)(2768.3 - 720.86) = 2762.4\ \text{kJ/kg}$$

• 5-6 과정

이 과정은 등엔트로피 과정이므로 상태 6은 0.05 MPa, 엔트로피 7.4106 kJ/kg K이다.

0.05 MPa에서 $s_f = 1.0912$, $s_g = 7.5930$ kJ/kg K (표 C-2)

$s_f < s_6 < s_g$이므로 ④에 들어가는 상태 정보는 습증기로 포화상태임을 알 수 있다. 계산에 직접 필요하지는 않지만 상태 6의 온도는 0.05 MPa의 포화온도인 81.3 ℃이다. 이미 알고 있는 상태 6의 엔트로피를 사용해서 상태 6의 건도를 계산한다.

$$s_6 = 7.4106 = s_f + x_6 s_{fg,0.05\,\text{MPa}} = 1.0912 + x_6(7.5930 - 1.0912)$$

위의 관계식에서 상태 6의 건도는 0.9719임을 알 수 있다. ⑤의 위치에 들어갈 상태 6에서의 엔탈피는 다음과 같이 구해진다.

$$h_6 = h_f + x_6 h_{fg,0.05\,\text{MPa}} = 340.54 + (0.9719)(2645.2 - 340.54) = 2580.4\ \text{kJ/kg}$$

이상의 과정을 통해 앞의 상태량표의 빈칸에 들어갈 상태량들이 대부분 파악되었다. 완성된 상태량표는 다음과 같다.

위치	상태	p (MPa)	T (℃)	v (m³/kg)	h (kJ/kg)	s (kJ/kg K)	과정
1	포화액체	0.05	$T_{sat} = 81.3$	$v_f = 0.001\,029\,9$	$h_f = 340.54$	$s_f = 1.0912$	1–2 등엔트로피 과정 $w_p = h_{2s} - h_1 = v_1(p_2 - p_1)$
2	압축액체	5			345.64	$s_2 = s_1$ 1.0912	2–3 정압과정
3	과열증기	5	400	0.057 837	3196.7	6.6483	3–4 등엔트로피 과정
4	습증기	0.8			2762.4	$s_4 = s_3$ 6.6483	4–5 정압과정
5	과열증기	0.8	350	0.35442	3162.2	7.4106	5–6 등엔트로피 과정
6	습증기	0.05			2580.4	7.4106	6–1 정압과정

이상과 같이 상태량표가 완성되면 각 성능 인자들이 다음과 같이 구해진다.

단위 질량당 펌프일: $w_p = h_2 - h_1 = 345.64 - 340.54 = 5.10\ \mathrm{kJ/kg}$

단위 질량당 보일러 열전달량:

$$q_H = (h_3 - h_2) + (h_5 - h_4) = (3196.7 - 345.64) + (3162.2 - 2762.4) = 3250.9\ \mathrm{kJ/kg}$$

단위 질량당 터빈일:

$$w_t = (h_3 - h_4) + (h_5 - h_6) = (3196.7 - 2762.4) + (3162.2 - 2580.4) = 1016.1\ \mathrm{kJ/kg}$$

단위 질량당 응축기 열방출량: $q_L = h_6 - h_1 = 2580.4 - 340.54 = 2239.9\ \mathrm{kJ/kg}$

이 재열 사이클의 열효율은 다음과 같다.

$$\eta_{\mathrm{th}} = \frac{w_t - w_p}{q_H} = \frac{1016.1 - 5.10}{3250.9} = 0.311 = 31.1\ \%$$

아울러 이 사이클의 역일비는 다음과 같이 계산된다.

$$\mathrm{bwr} = \frac{w_p}{w_t} = \frac{5.10}{1016.1} = 0.50\ \%$$

7. 해석

지금 다룬 재열 사이클은 재열이 없는 경우인 예제 8.1과 보일러 압력, 사이클 최고 온도 및 응축기 압력 등이 동일하다. 재열이 있는 경우와 재열이 없는 경우인 예제 8.1의 결과를 비교하여 정리하면 다음과 같다.

항목	재열이 없는 Rankine 사이클	재열 사이클	비고
펌프일	5.10 kJ/kg	5.10 kJ/kg	동일
터빈일	886.4 kJ/kg	1016.1 kJ/kg	증가
공급열량	2851.1 kJ/kg	3250.9 kJ/kg	증가
열효율	30.9 %	31.1 %	개선
역일비	0.58 %	0.50 %	개선
터빈 출구의 건도	0.8547	0.9719	개선

위의 표에서 보는 바와 같이 보일러 압력과 응축기 압력이 동일한 경우 재열을 시행하게 되면 재열이 없는 경우에 비해 공급 열량과 터빈일이 모두 증가하고 열효율이 개선되는 것을 알 수 있다. 이 예제에서는 열효율의 개선의 정도가 미미하게 나타나고 있으나 중간 압력과 재열 온도를 적절히 선정함으로써 보다 뚜렷한 열효율 증가를 나타낼 수 있다. 특히 재열을 통해 터빈 출구의 건도가 현저히 개선되어 터빈 날개의 부식을 저감할 수 있는 장점을 잘 보여주고 있다.

8.3 재생 사이클

보일러에서 급열 평균 온도를 올리는 방법으로는 과열과 재열 외에 보일러로 공급되는 동작유체 즉 **급수**(Feedwater)를 적절한 방법으로 미리 가열하는 방안도 있다. 그림 8.12는 이 원리를 나타내고 있다. 그림 8.12 왼쪽의 경우 보일러에서 과정 2–3을 통해 급수에 열을 공급한다. 오른쪽 그림과 같이 펌프를 나온 급수가 보일러로 들어가기 전에 상태 2′까지 예열될 수 있다면 보일러에서의 열공급은 과정 2′–3을 통해서 일어난다. 결과적으로 급열 평균 온도가 상승하게 되어 사이클의 효율은 증가한다.

그림 8.13은 **개방식 급수 가열기**(Open Feedwater Heater)를 이용하는 **재생 사이클**의 구성도와 T–s 선도를 보여주고 있다. 이 사이클에서 보일러를 나와 터빈으로 들어간 동작유체는 터빈의 중간 단에서 일부가 추출되어 급수 가열기로 들어간다. 나머지 동작유체는 터빈에서 응축기 압력까지 팽창하고 응축기와 펌프를 지나 급수 가열기로 들어간다. 급수 가열기에서는 터빈의 중간 단에서 추출된 증기와 응축기를 나온 포화액체 상태의 동작유체가 혼합하게 된다. 두 유체가 혼합된 결과 급수의 온도는 예열을 하지 않을 경우보다 증가하게 되고 이 상태로 펌프를 통해 보일러로 들어가게 된다. 급수 가열기를 통해 예열을 하지 않는다면 동작유체는 그림 8.13의 T–s 선도에서 T_2의 온도로 보일러에 유입하게 된다. 급수 가열기를 통해 미리 예열된 동작유체의 온도는 T_4로서 T_2보다 높은 온도로 보일러로 유입하게 된다. 따라서 급열 평균 온도의 상승으로 사이클의 효율은 증대된다. 이 경우 터빈 출구에서의 건도는 영향을 받지 않는다.

다른 사이클들과는 달리 이 사이클의 경우는 그림 8.13의 여러 과정들을 겪는 동안 질량이 동일하지 않다는 점에 유의해야 한다. 보일러에서의 과정 4–5와 고압 터빈에서의 과정 5–6에서 1 kg의 질량이 흐른다고 가정하고 6점에서 y kg의 질량을 추출하게 되면 저압 터빈에서의 과정 6–7과 응축기에서의 과정 7–1 및 펌프 1에서의 과정

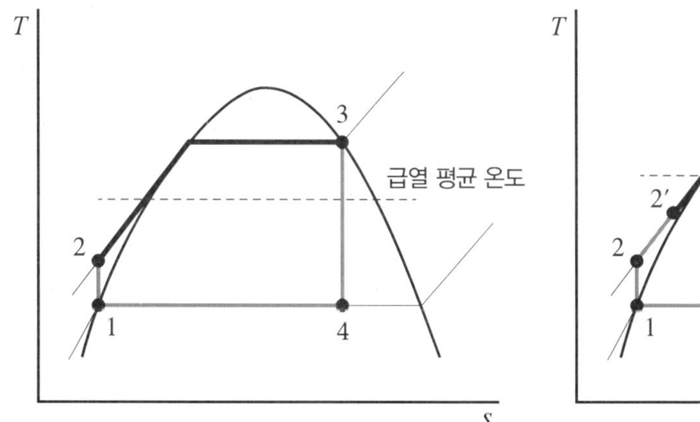

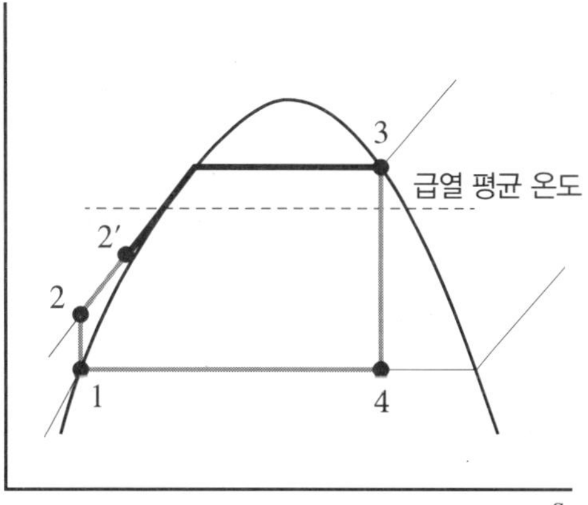

그림 8.12 재생 사이클의 원리

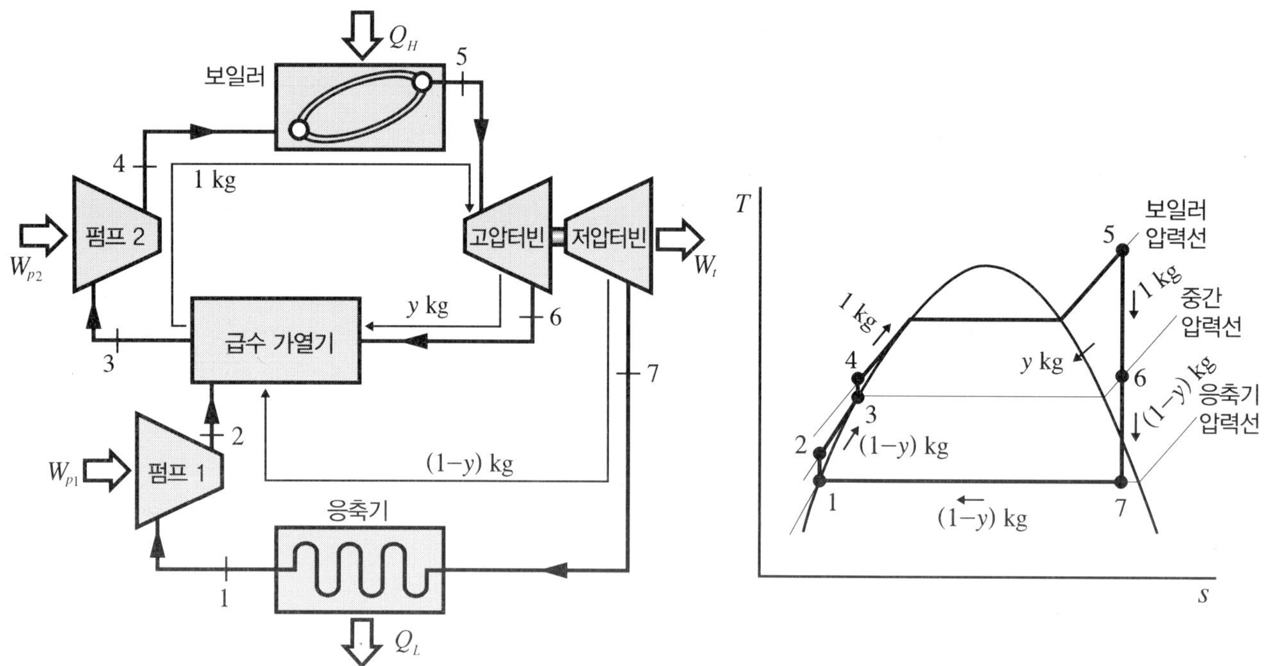

그림 8.13 개방식 급수 가열기를 갖는 재생 사이클

1−2에서는 (1 − y) kg의 질량만이 흐르게 된다. 고압 터빈에서 추출한 질량 y kg과 펌프 1을 지난 (1 − y) kg의 질량은 급수 가열기에서 혼합되어 펌프 2로 유입할 때에는 다시 1 kg의 질량이 된다.

보일러를 흐르는 동작유체 1 kg당의 열전달량은 보일러 전후의 엔탈피를 이용하여 다음과 같이 표시된다.

$$q_H = h_5 - h_4 \tag{8.3.1}$$

고압 터빈을 흐르는 동작유체 1 kg 당의 일은 다음과 같다.

$$w_{t,1} = h_5 - h_6 \tag{8.3.2}$$

저압 터빈을 흐르는 동작유체 1 kg당의 일은 다음과 같다.

$$w_{t,2} = (1 - y)(h_6 - h_7) \tag{8.3.3}$$

따라서 단위 질량당 터빈일은 다음과 같다.

$$w_t = w_{t,1} + w_{t,2} = (h_5 - h_6) + (1 - y)(h_6 - h_7) \qquad (8.3.3)$$

마찬가지로 단위 질량당 펌프일은 다음과 같다.

$$w_p = w_{p,1} + w_{p,2} = (1 - y)(h_2 - h_1) + (h_4 - h_3) \tag{8.3.4}$$

응축기를 흐르는 동작유체 1 kg당의 일은 다음과 같다.

$$q_L = (1 - y)(h_7 - h_1) \tag{8.3.5}$$

고압 터빈에서 추출한 y kg의 증기는 응축기와 펌프 1을 지나 급수가열기로 유입하는 $(1-y)$ kg의 급수와 혼합되어 상태 3의 포화 액체가 되도록 추출량이 결정되어야 한다. 증기의 추출량은 급수가열기를 검사체적으로 하여 열역학 제1법칙의 식을 적용하여 다음과 같이 결정할 수 있다.

$$y = \frac{h_3 - h_2}{h_6 - h_2} \tag{8.3.6}$$

예제 8.4 개방형 급수 가열기를 가진 재생 사이클

수증기를 동작유체로 하고 개방형 급수 가열기를 가진 재생 사이클을 해석한다. 터빈으로 유입하는 증기는 5.0 MPa, 400 ℃의 과열증기이다. 이 증기는 터빈에서 0.8 MPa까지 팽창하고 일부의 증기가 추출되어 개방형 급수 가열기로 보내진다. 급수 가열기에서의 압력은 0.8 MPa이다. 이 급수 가열기에서 포화액체가 되어 나온다. 응축기 압력은 50 kPa이고 응축기를 나오는 동작유체는 포화액체이다. 터빈과 펌프는 등엔트로피 과정을 겪는다. 동작유체 1 kg에 대해 터빈일, 펌프일, 보일러에서의 열전달량 및 응축기에서의 열방출량을 계산하고 최종적으로 열효율과 역일비를 산출하라.

풀이

1. 해석의 대상 시스템 – 전체를 해석할 때

검사체적 – 각각의 요소를 해석할 때

2. 개략도와 T-s 선도

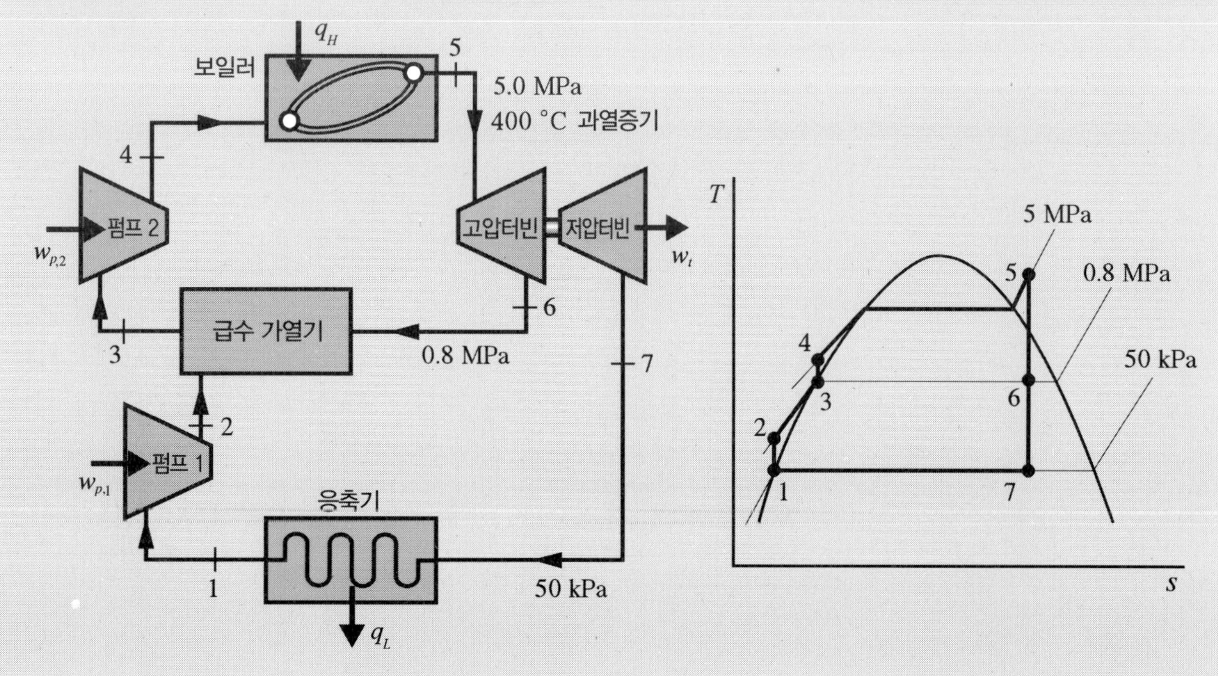

3. 동작유체 증기

4. 지배방정식

정상상태 과정을 겪는 검사체적에 대한 열역학 제1법칙 식을 사이클을 구성하는 각 요소에 대해 적용하면 다음과 같이 각 요소에서의 단위 질량당 일 또는 열전달량을 구할 수 있다.

터빈: $w_t = w_{t,1} + w_{t,2} = (h_5 - h_6) + (1-y)(h_6 - h_7)$

펌프: $w_p = w_{p,1} + w_{p,2} = (1-y)(h_2 - h_1) + (h_4 - h_3)$

보일러: $q_H = h_5 - h_4$

응축기: $q_L = (1-y)(h_7 - h_1)$

터빈에서의 증기 추출량: $y = \dfrac{h_3 - h_2}{h_6 - h_2}$

사이클의 열효율: $\eta_{\text{th}} = \dfrac{w_t - w_p}{q_H}$

역일비: $\text{bwr} = \dfrac{w_p}{w_t}$

5. 자료

우선 문제에 주어진 자료들로 상태량표를 만들면 다음과 같다.

위치	상태	p (MPa)	T (℃)	v (m³/kg)	h (kJ/kg)	s (kJ/kg K)	과정
1	포화액체	0.05	$T_{sat} = 81.3$	$v_f = 0.001\,029\,9$	$h_f = 340.54$	$s_f = 1.0912$	1−2 등엔트로피 과정 $w_{p,1}=h_2-h_1=v_1(p_2-p_1)$
2	압축액체	0.8			①	$s_2 = s_1$ 1.0912	2−3 정압과정
3	포화액체	0.8	$T_{sat} = 170.4$	$v_f = 0.001\,114\,8$	$h_f = 720.86$	$s_f = 2.0457$	3−4 등엔트로피 과정 $w_{p,2}=h_4-h_3=v_3(p_4-p_3)$
4	압축액체	5			②	$s_4 = s_3$ 2.0457	4−5 정압과정
5	과열증기	5	400	0.057 837	3196.7	6.6483	5−6 등엔트로피 과정
6	③	0.8			④	6.6483	6−7 등엔트로피 과정
7	⑤	0.05			⑥	6.6483	7−1 정압과정

위의 표에서 원문자로 표시된 부분은 각 과정의 해석을 통해 계산하여야 하는 항목들이다.

6. 계산

• **과정 1-2** (펌프 1에서의 등엔트로피 압축)

$$w_{p,1} = h_2 - h_1 = \int_1^2 vdp = v_1(p_2 - p_1) = v_{f,0.05\,\text{MPa}}(p_2 - p_1)$$
$$= (0.001\,029\,9\ \text{m}^3/\text{kg})(800 - 50\ \text{kPa}) = 0.77\ \text{kJ/kg}$$
$$h_2 = w_{p,1} + h_1 = 0.77 + 340.54 = 341.31\ \text{kJ/kg}$$

따라서 ①의 위치에 들어가는 상태량, 즉 상태 2의 엔탈피는 341.31 kJ/kg이 된다.

• **과정 3-4** (펌프 2에서의 등엔트로피 압축)

$$w_{p,2} = h_4 - h_3 = \int_3^4 vdp = v_3(p_4 - p_3) = v_{f,0.8\,\text{MPa}}(p_4 - p_3)$$
$$= (0.0011148\ \text{m}^3/\text{kg})(5000 - 800\ \text{kPa}) = 4.68\ \text{kJ/kg}$$
$$h_4 = w_{p,2} + h_3 = 4.68 + 720.86 = 725.54\ \text{kJ/kg}$$

따라서 원문자 ②의 위치에 들어가는 상태량, 즉 상태 4의 엔탈피는 725.54 kJ/kg이 된다.

• **5-6 과정**

이 과정은 등엔트로피 과정이므로 상태 6은 0.8 MPa, 엔트로피 6.6483 kJ/kg K이다.

0.8 MPa에서 $s_f = 2.0457$, $s_g = 6.6616$ kJ/kg K

$s_f < s_4 < s_g$ 이므로 ③에 들어가는 상태 정보는 습증기 상태임을 알 수 있다. 0.8 MPa의 포화온도는 170.41 ℃이다. 이미 알고 있는 상태 6의 엔트로피를 사용해서 상태 6의 건도를 계산한다.

$$s_6 = 6.6483 = s_f + x_6 s_{fg,0.8\,\text{MPa}} = 2.0457 + x_6(6.6616 - 2.0457)$$

위의 관계식에서 상태 6의 건도는 0.9971임을 알 수 있다. ④의 위치에 들어갈 상태 6에서의 엔탈피는 다음과 같이 구해진다.

$$h_6 = h_f + x_6 h_{fg,0.8\,\text{MPa}} = 720.86 + (0.9971)(2768.3 - 720.86) = 2762.4\ \text{kJ/kg}$$

• **6-7 과정**

이 과정 역시 등엔트로피 과정이므로 상태 7은 0.05 MPa, 엔트로피 6.6483 kJ/kg K이다.

0.05 MPa에서 $s_f = 1.0912$, $s_g = 7.5930$ kJ/kg K

$s_f < s_7 < s_g$ 이므로 상태 7은 포화상태임을 알 수 있다. ⑤의 위치에 들어갈 상태 정보는 습증기이며 상태 7의 건도를 다음 식으로 구할 수 있다.

$$s_7 = 6.6483 = s_f + x_7 s_{fg,0.05\,\text{MPa}} = 1.0912 + x_7(7.5930 - 1.0912)$$

위의 관계식에서 상태 7의 건도는 0.8547임을 알 수 있다. ⑥의 위치에 들어갈 상태 7에서의 엔탈피는 다음과 같이 구해진다.

$$h_7 = h_f + x_7 h_{fg,0.05\,\text{MPa}} = 340.54 + (0.8547)(2645.2 - 340.54) = 2310.3\ \text{kJ/kg}$$

이상의 과정을 통해 앞의 상태량표의 빈칸에 들어갈 상태량들이 대부분 파악되었다. 완성된 상태량표는 다음과 같다.

위치	상태	p (MPa)	T (℃)	v (m³/kg)	h (kJ/kg)	s (kJ/kg K)	과정
1	포화액체	0.05	$T_{sat} = 81.3$	$v_f = 0.001\,029\,9$	$h_f = 340.54$	$s_f = 1.0912$	1–2 등엔트로피 과정 $w_{p1}=h_2-h_1=v_1(p_2-p_1)$
2	압축액체	0.8			341.31	$s_2 = s_1$ 1.0912	2–3 정압과정
3	포화액체	0.8	$T_{sat} = 170.4$	$v_f = 0.001\,114\,8$	$h_f = 720.86$	$s_f = 2.0457$	3–4 등엔트로피 과정 $w_{p2}=h_4-h_3=v_3(p_4-p_3)$
4	압축액체	5			725.54	$s_4 = s_3$ 2.0457	4–5 정압과정
5	과열증기	5	400	0.057 837	3196.7	6.6483	5–6 등엔트로피 과정
6	습증기	0.8			2762.4	6.6483	6–7 등엔트로피 과정
7	습증기	0.05			2310.3	6.6483	7–1 정압과정

터빈에서 추출되는 질량의 비율은 다음과 같이 계산된다.

$$y = \frac{h_3 - h_2}{h_6 - h_2} = \frac{720.86 - 341.31}{2762.4 - 341.31} = 0.1568\ \frac{\text{kg}}{\text{kg}}$$

즉 보일러에서 나와 터빈으로 유입하는 수증기 1 kg당 0.1568 kg의 수증기가 터빈 중간단에서 추출되어 개방식 급수 가열기로 유입한다. 나머지 증기는 터빈에서 계속 팽창하고 응축기와 펌프를 거쳐 급수 가열기로 유입하게 된다.

각 위치에서의 엔탈피와 증기 추출량이 결정되었으므로 각 장치에서의 단위 질량당 일과 열전달량 등의 성능 인자들은 다음과 같이 구할 수 있다.

터빈: $w_t = w_{t,1} + w_{t,2} = (h_5 - h_6) + (1 - y)(h_6 - h_7)$
$= (3196.7 - 2762.4) + (1 - 0.1568)(2762.4 - 2310.3) = 815.5\text{ kJ/kg}$

펌프: $w_p = w_{p,1} + w_{p,2} = (1 - y)(h_2 - h_1) + (h_4 - h_3)$
$= (1 - 0.1568)(341.31 - 340.54) + (725.54 - 720.86) = 5.33\text{ kJ/kg}$

보일러: $q_H = h_5 - h_4 = 3196.7 - 725.54 = 2471.2\text{ kJ/kg}$

응축기: $q_L = (1 - y)(h_7 - h_1) = (1 - 0.1568)(2310.3 - 340.54) = 1660.9\text{ kJ/kg}$

사이클의 열효율: $\eta_{th} = \dfrac{w_t - w_p}{q_H} = \dfrac{815.5 - 5.33}{2471.2} = 32.8\ \%$

역일비: $\text{bwr} = \dfrac{w_p}{w_t} = \dfrac{5.33}{815.5} = 0.65\ \%$

7. 해석

지금까지 여러 가지 사이클들의 예를 들면서 비교를 위해 보일러 압력, 응축기 압력과 필요할 경우 중간 압력을 동일하게 유지하였다. 실제의 경우와 다소 거리가 있지만 이 예제들의 비교를 통해 재열과 재생의 효과를 정량적으로 파악할 수 있을 것이다. 다음의 표는 예제 8.1, 8.3 및 예제 8.4의 주요 성능 인자들을 정리한 것이다.

항목	재열이 없는 Rankine 사이클	재열 사이클	재생 사이클
펌프일	5.10 kJ/kg	5.10 kJ/kg	5.33 kJ/kg
터빈일	886.4 kJ/kg	1016.1 kJ/kg	815.5 kJ/kg
공급열량	2851.1 kJ/kg	3250.9 kJ/kg	2471.2 kJ/kg
열효율	30.9 %	31.1 %	32.8 %
역일비	0.58 %	0.50 %	0.65 %
터빈 출구의 건도	0.8547	0.9719	0.8547

재생 사이클의 경우 두 개의 펌프를 사용하지만 펌프일의 증가는 미미할 정도이다. 보일러로 유입하는 급수의 예열을 통해 보일러에서의 공급열량이 현저하게 줄어들었음을 볼 수 있다. 물론 터빈에서 일을 하는 동작유체의 양이 줄어들어 터빈일도 함께 감소하였으나 사이클 전체의 열효율은 증가하였음을 잘 보여주고 있다.

8.4 열병합 발전

증기 동력 사이클로 가동되는 발전 시설이 있는 지역과 가까운 곳에서 난방의 목적으로 또는 생산 공정 상의 필요에 의해 온수 또는 증기가 요구되는 경우가 있다. 온수 또는 증기를 생산하기 위해서는 보일러와 함께 이와 관련된 설비가 필요하다. 이러한 경우 별도로 보일러 및 관련 설비를 설치하는 것보다는 이미 가동하고 있는 증기 동력 사이클을 이용하는 것이 효과적일 것이다. 즉 증기 동력 사이클의 터빈 중간에서 팽창된 수증기의 일부를 추출하여 이를 난방 또는 생산 공정에 공급하기 위한 목적으로 사용하는 것이다. 이를 **열병합 발전**(Cogeneration)이라 한다. 이때 추출된 증기는 난방 등의 목적으로 사용된 다음 다시 순환되지 않을 수도 있다. 즉 사이클을 이루지 않을 수도 있다. 그림 8.14는 열병합 발전 시스템을 나타내고 있다. 열병합 발전을 이용해서 설비에 대한 초기 설치비와 설비 운영 비용을 크게 절감할 수 있다.

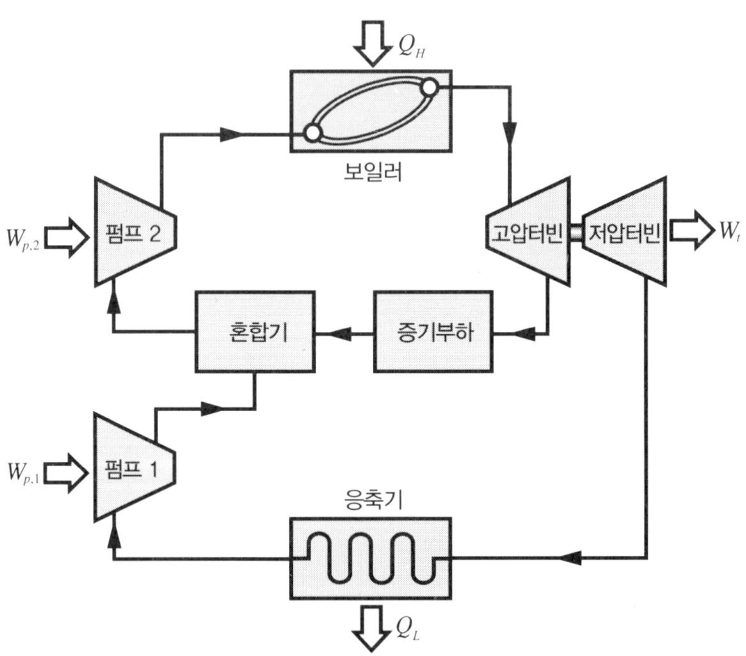

그림 8.14 열병합 발전

8장 개념문제

1. 동력사이클을 여러 가지로 분류하여 설명하라.
2. Rankine 사이클의 의의에 대해 설명하라.
3. 역일비에 대해 설명하라.
4. Rankine 사이클의 구성도를 그리고, 이상적인 Rankine 사이클의 4대 기본 과정을 설명하라. 아울러 이 사이클을 온도-엔트로피 선도 상에 그리고 설명하라.
5. 이상적인 Rankine 사이클에서의 터빈일, 펌프일과 공급열량 및 방출열량을 상태량을 이용하여 표시하라.
6. Rankine 사이클의 열효율을 지배하는 인자를 설명하고, 이 사이클의 열효율을 증가시키는 방안을 설명하라.
7. 재열 사이클의 의의를 설명하고 구성도 및 온도-엔트로피 선도를 그리고 설명하라.
8. 재생 사이클의 의의를 설명하고 구성도 및 온도-엔트로피 선도를 그리고 설명하라.
9. 열병합 발전에 대해 설명하라.

8장 연습문제

8.1 증기 동력 사이클이 1000 kW의 동력을 생산하고 있다. 이 사이클의 열효율은 33%이며 역일비는 0.75%이다. 터빈 출력 및 펌프 소요 동력, 보일러로 공급하는 열전달률과 응축기에서 방출하는 열전달률을 계산하라.

8.2 수증기를 동작유체로 하는 이상적인 Rankine 사이클로 작동하는 단순 증기 원동소를 해석하고자 한다. 보일러 압력은 5 MPa이며, 응축기 압력은 50 kPa이다. 보일러를 나와 터빈으로 들어가는 동작유체는 포화증기이며 응축기를 나오는 동작유체는 포화액체이다. 동작유체 1 kg에 대해 터빈일, 펌프일, 보일러에서의 열전달량 및 응축기에서의 열방출량을 계산하고 최종적으로 열효율과 역일비를 산출하라. 아울러 이 결과를 400 ℃의 과열증기로 터빈으로 유입하는 사이클의 경우와 비교하라.

8.3 수증기를 동작유체로 하는 Rankine 사이클로 작동하는 단순 증기 원동소를 해석하고자 한다. 보일러 압력은 5 MPa이며, 응축기 압력은 50 kPa이다. 보일러에서 0.2 MPa의 압력 강하가 일어나며 보일러를 나와 터빈으로 들어가는 동작유체는 4.8 MPa, 400 ℃의 과열 증기이다. 응축기를 나오는 동작유체는 포화액체이다. 터빈과 펌프의 등엔트로피 효율은 각각 90%이다. 동작유체 1 kg에 대해 터빈일, 펌프일, 보일러에서의 열전달량 및 응축기에서의 열방출량을 계산하고 최종적으로 열효율과 역일비를 산출하라. 아울러 이 결과를 보일러에서의 압력 강하가 없으며 터빈과 펌프에서 등엔트로피 과정을 겪는 경우와 비교하라.

8.4 수증기를 동작유체로 하는 Rankine 사이클로 작동하는 단순 증기 원동소가 과열과 재열을 시행하고 있다. 1단의 고압 터빈으로 유입하는 증기는 5.0 MPa, 400 ℃의 과열증기이다. 이 증기는 고압 터빈에서 0.8 MPa

까지 팽창하고 350 ℃까지 재열되어 2단 터빈으로 유입한다. 응축기 압력은 50 kPa이다. 응축기를 나오는 동작유체는 포화액체이다. 터빈과 펌프의 등엔트로피 효율은 각각 90%이다. 동작유체 1 kg에 대해 터빈일, 펌프일, 보일러에서의 열전달량 및 응축기에서의 열방출량을 계산하고 최종적으로 열효율과 역일비를 산출하라. 아울러 이 결과를 터빈과 펌프에서 등엔트로피 과정을 겪는 경우와 비교하라.

8.5 수증기를 동작유체로 하고 개방형 급수 가열기를 가진 재생 사이클을 해석한다. 터빈으로 유입하는 증기는 5.0 MPa, 400 ℃의 과열증기이다. 이 증기는 터빈에서 0.8 MPa까지 팽창하고 일부의 증기가 추출되어 개방형 급수 가열기로 보내진다. 급수 가열기에서의 압력은 0.8 MPa이다. 이 급수 가열기에서 포화액체가 되어 나온다. 응축기 압력은 50 kPa이다. 응축기를 나오는 동작유체는 포화액체이다. 터빈과 펌프의 등엔트로피 효율은 각각 90%이다. 동작유체 1 kg에 대해 터빈일, 펌프일, 보일러에서의 열전달량 및 응축기에서의 열방출량을 계산하고 최종적으로 열효율과 역일비를 산출하라. 아울러 이 결과를 터빈과 펌프에서 등엔트로피 과정을 겪는 경우와 비교하라.

9 가스 동력 사이클

8장에서는 사이클 중 물과 증기 사이의 상변화를 하는 동력 사이클을 다루었다. 9장에서는 사이클을 수행하는 중 처음부터 끝까지 가스상을 유지하는 가스 동력 사이클(Gas Power Cycle)을 다루기로 한다. 가스 동력 사이클은 크게 실린더와 피스톤 장치를 근간으로 하는 왕복식과, 터빈을 이용하여 일을 하는 회전식으로 나눌 수 있다.

그림 1.4에서 왕복식 내연기관의 작동을 소개한 바 있다. 왕복식 내연기관 중 가솔린, 천연가스(Natural Gas), 액화석유가스(Liquefied Petroleum Gas), 알코올, 수소 등을 연료로 하는 기관은 일반적으로 미리 혼합된 연료–공기 혼합기를 흡입한다. 이 혼합기는 피스톤의 상향 운동에 의해 압축된 다음 스파크를 통해 점화한다. 이를 **스파크 점화기관**(Spark Ignition Engine)이라 하고 **SI 기관**이라 약칭한다. SI 기관의 이상 사이클은 **공기 표준 Otto 사이클**이다. 한편 경유, 중유 등을 연료로 하는 기관은 공기만을 흡입하고 고도로 압축된 고온의 공기에 연료를 분사하여 공기의 압축열에 의해 점화가 이루어지도록 한다. 이를 **압축착화 기관**(Compression Ignition Engine)이라 하고 **CI 기관**이라 약칭한다. CI 기관의 이상 사이클은 **공기 표준 Diesel 사이클** 또는 **공기 표준 Sabathe 사이클**이다. 증기 터빈 기관은 대규모의 설비로 대출력을 생산하는 용도로 주로 사용된다. 가솔린 기관, 디젤 기관으로 대표되는 왕복식 내연기관은 소형, 경량의 장치로서 비교적 작은 출력을 높은 열효율로 생산하는 용도로 많이 사용된다. 가스 동력 사이클로 작동하는 또 다른 형식의 동력 발생 장치는 회전식 내연기관인 가스 터빈 기관으로서 중급 규모의 출력을 생산하는 용도로 많이 사용된다. 이 기관의 이상 사이클은 **공기 표준 Brayton 사이클**이다. 제트 기관으로 대표되는 분사 추진 사이클은 열역학적으로 가스 터빈 사이클과 거의 동일하다. 그러나 가스 터빈 기관이 회전에 의해 외부에 일을 하는데 비해 분사 추진 기관은 가스의 분사에 의해 생기는 추력을 이용하는 점이 다르다.

8장에서 이미 제시했지만 9장에서 공부할 가스 동력 사이클을 열거하면 다음과 같다.

가스 동력 사이클(Gas Power Cycle)

- 왕복식 가스 동력 사이클(Reciprocating Gas Power Cycle)

- 스파크 점화 기관(Spark Ignition Engine) – Otto 사이클
- 압축 착화 기관(Compression Ignition Engine) – Diesel 사이클, Sabathe 사이클

• 가스 터빈 사이클(Gas Turbine Cycle)
- 가스 터빈 기관(Gas Turbine Engine) – Brayton 사이클

• 분사 추진 사이클 (Jet Propulsion Cycle)
- 터보제트 기관(Turbojet Engine)
- 터보팬 기관(Turbofan Engine)
- 터보프롭 기관(Turboprop Engine)
- 터보축 기관(Turboshaft Engine)
- 램제트 기관(Ramjet Engine)

이외에 복합 동력 사이클, Ericsson 사이클 및 Stirling 사이클에 대해 설명한다.

9.1 왕복식 가스 동력 사이클의 해석

1장의 그림 1.4에서 본 바 있는 가솔린 기관의 경우 기관 내부에서 연소가 일어나며 흡기 및 배기 밸브를 통해 동작유체가 실린더 내를 출입한다. 이 사이클은 엄밀하게 열역학적 사이클이 아니며 역학적 사이클이다. 이러한 기관들을 해석하기 위해서는 연소과정을 고려하고, 이에 따른 화학적 조성의 변화도 고려해야 하므로 해석이 대단히 복잡하게 된다. 해석을 간단하게 하고 또 이 사이클을 열역학적 사이클로 간주하기 위해 다음과 같은 몇 가지 가정을 한다.

1. 동작유체는 일정량의 공기이며 이상기체 거동을 하는 것으로 간주한다.
2. 실린더 내에서의 연소과정은 외부에서의 열전달로 대치한다.
3. 사이클은 외부로의 순간적인 열방출을 통해 완결된다.
4. 모든 과정은 내부적으로 가역이다.
5. 비열은 일정하다.

이상과 같은 가정에 의해 사이클을 해석할 때 이 사이클을 **공기 표준 사이클**(Air-Standard Cycle)이라 한다. 동작유체가 일정량의 공기라고 가정함으로써 실제의 SI 기관 및 CI 기관에서 존재하는 흡기 및 배기 과정이 필요 없게 되며 모든 과정은 열역학적 사이클을 이루게 된다. 실제의 경우 실린더 내에서의 연소 과정을 통해 일정량의 열발생(Heat Release)이 이루어진다. 공기 표준 사이클에서는 이 열발생량 만큼의 에너지를 열전달을 통해 외부에서 공급 받는다고 가정한다. 따라서 연소의 효과는 그대로 반영하면서도 복잡한 연소 과정의 해석을 피하고, 연소에 따른 화학적 조성의 변화도

고려할 필요가 없게 된다. 다만 배기 과정을 다루지 않음으로써 배기에 의한 열방출을 고려할 수 없으므로 순간적인(왕복식 기관에서 순간적이라는 표현은 정적과정을 의미한다) 열방출에 의해 사이클을 완결하는 것으로 가정한다. 가스의 비열은 온도에 따라 크게 변화하나 계산을 간단히 하기 위해 전 과정을 통해 일정한 비열을 갖는 것으로 가정한다. 이때의 비열은 보통 상온에서의 비열로 계산한다. 이러한 가정 하에 실린더 최고 온도를 계산하게 되면 실제보다 상당히 높은 온도로 계산된다. 이는 실린더 최고 압력이나 일의 계산에 있어서도 마찬가지이다. 이와 같이 공기 표준 사이클에 의한 해석은 실제의 경우와 비교해 볼 때 정량적으로는 일치하지 않는 결과를 보이기도 한다. 그러나 성능에 영향을 미치는 인자들을 찾아내고 또 그 영향을 정성적으로 검토하는데 대단히 유용하게 사용될 수 있다.

9.2 공기 표준 Otto 사이클

공기 표준 Otto 사이클(Air-Standard Otto Cycle)은 가솔린, 알코올, 수소 및 LP 가스 등을 연료로 사용하고 이들 연료를 전기 스파크를 통해 점화시키는 스파크 점화기관의 이상 사이클이다. 그림 9.1은 Otto 사이클에서의 과정을 p–V 선도 및 T–S 선도 상에 나타낸 것이다. 실린더 체적이 가장 큰 위치인 하사점에서, 즉 상태 1에서 압축이 시작되어 실린더 체적이 가장 작은 위치인 상사점, 즉 상태 2에서 압축이 끝난다. 이 시점에서 순간적으로, 즉 일정한 체적에서 열에너지가 외부에서 공급된다고 생각한다. 이 열에너지의 양은 실린더 내에서의 연소에 의해 발생하는 열에너지의 양과 동일하다. 외부에서의 순간적인 열전달에 의해 실린더 내 가스의 압력과 온도 및 엔트로피는 증가한다(2–3 과정). 열공급이 완료된 후 피스톤은 상사점에서 하사점으로 이동하고 이 과정에서 p–V 선도의 3–4 과정과 같이 체적은 증가하며 압력은 떨어지게 된다. 하

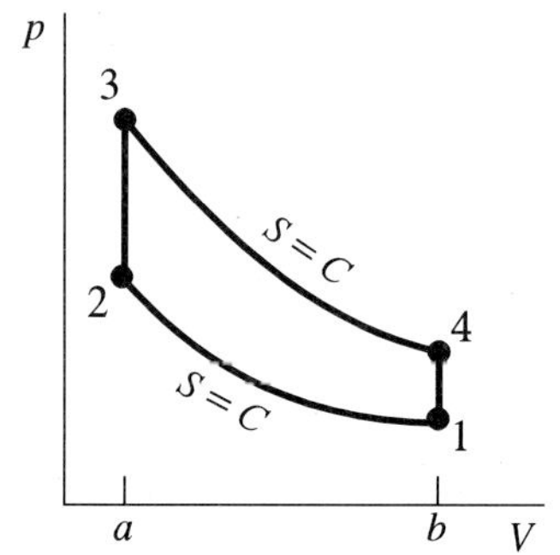

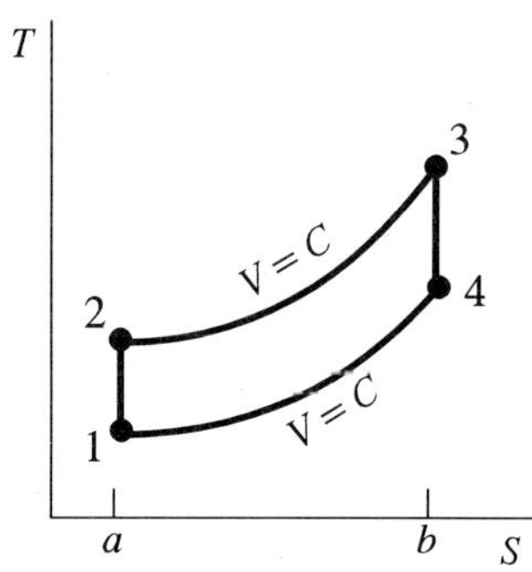

그림 9.1 이상적인 공기 표준 Otto 사이클

사점에서는 일정한 체적 하에서, 즉 순간적으로 열을 방출함으로써 압력, 온도 및 엔트로피가 감소하고 사이클이 완결된다. 이 사이클이 이상적으로 작동할 때 마찰에 의한 손실이나 실린더 벽면 등으로의 열손실은 없는 것으로 생각한다. 따라서 이상적인 Otto 사이클을 이루는 과정들은 다음과 같이 요약할 수 있다.

1-2 과정 : BDC → TDC : 가역단열 압축 (등엔트로피 과정)
2-3 과정 : TDC에서 : 정적 열공급
3-4 과정 : TDC → BDC : 가역단열 팽창 (등엔트로피 팽창)
4-1 과정 : BDC에서 : 정적 열방출

물론 모든 과정은 내부적으로 가역적으로 진행된다.

그림 9.1의 $p-V$ 선도에서 압축 과정을 나타내는 곡선 1-2의 아랫부분 면적 (1-2-a-b-1)은 압축 과정 중에 투입하는 일의 크기를 나타낸다. 팽창 과정을 나타내는 곡선 3-4의 아래 면적 (3-4-b-a-3)은 팽창 과정 중에 가스가 피스톤에 대해 행하는 일의 크기를 나타낸다. 팽창 과정 중의 일은 양(+)이며 압축 과정 중의 일은 음(−)이므로 사이클 전체에 걸친 순 일(Net Work)은 폐곡선 내의 면적 (1-2-3-4-1)이 된다. $T-S$ 선도의 경우 정적 열공급을 나타내는 곡선 2-3의 아래 면적 (2-3-b-a-2)는 이 과정 중의 열공급량을 나타낸다. 정적 열방출을 표시하는 곡선 4-1의 아랫부분의 면적 (4-1-a-b-4)는 이 과정 중의 열방출량을 나타낸다. 따라서 $T-S$ 선도의 폐곡선 내의 면적은 $Q_H - Q_L$, 즉 사이클 중의 순 열공급량(Net Heat Transfer)이 된다. 사이클을 겪는 시스템에 대한 열역학 제1법칙에 의하면 사이클 중의 순 열전달량은 사이클 중의 순 일과 같으므로 $T-S$ 선도 상의 폐곡선 내의 면적은 순 일의 크기를 나타내기도 한다.

열역학 제1법칙과 이상기체 관계식들을 이용하여 이상적인 공기 표준 Otto 사이클의 열효율을 각 점의 상태량들을 이용하여 나타낼 수 있다.

이 과정은 사이클의 열효율을 나타내는 다음 식에서 출발한다.

$$\eta_{\text{Otto}} = \frac{W_{\text{cycle}}}{Q_H} = \frac{w_{\text{cycle}}}{q_H} = \frac{w_{\text{exp}} - w_{\text{comp}}}{q_H} \tag{9.2.1}$$

Otto 사이클의 열효율을 구하기 위해 과정 1-2 및 과정 3-4에서의 일과 열, 즉 에너지 출입량을 열역학 제1법칙을 이용하여 상태량으로 표시하도록 한다. 과정을 겪는 시스템에 대한 열역학 제1법칙을 단위 질량에 대해 표시하면 다음과 같다.

$$q - w = e_2 - e_1 = (u_2 - u_1) + \left(\frac{V_2^2}{2} - \frac{V_1^2}{2}\right) + (gZ_2 - gZ_1) \tag{9.2.2}$$

여기서 운동 에너지 및 위치 에너지의 변화를 무시하면 다음과 같다.

$$q - w = e_2 - e_1 \approx u_2 - u_1 \tag{9.2.3}$$

제1법칙 식을 등엔트로피 압축 과정인 과정 1-2에 적용하면 압축일 w_{comp}를 구할 수 있다.

$$w_{\text{comp}} = -w_{12} = u_2 - u_1 \tag{9.2.4}$$

제1법칙 식을 등엔트로피 팽창 과정인 과정 3-4에 적용하면 팽창일 w_{exp}를 구할 수 있다.

$$w_{\text{exp}} = w_{34} = u_3 - u_4 \tag{9.2.5}$$

제1법칙 식을 정적 연소(열공급) 과정인 과정 2-3에 적용하면 열공급량 q_H를 구할 수 있다.

$$q_H = q_{23} = u_3 - u_2 \tag{9.2.6}$$

이 식들을 열효율을 나타내는 식 (9.2.1)에 대입하면 이상적인 Otto 사이클의 열효율을 각 점의 상태량 즉 내부에너지의 항으로 다음과 같이 나타낼 수 있다.

$$\eta_{\text{Otto}} = \frac{(u_3 - u_4) - (u_2 - u_1)}{u_3 - u_2} = 1 - \frac{u_4 - u_1}{u_3 - u_2} \tag{9.2.7}$$

이상기체의 내부에너지 변화는 정적비열을 이용하여 나타낼 수 있다. 여기서 비열은 일정하다고 가정하였으므로 $u_4 - u_1 = C_{v0}(T_4 - T_1)$의 형태가 되므로 위의 식은 다음과 같이 온도만의 함수로 표시된다.

$$\eta_{\text{Otto}} = 1 - \frac{C_{v0}(T_4 - T_1)}{C_{v0}(T_3 - T_2)} = 1 - \frac{T_4 - T_1}{T_3 - T_2} = 1 - \frac{T_1\left(\frac{T_4}{T_1} - 1\right)}{T_2\left(\frac{T_3}{T_2} - 1\right)} \tag{9.2.8}$$

이상과 같이 이상적인 Otto 사이클의 열효율은 각 점에서의 내부에너지 또는 온도 등 상태량의 함수로 표시될 수 있음을 알았다. 이상기체 관계식을 적용하여 이 식을 또 다른 상태량의 함수로 변환할 수 있다.

과정 1-2 및 과정 3-4는 등엔트로피 과정을 겪으므로 온도의 비를 최종적으로는 체적의 비로 바꿀 수 있다. 그 과정은 다음과 같다.

우선 등엔트로피 과정 1-2와 1-4 사이의 관계를 고려한다.

$$\frac{T_2}{T_1} = \left(\frac{V_1}{V_2}\right)^{k-1} = \left(\frac{V_4}{V_3}\right)^{k-1} = \frac{T_3}{T_4} \tag{9.2.9}$$

따라서 $T_3/T_2 = T_4/T_1$이 되므로 식 (9.2.8)의 분모와 분자의 항이 소거되어 열효율은 다음과 같이 된다.

$$\eta_{\text{Otto}} = 1 - \frac{T_1}{T_2} = 1 - \frac{1}{\left(\frac{V_1}{V_2}\right)^{k-1}} \tag{9.2.10}$$

V_1/V_2는 실린더 최대 체적과 최소 체적의 비로 이를 **압축비**(Compression Ratio)라 정의하고 r로 표시한다. 즉

$$r \equiv \frac{V_1}{V_2} \tag{9.2.11}$$

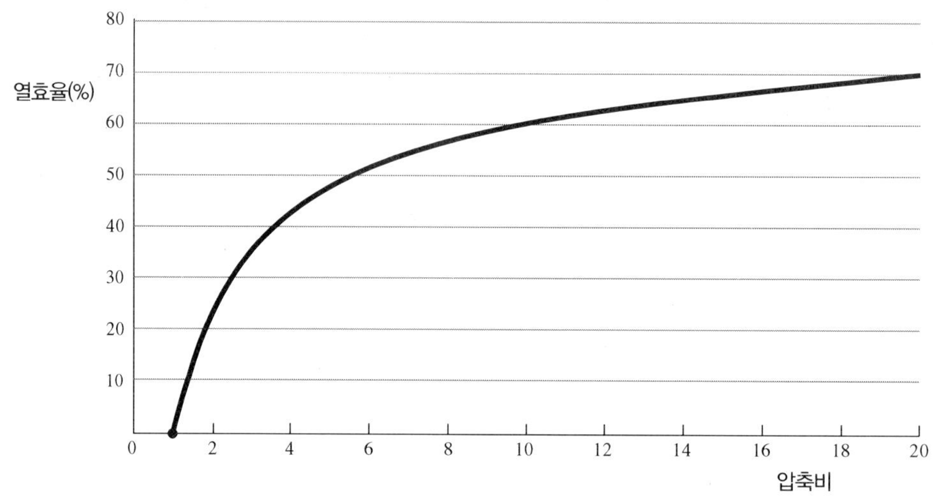

그림 9.2 압축비의 변화에 따른 공기 표준 Otto 사이클의 열효율 변화

압축비를 이용하여 이상적인 Otto 사이클의 열효율을 다음과 같이 다시 표시할 수 있다.

$$\eta_{\mathrm{Otto}} = 1 - \frac{1}{r^{k-1}} \tag{9.2.12}$$

즉 이상적인 Otto 사이클의 열효율을 설계인자인 압축비의 함수로 표시하였다. 이 식에서 이상적인 Otto 사이클의 열효율은 비열비가 일정할 경우 압축비만의 함수이며, 압축비가 증가함에 따라 열효율이 증가함을 알 수 있다. 그림 9.2는 압축비의 변화에 따른 공기 표준 Otto 사이클의 열효율의 변화를 나타내고 있다.

이 그림에서 압축비가 어느 이상으로 커지게 되면 압축비의 증가에 따른 열효율의 증가율이 매우 둔화되는 것을 볼 수 있다. 압축비가 증가하면 실린더 내의 최고 압력이 증가하게 되며 이 경우 기관 강도에 별도의 고려가 필요하다. 이는 비용의 증가를 의미한다. 또한 압축비가 어느 한도 이상 커지게 되면 노킹(Knocking)이라는 이상 연소(Abnormal Combustion) 현상이 발생하여 기관에 큰 장해를 줄 수 있다. 따라서 Otto 사이클의 압축비는 적정한 어느 한도 내로 제한을 받게 된다.

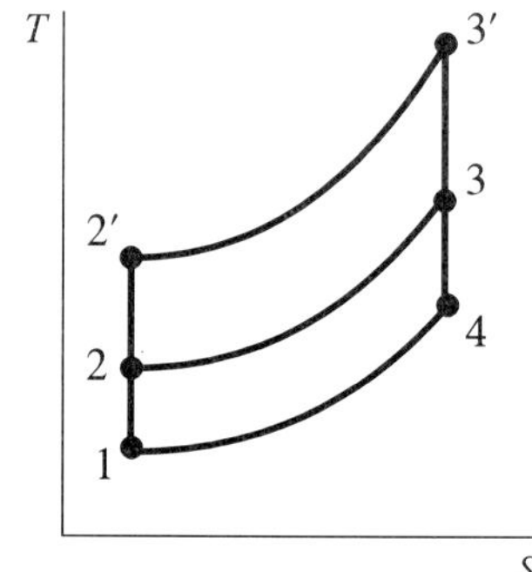

그림 9.3 압축비를 증가시킨 경우의 Otto 사이클

Otto 사이클의 T–S 선도를 통해서도 압축비 증가에 따른 열효율의 향상을 관찰할 수 있다. 그림 9.3에서 사이클 1–2′–3′–4–1은 압축비를 증가시킨 경우의 T–S 선도를 표시한다. 압축비를 증가시킴으로써 부가된 사이클 2–2′–3′–3–2는 원래의 사이클 1–2–3–4–1에 대해 공급 열량의 증가량인 동시에 사이클 순 일의 증가량이 된다. 즉 이 부분만을 생각할 때 열효율은 100 %가 되어 원래의 사이클보다 높은 열효율을 갖는다. 결과적으로 압축비가 증가한 사이클의 열효율은 원래의 사이클의 열효율보다 높게 된다.

열효율이 일정할 경우 열기관의 출력은 연료로 공급한 에너지의 크기에 비례한다.

왕복식 내연기관은 배기량 즉 행정체적이 클수록 한 사이클에 흡입하는 혼합기의 양이 많아지므로 자연적으로 출력이 커진다. 또 기관회전속도(Engine Speed)가 커지면 단위 시간 동안의 사이클 수가 많아지므로 이 역시 출력이 커지게 된다. 왕복식 내연기관의 출력을 얘기할 때 행정체적과 기관회전속도의 영향을 배제하고 출력을 평가할 필요가 있다. 따라서 단위 행정체적당 한 사이클 동안의 일을 정의하면 이 일은 행정체적과 회전속도의 영향을 받지 않는 성능 인자가 된다. 이를 다음과 같이 정의한다.

$$p_m \equiv \frac{W_{\text{cycle}}}{V_D} \tag{9.2.13}$$

여기서 W_{cycle}은 한 사이클당의 일로 팽창일에서 압축일을 뺀 기관의 순 일 W_{NET}과 동일하다. V_D는 행정체적이다. 식 (9.2.13)은 한 사이클 당의 일을 체적으로 나누어준 것이므로 압력의 단위를 갖게 된다. 이를 **평균유효압력**(Mean Effective Pressure)이라 부른다. 평균유효압력은 기관의 출력을 나타내는 주요 성능 인자 중의 하나이다.

예제 9.1 공기표준 Otto 사이클

실린더 하나당 행정체적이 265 cc이며 압축비가 9인 가솔린 기관을 해석하고자 한다. 편의상 공기 표준 Otto 사이클로 작동하는 것으로 간주한다. 압축 과정 초기의 상태는 1 bar, 300 K이다. 사이클 중의 최고 온도는 2300 K으로 제한하려 한다. 다음을 계산하라.

(a) 각 과정의 끝에 있어서의 온도와 압력

(b) 사이클의 순 일과 열효율

(c) 평균유효압력

풀이

1. 해석의 대상 시스템

2. 압력-체적 선도 및 온도-엔트로피 선도

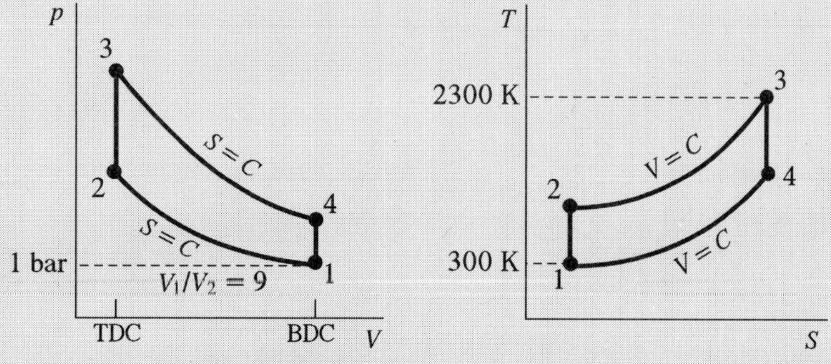

3. 동작유체 공기

4. 지배방정식

과정을 겪는 밀폐 시스템에 대한 열역학 제1법칙은 다음과 같다.

$$q - w = e_2 - e_1 \approx (u_2 - u_1)$$

이 식을 각 과정에 대해 적용하면 다음과 같이 각 과정에서의 단위 질량당 열전달량과 압축일 및 팽창일을 구할 수 있다.

공급 열량: $q_H = q_{23} = u_3 - u_2 = C_{v0}(T_3 - T_2)$

방출열량: $q_L = -q_{41} = u_4 - u_1 = C_{v0}(T_4 - T_1)$

압축일: $w_{\text{comp}} = -w_{12} = u_2 - u_1 = C_{v0}(T_2 - T_1)$

팽창일: $w_{\text{exp}} = w_{34} = u_3 - u_4 = C_{v0}(T_3 - T_4)$

순 일: $w_{\text{NET}} = w_{\text{exp}} - w_{\text{comp}}$

사이클의 효율: $\eta_{\text{Otto}} = 1 - \dfrac{q_L}{q_H}$ 또는 $\eta_{\text{Otto}} = 1 - \dfrac{1}{r^{k-1}}$

평균유효압력: $p_m = \dfrac{W_{\text{cycle}}}{V_D}$

폴리트로프 관계식: $pV^k = \text{const}$, $TV^{k-1} = \text{const}$

이상기체 상태 방정식: $pV = mRT$

5. 자료

위의 식들을 통해 우리가 알고자 하는 값들을 구하기 위해서는 각 점의 상태량들, 특히 각 점에서의 온도들을 알아야 한다. 이들을 알기 위해 다음과 같이 상태량표를 작성한다.

위치	p (bar)	T (K)	V (m^3)	과정
1	1.0	300	$0.000\,265 + V_c$	1–2 등엔트로피 과정
2			V_c	2–3 정적 과정
3		2300	$V_3 = V_2$	3–4 등엔트로피 과정
4			$V_4 = V_1$	4–1 정적 과정

이와 같이 상태량표를 작성하면 알고 있는 자료와 구해야 할 자료의 값을 계산하는데 유용한 정보들을 명확하게 정리할 수 있다.

공기에 대한 기본적인 자료들은 다음과 같다.

가스상수: 0.287 kJ/kg K

300 K에서 정적비열: $C_{v0} = 0.718$ kJ/kg K

비열비: $k = C_p/C_v = 1.4$

체적들 사이의 관계식을 이용해서 각 위치에서의 체적을 구해 본다.

피스톤이 상사점에 있을 때의 체적인 틈새체적(또는 간극체적, Clearance Volume)을 V_c라 하고, 피스톤이 하사점에서 상사점으로 움직이는 동안 흡입 또는 배제하는 체적을 행정체적 V_D라고 하면 압축비와 체적들 사이의 관계는 다음과 같이 나타난다.

압축비: $r = \dfrac{V_1}{V_2} = \dfrac{V_4}{V_3} = \dfrac{V_D + V_c}{V_c} = 1 + \dfrac{V_D}{V_c}$

틈새체적: $V_c = \dfrac{V_D}{r-1} = \dfrac{0.000\,265\ \text{m}^3}{9-1} = 3.3125 \times 10^{-5}\ \text{m}^3$

하사점 체적: $V_1 = V_c + V_D = 3.3125 \times 10^{-5} + 0.000\,265 = 2.981\,25 \times 10^{-4}\ \text{m}^3$

상사점 체적: $V_2 = V_c = 3.3125 \times 10^{-5}\ \text{m}^3$

아래의 계산 과정에서 알 수 있겠지만 성능 인자들을 구하는데 있어서는 각 위치에서의 체적값을 몰라도 압축비 등의 체적비를 알면 계산이 가능하다.

6. 계산

• **1-2 과정** (등엔트로피 과정)

1-2 과정은 등엔트로피 과정이므로 폴리트로프 관계식에서 폴리트로프 지수 n의 값이 비열비 k가 된다.

$$p_1 V_1^k = p_2 V_2^k \text{ 에서 } p_2 = p_1 \left(\frac{V_1}{V_2}\right)^k = (1\ \text{bar})(9)^{1.4} = 21.7\ \text{bar}$$

$$T_1 V_1^{k-1} = T_2 V_2^{k-1} \text{ 에서 } T_2 = T_1 \left(\frac{V_1}{V_2}\right)^{k-1} = (300\ \text{K})(9)^{0.4} = 722.5\ \text{K}$$

• **2-3 과정** (정적 과정)

정적 과정인 2-3 과정에는 이상기체 상태 방정식을 적용한다.

$$pV = mRT$$

이 식에서 질량, 가스상수는 일정하다. 체적이 일정한 과정이므로 이 식은 다음과 같이 간단히 정리된다.

$$\frac{p}{T} = \text{const} \quad \text{또는} \quad \frac{p_2}{T_2} = \frac{p_3}{T_3}$$

$$p_3 = p_2 \frac{T_3}{T_2} = (21.7\ \text{bar}) \frac{2300\ \text{K}}{722.5\ \text{K}} = 69.1\ \text{bar}$$

• **3-4 과정** (등엔트로피 과정)

이 과정은 다시 등엔트로피 과정이므로 폴리트로프 관계식을 사용한다.

$$p_4 = p_3 \left(\frac{V_3}{V_4}\right)^k = (69.1\ \text{bar}) \left(\frac{1}{9}\right)^{1.4} = 3.2\ \text{bar}$$

$$T_4 = T_3 \left(\frac{V_3}{V_4}\right)^{k-1} = (2300\ \text{K}) \left(\frac{1}{9}\right)^{0.4} = 955.1\ \text{K}$$

이 값들을 이용하여 상태량표를 다음과 같이 완성할 수 있다.

위치	p (bar)	T (K)	V (m^3)	과정
1	1	300	$2.981\,25 \times 10^{-4}$	1–2 등엔트로피 과정
2	21.7	722.5	3.3125×10^{-5}	2–3 정적 과정
3	69.1	2300	$2.981\,25 \times 10^{-4}$	3–4 등엔트로피 과정
4	3.2	955.1	3.3125×10^{-5}	4–1 정적 과정

동작유체의 질량은 이상기체 상태 방정식으로부터 다음과 같이 구해진다.

$$m = \frac{p_1 V_1}{RT_1} = \frac{(100\,000\ \text{Pa})(2.981\,25 \times 10^{-4}\ \text{m}^3)}{(287\ \text{J/kg K})(300\ \text{K})} = 3.463 \times 10^{-4}\ \text{kg}$$

사이클의 각 점에서의 상태량, 특히 온도들이 구해지면 동작유체 1 kg당의 각종 성능 인자들은 다음과 같이 구해진다.

공급 열량: $q_H = C_{v0}(T_3 - T_2) = (0.718\ \text{kJ/kg K})(2300 - 722.5\ \text{K}) = 1132.6\ \text{kJ/kg}$

방출열량: $q_L = C_{v0}(T_4 - T_1) = (0.718\ \text{kJ/kg K})(955.1 - 300\ \text{K}) = 470.4\ \text{kJ/kg}$

압축일: $w_{\text{comp}} = C_{v0}(T_2 - T_1) = (0.718\ \text{kJ/kg K})(722.5 - 300\ \text{K}) = 303.4\ \text{kJ/kg}$

팽창일: $w_{\text{exp}} = C_{v0}(T_3 - T_4) = (0.718\ \text{kJ/kg K})(2300 - 955.1\ \text{K}) = 965.6\ \text{kJ/kg}$

순 일: $w_{\text{NET}} = w_{\text{exp}} - w_{\text{comp}} = 965.6 - 303.4 = 662.2\ \text{kJ/kg}$

단지 순 일을 구하기 위해서라면 위와 같이 팽창일과 압축일을 구하지 않고 공급열량과 방출열량의 차이로 직접 구할 수도 있다. 즉,

$$w_{\text{NET}} = q_H - q_L = 1132.6 - 470.4 = 662.2\ \text{kJ/kg}$$

이 기관의 순 일은 위의 단위 질량당 순 일에 질량을 곱해 구할 수 있다.

$$W_{\text{NET}} = m w_{\text{NET}} = (3.463 \times 10^{-4}\ \text{kg})(662.2\ \text{kJ/kg}) = 0.229\ \text{kJ}$$

사이클의 열효율

$$\eta_{\text{Otto}} = 1 - \frac{q_L}{q_H} = 1 - \frac{470.4}{1132.6} = 0.585 = 58.5\ \%$$

이상적인 Otto 사이클의 열효율은 압축비를 이용하여 다음 식으로도 구할 수 있다.

$$\eta_{\text{Otto}} = 1 - \frac{1}{r^{k-1}} = 1 - \frac{1}{9^{0.4}} = 58.5\ \%$$

평균유효압력

$$p_m = \frac{W_{\text{NET}}}{V_D} = \frac{0.229\ \text{kJ}}{0.000\,265\ \text{m}^3} = 864.2\ \text{kPa}\,\frac{1\ \text{bar}}{100\ \text{kPa}} = 8.64\ \text{bar}$$

7. 해석

이 사이클은 압축 및 팽창 과정에서의 비가역적 손실이나 실린더 벽, 실린더 헤드 및 피스톤으로의 열손실 등을 전혀 고려하지 않았으므로 실제의 경우보다 상당히 큰 열효율을 나타내고 있다. 실제의 가솔린 기관의 열효율은 이보다 훨씬 낮다.

9.3 공기 표준 Diesel 사이클

공기 표준 Diesel 사이클(Air-Standard Diesel Cycle)은 경유 등을 연료로 사용하며 압축열에 의해 연료를 착화시키는 압축 착화 기관을 나타내는 사이클이다. 그림 9.4는 Diesel 사이클에서의 과정을 p–V 선도 및 T–S 선도 상에 나타낸 것이다. 하사점 상태 1에서 압축이 시작되어 상사점 2에서 압축이 끝난다. 상사점에서 연료가 분사되고 연료는 분사 즉시 연소하여 상응하는 만큼의 열을 발생한다고 생각한다. 이 과정은 연료가 분사되는 기간 동안 일정한 압력 하에서 이루어진다. 이 기간 동안 피스톤은 하사점을 향해 움직이고 있다. 공기 표준 사이클에서는 연소 과정에 해당하는 만큼의 열에너지가 외부에서 공급된다고 생각한다(2–3 과정). 동작유체에 열이 공급되면서 정압 하에서 실린더 내 동작유체의 온도 및 엔트로피는 증가하게 된다. 열공급이 완료된 후에도 피스톤은 하사점으로 계속 이동한다. 이 과정에서 p–V 선도의 3–4 과정과 같이 체적은 증가하며 압력은 떨어지게 된다. 하사점에서는 일정한 체적 하에서 순간적으로 열을 방출함으로써 압력, 온도 및 엔트로피가 감소하고 사이클이 완결된다. 공기 표준 Diesel 사이클이 이상적으로 작동할 때의 각 과정은 다음과 같이 요약할 수 있다.

1–2 과정 : BDC → TDC : 가역단열 압축 (등엔트로피 과정)
2–3 과정 : TDC → 상태 3 : 정압 열공급
3–4 과정 : 상태 3 → BDC : 가역단열 팽창 (등엔트로피 팽창)
4–1 과정 : BDC에서 : 정적 열방출

물론 모든 과정은 내부적으로 가역적으로 일어난다.

그림 9.4의 p–V 선도에서 압축 과정을 나타내는 곡선 1–2의 아랫부분 면적 (1–2–a–b–1)은 압축 과정 중에 투입하는 일을 나타낸다. 팽창 과정을 나타내는 곡선 2–3–4의 아래 면적 (2–3–4–b–a–2)는 팽창 과정 중에 가스가 피스톤에 대해 행하는 일의 크기를 나타낸다. 팽창 과정 중의 일은 양이며 압축 과정 중의 일은 음이므로 사이클 전체에 걸친 순 일은 폐곡선 내의 면적 (1–2–3–4–1)이 된다. T–S 선도의 경우 정압 열공급을 나타내는 곡선 2–3의 아래 면적 (2–3–b–a–2)는 이 과정 중의 열공급량을 나타낸다. 정적 열방출을 표시하는 곡선 4–1의 아래 면적 (4–1–a–b–4)는 이 과정 중의 열방출량을 나타낸다. 따라서 T–S 선도에서 폐곡선 내의 면적은 $Q_H - Q_L$, 즉 사이클 중의 순 열공급량이 된다. 사이클을 겪는 시스템에 대한 열역학 제1법칙에 의하면 사이클 중의 순 열전달량은 사이클 중의 순 일과 같으므로 T–S 선도 상의 폐곡선 내의 면적은 순 일의 크기를 나타내기도 한다.

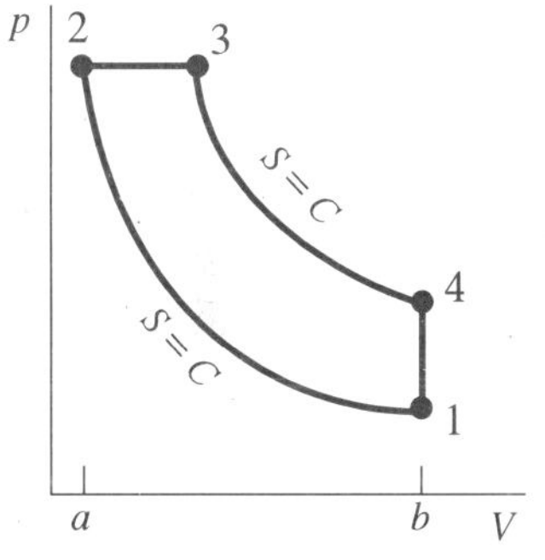

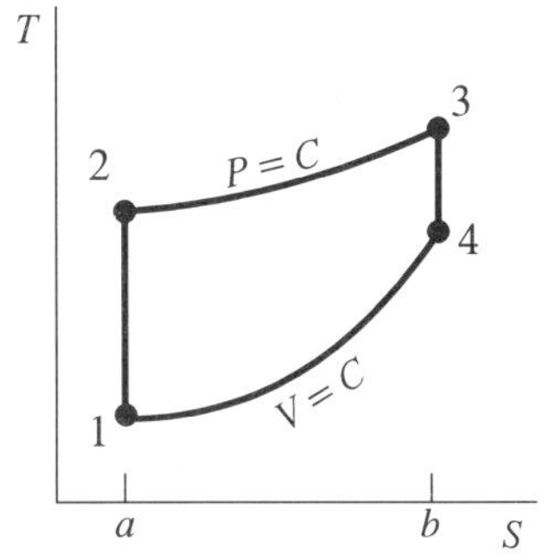

그림 9.4 이상적인 공기 표준 Diesel 사이클

열역학 제1법칙과 이상기체 관계식들을 이용하여 이상적인 공기 표준 Diesel 사이클의 열효율을 각 점의 상태량들을 이용하여 나타낼 수 있다. 우선 이 사이클의 열효율은 다음 식으로 표시할 수 있다.

$$\eta_{\text{Diesel}} = \frac{W_{\text{cycle}}}{Q_H} = \frac{w_{\text{cycle}}}{q_H} = 1 - \frac{q_L}{q_H} \tag{9.3.1}$$

Diesel 사이클의 열효율을 구하기 위해 과정 2−3 및 과정 4−1에서의 열전달량을 열역학 제1법칙을 이용하여 상태량으로 표시한다. 그 과정은 다음과 같다.

먼저 과정을 겪는 시스템에 대한 열역학 제1법칙 식 (9.2.3)을 정압 연소(열공급) 과정인 과정 2−3에 적용한다.

$$q_{23} - w_{23} = u_3 - u_2 \tag{9.3.2}$$

w_{23}은 정압과정 동안의 일로서 $p(v_3 - v_2)$로 표시할 수 있다. 이 관계를 위의 식에 대입하면 열공급량을 엔탈피의 함수로 다음과 같이 구할 수 있다.

$$q_H = q_{23} = (u_3 - u_2) + p(v_3 - v_2) = h_3 - h_2 \tag{9.3.3}$$

제1법칙 식을 정적 열방출 과정인 과정 4−1에 적용하면 열방출량 q_L을 구할 수 있다.

$$q_L = -q_{41} = u_4 - u_1 \tag{9.3.4}$$

이 식들을 열효율을 나타내는 식 (9.3.1)에 대입하면 이상적인 Diesel 사이클의 열효율을 각 점의 상태량을 이용하여 다음과 같이 나타낼 수 있다.

$$\eta_{\text{Diesel}} = 1 - \frac{u_4 - u_1}{h_3 - h_2} \tag{9.3.5}$$

이상기체의 내부에너지 및 엔탈피의 변화는 각각 정적비열과 정압비열을 이용하여 나타낼 수 있다. 비열은 일정하다고 가정하여 위의 식을 다음과 같이 온도의 함수로 표시할 수 있다.

$$\eta_{\text{Diesel}} = 1 - \frac{C_{v0}(T_4 - T_1)}{C_{p0}(T_3 - T_2)} = 1 - \frac{1}{k}\frac{T_4 - T_1}{T_3 - T_2} = 1 - \frac{1}{k}\frac{T_1\left(\frac{T_4}{T_1} - 1\right)}{T_2\left(\frac{T_3}{T_2} - 1\right)} \tag{9.3.6}$$

이상과 같이 이상적인 Diesel 사이클의 열효율은 각 점에서의 내부에너지와 엔탈피 또는 온도 등 상태량의 함수가 됨을 알았다. 이상기체 관계식을 적용하여 이 식을 또 다른 요소의 함수로 변환할 수 있다.

과정 1−2 및 과정 3−4는 등엔트로피 과정을 겪으므로 온도의 비를 체적의 비로 바꿀 수 있다. 즉

$$\frac{T_2}{T_1} = \left(\frac{V_1}{V_2}\right)^{k-1} = r^{k-1} \tag{9.3.7}$$

$$\frac{T_4}{T_3} = \left(\frac{V_3}{V_4}\right)^{k-1} = \left(\frac{V_3}{V_2} \cdot \frac{V_2}{V_4}\right)^{k-1} = \left(\frac{V_3}{V_2} \cdot \frac{V_2}{V_1}\right)^{k-1} \tag{9.3.8}$$

위의 식에서 V_2/V_1은 압축비의 역수가 된다. V_3/V_2는 정압 열공급이 진행되고 있는 동안의 실린더 체적의 비로 이를 **차단비**(Cut−Off Ratio) 또는 **부하비**(Load Ratio)라고 하고 기호 r_c로 표시한다. 즉

$$r_c \equiv \frac{V_3}{V_2} \tag{9.3.9}$$

식 (9.3.8)의 T_4/T_3는 압축비와 차단비를 이용하여 다음과 같이 표시된다.

$$\frac{T_4}{T_3} = \left(\frac{r_c}{r}\right)^{k-1} \tag{9.3.10}$$

과정 2-3은 정압 과정이므로 이상기체 상태식을 이용하여 다음의 관계를 얻을 수 있다.

$$\frac{T_3}{T_2} = \frac{V_3}{V_2} = r_c \tag{9.3.11}$$

따라서 식 (9.3.6)의 T_4/T_1은 다음과 같이 나타난다.

$$\frac{T_4}{T_1} = \frac{T_4}{T_3} \cdot \frac{T_3}{T_2} \cdot \frac{T_2}{T_1} = \left(\frac{r_c}{r}\right)^{k-1} \cdot r_c r^{k-1} = r_c^k \tag{9.3.12}$$

이상의 식들을 식 (9.3.6)에 대입하면 이상적인 Diesel 사이클의 열효율을 다음과 같이 압축비와 차단비의 함수로 표시할 수 있다.

$$\eta_{\text{Diesel}} = 1 - \frac{1}{k} \cdot \frac{1}{r^{k-1}} \cdot \frac{r_c^k - 1}{r_c - 1} \tag{9.3.13}$$

위의 식에서 이상적인 Diesel 사이클의 열효율은 압축비와 차단비의 함수로 나타난다. 압축비가 증가함에 따라 열효율이 증가하고, 차단비가 증가하면 열효율은 감소함을 알 수 있다. 그림 9.5는 압축비와 차단비의 변화에 따른 열효율의 변화를 나타내고 있다.

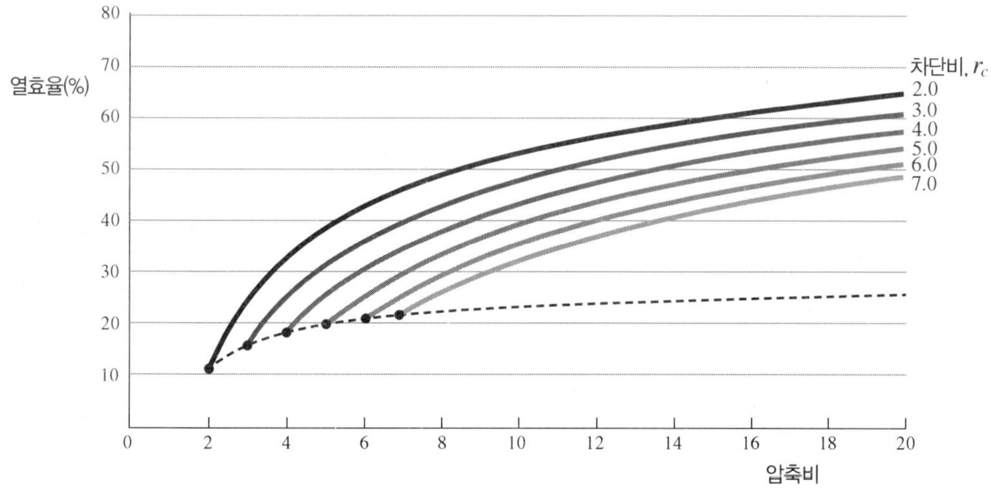

그림 9.5 이상적인 Diesel 사이클의 압축비, 차단비와 열효율의 관계

예제 9.2 공기 표준 Diesel 사이클

실린더 행정체적이 2000 cc이며 압축비가 16인 디젤 기관을 해석하고자 한다. 편의상 공기 표준 Diesel 사이클로 작동하는 것으로 간주한다. 차단비는 2이다. 압축 과정 초기 상태는 1 bar, 300 K이다. 다음을 계산하라.

(a) 각 과정의 끝에 있어서의 온도와 압력

(b) 사이클의 순 일과 열효율

(c) 평균유효압력

풀이

1. 해석의 대상 시스템

2. 압력-체적 선도 및 온도-엔트로피 선도

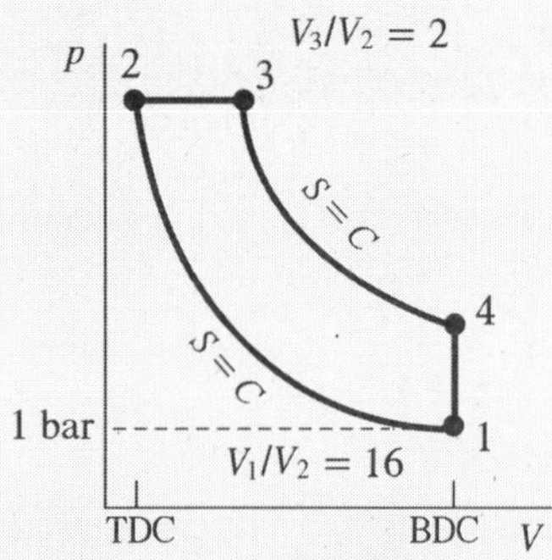

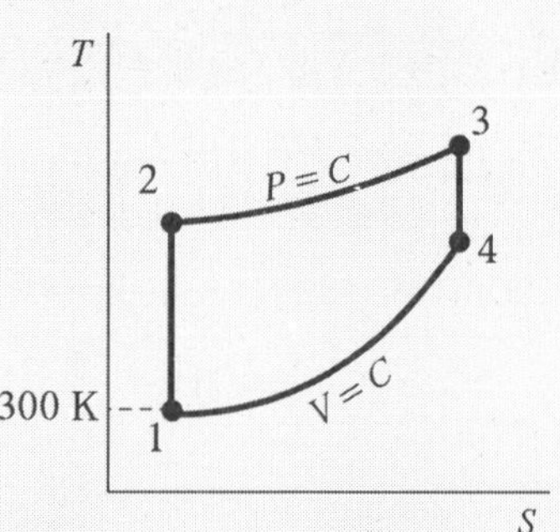

3. 동작유체 공기

4. 지배방정식

공기 표준 Diesel 사이클의 해석에서 얻은 관계식들을 나열하면 다음과 같다.

공급 열량: $q_H = h_3 - h_2 = C_{p0}(T_3 - T_2)$

방출열량: $q_L = u_4 - u_1 = C_{v0}(T_4 - T_1)$

순 일: $w_{NET} = q_H - q_L$

사이클의 효율: $\eta_{Diesel} = 1 - \dfrac{q_L}{q_H}$ 또는 $\eta_{Diesel} = 1 - \dfrac{1}{k} \cdot \dfrac{1}{r^{k-1}} \cdot \dfrac{r_c^k - 1}{r_c - 1}$

평균유효압력: $p_m = \dfrac{W_{cycle}}{V_D}$

폴리트로프 관계식: $pV^k = \text{const}$, $TV^{k-1} = \text{const}$

이상기체 상태방정식: $pV = mRT$

참고로 이 사이클의 팽창일은 2-3의 정압 과정 중에 발생하는 일과 3-4의 등엔트로피 과정 중에 일어나는 두 가지의 일의 합으로 표시된다. 정압 과정 중의 일은 다음과 같이 정리할 수 있다.

$$w_{23} = \int_2^3 pdv = p(v_3 - v_2) = R(T_3 - T_2)$$

3-4의 등엔트로피 과정 중의 일은 다음과 같다.

$$w_{34} = u_3 - u_4 = C_{v0}(T_3 - T_4)$$

사이클 중의 팽창일과 압축일은 다음과 같이 정리된다.

팽창일: $w_{\text{exp}} = w_{23} + w_{34} = R(T_3 - T_2) + C_{v0}(T_3 - T_4)$

압축일: $w_{\text{comp}} = u_2 - u_1 = C_{v0}(T_2 - T_1)$

5. 자료

위의 식들을 통해 우리가 알고자 하는 값들을 구하기 위해서는 각 점의 상태량들, 특히 각 점에서의 온도들을 알아야 한다. 이들을 알기 위해 다음과 같이 상태량표를 작성한다.

위치	p (bar)	T (K)	V (m^3)	과정
1	1.0	300	$0.002\,000 + V_c$	1-2 등엔트로피 과정
2			V_c	2-3 정압 과정
3	$p_3 = p_2$		$V_3 / V_2 = 2$	3-4 등엔트로피 과정
4			$V_4 = V_1$	4-1 정적 과정

공기에 대한 기본적인 자료들은 다음과 같다.

가스상수: 0.287 kJ/kg K

300K에서 정압비열: $C_{p0} = 1.007$ kJ/kg K

정적비열: $C_{v0} = 0.718$ kJ/kg K

비열비: $k = C_p/C_v = 1.4$

체적 관계식들은 다음과 같다

틈새체적: $V_c = \dfrac{V_D}{r-1} = \dfrac{0.002\,000\text{m}^3}{16-1} = 0.000\,133\ \text{m}^3$

하사점 체적: $V_1 = V_c + V_D = 0.000\,133 + 0.002\,000 = 0.002\,133\ \text{m}^3$

상사점 체적: $V_2 = V_c = 0.000\,133\ \text{m}^3$

3점의 체적: $r_c \equiv \dfrac{V_3}{V_2}$ 이므로 $V_3 = r_c V_2 = (2)(0.000\,133) = 0.000\,266\ \text{m}^3$

이 예제에서도 참고를 위해 각 위치에서의 체적값을 계산했지만 성능 인자의 계산에 있어서는 압축비, 차단비 등 체적의 비만으로도 계산이 가능하다.

6. 계산

• **1-2 과정** (등엔트로피 과정):

1-2 과정은 등엔트로피 과정이므로 다음의 폴리트로프 관계식들을 사용한다.

$$p_2 = p_1\left(\frac{V_1}{V_2}\right)^k = (1\ \text{bar})(16)^{1.4} = 48.5\ \text{bar}$$

$$T_2 = T_1\left(\frac{V_1}{V_2}\right)^{k-1} = (300\ \text{K})(16)^{0.4} = 909.4\ \text{K}$$

• **2-3 과정** (정압 과정):

정압과정인 2-3 과정에는 이상기체 상태 방정식을 적용한다.

$$pV = mRT$$

이 식에서 질량, 가스상수는 일정하며 압력이 일정한 과정이므로 다음과 같이 간단히 정리된다.

$$\frac{V}{T} = \text{const} \quad \text{또는} \quad \frac{V_2}{T_2} = \frac{V_3}{T_3}$$

$$T_3 = T_2\frac{V_3}{V_2} = (909.4\ \text{K})(2) = 1818.8\ \text{K}$$

$$p_3 = p_2 = 48.5\ \text{bar}$$

• **3-4 과정** (등엔트로피 과정):

이 과정은 다시 등엔트로피 과정이므로 폴리트로프 관계식을 사용한다.

$$p_4 = p_3\left(\frac{V_3}{V_4}\right)^k = p_3\left(\frac{V_3}{V_2}\cdot\frac{V_2}{V_4}\right)^k = p_3\left(r_c\cdot\frac{1}{r}\right)^k = (48.5\ \text{bar})\left(2\cdot\frac{1}{16}\right)^{1.4} = 2.64\ \text{bar}$$

$$T_4 = T_3\left(\frac{V_3}{V_4}\right)^{k-1} = (1818.8\ \text{K})\left(2\cdot\frac{1}{16}\right)^{0.4} = 791.7\ \text{K}$$

이 값들을 이용하여 상태량표를 다음과 같이 완성할 수 있다.

위치	p (bar)	T (K)	V (m^3)	과정
1	1.0	300	0.002 133	1-2 등엔트로피 과정
2	48.5	909.4	0.000 133	2-3 정압 과정
3	48.5	1818.8	0.000 266	3-4 등엔트로피 과정
4	2.64	791.7	0.002 133	4-1 정적 과정

동작유체의 질량은 이상기체 상태 방정식으로부터 다음과 같이 구해진다.

$$m = \frac{p_1 V_1}{RT_1} = \frac{(100\,000\ \text{Pa})(0.002\,133\ \text{m}^3)}{(287\ \text{J/kg K})(300\ \text{K})} = 2.477\times10^{-3}\ \text{kg}$$

사이클의 각 점에서의 상태량, 특히 온도들이 구해지면 동작유체 1 kg당의 각종 성능 인자들은 다음과 같이 구해진다.

공급열량: $q_H = h_3 - h_2 = C_{p0}(T_3 - T_2) = (1.007\ \text{kJ/kg K})(1818.8 - 909.4\ \text{K}) = 915.8\ \text{kJ/kg}$
방출열량: $q_L = C_{v0}(T_4 - T_1) = (0.718\ \text{kJ/kg K})(791.7 - 300\ \text{K}) = 353.0\ \text{kJ/kg}$
순 일: $w_{\text{NET}} = q_H - q_L = 915.8 - 353.0 = 562.8\ \text{kJ/kg}$

이 기관의 순 일은 위의 단위 질량당 순 일에 질량을 곱해 구할 수 있다.

$$W_{\text{NET}} = mw_{\text{NET}} = (2.477 \times 10^{-3}\ \text{kg})(562.8\ \text{kJ/kg}) = 1.394\ \text{kJ}$$

사이클의 열효율

$$\eta_{\text{Diesel}} = 1 - \frac{q_L}{q_H} = 1 - \frac{353.0}{915.8} = 0.615 = 61.5\ \%$$

이상적인 Diesel 사이클의 열효율은 압축비를 이용하여 다음 식으로도 구할 수 있다.

$$\eta_{\text{Diesel}} = 1 - \frac{1}{k} \cdot \frac{1}{r^{k-1}} \cdot \frac{r_c^k - 1}{r_c - 1} = 1 - \frac{1}{1.4} \cdot \frac{1}{16^{0.4}} \cdot \frac{2^{1.4} - 1}{2 - 1} = 61.4\ \%$$

평균유효압력

$$p_m = \frac{W_{\text{NET}}}{V_D} = \frac{1.394\ \text{kJ}}{0.0020\ \text{m}^3} = 697.0\ \text{kPa}\frac{1\ \text{bar}}{100\ \text{kPa}} = 6.97\ \text{bar}$$

9.4 공기 표준 Sabathe 사이클

압축 착화 기관의 이상 사이클인 공기 표준 Diesel 사이클에서는 상사점에서 연료 분사가 시작되고, 연료는 분사 즉시 연소되는 것으로 생각한다. 그리고 이 연소는 정압 과정으로 진행되는 것으로 가정하고 있다. 그러나 분사된 연료가 연소되기 위해서는 연료가 공기와 충분히 혼합되고, 공기로부터 화학반응에 필요한 열이 전달되어야 한다. 이러한 연소 준비의 진행에는 일정한 시간이 필요하며, 연소 준비가 끝나기 전에는 연료가 분사되어도 연소는 시작되지 않는다. 연료 분사 후 연소가 일어나기까지의 준비 기간을 **착화지연**(Ignition Delay) 기간이라 한다. 저속으로 운전되는 기관은 착화지연 기간이 큰 문제가 되지 않으므로 연료가 분사되는대로 연소가 일어나는 것으로 간주할 수 있다. 그러나 고속으로 운전될 경우는 착화지연 기간을 무시할 수 없게 된다. 따라서 상사점에서부터 연소가 일어나도록 하기 위해서는 착화지연 기간을 고려하여 피스톤이 상사점에 이르기 전에 연료를 분사해 주어야 한다. 분사된 연료는 착화지연 기간 동안 연소를 위한 순비 과정을 겪게 된다. 일단 연소가 개시되면 그때까지 준비가 이루어진 연료들이 한꺼번에 급격하게 연소된다. 이는 정적 연소로 볼 수 있다. 급격 연소(Rapid Combustion)가 이루어진 후에는 연료가 분사되는 것과 거의 동시에 연소가 이루어지며 이는 Diesel 사이클의 정압 연소에 해당한다. 이와 같이 고속으로 작동되는 압축 착화 기관은 초기의 정적 연소와 그 이후의 정압 연소의 두 과정에 의해 열공급이 이루어진다. 이를 모델링한 사이클을 **Sabathe 사이클** 또는 **복합 연소 사이클**(Combination Combustion Cycle 또는 Dual Cycle)이라 한다. 그림 9.6은 Sabathe 사이클을 p–V 선도 및 T–S 선도 상에 나타낸 것이다. 하사점인 상태 1에서 압축이 시작되어 상사점 2에서 압축이 끝난다. 상사점에서 정적 열공급(2–3 과정)이 이루어지고 이어 일정 기간 동안 정압 하에서 열공급(3–4 과정)이 계속된다. 열공급이 완료된 후에는 Diesel 사이클의 경우에서와 마찬가지로 등엔트로피 팽창(4–5 과정)을 한 후 정적 열방출(5–1 과정)에 의해 사이클을 완결한다. 열공급이 이루어지는 2–3–4 과정 동안에는 T–S 선도에 나타나 있는 바와 같이 온도 및 엔트로피가 증가한다. 열공급 기간의 초기에는 정적선을 따라, 그 이후에는 정압선을 따라 온도와 엔트로피가 변화한다. T–S 선도에서 정압선의 기울기가 정적선의 기울기보다 완만하게 변화하고 있는 것을 볼 수 있다. Sabathe 사이클이 이상적으로 작동할 때 각 과정은 다음과 같이 요약할 수 있다.

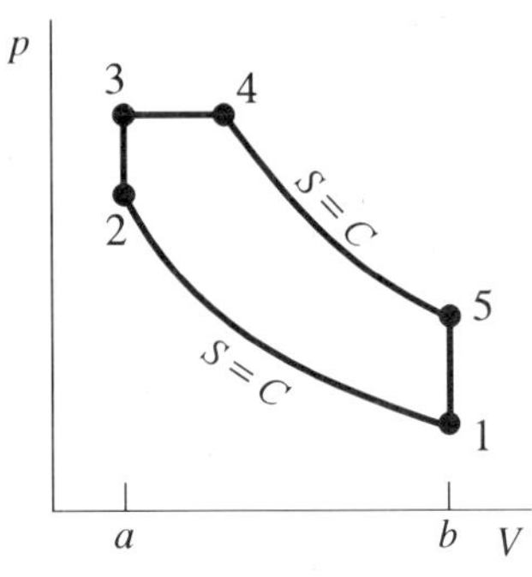

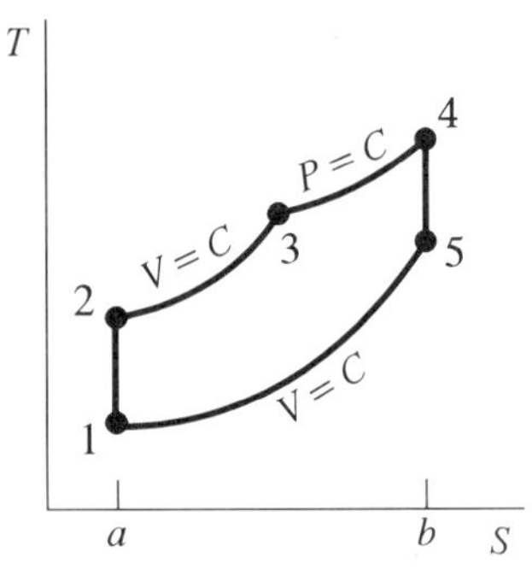

그림 9.6 이상적인 공기 표준 Sabathe 사이클

1–2 과정 : BDC → TDC : 가역단열 압축 (등엔트로피 과정)
2–3 과정 : TDC에서 : 정적 열공급
3–4 과정 : TDC → 상태 4 : 정압 열공급
4–5 과정 : 상태 4 → BDC : 가역단열 팽창 (등엔트로피 팽창)
5–1 과정 : BDC에서 : 정적 열방출

물론 모든 과정은 내부적으로 가역적으로 일어난다.

그림 9.6의 p–V 선도에서 압축 과정을 나타내는 곡선 1–2의 아랫부분 면적 (1–2–a–b–1)은 압축 과정 중에 투입하는 일의 크기를 나타낸다. 팽창 과정을 나타내는 곡선 3–4–5의 아래 면적 (3–4–5–b–a–3)은 팽창 과정 중에 가스가 피스톤에 대해 행하는 일의 크기를 나타낸다. 팽창 과정 중의 일은 양이며, 압축 과정 중의 일은 음이므로 사이클 전체에 걸친 순 일은 폐곡선 내의 면적 (1–2–3–4–5–1)이 된다. T–S 선도의 경우 정적 및 정압 열공급을 나타내는 곡선 2–3–4의 아래 면적 (2–3–4–b–a–2)는 이 과정 중의 열공급량을 나타낸다. 정적 열방출을 표시하는 곡선 5–1의 아랫부분 면적 (5–1–a–b–5)는 이 과정 중의 열방출량을 나타낸다. 따라서 T–S 선도에 있어서 폐곡선 내의 면적은 사이클 중의 순 열공급량이 된다. 사이클을 겪는 시스템에 대한 열역학 제1법칙에 의하면 사이클 중의 순 열전달량은 사이클 중의 순 일과 같으므로 T–S 선도 상의 폐곡선 내의 면적은 순 일의 크기와 같다.

열역학 제1법칙과 이상기체 관계식들을 이용하여 이상적인 공기 표준 Sabathe 사이클의 열효율을 각 점의 상태량들을 이용하여 나타낼 수 있다.

먼저 이 사이클의 열효율은 다음 식으로 표시할 수 있다.

$$\eta_{\text{Sabathe}} = \frac{W_{\text{cycle}}}{Q_H} = \frac{w_{\text{cycle}}}{q_H} = 1 - \frac{q_L}{q_H} \tag{9.4.1}$$

Sabathe 사이클을 이루는 각 과정에 대해 열역학 제1법칙을 적용하면 다음과 같이 각 과정에서의 열전달 또는 일을 구할 수 있다.

과정 1-2: 등엔트로피 압축

$$w_{12} = u_2 - u_1 \tag{9.4.2}$$

과정 2-3: 정적 열공급

$$q_{H,v} = u_3 - u_2 \tag{9.4.3}$$

과정 3-4: 정압 열공급

$$q_{H,p} = h_4 - h_3 \tag{9.4.4}$$

$$w_{34} = p(v_4 - v_3) \tag{9.4.5}$$

과정 4-5: 등엔트로피 팽창

$$w_{45} = u_4 - u_5 \tag{9.4.6}$$

과정 5-1: 정적 열방출

$$q_L = u_5 - u_1 \tag{9.4.7}$$

Sabathe 사이클의 열효율은 각 점에서의 상태량들을 이용하여 다음 식으로 표시할 수 있다.

$$\begin{aligned} \eta_{\text{Sabathe}} &= 1 - \frac{q_L}{q_H} = 1 - \frac{u_5 - u_1}{(u_3 - u_2) + (h_4 - h_3)} \\ &= 1 - \frac{C_{v0}(T_5 - T_1)}{C_{v0}(T_3 - T_2) + C_{p0}(T_4 - T_3)} \end{aligned} \tag{9.4.8}$$

이 식에서 이상적인 Sabathe 사이클의 열효율을 각 점에서의 온도의 함수로 나타내었다. 이상기체 관계식 등을 적용하여 이 식을 또 다른 인자의 함수로 변환할 수 있다.

과정 1-2 및 과정 3-4는 등엔트로피 과정을 겪으므로 온도의 비를 체적의 비로 바꿀 수 있다. 즉 과정 1-2는 등엔트로피 과정이므로 온도의 비를 앞서 두 사이클의 경우에서와 마찬가지로 압축비의 함수로 변환할 수 있다.

$$\frac{T_2}{T_1} = \left(\frac{V_1}{V_2}\right)^{k-1} = r^{k-1} \tag{9.4.9}$$

2-3 과정은 정적 과정이므로 이상기체 상태식을 이용하여 온도의 비를 압력의 비로 바꿀 수 있다.

$$\frac{T_3}{T_2} = \frac{p_3}{p_2} \tag{9.4.10}$$

여기서 정적 연소 전후의 압력의 비 p_3/p_2를 **폭발비**(Explosion Ratio)라 정의하고 기호 α로 표시한다.

$$\alpha = \frac{p_3}{p_2} \tag{9.4.11}$$

3-4 과정은 정압 과정이므로 이상기체 상태식에 의해 온도비를 다음과 같이 차단비(부하

비)로 나타낼 수 있다.

$$\frac{T_4}{T_3} = \frac{V_4}{V_3} = r_c \tag{9.4.12}$$

4–5 과정은 등엔트로피 팽창으로 온도의 비를 다음과 같이 압축비와 차단비의 항으로 변환할 수 있다.

$$\frac{T_5}{T_4} = \left(\frac{V_4}{V_5}\right)^{k-1} = \left(\frac{r_c}{r}\right)^{k-1} \tag{9.4.13}$$

상태 5와 상태 1에서의 온도의 비는 다음의 관계에 의해 폭발비 및 차단비의 함수로 표시될 수 있다.

$$\frac{T_5}{T_1} = \frac{T_5}{T_4} \cdot \frac{T_4}{T_3} \cdot \frac{T_3}{T_2} \cdot \frac{T_2}{T_1} = \left(\frac{r_c}{r}\right)^{k-1} \cdot r_c \cdot \alpha r^{k-1} = \alpha \cdot r_c^k \tag{9.4.14}$$

이상의 식들을 열효율을 나타내는 식 (9.4.1)에 대입하면 이상적인 Sabathe 사이클의 열효율을 다음과 같이 정리할 수 있다.

$$\eta_{\text{Sabathe}} = 1 - \frac{1}{r^{k-1}} \cdot \frac{\alpha \cdot r_c^k - 1}{(\alpha - 1) + k\alpha(r_c - 1)} \tag{9.4.15}$$

위의 식에서 이상적인 Sabathe 사이클의 열효율은 압축비와 차단비 및 폭발비의 함수임을 알 수 있다. 그림 9.7은 Sabathe 사이클의 열효율에 영향을 미치는 인자들과 열효율 사이의 관계를 나타낸 것이다

식 (9.4.15)와 그림 9.7에서 압축비와 폭발비가 증가함에 따라 열효율이 증가하며, 차단비가 증가하면 열효율은 감소함을 알 수 있다. 차단비가 1이 되면 정압 연소 부분이 없어지게 되며, Sabathe 사이클의 열효율을 나타내는 위의 식은 Otto 사이클의 열효율과 동일하게 된다. 한편 폭발비가 1일 경우는 정압 연소 부분만이 남게 되며 위의 식은 이상적인 Diesel 사이클의 열효율을 표시하게 된다.

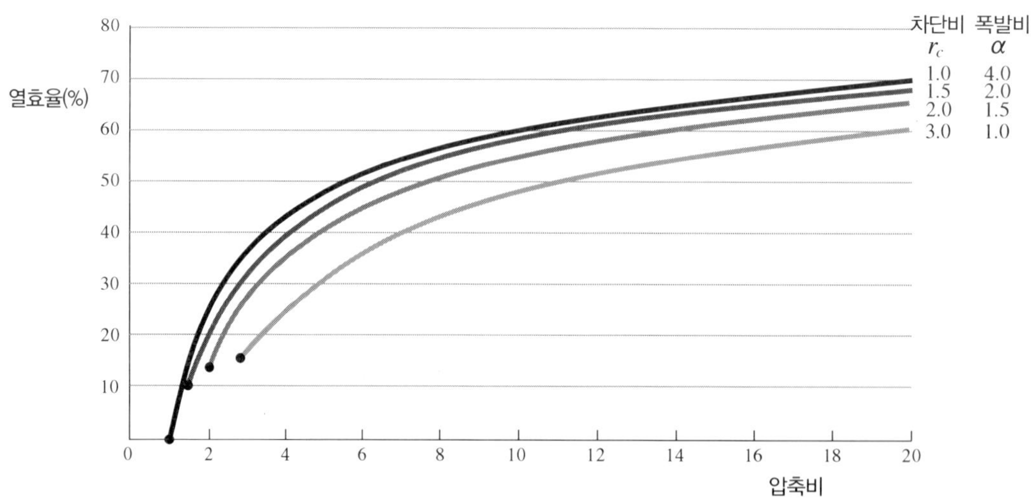

그림 9.7 이상적인 Sabathe 사이클의 압축비, 차단비 및 폭발비와 열효율의 관계

예제 9.3 공기 표준 Sabathe 사이클

실린더 행정체적이 2000 cc이며 압축비가 16인 고속 디젤 기관을 해석하고자 한다. 편의상 공기 표준 Sabathe 사이클로 작동하는 것으로 간주한다. 폭발비는 1.5이고 차단비는 1.2이다. 압축 과정 초기 상태는 1 bar, 300 K이다. 다음을 계산하라.

(a) 각 과정의 끝에 있어서의 온도와 압력

(b) 사이클의 순 일과 열효율

(c) 평균유효압력

풀이

1. 해석의 대상 시스템

2. 압력-체적 선도 및 온도-엔트로피 선도

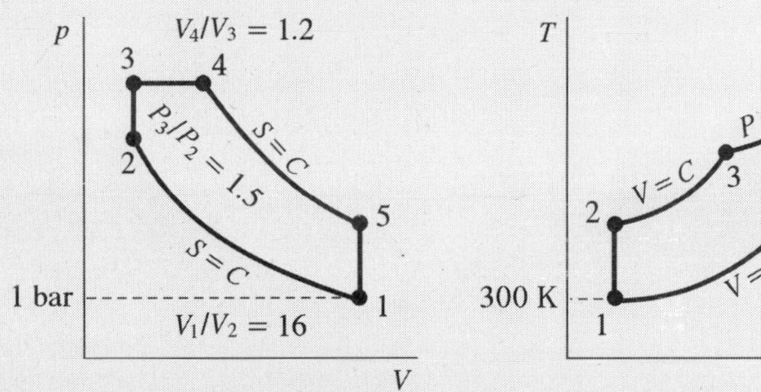

3. 동작유체 공기

4. 지배방정식

앞서 정적 과정에서의 열전달은 내부에너지의 차이로, 정압 과정 동안의 열전달은 엔탈피의 차이로 표시됨을 알고 있다.

공급열량: $q_H = (u_3 - u_2) + (h_4 - h_3) = C_{v0}(T_3 - T_2) + C_{p0}(T_4 - T_3)$

방출열량: $q_L = u_5 - u_1 = C_{v0}(T_5 - T_1)$

순 일: $w_{NET} = q_H - q_L$

사이클의 열효율: $\eta_{\text{Sabathe}} = 1 - \dfrac{q_L}{q_H}$ 또는 $\eta_{\text{Sabathe}} = 1 - \dfrac{1}{r^{k-1}} \cdot \dfrac{\alpha r_c^k - 1}{(\alpha - 1) + k\alpha(r_c - 1)}$

평균유효압력: $p_m = \dfrac{W_{\text{cycle}}}{V_D}$

폴리트로프 관계식: $pV^k = \text{const}$, $TV^{k-1} = \text{const}$

이상기체 상태 방정식: $pV = mRT$

5. 자료

위의 식들을 통해 우리가 알고자 하는 값들을 구하기 위해서는 각 점의 상태량들, 특히 각 점에서의 온도들을 알아야 한다. 이들을 알기 위해 다음과 같이 상태량표를 작성한다.

위치	p (bar)	T (K)	V (m^3)	과정
1	1.0	300	$0.002\,000+V_c$	1−2 등엔트로피 과정
2			V_c	2−3 정적 과정
3	$p_3/p_2=1.5$			3−4 정압 과정
4	$p_4=p_3$		$V_4/V_3=1.2$	4−5 등엔트로피 과정
5			$V_5=V_1$	5−1 정적 과정

공기에 대한 기본적인 자료들은 다음과 같다.

가스상수: 0.287 kJ/kg K

300K에서 정압비열: $C_{p0}=1.007$ kJ/kg K

정적비열: $C_{v0}=0.718$ kJ/kg K

비열비: $k=1.4$

체적 관계식

틈새체적: $V_c=\dfrac{V_D}{r-1}=\dfrac{0.002\,000\ \text{m}^3}{16-1}=0.000\,133\ \text{m}^3$

하사점 체적: $V_1=V_c+V_D=0.000\,133+0.002\,000=0.002\,133\ \text{m}^3$

상사점 체적: $V_2=V_c=0.000\,133\ \text{m}^3$

4점의 체적: $r_c\equiv\dfrac{V_4}{V_3}$이므로 $V_4=r_cV_3=(1.2)(0.000\,133)=0.000\,159\,6\ \text{m}^3$

6. 계산

• 1−2 과정 (등엔트로피 과정)

1−2 과정은 등엔트로피 과정이므로 다음의 폴리트로프 관계식들을 사용한다.

$$p_2=p_1\left(\frac{V_1}{V_2}\right)^k=(1\ \text{bar})(16)^{1.4}=48.5\ \text{bar}$$

$$T_2=T_1\left(\frac{V_1}{V_2}\right)^{k-1}=(300\ \text{K})(16)^{0.4}=909.4\ \text{K}$$

• 2−3 과정 (정적 과정) :

정적 과정인 2−3 과정은 앞서 Otto 사이클의 해석에서 다음과 같이 간단히 정리된다.

$$\frac{p}{T}=\text{const}\quad \text{또는}\quad \frac{p_2}{T_2}=\frac{p_3}{T_3}$$

이 경우에는 상태 2와 상태 3의 압력비가 주어져 있으므로 이를 이용하여 상태 3의 온도를 구할 수 있다.

$$T_3=T_2\frac{p_3}{p_2}=(909.4\ \text{K})(1.5)=1364.1\ \text{K}$$

아울러 $\dfrac{p_3}{p_2}=1.5$이므로

$$p_3 = 1.5p_2 = (1.5)(48.5\text{ bar}) = 72.8\text{ bar}$$

- **3-4 과정** (정압 과정)

정압 과정인 3-4 과정에서는 온도와 압력 사이에 다음의 관계를 갖는다.

$$\frac{V}{T} = \text{const} \quad \text{또는} \quad \frac{V_4}{T_4} = \frac{V_3}{T_3}$$

$$T_4 = T_3 \frac{V_4}{V_3} = (1364.1\text{ K})(1.2) = 1636.9\text{ K}$$

$$p_4 = p_3 = 72.8\text{ bar}$$

- **4-5 과정** (등엔트로피 과정)

이 과정은 다시 등엔트로피 과정이므로 폴리트로프 관계식을 사용한다.

$$p_5 = p_4\left(\frac{V_4}{V_5}\right)^k = p_4\left(\frac{V_4}{V_3} \cdot \frac{V_3}{V_5}\right)^k = p_4\left(r_c \cdot \frac{1}{r}\right)^k = (72.8\text{ bar})\left(1.2 \cdot \frac{1}{16}\right)^{1.4} = 1.94\text{ bar}$$

$$T_5 = T_4\left(\frac{V_4}{V_5}\right)^{k-1} = (1636.9\text{ K})\left(1.2 \cdot \frac{1}{16}\right)^{0.4} = 580.8\text{ K}$$

이 값들을 이용하여 상태량표를 다음과 같이 완성할 수 있다.

위치	p (bar)	T (K)	V (m³)	과정
1	1.0	300	0.002 133	1-2 등엔트로피 과정
2	48.5	909.4	0.000 133	2-3 정적 과정
3	72.8	1364.1	0.000 133	3-4 정압 과정
4	72.8	1636.9	0.000 159 6	4-5 등엔트로피 과정
5	1.94	580.8	0.002 133	5-1 정적 과정

동작유체의 질량은 이상기체 상태 방정식으로부터 다음과 같이 구해진다.

$$m = \frac{p_1 V_1}{RT_1} = \frac{(100\,000\text{ Pa})(0.002\,133\text{ m}^3)}{(287\text{ J/kg K})(300\text{ K})} = 2.477 \times 10^{-3}\text{ kg}$$

사이클의 각 점에서의 상태량, 특히 온도들이 구해지면 동작유체 1 kg당의 각종 성능 인자들은 다음과 같이 구해진다.

공급열량

$$\begin{aligned} q_H &= (u_3 - u_2) + (h_4 - h_3) = C_{v0}(T_3 - T_2) + C_{p0}(T_4 - T_3) \\ &= (0.718\text{ kJ/kg K})(1364.1 - 909.4\text{ K}) + (1.007\text{ kJ/kg K})(1636.9 - 1364.1\text{ K}) \\ &= 326.5 + 274.7\text{ kJ/kg} = 601.2\text{ kJ/kg} \end{aligned}$$

이 계산에서 주목할 것은 폭발비 1.5, 차단비 1.2의 비율로 정적 열공급과 정압 열공급이 이루어진 경우 정적 열공급은 326.5 kJ/kg, 정압 열공급은 274.7 kJ/kg으로 정적 열공급이 더 많이 이루진다는 점이다.

방출열량: $q_L = u_5 - u_1 = C_{v0}(T_5 - T_1) = (0.718\ \text{kJ/kg K})(580.8 - 300\ \text{K}) = 201.6\ \text{kJ/kg}$

순 일: $w_{\text{NET}} = q_H - q_L = 601.2 - 201.6 = 399.6\ \text{kJ/kg}$

이 기관의 순 일은 위의 단위 질량당 순 일에 질량을 곱해 구할 수 있다.

$$W_{\text{NET}} = mw_{\text{NET}} = (2.477 \times 10^{-3}\ \text{kg})(399.6\ \text{kJ/kg}) = 0.990\ \text{kJ}$$

사이클의 열효율

$$\eta_{\text{Sabathe}} = 1 - \frac{q_L}{q_H} = 1 - \frac{201.6}{601.2} = 0.665 = 66.5\ \%$$

이상적인 Sabathe 사이클의 열효율은 압축비와 차단비 및 압력비 만을 이용하여 다음 식으로도 거의 동일한 결과를 얻을 수 있다.

$$\eta_{\text{Sabathe}} = 1 - \frac{1}{r^{k-1}} \cdot \frac{\alpha r_c^k - 1}{(\alpha - 1) + k\alpha(r_c - 1)} = 1 - \frac{1}{16^{0.4}} \cdot \frac{(1.5)(1.2^{1.4}) - 1}{(1.5 - 1) + (1.4)(1.5)(1.2 - 1)} = 66.4\ \%$$

평균유효압력

$$p_m = \frac{W_{\text{NET}}}{V_D} = \frac{0.990\ \text{kJ}}{0.0020\ \text{m}^3} = 495\ \text{kPa}\frac{1\ \text{bar}}{100\ \text{kPa}} = 4.95\ \text{bar}$$

9.5 공기 표준 Brayton 사이클

Rankine 사이클로 작동하는 단순 증기 원동소는 대규모의 출력을 발생시키는 용도로 주로 사용되며 장치 전체의 중량과 크기가 커지게 된다. 실린더-피스톤 장치를 근간으로 하는 왕복식 가스 동력 사이클은 작은 크기와 무게의 기관으로 소규모의 출력을 효율 좋게 발생시킬 수 있다. 1장에서 설명한 회전식 가스 동력 사이클로 작동하는 가스 터빈 기관은 단순 증기 원동소 보다는 작은 크기로 중급 규모의 출력을 발생시키는데 주로 사용한다. 그림 9.8(a)는 가스 터빈 기관을 나타낸 것으로 압축기에서 가압된 공기는 연소실 내에서 연료를 연소시키고 여기서 발생된 고온 고압의 가스로 터빈을 회전시켜 일을 발생한다. 가스 터빈 기관은 연소가 기관 내부에서 일어나는 내연기관으로서 터빈을 나온 가스를 대기로 방출시키고 다시 새로운 공기와 연료를 도입하여 같은 과정을 반복하게 된다. 따라서 가스 터빈 기관은 열역학적 사이클을 이루지 못하므로 몇 가지 가정을 통해 동일한 기능을 갖는 열역학적 사이클로 대치하여 해석한다. 그림 9.8(b)는 가스 터빈 기관과 동일한 기능을 수행하면서 열역학적 사이클을 이루도록 한 것이다. 이 사이클 전체

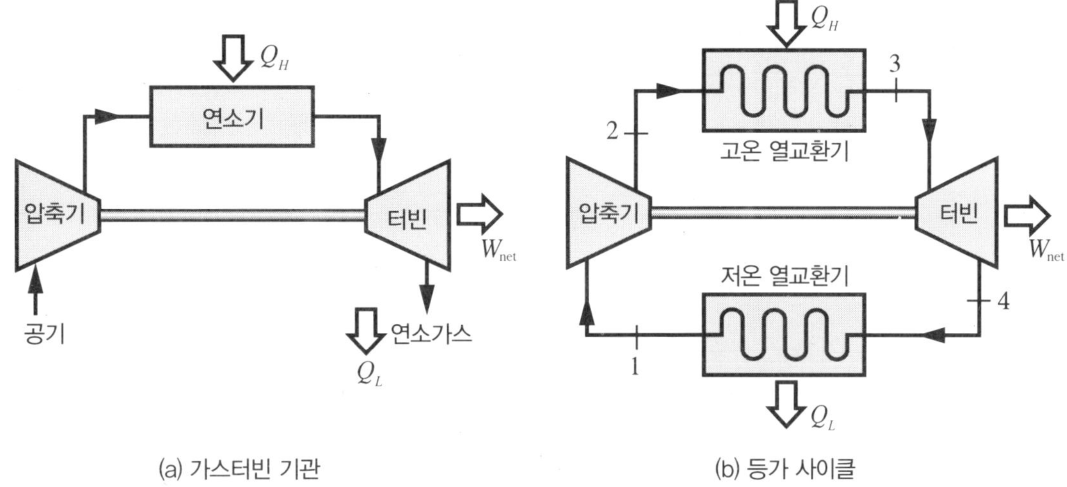

그림 9.8 가스 터빈 기관과 등가 사이클

를 걸쳐 동작유체는 화학적 조성이 일정한 공기이다. 실제의 가스 터빈 기관에서는 연소실 내에서 연료의 연소에 의해 열이 발생한다. 사이클 해석에 있어서는 연소실 내에서의 열발생을 외부로부터의 열전달로 대치하고, 일정한 압력하에서 외부로 열을 방출함으로써 사이클을 완결하는 것으로 한다. 이 사이클을 **공기 표준 Brayton 사이클**(Air-Standard Brayton Cycle)이라 한다.

공기 표준 Brayton 사이클을 해석하기 위해 다음과 같은 가정을 한다.

1. 정상 상태 과정이다.
2. 운동에너지와 위치에너지의 변화는 무시한다.
3. 터빈과 압축기에서의 과정은 가역 단열적으로 일어난다.

이상의 가정을 가지고 터빈, 압축기, 고온 열교환기 및 저온 열교환기에 열역학 제1법칙을 적용한다. 각 장치에서의 동작유체 단위 질량당의 열전달 및 일의 양은 다음과 같다.

$$\text{터빈} \qquad w_t = h_3 - h_4 \tag{9.5.1}$$

$$\text{압축기} \qquad w_c = h_2 - h_1 \tag{9.5.2}$$

$$\text{고온 열교환기} \qquad q_H = h_3 - h_2 \tag{9.5.3}$$

$$\text{저온 열교환기} \qquad q_L = h_4 - h_1 \tag{9.5.4}$$

가스 터빈 사이클의 열효율은 위의 관계식들을 이용하여 다음과 같이 나타낼 수 있다.

$$\eta_{\text{th}} = \frac{w_t - w_c}{q_H} = \frac{(h_3 - h_4) - (h_2 - h_1)}{h_3 - h_2} \tag{9.5.5}$$

터빈에서의 출력일에 대한 압축기 투입일의 비를 나타내는 역일비는 다음과 같다.

$$\text{bwr} = \frac{w_c}{w_t} = \frac{h_2 - h_1}{h_3 - h_4} \tag{9.5.6}$$

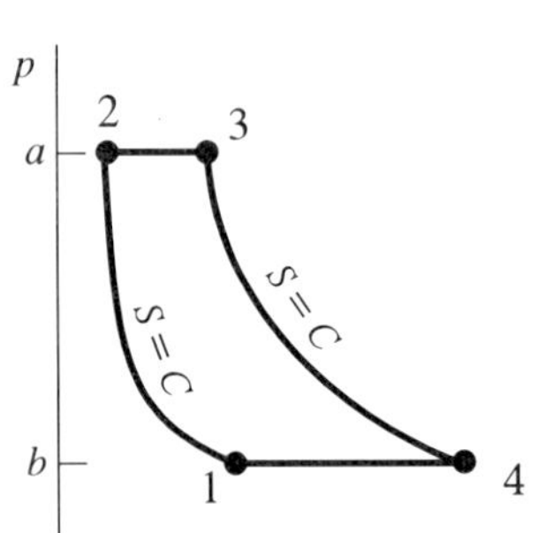

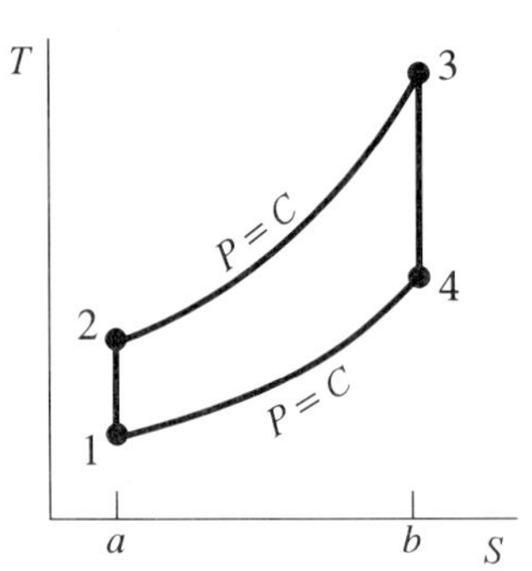

그림 9.9 이상적인 공기 표준 Brayton 사이클

단순 증기 원동소의 경우는 펌프를 지나는 동작유체가 액상이므로 역일비가 1~2 % 미만의 작은 값을 가진다. 비체적이 큰 가스를 압축하는 가스 터빈 기관의 경우는 압축기 소요일이 상대적으로 크게 되므로 역일비가 40 %에서 80 %에 이르는 경우까지 있다. 특히 압축기와 터빈의 효율이 좋지 않을 경우는 역일비가 크게 증가하게 되고 결과적으로 가스 터빈 기관의 순 일이 크게 작아지게 된다.

이상적인 공기 표준 Brayton 사이클에서는 열교환기에서 비가역성이 없는 것으로 간주한다. 이 경우 마찰에 의한 압력강하가 없으므로 열교환기에서의 열전달 과정은 정압 하에서 일어나게 된다. 터빈과 압축기에서의 과정은 가역적으로 진행되는 동시에 주위와의 열교환도 없는 것으로 간주한다. 따라서 이상적으로 작동하는 Brayton 사이클의 터빈 및 압축기에서의 과정은 가역단열 과정, 즉 등엔트로피 과정이 된다. 이상적으로 작동하는 공기 표준 Brayton 사이클에서의 각 과정은 다음과 같이 요약할 수 있으며, 그림 9.9에 이 과정들을 p–V 및 T–S 선도로 표시하였다.

과정 1-2 : 압축기 : 등엔트로피 압축 : 일 투입, 온도 상승
과정 2-3 : 고온 열교환기 : 정압 열전달 : 열 공급, 온도 및 엔트로피 증가
과정 3-4 : 터 빈 : 등엔트로피 팽창 : 일 발생, 온도 강하
과정 4-1 : 저온 열교환기 : 정압 열전달 : 열 방출, 온도 및 엔트로피 감소

모든 과정은 내부적으로 가역적으로 진행된다.

앞서 정상 상태 유동을 하는 검사체적의 경우 p–V 선도의 왼쪽 부분의 면적이 그 과정 중의 일의 크기를 나타낸다고 설명한 바 있다. 그림 9.9의 p–V 선도에서 압축 과정 1–2의 왼쪽 부분 면적 (1–2–a–b–1)은 압축기로 투입된 일의 크기가 되며 터빈에서의 팽창 과정을 나타내는 3–4 과정의 왼쪽 부분 면적 (3–4–b–a–3)이 터빈일이 된다. 따라서 폐곡선 내의 면적 (1–2–3–4–1)은 이 사이클의 순 일이 된다. T–S 선도의 경우 고온 열교환기에서 과정을 나타내는 2–3 과정의 아래 면적 (2–3–b–a–2)가 공급 열량의 크기가 되며, 과정 4–1을 나타내는 곡선의 아래 면적 (4–1–a–b–4)는 방출 열량의 크기를 나타낸다. 따라서 T–S 선도에서 폐곡선 내의 면적 (1–2–3–4–1)은 순 열전달량인 동시에 순 일이 된다. 이상적인 Brayton 사이클의 열효율은 다음과 같이 각 점의 온도의 함수로 표시할 수 있다.

$$\eta_{\text{Brayton}} = 1 - \frac{q_L}{q_H} = 1 - \frac{C_{p0}(T_4 - T_1)}{C_{p0}(T_3 - T_2)} = 1 - \frac{T_4 - T_1}{T_3 - T_2} = 1 - \frac{T_1\left(\dfrac{T_4}{T_1} - 1\right)}{T_2\left(\dfrac{T_3}{T_2} - 1\right)} \tag{9.5.7}$$

여기서 과정 1–2와 과정 3–4는 각각 등엔트로피 과정이므로 다음의 관계가 성립한다.

$$\frac{T_2}{T_1} = \left(\frac{p_2}{p_1}\right)^{\frac{k-1}{k}} = \left(\frac{p_3}{p_4}\right)^{\frac{k-1}{k}} = \frac{T_3}{T_4} \tag{9.5.8}$$

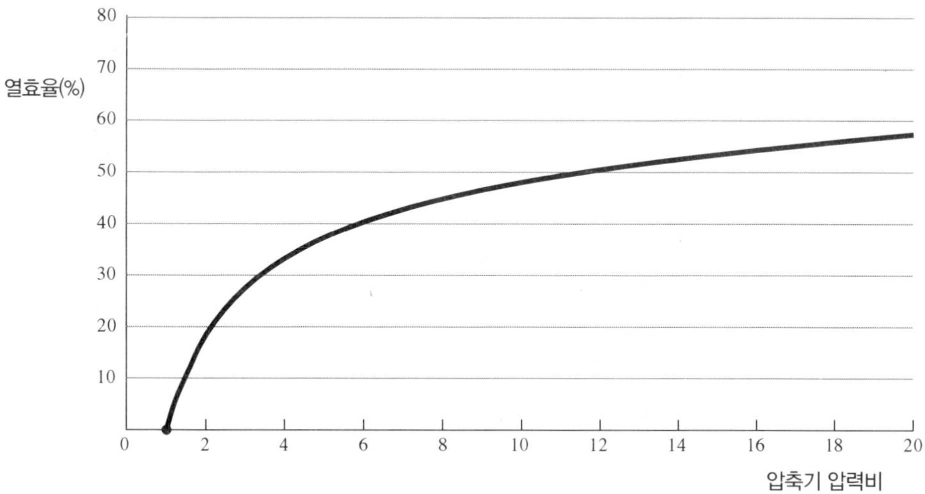

그림 9.10 압축기 압력비의 변화에 따른 이상적인 Brayton 사이클의 열효율의 변화

따라서

$$\frac{T_3}{T_2} = \frac{T_4}{T_1} \tag{9.5.9}$$

이 관계를 식 (9.5.7)에 적용하면 이상적인 Brayton 사이클의 열효율을 다음과 같이 압축기 전후의 온도비 또는 압력비의 함수로 표시할 수 있다.

$$\eta_{\text{Brayton}} = 1 - \frac{T_1}{T_2} = 1 - \frac{1}{\left(\frac{p_2}{p_1}\right)^{\frac{k-1}{k}}} \tag{9.5.10}$$

즉 이상적인 Brayton 사이클의 열효율은 압축기 압력비의 함수이며 압축기의 압력비가 증가할수록 Brayton 사이클의 열효율이 증가한다. 그림 9.10은 압축기 압력비의 변화에 따른 Brayton 사이클의 열효율의 변화를 보여주고 있다.

Brayton 사이클의 T–S 선도를 관찰함으로써도 압력비 증가에 따른 열효율의 향상을 확인할 수 있다. 그림 9.11에서 사이클 1−2′−3′−4−1은 압력비를 증가시킨 경우의 T–S 선도를 표시한다. 압력비를 증가시킴으로써 부가된 사이클 2−2′−3′−3−2는 원래의 사이클 1−2−3−4−1에 대해서 공급 열량의 증가량인 동시에 순 일의 증가량이 된다. 즉 이 부분의 열효율은 100 %가 된다. 이는 원래의 사이클의 열효율보다 높게 되며 결과적으로 압력비가 증가한 Brayton 사이클의 열효율은 원래의 사이클의 열효율보다 높게 된다. 이 사실은 열공급 평균 온도의 관점에서도 설명할 수 있다. 즉 두 사이클의 열방출 평균 온도가 같은 상태에서 사이클 1−2′−3′−4−1의 평균 급열 온도가 원래의 사이클의 평균 급열 온도 보다 높으므로 Carnot 사이클의 관점에서 볼 때 열효율이 더 높아짐을 알 수 있다.

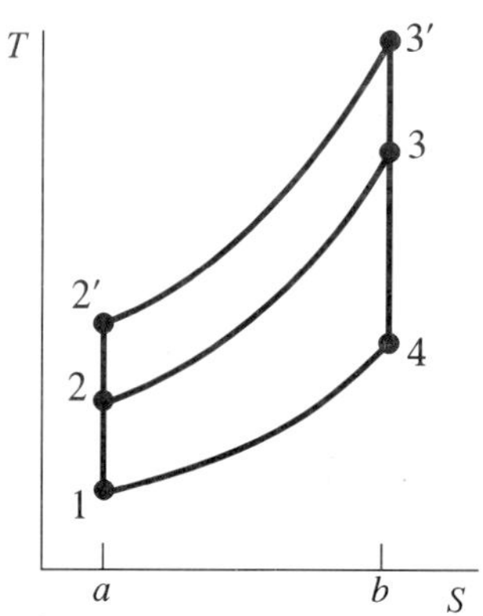

그림 9.11 압축기의 압력비가 이상적인 Brayton 사이클의 열효율에 미치는 영향

Brayton 사이클의 압력비를 높이면 열효율이 증가하게 되나 그림 9.11에 나타난 바

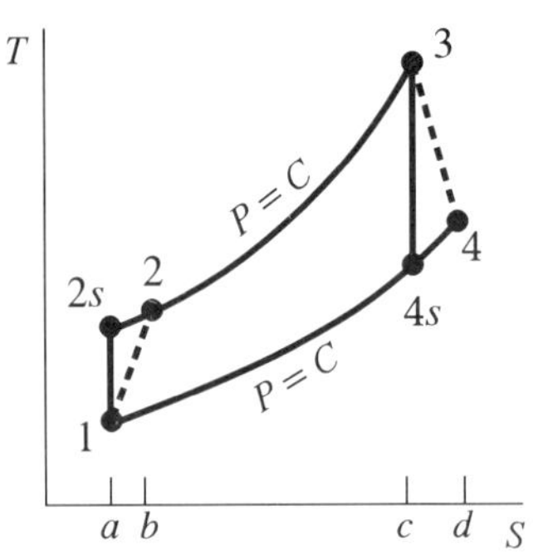

그림 9.12 압축기와 터빈에서의 이상적인 경우와 실제 경우의 엔트로피 변화

와 같이 사이클 최고 온도도 함께 높아지게 된다. 이는 터빈이 보다 가혹한 조건에서 작동되어야 함을 의미하게 된다. 터빈의 강도를 고려하여 터빈 입구 온도는 제한을 받게 된다.

지금까지는 이상적으로 작동하는 경우를 생각하였지만 실제의 경우 터빈과 압축기에서는 비가역적인 마찰과 함께 주위와의 열전달을 겪게 된다. 따라서 터빈에서의 과정과 압축기에서의 과정은 등엔트로피 과정으로 일어나지 않으며 비가역성에 의해 그림 9.12와 같이 출구에서의 엔트로피가 증가하게 된다.

터빈의 등엔트로피 효율은 정의에 의해 다음 식으로 표시된다.

$$\eta_{\text{turbine}} = \frac{w_{t,\text{actual}}}{w_{t,\text{ideal}}} = \frac{h_3 - h_4}{h_3 - h_{4s}} \tag{9.5.11}$$

압축기의 등엔트로피 효율은 다음 식으로 표시된다.

$$\eta_{\text{compressor}} = \frac{w_{c,\text{ideal}}}{w_{c,\text{actual}}} = \frac{h_{2s} - h_1}{h_2 - h_1} \tag{9.5.12}$$

재생기를 갖는 가스 터빈 기관

가스 터빈 기관에서 터빈을 나온 가스는 여전히 고온의 상태를 유지하고 있다. 이 가스의 온도가 압축기를 나온 동작유체의 온도보다 높으면 터빈의 배기가스로 압축기를 나온 동작유체를 미리 가열함으로써 연소실에서의 공급 열량을 그만큼 절약할 수 있다. 이와 같은 목적으로 적용되는 장치가 **재생기**(Regenerator)이며 재생기를 통해 고온의 터빈 배기가스로부터 상대적으로 저온인 연소실로 유입하는 공기로의 열교환이 이루어진다. 그림 9.13은 재생기를 가진 가스 터빈 기관의 구성도와 T–S 선도를 나타내고 있다.

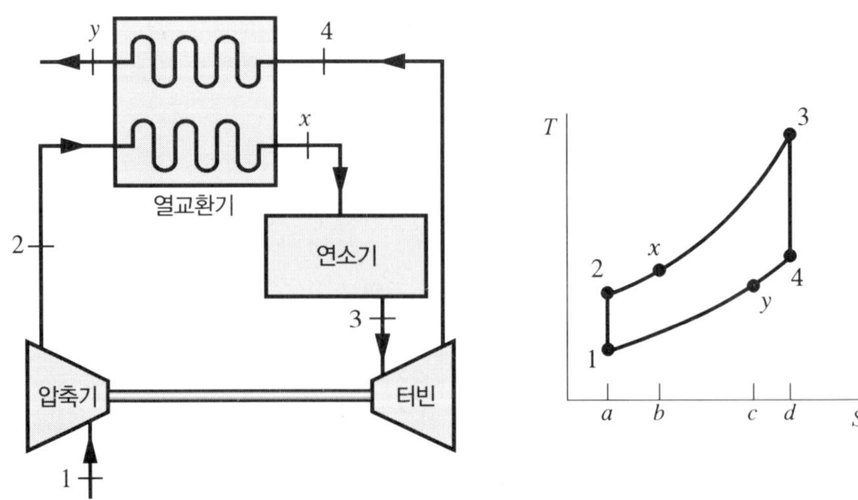

그림 9.13 재생기를 갖는 가스 터빈 기관의 구성도와 T–S 선도

터빈을 나온 가스의 온도 T_4가 압축기 출구에서의 가스의 온도 T_2보다 높으면 배기가스에서 연소실 유입 가스로의 열전달이 이루어진다. 그 결과 배기가스의 온도는 강하하며 연소실 유입 가스의 온도는 상승하게 된다. 재생기를 나가는 배기가스의 상태를 y라 하고, 재생기를 나와 연소실로 들어가는 가스의 상태를 x라 한다. 그림 9.13의 T–S 선도에서 면적 $(4-y-c-d-4)$에 해당하는 만큼의 열량이 상태 2의 가스로 전달되며 이는 면적 $(2-x-b-a-2)$와 같게 된다. 재생기를 갖지 않는 가스 터빈 기관의 경우 외부에서 공급하는 열량의 크기는 면적 $(2-3-d-a-2)$이다. 한편 재생기를 갖는 기관의 경우 외부에서 공급하는 열량의 크기는 면적 $(x-3-d-b-x)$이므로 면적 $(2-x-b-a-2)$만큼 외부 공급열량의 크기가 줄어들게 된다. 일의 크기는 동일한 반면 외부에서의 공급열량의 크기가 줄어들게 되므로 재생기를 가질 경우의 가스 터빈 기관의 열효율은 증가하게 된다. 이상적인 재생기를 가질 경우 재생기를 나와 연소실로 들어가는 가스의 온도 T_x는 터빈 배출 가스 온도인 T_4에 접근하게 된다.

그림 9.14는 각각 2개의 터빈과 압축기를 갖고 두 개의 터빈 사이에서 재열을 하며, 두 개의 압축기 사이에서 중간 냉각을 하고 아울러 재생기를 갖는 가스 터빈 기관을 나타내고 있다. 다단 팽창과 재열을 하고 또 다단 압축과 중간 냉각을 함으로써 사이클의 순 일을 증가시킬 수 있으며 재생기를 통해 열효율의 증가를 꾀할 수 있다. 그림 9.15는 이 사이클의 T–S 선도를 나타내고 있다.

이 사이클이 이상적으로 작동할 경우 다단 팽창 및 재열에 의해 터빈일은 면적 $(7s-8-9s-10-7s)$만큼 증가하게 된다. 동시에 다단 압축 및 중간 냉각에 의해 압축기일은 감소하고 결과적으로 사이클의 순 일이 증가하게 된다. 순 일의 증가가 반드시

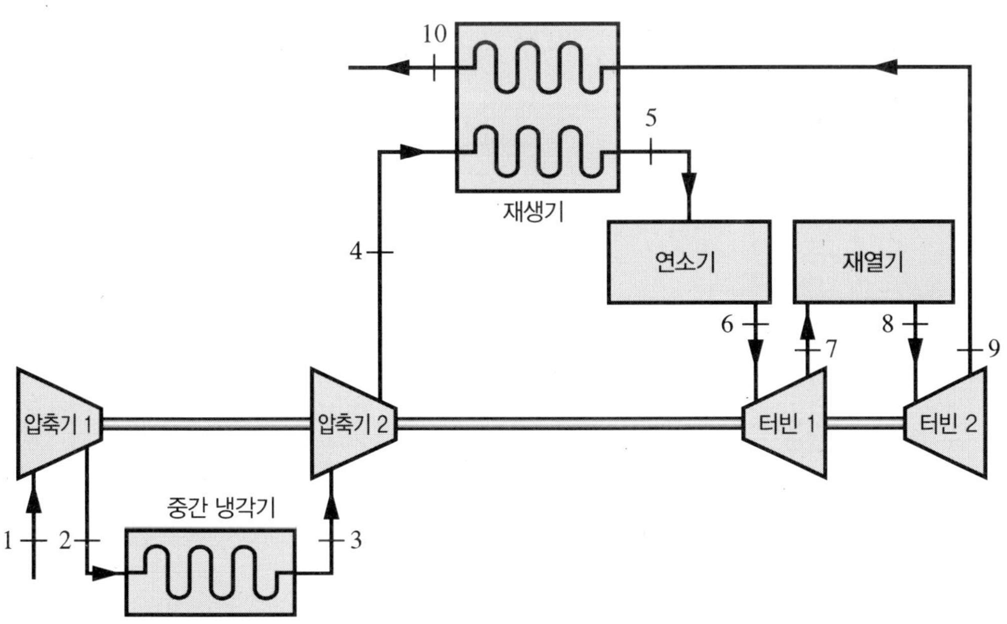

그림 9.14 2단 팽창 재열, 2단 압축 중간 냉각을 하며 재생기를 갖는 가스 터빈 기관의 구성도

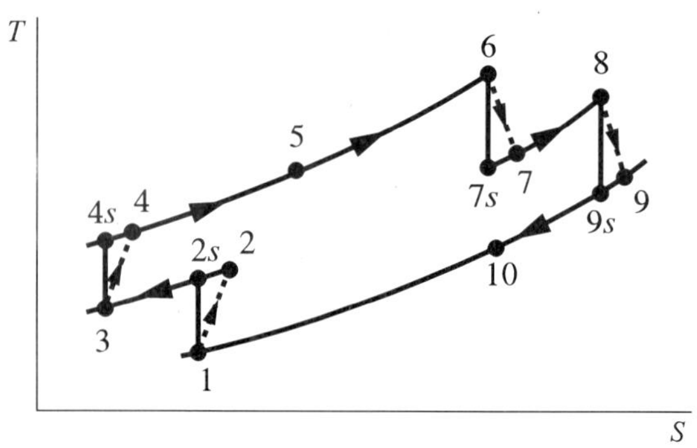

그림 9.15 2단 팽창 재열, 2단 압축 중간 냉각을 하며 재생기를 갖는 가스 터빈 기관의 T–S 선도

열효율의 증가를 의미하지는 않는다. 2단 팽창에 의해 터빈의 배기가스 온도는 T_{10}에서 T_9으로 상승하게 되고, 2단 압축과 중간 냉각에 의해 압축기를 나오는 가스의 온도는 감소하게 된다. 이는 재생기를 사용할 경우 더 많은 에너지를 이용할 수 있음을 의미하며 결과적으로 열효율 향상의 가능성으로 이어지게 된다.

예제 9.4 공기 표준 Brayton 사이클

가스 터빈 기관을 공기 표준 Brayton 사이클로 작동하는 것으로 간주하여 해석하고자 한다. 압축기로 유입하는 공기의 상태는 1.00 bar, 300 K이다. 압축기의 압력비는 10이고, 터빈 입구 온도는 1500 K이다. 동작유체의 질량유량은 5 kg/s이다. 단위 질량당의 공급열량, 방출열량, 터빈일 및 압축기일을 계산하고 이 기관의 순 출력을 계산하라. 이와 함께 이 기관의 열효율과 역일비를 산출하라.

풀이

1. 해석의 대상 검사체적 – 각각의 요소를 해석할 때

2. 개략도와 압력–체적 선도 및 온도–엔트로피 선도

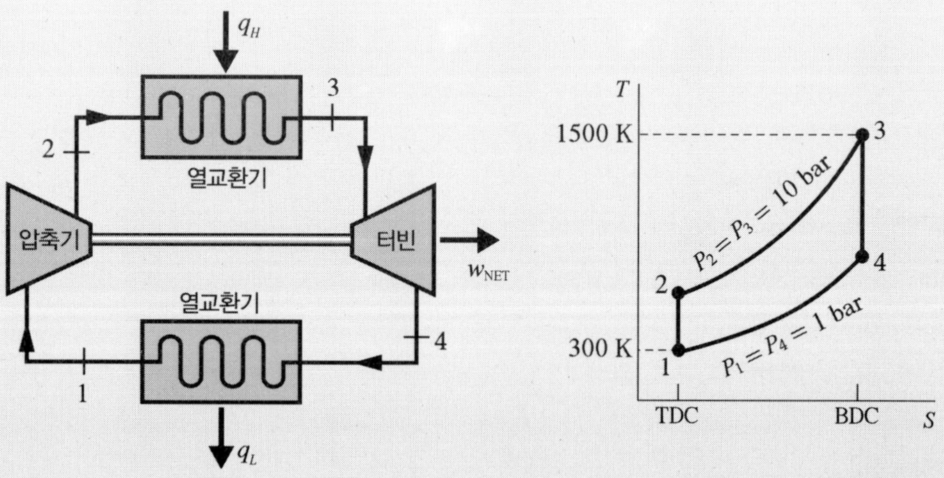

3. 동작유체 공기

4. 지배방정식

터빈, 압축기, 고온 열교환기 및 저온 열교환기에 열역학 제1법칙을 적용하여 각 장치에서의 동작유체 단위 질량당의 열전달 및 일의 양을 계산하면 다음과 같다.

터빈: $w_t = h_3 - h_4 = C_{p0}(T_3 - T_4)$

압축기: $w_c = h_2 - h_1 = C_{p0}(T_2 - T_1)$

고온 열교환기: $q_H = h_3 - h_2 = C_{p0}(T_3 - T_2)$

저온 열교환기: $q_L = h_4 - h_1 = C_{p0}(T_4 - T_1)$

기관의 순 출력: $\dot{W}_{\text{NET}} = \dot{m}w_{\text{NET}} = \dot{m}(w_t - w_c)$

가스 터빈 사이클의 열효율은 위의 관계식들을 이용하여 다음과 같이 나타낼 수 있다.

$$\eta_{\text{Brayton}} = \frac{w_t - w_c}{q_H} \quad \text{또는} \quad \eta_{\text{Brayton}} = 1 - \frac{1}{\left(\frac{p_2}{p_1}\right)^{\frac{k-1}{k}}}$$

역일비: $\text{bwr} = \dfrac{w_c}{w_t}$

등엔트로피 과정에서 압력과 온도의 관계를 표시하는 폴리트로프 관계식은 다음과 같다.

$$Tp^{\frac{k-1}{k}} = \text{const}$$

5. 자료

계산을 위해 다음과 같이 상태량표를 작성한다.

위치	p (bar)	T(K)	V(m^3)	과정
1	1.0	300		1–2 등엔트로피 과정
2	10			2–3 정압 과정
3	10	1500		3–4 등엔트로피 과정
4	1.0			4–1 정압 과정

Brayton 사이클의 해석에 있어서 각 점에서의 체적은 관심의 대상이 되지 않는다.
공기에 대한 기본적인 자료들은 다음과 같다.

가스상수: 0.287 kJ/kg K

300 K에서 정압비열: $C_{p0} = 1.007$ kJ/kg K

정적비열: $C_{v0} = 0.718$ kJ/kg K

비열비: $k = 1.4$

6. 계산

• **1-2 과정** (등엔트로피 과정)

이 과정은 등엔트로피 과정이므로 다음의 폴리트로프 관계식들을 사용한다.

$$T_2 = T_1\left(\frac{p_2}{p_1}\right)^{\frac{k-1}{k}} = (300\text{ K})(10)^{\frac{1.4-1}{1.4}} = 579.2\text{ K}$$

• **3-4 과정** (등엔트로피 과정)

이 과정 역시 등엔트로피 과정이므로 동일한 방법을 사용한다.

$$T_4 = T_3\left(\frac{p_4}{p_3}\right)^{\frac{k-1}{k}} = (1500\text{ K})\left(\frac{1}{10}\right)^{\frac{1.4-1}{1.4}} = 776.9\text{ K}$$

이 값들을 이용하여 상태량표를 다음과 같이 완성할 수 있다.

위치	p (bar)	T(K)	V (m^3)	과정
1	1.0	300		1-2 등엔트로피 과정
2	10	579.2		2-3 정압 과정
3	10	1500		3-4 등엔트로피 과정
4	1.0	776.9		4-1 정압 과정

동작유체 단위 질량당의 열전달 및 일의 양을 계산하면 다음과 같다.

터빈: $w_t = h_3 - h_4 = C_{p0}(T_3 - T_4) = (1.007\text{ kJ/kg K})(1500 - 776.9\text{ K}) = 728.2\text{ kJ/kg}$

압축기: $w_c = h_2 - h_1 = C_{p0}(T_2 - T_1) = (1.007\text{ kJ/kg K})(579.2 - 300\text{ K}) = 281.2\text{ kJ/kg}$

공급 열량: $q_H = h_3 - h_2 = C_{p0}(T_3 - T_2) = (1.007\text{ kJ/kg K})(1500 - 579.2\text{ K}) = 927.2\text{ kJ/kg}$

방출 열량: $q_L = h_4 - h_1 = C_{p0}(T_4 - T_1) = (1.007\text{ kJ/kg K})(776.9 - 300\text{ K}) = 480.2\text{ kJ/kg}$

기관의 순 출력: $w_{\text{NET}} = w_t - w_c = 728.2 - 281.2\text{ kJ/kg} = 447.0\text{ kJ/kg}$

$$\dot{W}_{\text{NET}} = \dot{m}w_{\text{NET}} = (5\text{ kg/s})(447.0\text{ kJ/kg}) = 2235\text{ kJ/s} = 2235\text{ kW}$$

사이클의 열효율: $\eta_{\text{Brayton}} = \dfrac{w_{\text{NET}}}{q_H} = \dfrac{447.0}{927.2} = 0.482 = 48.2\ \%$

이상적인 Brayton 사이클의 열효율은 압력비를 이용하여 다음 식으로도 구할 수 있다.

$$\eta_{\text{Brayton}} = 1 - \frac{1}{\left(\frac{p_2}{p_1}\right)^{\frac{k-1}{k}}} = 1 - \frac{1}{(10)^{\frac{1.4-1}{1.4}}} = 0.482 = 48.2\ \%$$

역일비는 다음과 같다.

$$\text{bwr} = \frac{w_c}{w_t} = \frac{281.2}{728.2} = 0.386 = 38.6\ \%$$

7. 해석

Rankine 사이클에 관한 예제에서 나타난 역일비가 1 % 미만인데 비해 가스를 압축하는 Brayton 사이클의 경우 역일비가 40 % 가까이 나온다는 점을 주목하여야 한다. 이는 터빈에서 발생한 일의 40 % 정도를 압축기 구동에 소요한다는 것을 의미한다. 만일 터빈과 압축기의 효율이 낮을 경우 사이클의 역일비는 현저하게 커지고 열효율은 감소하게 된다.

9.6 분사 추진 사이클

그림 9.16은 가스 터빈 기관을 변형하여 항공기의 추진에 사용되는 경우를 나타내는 것으로 이를 터보제트 기관(Turbojet Engine)이라 하며 이 기관의 동작은 1장에서 설명한 바 있다.

터보제트 기관은 입구에 단면적이 완만하게 증가하는 **디퓨저**(Diffuser)를 가지고 있다. 디퓨저는 단면적의 변화를 통해 유입하는 공기를 감속시킴으로써 공기의 압력을 증가시킨다. 이를 **램 효과**(Ram Effect)라고 한다. 디퓨저를 통해 유입한 공기는 압축기에서 압축되고 이후 연소실로 들어가 연료와 혼합하여 연소된다. 여기서 발생된 연소가스는 압축기 구동 터빈을 회전시키고 노즐을 통해 분출됨으로써 추진에 필요한 추력(Thrust)을 얻는다. 이 터보제트 기관이 이상적으로 작동하는 경우 다음의 과정을 겪는다.

과정 0-1 : 디퓨저 : 등엔트로피 압력 상승 : 온도 상승
과정 1-2 : 압축기 : 등엔트로피 압축 : 일 투입, 온도 상승
과정 2-3 : 연소기 : 정압 열공급 : 열공급, 온도 및 엔트로피 증가
과정 3-4 : 터빈 : 등엔트로피 팽창 : 압축기 구동일 발생, 온도 강하
과정 4-5 : 노즐 : 등엔트로피 팽창 : 추력 발생, 온도 강하

모든 과정은 내부적으로 가역적으로 진행된다.

그림 9.17은 대형 항공기의 추진에 주로 쓰이는 터보팬 기관(Turbofan Engine)을 나타낸 것이다. 이 기관의 앞부분에는 커다란 직경을 갖는 팬(Fan)이 달려 있어 공기를 가속시킨다. 가속된 공기 중 일부는 중심부로 들어가 압축기, 연소기 및 터빈 등을 통해 추력을 얻는다. 중심부로 유입하지 않은 공기는 중심부 주위를 바이 패스(by-pass)하여 또 다른 추력을 발생시킨다. 이 기관은 1000 km/h의 속도 범위에서 사용한다.

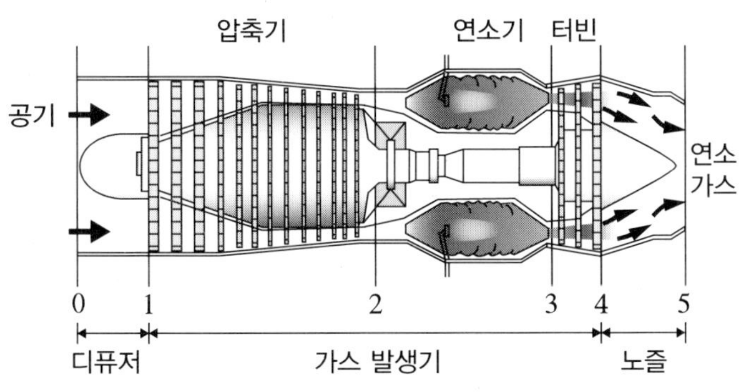

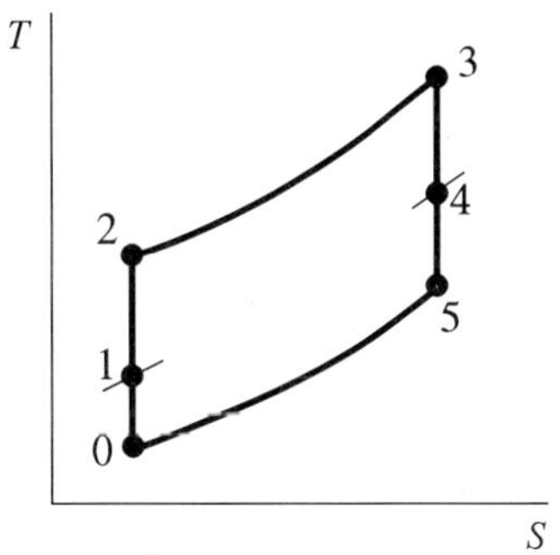

그림 9.16 터보제트 기관의 구성도와 T–S 선도

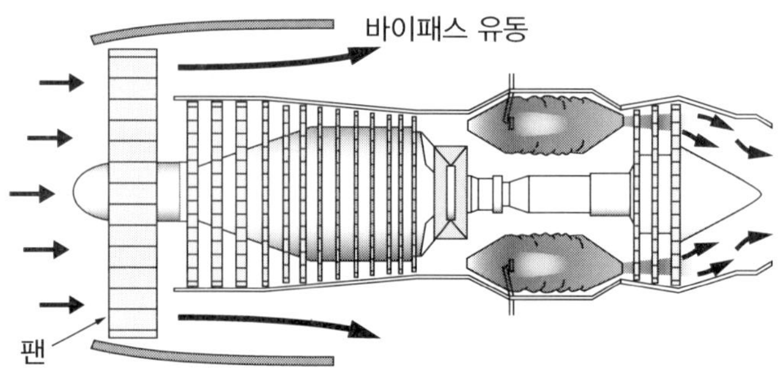

그림 9.17 터보팬 기관

가스 터빈 시스템을 항공기의 추진에 이용하는 또 다른 예로 터보프롭 기관(Tuboprop Engine)이 있다. 그림 9.18에 나타나 있는 터보프롭 기관은 노즐을 사용하지 않으며 터빈에서 대기압까지 가스를 팽창시킨다. 터빈에서 얻어진 일의 일부는 압축기를 구동하는데 쓰이고 나머지는 기관의 앞면에 있는 프로펠러를 구동하여 항공기를 추진시킨다. 터보프롭 기관은 600 km/h 까지의 속도 범위에 주로 쓰인다.

항공기가 일단 이륙하여 일정 속도 이상으로 운항하고 있을 때에는 항공기에 대한 공기의 상대 속도가 매우 크므로 순수하게 램 효과만을 이용하여 공기의 압력 상승을 꾀할 수 있다. 이 경우 압축기를 사용하지 않는다. 결과적으로 압축기를 구동하기 위한 터빈도 필요하지 않게 되므로 구조가 간단하고 중량을 크게 줄일 수 있다. 이와 같은 기관을 램제트 기관(Ramjet Engine)이라 하며 그림 9.19는 이 기관을 나타내고 있다. 램제트 기관은 항공기가 충분히 빠른 속도에 도달하여 있을 때에만 사용할 수 있으므로 램제트 기관만을 독자적으로 사용할 수는 없으며 다른 수단과 함께 사용해야 한다.

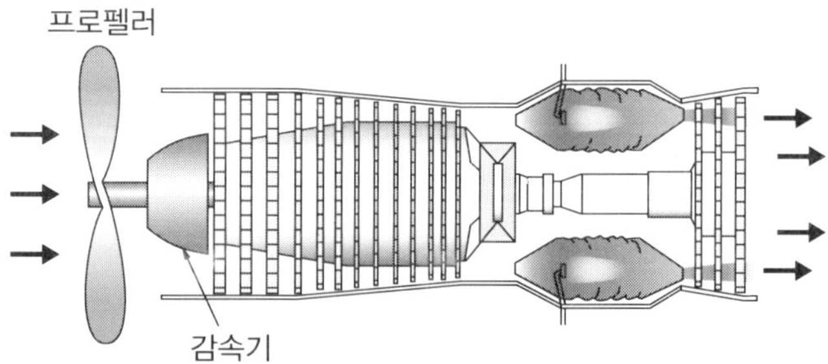

그림 9.18 터보프롭 기관

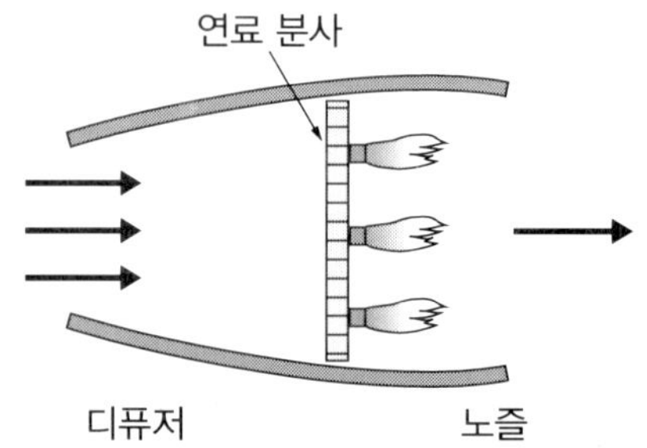

그림 9.19 램제트 기관

9.7 복합 동력 사이클

서로 다른 동력 사이클을 조합하여 열효율이 더 좋은 기관을 구성할 수 있다. 이러한 사이클을 **복합 동력 사이클**(Combined Power Cycle)이라 하며 보통 한 사이클의 방출열의 전부 또는 일부가 다른 사이클의 공급열로 이용됨으로써 출력 및 열효율의 증대를 꾀할 수 있다. 그림 9.20은 두 개의 Rankine 사이클을 조합한 것으로서 한 사이클은 수은을 동작유체로 하고 다른 사이클은 물을 동작유체로 한다. 이러한 사이클을 **이원 사이클**(Binary Cycle)이라고도 한다. 수은을 동작유체로 하게 되면 상당히 높은 사이클 최고 온도를 얻을 수 있다. 반면에 열을 방출하는 온도 또한 높게 된다. 물을 동작유체로 사용하는 Rankine 사이클의 경우는 급열 평균 온도가 수은 사이클의 방열 온도보다도 낮다. 따라서 두 사이클을 조합함으로써 수은 사이클에서 방출되는 열에너지를 물을 동작 유체로 사용하는 사이클의 공급열량으로 제공하게 된다. 물을 동작유체로 하는 사이클은 별도의 외부 열공급이 필요 없게 된다. 그림 9.20의 *T*–*S* 선도 상에서 위쪽 사이클을 상부 사이클(Topping Cycle), 아래쪽 사이클을 하부 사이클(Bottoming Cycle)이라 한다.

그림 9.21은 가스 터빈 기관과 증기 터빈 기관으로 구성되는 복합 동력 사이클을 나타내고 있다. 이 사이클은 고온 영역에서 작동하는 가스 동력 사이클을 상부 사이클로

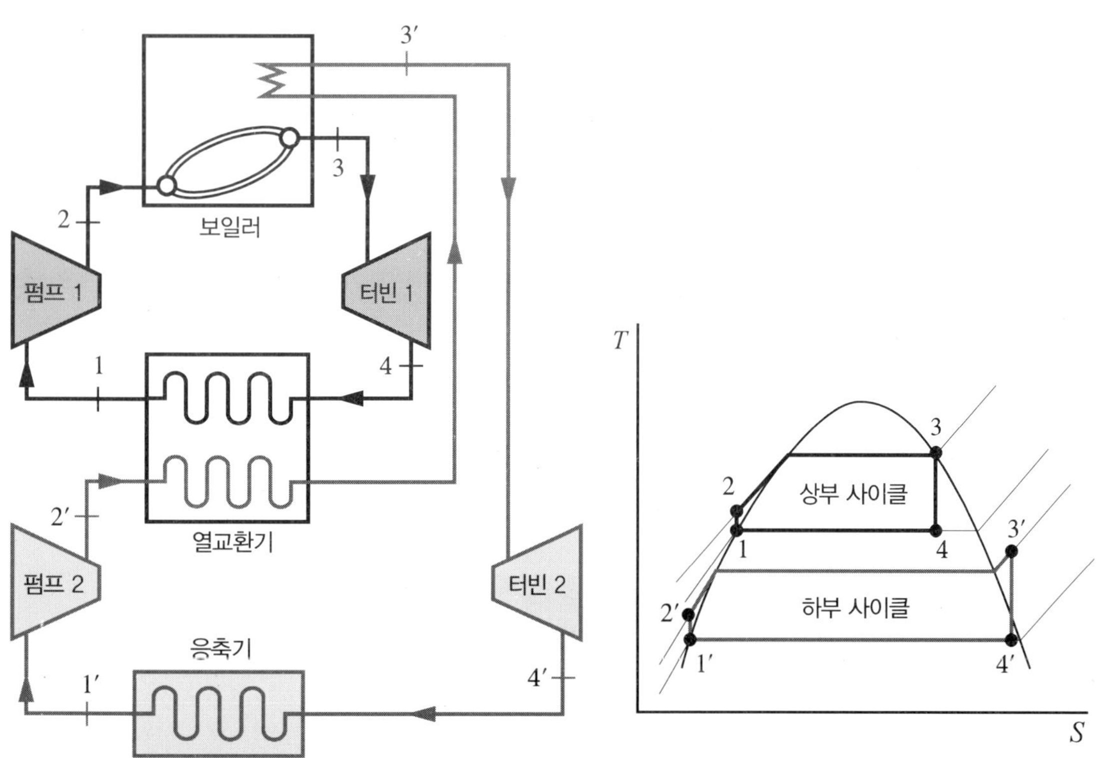

그림 9.20 이원 사이클의 구성도와 *T*–*S* 선도

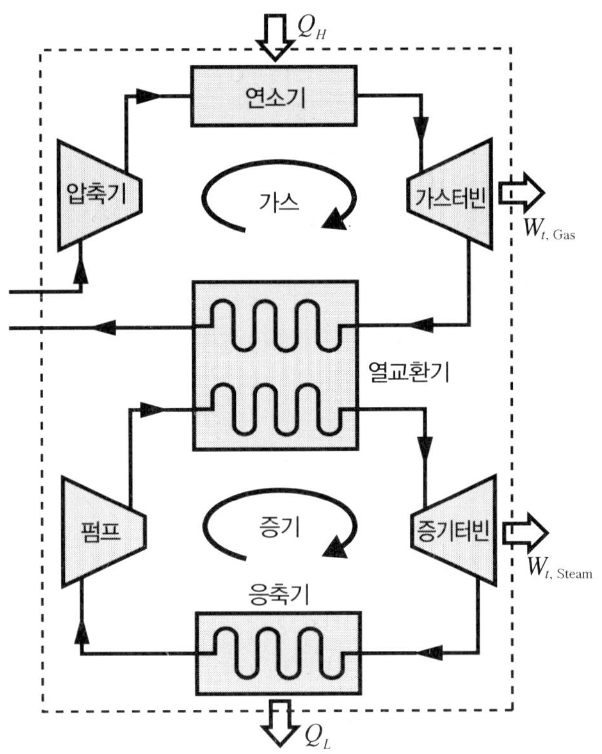

그림 9.21 가스 동력 사이클과 증기 동력 사이클의 복합 사이클

하고 있다. 하부 사이클인 증기 동력 사이클의 급열 평균 온도는 가스 터빈의 열 방출 온도 보다 낮다. 따라서 상부 사이클에서 방출되는 열에너지를 하부 사이클의 보일러로 공급할 수 있다.

복합 사이클은 전체적으로 볼 때 급열 평균 온도가 높고, 방열 평균 온도가 낮으므로 각각의 사이클이 별도로 작동할 때 보다 더 높은 열효율을 나타낸다. 다른 관점에서 보면 외부에서의 열공급은 상부 사이클에만 필요하지만 복합 사이클의 일은 상부와 하부 두 개의 사이클에서 발생하는 일의 합이 되므로 각각의 사이클이 별도로 작동할 때 보다 열효율이 높게 된다.

9.8 Ericsson 사이클과 Stirling 사이클

가스 터빈 기관의 이상 사이클인 Brayton 사이클은 등엔트로피 압축, 정압 열공급, 등엔트로피 팽창 및 정압 열방출로 이루어져 있다. Brayton 사이클에서 두 개의 등엔트로피 과정을 등온 과정으로 대치한 것을 **Ericsson 사이클**이라 한다. 압축 과정 중 등온을 유지하기 위해서는 열을 방출해야 하며, 팽창 과정 중 등온을 유지하기 위해서는 열을 공급해야 한다. 따라서 Ericsson 사이클은 다음과 같은 4개의 기본 과정으로 이루어지게 된다.

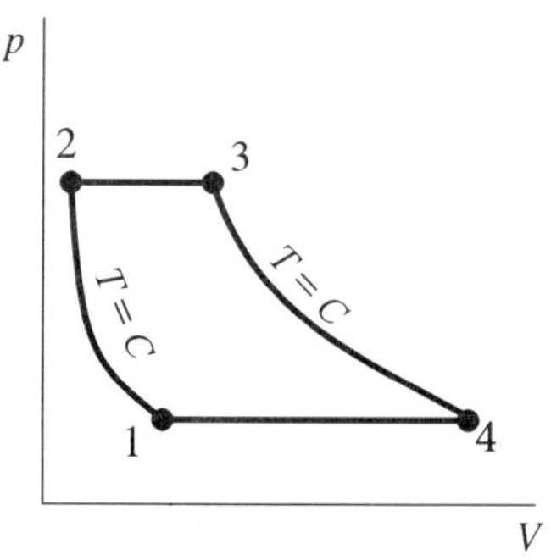

과정 1-2 : 등온 열방출 (압축)
과정 2-3 : 정압 열공급 (팽창)
과정 3-4 : 등온 열공급 (팽창)
과정 4-1 : 정압 열방출 (압축)

모든 과정은 내부적으로 가역적으로 일어난다.

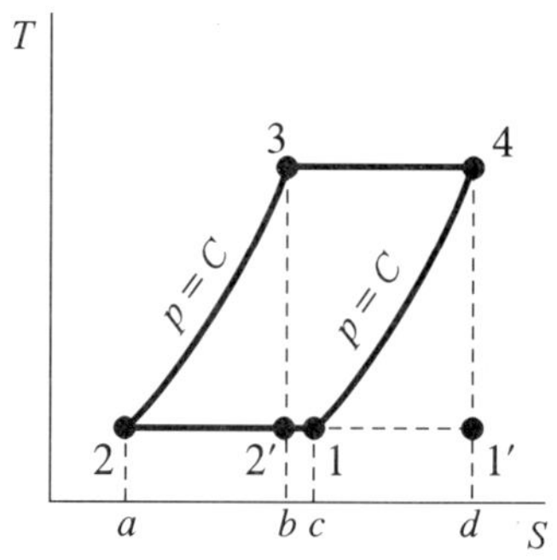

그림 9.22 Ericsson 사이클

그림 9.22는 Ericsson 사이클의 p–V 선도와 T–S 선도를 나타내고 있다. T–S 선도에서 2–3 과정과 3–4 과정은 열공급이 이루어지는 과정이며 4–1과정과 1–2 과정에서는 열방출이 일어난다. 만일 이상적인 재생기를 이용하여 4–1 과정에서 방출되는 열에너지를 2–3 과정 중에 공급할 수 있다고 하자. 이 경우 외부에서의 열전달은 3–4 과정에 대해서만 필요하고, 외부로의 열방출은 1–2 과정에서만 이루어진다. 1–2 과정 아랫부분 면적은 점선으로 표시한 1′–2′ 과정의 아랫부분 면적과 동일하다. 따라서 1–2–3–4–1로 이루어지는 Ericsson 사이클의 공급 열량과 방출 열량은 1′–2′–3–4–1′로 이루어지는 Carnot 사이클의 공급 열량 및 방출 열량과 동일해진다. 결과적으로 이상적인 재생기를 갖는 Ericsson 사이클의 열효율은 동일한 고열원과 저열원 사이에서 작동하는 Carnot 사이클의 열효율과 동일해진다.

Ericsson 사이클은 두 개의 등온 과정과 두 개의 정압 과정으로 이루어져 있다. 이 중 정압 과정을 정적 과정으로 대치하면 두 개의 등온 과정과 두 개의 정적 과정을 갖는 사이클이 되며 이를 **Stirling 사이클**이라 한다. Stirling 사이클의 기본 과정을 요약하면 다음과 같다.

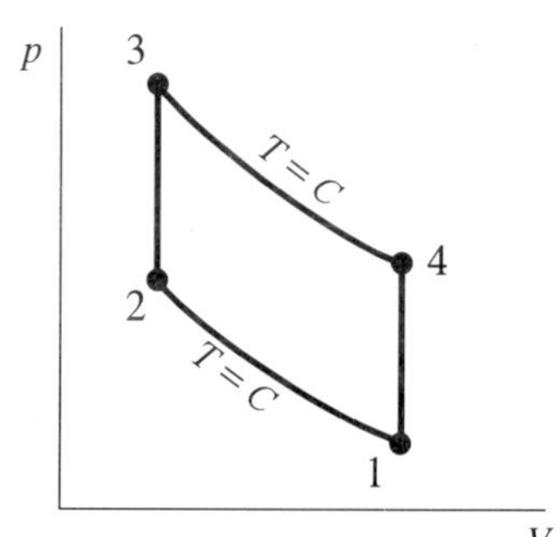

과정 1-2 : 등온 열방출 (압축)
과정 2-3 : 정적 열공급
과정 3-4 : 등온 열공급 (팽창)
과정 4-1 : 정적 열방출

모든 과정은 내부적으로 가역적으로 일어난다.

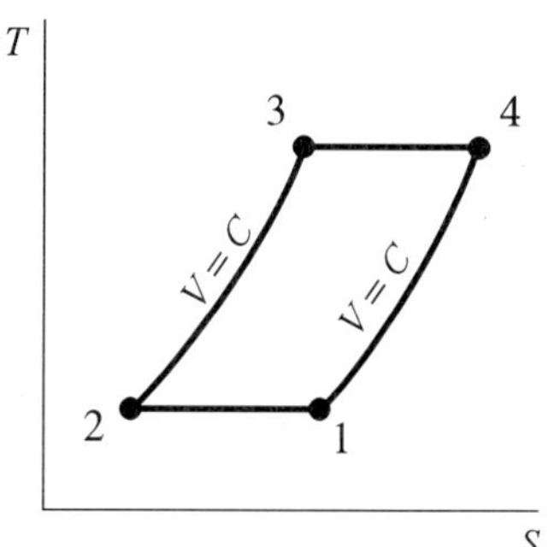

그림 9.23 Stirling 사이클

그림 9.23은 Stirling 사이클의 p–V 선도와 T–S 선도를 나타내고 있다. T–S 선도에서 2–3 과정과 3–4 과정은 열공급이 이루어지는 과정이며, 4–1 과정과 1–2 과정에서는 열방출이 일어난다. Ericsson 사이클에서와 마찬가지로 이상적인 재생기를 이용하여 4–1 과정에서의 방출 열량으로 2–3 과정 중의 열공급을 이룰 수 있다면, 이상적인 재생기를 갖는 Stirling 사이클의 열효율은 동일한 고열원과 저열원 사이에서 작동하는 Carnot 사이클의 열효율과 동일해진다.

예제 9.5 Stirling 사이클

이상적인 재생기를 갖는 공기 표준 Stirling 사이클이 있다. 고열원의 온도는 1200 K이고 저열원의 온도는 300 K다. 공급열량은 1000 kJ/kg이다. 이 사이클의 열효율과 단위 질량당의 순 일을 계산하라.

풀이

1. 해석의 대상 사이클 전체 – 시스템

2. 동작유체 공기

3. 지배방정식

이상적인 재생기를 갖는 Stirling 사이클의 열효율은 동일한 열원 사이에서 작동하는 Carnot 사이클의 효율과 동일하다. 따라서 이 사이클은 효율은 다음과 같이 주어진다.

$$\eta_{\text{Stirling}} = \eta_{\text{Carnot}} = 1 - \frac{T_L}{T_H}$$

열효율과 순 일은 다음 관계를 갖는다.

$$\eta_{\text{Stirling}} = \frac{w_{\text{NET}}}{q_H}$$

4. 계산

사이클의 열효율: $\eta_{\text{Stirling}} = \eta_{\text{Carnot}} = 1 - \frac{T_L}{T_H} = 1 - \frac{300}{1200} = 0.75 = 75\ \%$

순 일: $w_{\text{NET}} = \eta_{\text{Stirling}} q_H = (0.75)(1000\ \text{kJ/kg}) = 750\ \text{kJ/kg}$

9장 개념문제

1. 공기 표준 사이클에 적용되는 가정을 설명하라.
2. 다음 사이클들의 4대 기본과정을 설명하고 이 과정을 압력–체적 선도와 온도–엔트로피 선도 상에 표시하라. 아울러 이 사이클들의 열효율에 영향을 미치는 인자에 대해 설명하라.
   (a) 이상적인 Otto 사이클
   (b) 이상적인 Diesel 사이클
   (c) 이상적인 Sabathe 사이클
   (d) 이상적인 Brayton 사이클
3. 다음의 여러 종류의 분사 추진 기관에 대해 특징을 설명하라.
   (a) 터보제트 기관 (b) 터보팬 기관 (c) 터보프롭 기관 (d) 램제트 기관
4. 복합 동력 사이클의 의의와 구성에 대해 설명하라.
5. Ericsson 사이클과 Stirling 사이클의 4대 기본 과정과 이 사이클들의 열효율이 갖는 의의를 설명하라.

9장 연습문제

9.1 실린더 하나당의 행정체적이 800 cc이며 압축비가 9인 가솔린 기관을 해석하고자 한다. 편의상 공기표준 Otto 사이클로 작동하는 것으로 간주한다. 압축 과정 초기 상태는 1 bar, 300 K이다. 정적 열공급 과정 중의 열전달량은 1200 kJ/kg이다. 다음을 계산하라.

(a) 각 과정의 끝에 있어서의 온도와 압력

(b) 사이클의 순 일과 열효율

(c) 평균유효압력

9.2 가솔린 기관이 공기 표준 Otto 사이클로 작동하는 것으로 간주한다. 압축비가 2부터 11까지 1 간격으로 변화하는 경우의 열효율의 변화를 계산하여 그래프로 나타내고 압축비의 변화에 따른 열효율의 변화율을 압축비가 적은 경우와 압축비가 큰 경우에 대해 비교하라.

9.3 실린더 행정체적이 2000 cc이며 압축비가 16인 디젤 기관을 해석하고자 한다. 편의상 공기표준 Diesel 사이클로 작동하는 것으로 간주한다. 정압 연소 과정 중의 공급 열량은 1000 kJ/kg이다. 압축 과정 초기 상태는 1 bar, 300 K이다. 다음을 계산하라.

(a) 각 과정의 끝에 있어서의 온도와 압력

(b) 사이클의 순 일과 열효율

(c) 평균유효압력

9.4 저속 디젤 기관이 공기 표준 Diesel 사이클로 작동하는 것으로 간주한다. 차단비가 2, 3, 4인 각 경우에 대해 압축비가 10부터 20까지 1 간격으로 변화하는 경우의 열효율의 변화를 계산하여 그래프로 나타내고 차단비 및 압축비의 변화에 따른 열효율의 변화 효과를 설명하라.

9.5 실린더 행정체적이 2000 cc이며 압축비가 16인 고속 디젤 기관을 해석하고자 한다. 편의상 공기 표준 Sabathe 사이클로 작동하는 것으로 간주한다. 압축 과정 초기 상태는 1 bar, 300 K이다. 공급열량이 600 kJ/kg으로 일정한 상황에서 정적 열공급 대 정압 열공급의 비율이 1:1, 2:1 및 3:1인 경우에 대해 다음을 계산하라.

(a) 각 과정의 끝에 있어서의 온도와 압력

(b) 사이클의 순 일과 열효율

(c) 평균유효압력

9.6 고속 디젤 기관이 공기 표준 Sabathe 사이클로 작동하는 것으로 간주한다. 차단비는 2이다. 폭발비가 1.2, 1.5 및 2.0인 각 경우에 대해 압축비가 10부터 20까지 1 간격으로 변화하는 경우의 열효율의 변화를 계산하여 그래프로 나타내고 폭발비의 변화에 따른 열효율의 변화 효과를 설명하라.

9.7 가스 터빈 기관을 해석하고자 한다. 압축기로 유입하는 공기의 상태는 1.00 bar, 300 K이다. 압축기의 압력비는 10이고, 터빈 입구 온도는 1500 K이다. 동작유체의 질량유량은 5 kg/s이다. 압축기와 터빈의 등엔트로피 효율은 각각 80 %이다. 단위 질량당의 공급열량, 방출열량, 터빈일 및 압축기일을 계산하고 이 기관의 순 출력을 계산하라. 이와 함께 이 기관의 열효율과 역일비를 산출하라. 아울러 이 결과를 압축기와 터빈에서

등엔트로피 과정을 겪는 경우와 비교하라.

9.8 공기 표준 Brayton 사이클로 작동하는 가스 터빈 기관에 있어서 압축기 압력비가 8부터 15까지 1 간격으로 변화하는 경우의 열효율의 변화를 계산하여 그래프로 나타내고 압력비의 변화에 따른 열효율의 변화율을 압력비가 적은 경우와 압력비가 큰 경우에 대해 비교하라.

9.9 이상적인 재생기를 갖는 공기 표준 Ericsson 사이클이 있다. 고열원의 온도를 1200 K으로 고정하고 저열원의 온도를 500 K, 400 K 및 300 K으로 변화시킨 경우에 대한 열효율의 변화를 계산하여 각 경우를 비교하라.

9.10 이상적인 재생기를 갖는 공기 표준 Ericsson 사이클이 있다. 저열원의 온도를 300 K으로 고정하고 고열원의 온도를 2000 K, 1500 K 및 1200 K으로 변화시킨 경우에 대한 열효율의 변화를 계산하여 각 경우를 비교하라.

9.11 이상적인 재생기를 갖는 공기 표준 Stirling 사이클이 있다. 고열원의 온도를 1200 K으로 고정하고 저열원의 온도를 500 K, 400 K 및 300 K으로 변화시킨 경우에 대한 열효율의 변화를 계산하여 각 경우를 비교하라.

9.12 이상적인 재생기를 갖는 공기 표준 Stirling 사이클이 있다. 저열원의 온도를 300 K으로 고정하고 고열원의 온도를 2000 K, 1500 K 및 1200 K으로 변화시킨 경우에 대한 열효율의 변화를 계산하여 각 경우를 비교하라.

10 냉동 사이클

동력 사이클과 마찬가지로 냉동 사이클도 동작유체의 종류에 따라서 구분할 수 있다. 사이클 중 동작유체가 액체와 증기의 상변화를 겪는 냉동 사이클을 증기 냉동 사이클이라 한다. 사이클 중 동작유체가 처음부터 끝까지 가스상을 유지하는 사이클을 가스 냉동 사이클이라 한다. 냉동 사이클은 난방을 목적으로도 사용할 수 있으며 이 경우를 특히 열펌프라고 한다.

10.1 Carnot 냉동 사이클

Carnot 사이클은 모든 과정이 가역적으로 일어나는 동력 사이클이라 정의하였다. 모든 과정이 가역적으로 일어나면 사이클 자체가 역으로 진행될 수 있다는 것을 의미한다. 역으로 진행되는 동력 사이클은 곧 냉동 사이클을 의미한다. 그림 10.1은 Carnot 사이클로 작동하는 냉동 사이클의 구성도와 T–S 선도를 나타낸 것이다. Carnot 냉동 사이클의 구성도를 보면 이 사이클은 그림 7.7의 Carnot 증기 동력 사이클의 역인 것을 알 수 있다.

Carnot 냉동 사이클의 기본 과정은 다음과 같다.

과정 1-2 : 압축기 : 등엔트로피 압축 : 일 투입, 온도 상승
과정 2-3 : 응축기 : 등온 열방출 : 엔트로피 감소
과정 3-4 : 터빈 : 등엔트로피 팽창 : 일 발생, 온도 강하
과정 4-1 : 증발기 : 등온 열전달 : 엔트로피 증가

모든 과정은 내부적으로 가역적으로 진행된다.

그림 10.1의 T–S 선도에서 증발기에서의 과정을 나타내는 4–1 곡선 아랫부분의 면적 (4–1–b–a–4)는 냉동 공간에서 제거하는 열량을 나타낸다. 이를 kW 단위로 표시한

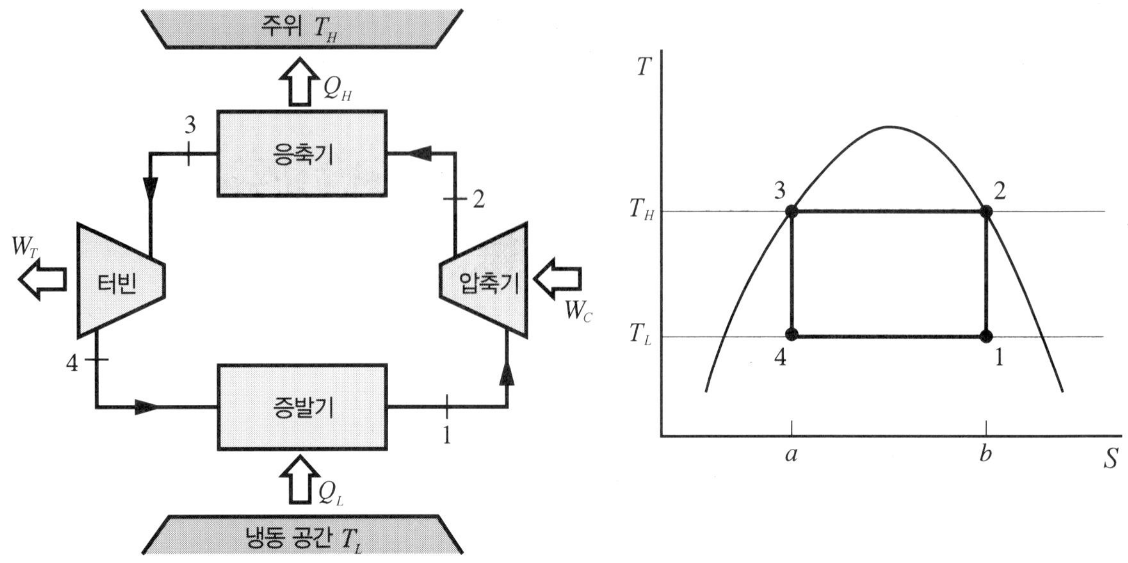

그림 10.1 Carnot 냉동 사이클의 구성도와 T–S 선도

것을 **냉동능력**(Refrigeration Capacity)이라고 한다. 냉동능력을 표시하는 단위 중 하나로 **냉동톤**(RT, Refrigeration Ton 또는 Ton of Refrigeration)이 있다. 1 냉동톤은 0 ℃의 물 1 ton을 24시간 동안 0 ℃의 얼음으로 변화시킬 만큼의 열량으로서 1 RT=13 900 kJ/h에 해당한다. 과정 2–3의 아랫부분의 면적은 주위로 방출하는 열량을 나타내며, 폐곡선 1–2–3–4–1 안의 면적은 사이클 중의 순 열전달을 나타낸다. 열역학 제1법칙에 의해 사이클 중의 순 열전달은 순 일과 동일하므로 폐곡선 내의 면적은 압축기에서의 투입 일과 터빈에서 발생한 일의 차이와 동일하다.

10.2 증기 압축 냉동 사이클

Carnot 사이클로 작동하는 냉동 사이클은 동일한 열원 사이에서 작동하는 냉동 사이클 중 가장 효율이 좋은 사이클이라는 것은 Carnot 사이클의 효율에 대한 명제를 통해 알 수 있다. 그러나 냉동 사이클을 Carnot 사이클로 작동시키는데 있어서는 몇 가지 실제적인 문제가 있다. 우선 그림 10.1의 상태 1에서의 압축은 증기와 액체의 혼합물의 압축으로서 이를 효과적으로 실행하는 데에는 현실적인 어려움이 있다. 다음으로 과정 3–4의 팽창을 위해 터빈을 사용할 경우 터빈을 지나는 동작유체, 즉 냉매가 액체로서 그 비체적이 매우 작으므로 여기서 얻어지는 일은 매우 작게 된다. 따라서 터빈의 설치 및 유지에 따른 소요 비용을 생각할 때 대단히 비경제적이다. 보다 현실적인 접

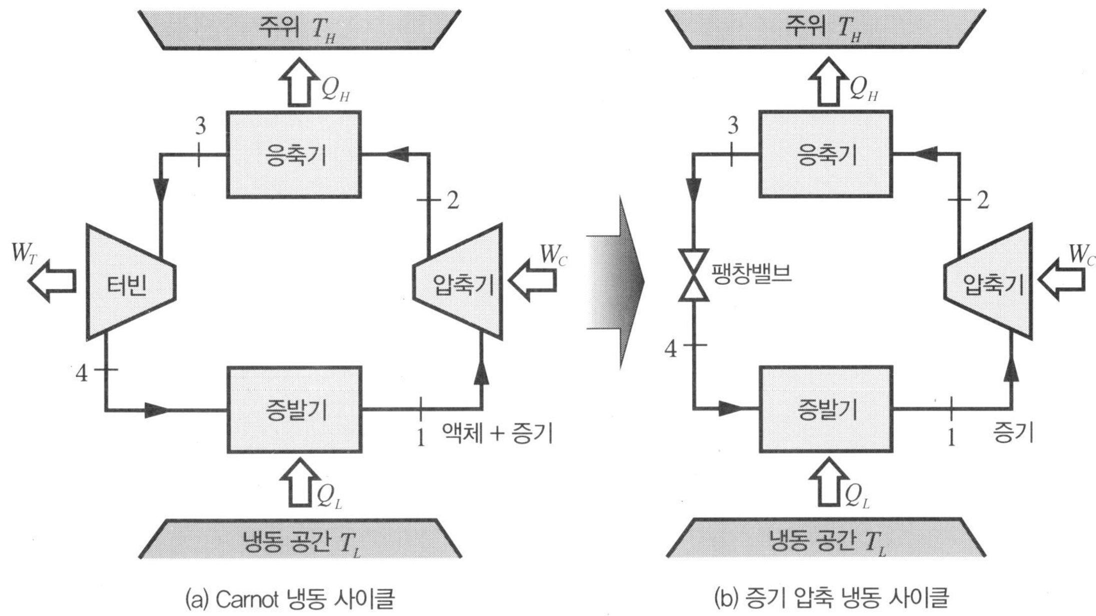

그림 10.2 Carnot 냉동 사이클과 증기 압축 냉동 사이클

근은 증기와 액체의 혼합물을 압축하는 것보다는 건포화 증기 또는 약간 과열된 상태의 증기를 압축시키는 것이다. 이와 함께 터빈을 통해 얻을 수 있는 일을 포기하고 터빈을 단순한 팽창 밸브 또는 모세관으로 대치하는 것이다. 팽창 밸브 또는 모세관에서의 과정은 비가역 과정이 된다. 그림 10.2는 Carnot 냉동 사이클과 실제적인 증기 냉동 사이클을 비교하여 나타내고 있다. 이와 같은 냉동 사이클을 **증기 압축 냉동 사이클**(Vapor-Compression Refrigeration Cycle)이라 한다.

증기 압축 냉동 사이클을 열역학적으로 해석하기 위해 증기 동력 사이클의 경우에서와 유사하게 다음과 같은 가정을 한다.

1. 정상 상태 과정이다.
2. 운동 에너지 및 위치 에너지의 변화는 무시한다.
3. 팽창밸브와 압축기에서의 과정은 단열적으로 일어난다.

이상의 가정을 가지고 증발기, 압축기 및 응축기에 대해 정상상태 유동에 대한 열역학 제1법칙의 관계식을 적용하면 각 장치에서 냉매 1 kg당의 열전달량 및 투입일의 크기를 엔탈피의 항으로 구할 수 있다.

$$\text{증발기: } q_L = h_1 - h_4 \tag{10.2.1}$$

$$\text{압축기: } w_c = h_2 - h_1 \tag{10.2.2}$$

$$\text{응축기: } q_H = h_2 - h_3 \tag{10.2.3}$$

팽창밸브는 **교축과정**(Throttling Process)을 하는 장치로서 열전달과 일이 없다. 따라서 열역학 제1법칙으로부터 다음의 관계를 얻을 수 있다.

$$h_3 = h_4 \tag{10.2.4}$$

즉 팽창밸브에서의 과정은 **등엔탈피 과정**(Constant−Enthalpy Process) 과정이다. 그러나 이 과정은 비가역 과정이므로 팽창밸브를 지나면서 동작유체의 엔트로피는 증가하게 된다. 이상의 상태량들을 사용하여 증기 압축 냉동 사이클의 성능계수를 구하면 다음과 같이 된다.

$$\text{COP} = \frac{q_L}{w_c} = \frac{h_1 - h_4}{h_2 - h_1} \tag{10.2.5}$$

증기 압축 냉동 사이클이 이상적으로 작동하기 위해서는 증발기와 응축기와 같은 열교환기 내에 어떠한 비가역성도 없어야 한다. 이 경우 마찰에 의한 압력 강하가 존재하지 않으므로 증발기와 응축기에서의 과정은 정압 하에서 이루어지게 된다. 압축기에서는 비가역성과 함께 주위와의 열교환이 없는 것으로 생각한다. 따라서 압축기에서의 이상적인 과정은 등엔트로피 과정이 된다. 그러나 팽창밸브에서의 과정은 압력 손실을 동반하는 교축과정으로서 가역적으로 이루어질 수 없다. 이상을 요약하면 이상적으로 작동하는 증기 압축 냉동 사이클의 기본 과정을 다음과 같이 정리할 수 있다.

과정 1-2 : 압축기 : 등엔트로피 압축 : 일 투입, 온도 상승
과정 2-3 : 응축기 : 정압 열방출 : 엔트로피 감소
과정 3-4 : 팽창밸브 : 교축과정 : 비가역 온도 강하
과정 4-1 : 증발기 : 정압 열전달 : 엔트로피 증가

팽창밸브에서의 교축과정을 제외한 모든 과정은 가역적으로 이루어진다. 그림 10.3은 이상적으로 작동하는 증기 압축 냉동 사이클의 구성도와 T–S 선도를 나타낸 것이다.

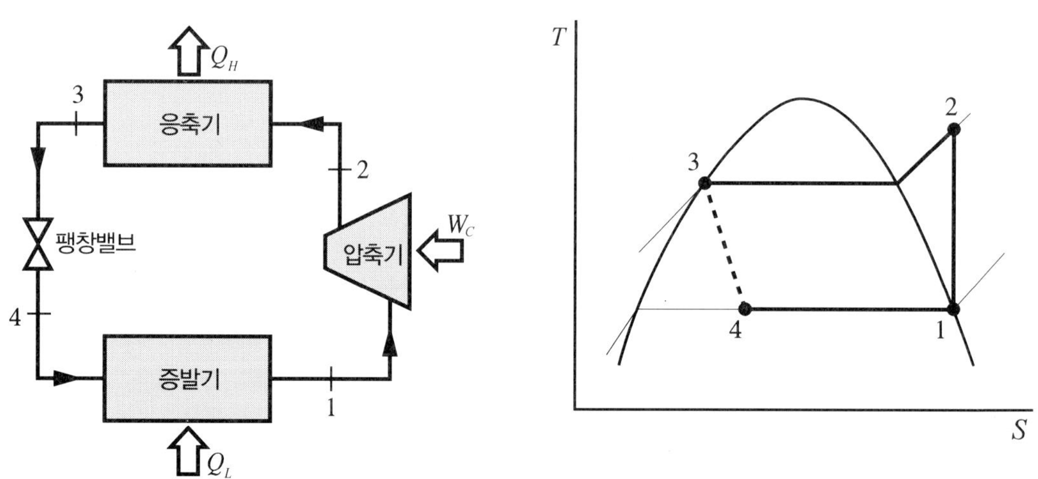

그림 10.3 이상적인 증기 압축 냉동 사이클의 구성도와 T–S 선도

T–S 선도에서 팽창 밸브에서의 과정 3–4는 비가역 과정으로서 준평형 과정이 아니다. 이 과정 동안 시스템의 상태량이 존재하지 않으므로 상태 3에서 상태 4까지 동작유체가 거쳐간 경로를 상태량으로 표시할 수 없다. 따라서 두 상태 사이를 점선으로 연결한다.

실제의 증기 압축 냉동 사이클의 경우는 각 장치를 연결하는 배관에서 동작유체의 유동에 따른 압력 강하와 주위와의 열전달이 일어나며, 이에 따라 엔트로피는 변화하게 된다. 압축기에서의 압축과정 역시 비가역성을 갖게 되며 주위와 열교환을 하게 된다. 압축기에서의 비가역성은 엔트로피를 증가시키지만 압축과정이 진행되는 동안 냉매의 온도에 따라 주위로 열을 방출할 수도 있고 또 주위로부터 열을 전달받을 수도 있다. 따라서 압축기를 나오는 냉매는 열전달의 상황에 따라 압축기 입구 상태보다 엔트로피가 증가할 수도, 감소할 수도 있다. 응축기를 지나는 냉매는 압력강하를 겪게 된다. 아울러 응축기를 나올 때에는 동작유체의 온도가 포화온도보다 낮다. 증발기에서도 마찬가지로 압력 강하를 겪는다. 증발기를 나와 압축기로 들어가는 상태는 이상적인 경우는 포화증기 상태이다. 실제적으로는 약간의 습분이 포함된 습증기가 될수도, 또는 약간 과열된 상태가 될 수도 있을 것이다. 실제 사이클의 설계에 있어서는 압축기로 유입하는 동작유체에 액체가 혼합되는 것을 막기 위해 약간 과열된 상태로 압축기로 들어가도록 한다. 따라서 실제의 경우의 증기 압축 냉동 사이클의 T–S 선도는 그림 10.4와 같이 복잡한 모양을 보이게 된다. 이 그림에서는 증발기와 응축기에서의 압력 강하 및 관로 손실은 표시하지 않았다.

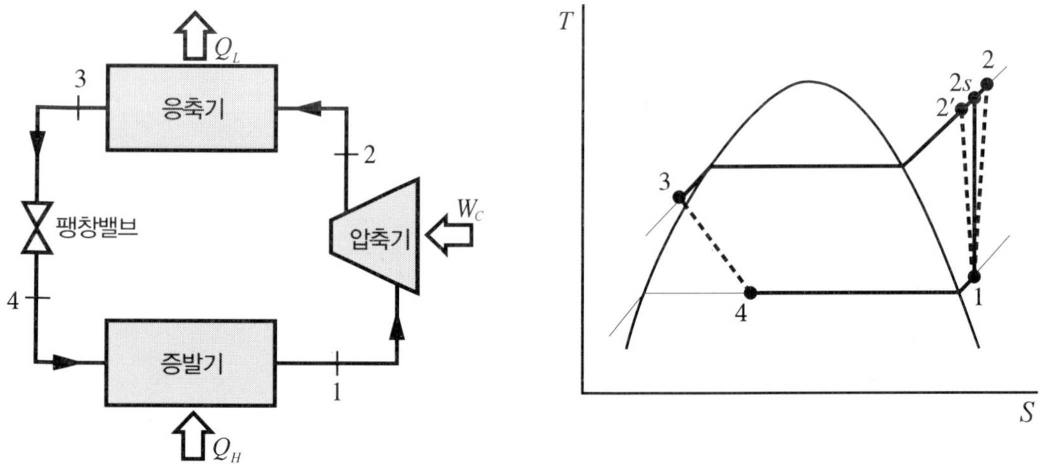

그림 10.4 실제의 증기 압축 냉동 사이클의 구성도와 T–S 선도

표 A-3 주요 물질들의 25 ℃에서의 밀도와 정압비열

상	물질	밀도 (kg/m^3)	정압비열 (kJ/kg K)
고상	금	19 300	0.129
	납	11 340	0.129
	텅스텐	19 300	0.134
	안티모니		0.207
	주석	7304	0.227
	은	10 524	0.233
	구리	8300	0.42
	아연	7144	0.387
	철		0.412
	강(Steel)	7820	0.466
	흑연	2500	0.71
	유리	2500	0.8
	알루미늄	2700	0.897
	얼음(-10℃)	998	2.05
액상	수은	13 580	0.1395
	메탄올	787	2.55
	에탄올	783	2.46
	휘발유	720	2.22
	물	997	4.1813
	암모니아	603	4.84
	R-22	1190	1.26
	R-134a	1206	1.43
기상	알곤	1.613	0.5203
	이산화탄소	1.775	0.842
	공기(0℃)	1.293	1.012
	공기(25℃)	1.184	1.0035
	헬륨	0.1615	5.1932
	수소	0.0813	14.3
	물(100℃)	958.4	2.08
	암모니아	0.694	2.13
	R-22	3.54	0.658
	R-134a	4.2	0.852

• 기상의 경우 100 kPa 또는 그 이하의 포화 압력

표 B-1 공기의 상태량표 (0.1 MPa)

온도 (℃)	밀도 (kg/m³)	비체적 (m³/kg)	내부에너지 (kJ/kg)	엔탈피 (kJ/kg)	엔트로피 (kJ/kg K)	정적비열 (kJ/kg K)	정압비열 (kJ/kg K)	비열비
-50	1.5632	0.63971	285.12	349.09	3.5937	0.71629	1.0061	1.4046
-40	1.4958	0.66855	292.30	359.15	3.6378	0.71635	1.0059	1.4042
-30	1.4340	0.69737	299.47	369.21	3.6801	0.71646	1.0058	1.4038
-20	1.3771	0.72619	306.65	379.27	3.7206	0.71663	1.0057	1.4034
-10	1.3245	0.75500	313.83	389.33	3.7596	0.71684	1.0058	1.4031
0	1.2758	0.78379	321.01	399.39	3.7971	0.71711	1.0059	1.4027
10	1.2306	0.81259	328.19	409.45	3.8333	0.71744	1.0061	1.4023
20	1.1885	0.84137	335.37	419.51	3.8682	0.71783	1.0064	1.4019
30	1.1492	0.87015	342.56	429.57	3.9019	0.71829	1.0067	1.4015
40	1.1124	0.89892	349.75	439.64	3.9346	0.71882	1.0071	1.4011
50	1.0779	0.92769	356.95	449.72	3.9663	0.71941	1.0077	1.4007
60	1.0455	0.95646	364.15	459.80	3.9970	0.72009	1.0082	1.4002
70	1.0150	0.98522	371.36	469.88	4.0268	0.72083	1.0089	1.3997
80	0.98621	1.0140	378.58	479.97	4.0558	0.72166	1.0097	1.3991
90	0.95901	1.0427	385.80	490.07	4.0840	0.72256	1.0105	1.3985
100	0.93328	1.0715	393.04	500.18	4.1115	0.72355	1.0115	1.3979
110	0.90889	1.1002	400.28	510.30	4.1383	0.72461	1.0125	1.3973
120	0.88575	1.1290	407.54	520.43	4.1644	0.72575	1.0136	1.3966
130	0.86376	1.1577	414.80	530.58	4.1898	0.72697	1.0148	1.3959
140	0.84283	1.1865	422.08	540.73	4.2147	0.72828	1.0160	1.3951
150	0.82290	1.2152	429.37	550.90	4.2390	0.72965	1.0174	1.3943
160	0.80388	1.2440	436.68	561.08	4.2628	0.73111	1.0188	1.3935
170	0.78573	1.2727	444.00	571.27	4.2861	0.73263	1.0203	1.3926
180	0.76838	1.3014	451.34	581.48	4.3089	0.73423	1.0218	1.3917
190	0.75178	1.3302	458.69	591.71	4.3312	0.73590	1.0235	1.3908
200	0.73589	1.3589	466.06	601.95	4.3531	0.73763	1.0252	1.3899
210	0.72065	1.3876	473.45	612.21	4.3745	0.73943	1.0270	1.3889
220	0.70603	1.4164	480.86	622.49	4.3956	0.74129	1.0288	1.3879
230	0.69199	1.4451	488.28	632.79	4.4162	0.74320	1.0307	1.3868
240	0.67850	1.4738	495.72	643.11	4.4365	0.74517	1.0327	1.3858
250	0.66553	1.5026	503.19	653.44	4.4565	0.74719	1.0347	1.3847
260	0.65304	1.5313	510.67	663.80	4.4761	0.74926	1.0367	1.3837
270	0.64102	1.5600	518.18	674.18	4.4954	0.75138	1.0388	1.3826
280	0.62943	1.5888	525.70	684.58	4.5144	0.75353	1.0410	1.3814
290	0.61825	1.6175	533.25	695.00	4.5330	0.75572	1.0431	1.3803
300	0.60746	1.6462	540.82	705.44	4.5514	0.75795	1.0454	1.3792
310	0.59704	1.6749	548.41	715.90	4.5695	0.76021	1.0476	1.3780
320	0.58697	1.7037	556.03	726.39	4.5873	0.76250	1.0499	1.3769
330	0.57724	1.7324	563.66	736.90	4.6049	0.76481	1.0522	1.3757
340	0.56783	1.7611	571.33	747.44	4.6222	0.76714	1.0545	1.3746
350	0.55871	1.7898	579.01	757.99	4.6393	0.76950	1.0568	1.3734
360	0.54989	1.8185	586.72	768.57	4.6562	0.77187	1.0592	1.3723

표 B-1 공기의 상태량표 (0.1 MPa) (계속)

온도 (℃)	밀도 (kg/m^3)	비체적 (m^3/kg)	내부에너지 (kJ/kg)	엔탈피 (kJ/kg)	엔트로피 (kJ/kg K)	정적비열 (kJ/kg K)	정압비열 (kJ/kg K)	비열비
370	0.54134	1.8473	594.45	779.18	4.6728	0.77425	1.0616	1.3711
380	0.53305	1.8760	602.21	789.80	4.6892	0.77664	1.0640	1.3700
390	0.52501	1.9047	609.98	800.46	4.7054	0.77905	1.0664	1.3688
400	0.51721	1.9334	617.79	811.13	4.7213	0.78145	1.0688	1.3677
410	0.50964	1.9622	625.62	821.83	4.7371	0.78387	1.0712	1.3665
420	0.50229	1.9909	633.47	832.55	4.7527	0.78628	1.0736	1.3654
430	0.49515	2.0196	641.34	843.30	4.7681	0.78870	1.0760	1.3643
440	0.48821	2.0483	649.24	854.07	4.7833	0.79111	1.0784	1.3631
450	0.48145	2.0770	657.17	864.87	4.7983	0.79351	1.0808	1.3620
460	0.47489	2.1058	665.11	875.69	4.8132	0.79592	1.0832	1.3609
470	0.46850	2.1345	673.09	886.53	4.8279	0.79831	1.0856	1.3598
480	0.46228	2.1632	681.08	897.40	4.8424	0.80069	1.0880	1.3588
490	0.45622	2.1919	689.10	908.29	4.8568	0.80307	1.0903	1.3577
500	0.45032	2.2206	697.14	919.21	4.8710	0.80543	1.0927	1.3566
550	0.42297	2.3642	737.71	974.13	4.9398	0.81703	1.1043	1.3516
600	0.39876	2.5078	778.85	1029.6	5.0053	0.82818	1.1154	1.3468
650	0.37716	2.6514	820.52	1085.7	5.0677	0.83881	1.1260	1.3424
700	0.35779	2.7950	862.72	1142.2	5.1273	0.84887	1.1361	1.3383
750	0.34031	2.9385	905.41	1199.3	5.1845	0.85836	1.1455	1.3346
800	0.32445	3.0821	948.55	1256.8	5.2394	0.86726	1.1544	1.3311
850	0.31001	3.2257	992.13	1314.7	5.2921	0.87561	1.1628	1.3280
900	0.29680	3.3693	1036.1	1373.0	5.3429	0.88341	1.1706	1.3251
950	0.28467	3.5128	1080.5	1431.7	5.3919	0.89069	1.1778	1.3224
1000	0.27349	3.6564	1125.2	1490.8	5.4393	0.89750	1.1846	1.3199
1050	0.26316	3.8000	1170.2	1550.2	5.4850	0.90385	1.1910	1.3177
1100	0.25358	3.9435	1215.5	1609.9	5.5293	0.90979	1.1969	1.3156
1150	0.24467	4.0871	1261.2	1669.9	5.5722	0.91533	1.2025	1.3137
1200	0.23637	4.2306	1307.1	1730.1	5.6138	0.92052	1.2077	1.3119
1250	0.22861	4.3742	1353.2	1790.6	5.6542	0.92538	1.2125	1.3103
1300	0.22135	4.5178	1399.6	1851.4	5.6935	0.92994	1.2171	1.3088
1350	0.21453	4.6613	1446.2	1912.3	5.7316	0.93421	1.2213	1.3073
1400	0.20812	4.8049	1493.0	1973.5	5.7687	0.93823	1.2254	1.3060
1450	0.20208	4.9485	1540.0	2034.9	5.8049	0.94201	1.2291	1.3048
1500	0.19639	5.0920	1587.2	2096.4	5.8401	0.94557	1.2327	1.3037
1550	0.19100	5.2356	1634.6	2158.1	5.8744	0.94894	1.2361	1.3026
1600	0.18590	5.3791	1682.1	2220.0	5.9079	0.95212	1.2392	1.3016
1650	0.18107	5.5227	1729.8	2282.1	5.9406	0.95513	1.2423	1.3006
1700	0.17648	5.6663	1777.6	2344.3	5.9725	0.95798	1.2451	1.2997

표 C-1 액상-기상 포화상태의 물 (온도 기준)

온도 (℃)	압력 (MPa)	비체적 (m^3/kg)		내부에너지 (kJ/kg)		엔탈피 (kJ/kg)		엔트로피 (kJ/kg K)	
		포화액체	포화증기	포화액체	포화증기	포화액체	포화증기	포화액체	포화증기
0.01	0.00061165	0.0010002	205.99	0.00000	2374.9	0.00061178	2500.9	0.00000	9.1555
1	0.00065709	0.0010001	192.44	4.1761	2376.3	4.1767	2502.7	0.015260	9.1291
2	0.00070599	0.0010001	179.76	8.3911	2377.7	8.3918	2504.6	0.030607	9.1027
3	0.00075808	0.0010001	168.01	12.603	2379.0	12.604	2506.4	0.045888	9.0765
4	0.00081355	0.0010001	157.12	16.812	2380.4	16.813	2508.2	0.061103	9.0505
5	0.00087258	0.0010001	147.01	21.019	2381.8	21.020	2510.1	0.076254	9.0248
6	0.00093536	0.0010001	137.63	25.223	2383.2	25.224	2511.9	0.091342	8.9993
7	0.0010021	0.0010001	128.92	29.425	2384.5	29.426	2513.7	0.10637	8.9741
8	0.0010730	0.0010002	120.83	33.626	2385.9	33.627	2515.6	0.12133	8.9491
9	0.0011483	0.0010003	113.30	37.824	2387.3	37.825	2517.4	0.13624	8.9243
10	0.0012282	0.0010003	106.30	42.020	2388.6	42.021	2519.2	0.15109	8.8998
11	0.0013130	0.0010004	99.787	46.215	2390.0	46.216	2521.0	0.16587	8.8754
12	0.0014028	0.0010005	93.719	50.408	2391.4	50.409	2522.9	0.18061	8.8513
13	0.0014981	0.0010007	88.064	54.600	2392.8	54.601	2524.7	0.19528	8.8274
14	0.0015990	0.0010008	82.793	58.790	2394.1	58.792	2526.5	0.20990	8.8037
15	0.0017058	0.0010009	77.875	62.980	2395.5	62.981	2528.3	0.22446	8.7803
16	0.0018188	0.0010011	73.286	67.168	2396.9	67.170	2530.2	0.23897	8.7570
17	0.0019384	0.0010013	69.001	71.355	2398.2	71.357	2532.0	0.25343	8.7339
18	0.0020647	0.0010014	64.998	75.542	2399.6	75.544	2533.8	0.26783	8.7111
19	0.0021983	0.0010016	61.256	79.727	2401.0	79.729	2535.6	0.28218	8.6884
20	0.0023393	0.0010018	57.757	83.912	2402.3	83.914	2537.4	0.29648	8.6660
21	0.0024882	0.0010021	54.483	88.096	2403.7	88.098	2539.3	0.31073	8.6437
22	0.0026453	0.0010023	51.418	92.279	2405.0	92.282	2541.1	0.32493	8.6217
23	0.0028111	0.0010025	48.548	96.462	2406.4	96.465	2542.9	0.33908	8.5998
24	0.0029858	0.0010028	45.858	100.64	2407.8	100.65	2544.7	0.35318	8.5781
25	0.0031699	0.0010030	43.337	104.83	2409.1	104.83	2546.5	0.36722	8.5566
26	0.0033639	0.0010033	40.973	109.01	2410.5	109.01	2548.3	0.38123	8.5353
27	0.0035681	0.0010035	38.754	113.19	2411.8	113.19	2550.1	0.39518	8.5142
28	0.0037831	0.0010038	36.672	117.37	2413.2	117.37	2551.9	0.40908	8.4933
29	0.0040092	0.0010041	34.716	121.55	2414.6	121.55	2553.7	0.42294	8.4725
30	0.0042470	0.0010044	32.878	125.73	2415.9	125.73	2555.5	0.43675	8.4520
31	0.0044969	0.0010047	31.151	129.91	2417.3	129.91	2557.3	0.45052	8.4316
32	0.0047596	0.0010050	29.526	134.09	2418.6	134.09	2559.2	0.46424	8.4113
33	0.0050354	0.0010054	27.998	138.27	2420.0	138.27	2561.0	0.47792	8.3913
34	0.0053251	0.0010057	26.560	142.45	2421.3	142.45	2562.8	0.49155	8.3714
35	0.0056290	0.0010060	25.205	146.63	2422.7	146.63	2564.5	0.50513	8.3517
36	0.0059479	0.0010064	23.929	150.81	2424.0	150.81	2566.3	0.51867	8.3321
37	0.0062823	0.0010068	22.727	154.99	2425.4	154.99	2568.1	0.53217	8.3127
38	0.0066328	0.0010071	21.593	159.17	2426.7	159.17	2569.9	0.54562	8.2935
39	0.0070002	0.0010075	20.524	163.35	2428.0	163.35	2571.7	0.55903	8.2745
40	0.0073849	0.0010079	19.515	167.53	2429.4	167.53	2573.5	0.57240	8.2555

표 C-1 액상-기상 포화상태의 물 (온도 기준) (계속)

온도	압력	비체적 (m^3/kg)		내부에너지 (kJ/kg)		엔탈피 (kJ/kg)		엔트로피 (kJ/kg K)	
(℃)	(MPa)	포화액체	포화증기	포화액체	포화증기	포화액체	포화증기	포화액체	포화증기
41	0.0077878	0.0010083	18.563	171.71	2430.7	171.71	2575.3	0.58573	8.2368
42	0.0082096	0.0010087	17.664	175.88	2432.1	175.89	2577.1	0.59901	8.2182
43	0.0086508	0.0010091	16.814	180.06	2433.4	180.07	2578.9	0.61225	8.1998
44	0.0091124	0.0010095	16.011	184.24	2434.7	184.25	2580.6	0.62545	8.1815
45	0.0095950	0.0010099	15.252	188.43	2436.1	188.43	2582.4	0.63861	8.1633
46	0.010099	0.0010104	14.534	192.61	2437.4	192.62	2584.2	0.65173	8.1453
47	0.010627	0.0010108	13.855	196.79	2438.7	196.80	2586.0	0.66481	8.1275
48	0.011177	0.0010112	13.212	200.97	2440.1	200.98	2587.8	0.67785	8.1098
49	0.011752	0.0010117	12.603	205.15	2441.4	205.16	2589.5	0.69085	8.0922
50	0.012352	0.0010121	12.027	209.33	2442.7	209.34	2591.3	0.70381	8.0748
51	0.012978	0.0010126	11.481	213.51	2444.1	213.52	2593.1	0.71673	8.0576
52	0.013631	0.0010131	10.963	217.69	2445.4	217.71	2594.8	0.72961	8.0404
53	0.014312	0.0010136	10.472	221.87	2446.7	221.89	2596.6	0.74245	8.0234
54	0.015022	0.0010141	10.006	226.06	2448.0	226.07	2598.3	0.75526	8.0066
55	0.015762	0.0010146	9.5643	230.24	2449.3	230.26	2600.1	0.76802	7.9898
56	0.016533	0.0010151	9.1448	234.42	2450.7	234.44	2601.8	0.78075	7.9732
57	0.017336	0.0010156	8.7466	238.61	2452.0	238.62	2603.6	0.79344	7.9568
58	0.018171	0.0010161	8.3683	242.79	2453.3	242.81	2605.3	0.80610	7.9404
59	0.019041	0.0010166	8.0089	246.98	2454.6	246.99	2607.1	0.81871	7.9242
60	0.019946	0.0010171	7.6672	251.16	2455.9	251.18	2608.8	0.83129	7.9081
61	0.020888	0.0010177	7.3424	255.35	2457.2	255.37	2610.6	0.84384	7.8922
62	0.021867	0.0010182	7.0335	259.53	2458.5	259.55	2612.3	0.85634	7.8764
63	0.022885	0.0010188	6.7396	263.72	2459.8	263.74	2614.0	0.86882	7.8607
64	0.023943	0.0010193	6.4598	267.90	2461.1	267.93	2615.8	0.88125	7.8451
65	0.025042	0.0010199	6.1935	272.09	2462.4	272.12	2617.5	0.89365	7.8296
66	0.026183	0.0010204	5.9399	276.28	2463.7	276.30	2619.2	0.90602	7.8142
67	0.027368	0.0010210	5.6984	280.47	2465.0	280.49	2621.0	0.91835	7.7990
68	0.028599	0.0010216	5.4682	284.65	2466.3	284.68	2622.7	0.93064	7.7839
69	0.029876	0.0010222	5.2488	288.84	2467.6	288.87	2624.4	0.94291	7.7689
70	0.031201	0.0010228	5.0395	293.03	2468.9	293.07	2626.1	0.95513	7.7540
71	0.032575	0.0010234	4.8400	297.22	2470.1	297.26	2627.8	0.96733	7.7392
72	0.034000	0.0010240	4.6496	301.41	2471.4	301.45	2629.5	0.97949	7.7246
73	0.035478	0.0010246	4.4680	305.61	2472.7	305.64	2631.2	0.99161	7.7100
74	0.037009	0.0010252	4.2945	309.80	2474.0	309.84	2632.9	1.0037	7.6955
75	0.038595	0.0010258	4.1289	313.99	2475.2	314.03	2634.6	1.0158	7.6812
76	0.040239	0.0010265	3.9708	318.18	2476.5	318.22	2636.3	1.0278	7.6670
77	0.041941	0.0010271	3.8197	322.38	2477.8	322.42	2638.0	1.0398	7.6528
78	0.043703	0.0010277	3.6752	326.57	2479.0	326.62	2639.7	1.0517	7.6388
79	0.045527	0.0010284	3.5372	330.77	2480.3	330.81	2641.3	1.0637	7.6249
80	0.047414	0.0010291	3.4052	334.96	2481.6	335.01	2643.0	1.0756	7.6111

표 C-1 액상-기상 포화상태의 물 (온도 기준) (계속)

온도 (℃)	압력 (MPa)	비체적 (m^3/kg)		내부에너지 (kJ/kg)		엔탈피 (kJ/kg)		엔트로피 (kJ/kg K)	
		포화액체	포화증기	포화액체	포화증기	포화액체	포화증기	포화액체	포화증기
81	0.049367	0.0010297	3.2789	339.16	2482.8	339.21	2644.7	1.0874	7.5973
82	0.051387	0.0010304	3.1581	343.36	2484.1	343.41	2646.4	1.0993	7.5837
83	0.053476	0.0010311	3.0425	347.56	2485.3	347.61	2648.0	1.1111	7.5702
84	0.055635	0.0010317	2.9318	351.76	2486.6	351.81	2649.7	1.1229	7.5567
85	0.057867	0.0010324	2.8258	355.95	2487.8	356.01	2651.3	1.1346	7.5434
86	0.060173	0.0010331	2.7244	360.16	2489.0	360.22	2653.0	1.1463	7.5302
87	0.062556	0.0010338	2.6271	364.36	2490.3	364.42	2654.6	1.1580	7.5170
88	0.065017	0.0010345	2.5340	368.56	2491.5	368.63	2656.3	1.1696	7.5040
89	0.067558	0.0010352	2.4447	372.76	2492.7	372.83	2657.9	1.1813	7.4910
90	0.070182	0.0010360	2.3591	376.97	2494.0	377.04	2659.5	1.1929	7.4781
91	0.072890	0.0010367	2.2770	381.17	2495.2	381.25	2661.2	1.2044	7.4653
92	0.075684	0.0010374	2.1982	385.38	2496.4	385.46	2662.8	1.2160	7.4526
93	0.078568	0.0010381	2.1227	389.58	2497.6	389.67	2664.4	1.2275	7.4400
94	0.081541	0.0010389	2.0502	393.79	2498.8	393.88	2666.0	1.2389	7.4275
95	0.084608	0.0010396	1.9806	398.00	2500.0	398.09	2667.6	1.2504	7.4151
96	0.087771	0.0010404	1.9137	402.21	2501.2	402.30	2669.2	1.2618	7.4027
97	0.091030	0.0010411	1.8496	406.42	2502.4	406.52	2670.8	1.2732	7.3904
98	0.094390	0.0010419	1.7879	410.63	2503.6	410.73	2672.4	1.2846	7.3783
99	0.097852	0.0010427	1.7287	414.85	2504.8	414.95	2674.0	1.2959	7.3661
100	0.10142	0.0010435	1.6718	419.06	2506.0	419.17	2675.6	1.3072	7.3541
105	0.12090	0.0010474	1.4184	440.15	2511.9	440.27	2683.4	1.3633	7.2952
110	0.14338	0.0010516	1.2093	461.26	2517.7	461.42	2691.1	1.4188	7.2381
115	0.16918	0.0010559	1.0358	482.41	2523.3	482.59	2698.6	1.4737	7.1828
120	0.19867	0.0010603	0.89121	503.60	2528.9	503.81	2705.9	1.5279	7.1291
125	0.23224	0.0010649	0.77003	524.83	2534.3	525.07	2713.1	1.5816	7.0770
130	0.27028	0.0010697	0.66800	546.09	2539.5	546.38	2720.1	1.6346	7.0264
135	0.31323	0.0010746	0.58173	567.41	2544.7	567.74	2726.9	1.6872	6.9772
140	0.36154	0.0010798	0.50845	588.77	2549.6	589.16	2733.4	1.7392	6.9293
145	0.41568	0.0010850	0.44596	610.19	2554.4	610.64	2739.8	1.7907	6.8826
150	0.47616	0.0010905	0.39245	631.66	2559.1	632.18	2745.9	1.8418	6.8371
155	0.54350	0.0010962	0.34646	653.19	2563.5	653.79	2751.8	1.8924	6.7926
160	0.61823	0.0011020	0.30678	674.79	2567.8	675.47	2757.4	1.9426	6.7491
165	0.70093	0.0011080	0.27243	696.46	2571.9	697.24	2762.8	1.9923	6.7066
170	0.79219	0.0011143	0.24259	718.20	2575.7	719.08	2767.9	2.0417	6.6650
175	0.89260	0.0011207	0.21658	740.02	2579.4	741.02	2772.7	2.0906	6.6241
180	1.0028	0.0011274	0.19384	761.92	2582.8	763.05	2777.2	2.1392	6.5840
185	1.1235	0.0011343	0.17390	783.91	2586.0	785.19	2781.4	2.1875	6.5447
190	1.2552	0.0011415	0.15636	806.00	2589.0	807.43	2785.3	2.2355	6.5059
195	1.3988	0.0011489	0.14089	828.18	2591.7	829.79	2788.8	2.2832	6.4678
200	1.5549	0.0011565	0.12721	850.47	2594.2	852.27	2792.0	2.3305	6.4302

표 C-1 액상-기상 포화상태의 물 (온도 기준) (계속)

온도	압력	비체적 (m^3/kg)		내부에너지 (kJ/kg)		엔탈피 (kJ/kg)		엔트로피 (kJ/kg K)	
(℃)	(MPa)	포화액체	포화증기	포화액체	포화증기	포화액체	포화증기	포화액체	포화증기
205	1.7243	0.0011645	0.11508	872.87	2596.4	874.88	2794.8	2.3777	6.3930
210	1.9077	0.0011727	0.10429	895.39	2598.3	897.63	2797.3	2.4245	6.3563
215	2.1058	0.0011813	0.094679	918.04	2599.9	920.53	2799.3	2.4712	6.3200
220	2.3196	0.0011902	0.086092	940.82	2601.2	943.58	2800.9	2.5177	6.2840
225	2.5497	0.0011994	0.078403	963.74	2602.2	966.80	2802.1	2.5640	6.2483
230	2.7971	0.0012090	0.071503	986.81	2602.9	990.19	2802.9	2.6101	6.2128
235	3.0625	0.0012190	0.065298	1010.0	2603.2	1013.8	2803.2	2.6561	6.1775
240	3.3469	0.0012295	0.059705	1033.4	2603.1	1037.6	2803.0	2.7020	6.1423
245	3.6512	0.0012403	0.054654	1057.0	2602.7	1061.5	2802.2	2.7478	6.1072
250	3.9762	0.0012517	0.050083	1080.8	2601.8	1085.8	2800.9	2.7935	6.0721
255	4.3229	0.0012636	0.045938	1104.8	2600.5	1110.2	2799.1	2.8392	6.0369
260	4.6923	0.0012761	0.042173	1129.0	2598.7	1135.0	2796.6	2.8849	6.0016
265	5.0853	0.0012892	0.038746	1153.4	2596.5	1160.0	2793.5	2.9307	5.9661
270	5.5030	0.0013030	0.035621	1178.1	2593.7	1185.3	2789.7	2.9765	5.9304
275	5.9464	0.0013175	0.032766	1203.1	2590.3	1210.9	2785.2	3.0224	5.8944
280	6.4166	0.0013328	0.030153	1228.3	2586.4	1236.9	2779.9	3.0685	5.8579
285	6.9147	0.0013491	0.027756	1253.9	2581.8	1263.2	2773.7	3.1147	5.8209
290	7.4418	0.0013663	0.025555	1279.9	2576.5	1290.0	2766.7	3.1612	5.7834
295	7.9991	0.0013846	0.023529	1306.2	2570.5	1317.3	2758.7	3.2080	5.7451
300	8.5879	0.0014042	0.021660	1332.9	2563.6	1345.0	2749.6	3.2552	5.7059
305	9.2094	0.0014252	0.019933	1360.2	2555.9	1373.3	2739.4	3.3028	5.6657
310	9.8651	0.0014479	0.018335	1387.9	2547.1	1402.2	2727.9	3.3510	5.6244
315	10.556	0.0014724	0.016851	1416.3	2537.2	1431.8	2715.1	3.3998	5.5816
320	11.284	0.0014990	0.015471	1445.3	2526.0	1462.2	2700.6	3.4494	5.5372
325	12.051	0.0015283	0.014183	1475.1	2513.4	1493.5	2684.3	3.5000	5.4908
330	12.858	0.0015606	0.012979	1505.8	2499.2	1525.9	2666.0	3.5518	5.4422
335	13.707	0.0015967	0.011847	1537.6	2483.0	1559.5	2645.4	3.6050	5.3906
340	14.601	0.0016376	0.010781	1570.6	2464.4	1594.5	2621.8	3.6601	5.3356
345	15.541	0.0016846	0.0097690	1605.3	2443.1	1631.5	2594.9	3.7176	5.2762
350	16.529	0.0017400	0.0088024	1642.1	2418.1	1670.9	2563.6	3.7784	5.2110
355	17.570	0.0018079	0.0078684	1682.0	2388.4	1713.7	2526.6	3.8439	5.1380
360	18.666	0.0018954	0.0069493	1726.3	2351.8	1761.7	2481.5	3.9167	5.0536
365	19.821	0.0020172	0.0060115	1777.8	2303.8	1817.8	2422.9	4.0014	4.9497
370	21.044	0.0022152	0.0049544	1844.1	2230.3	1890.7	2334.5	4.1112	4.8012
374	22.064	0.0031056	0.0031056	2015.7	2015.7	2084.3	2084.3	4.4070	4.4070

표 C-2 액상-기상 포화상태의 물 (압력 기준)

압력 (MPa)	온도 (℃)	비체적 (m^3/kg)		내부에너지 (kJ/kg)		엔탈피 (kJ/kg)		엔트로피 (kJ/kg K)	
		포화액체	포화증기	포화액체	포화증기	포화액체	포화증기	포화액체	포화증기
0.001	6.9696	0.0010001	129.18	29.298	2384.5	29.299	2513.7	0.10591	8.9749
0.002	17.495	0.0010014	66.987	73.426	2398.9	73.428	2532.9	0.26056	8.7226
0.003	24.079	0.0010028	45.653	100.97	2407.9	100.98	2544.8	0.35429	8.5764
0.004	28.960	0.0010041	34.791	121.38	2414.5	121.39	2553.7	0.42239	8.4734
0.005	32.874	0.0010053	28.185	137.74	2419.8	137.75	2560.7	0.47620	8.3938
0.006	36.159	0.0010065	23.733	151.47	2424.2	151.48	2566.6	0.52082	8.3290
0.007	39.000	0.0010075	20.524	163.34	2428.0	163.35	2571.7	0.55903	8.2745
0.008	41.509	0.0010085	18.099	173.83	2431.4	173.84	2576.2	0.59249	8.2273
0.009	43.761	0.0010094	16.199	183.24	2434.4	183.25	2580.2	0.62230	8.1858
0.010	45.806	0.0010103	14.670	191.80	2437.2	191.81	2583.9	0.64920	8.1488
0.011	47.683	0.0010111	13.412	199.64	2439.7	199.65	2587.2	0.67372	8.1154
0.012	49.419	0.0010119	12.358	206.90	2442.0	206.91	2590.3	0.69628	8.0849
0.013	51.034	0.0010126	11.462	213.65	2444.1	213.67	2593.1	0.71717	8.0570
0.014	52.547	0.0010134	10.691	219.98	2446.1	219.99	2595.8	0.73664	8.0311
0.015	53.969	0.0010140	10.020	225.93	2448.0	225.94	2598.3	0.75486	8.0071
0.016	55.313	0.0010147	9.4306	231.55	2449.8	231.57	2600.6	0.77201	7.9846
0.017	56.587	0.0010154	8.9087	236.88	2451.4	236.90	2602.9	0.78820	7.9636
0.018	57.798	0.0010160	8.4431	241.95	2453.0	241.96	2605.0	0.80355	7.9437
0.019	58.953	0.0010166	8.0252	246.78	2454.5	246.80	2607.0	0.81813	7.9250
0.020	60.058	0.0010172	7.6480	251.40	2456.0	251.42	2608.9	0.83202	7.9072
0.021	61.116	0.0010177	7.3056	255.83	2457.4	255.85	2610.8	0.84530	7.8903
0.022	62.133	0.0010183	6.9936	260.09	2458.7	260.11	2612.5	0.85800	7.8743
0.023	63.111	0.0010188	6.7079	264.18	2460.0	264.20	2614.2	0.87020	7.8589
0.024	64.053	0.0010193	6.4453	268.13	2461.2	268.15	2615.9	0.88191	7.8442
0.025	64.963	0.0010198	6.2032	271.93	2462.4	271.96	2617.4	0.89319	7.8302
0.026	65.842	0.0010203	5.9792	275.62	2463.5	275.64	2619.0	0.90407	7.8167
0.027	66.693	0.0010208	5.7713	279.18	2464.6	279.21	2620.4	0.91457	7.8037
0.028	67.518	0.0010213	5.5778	282.64	2465.7	282.66	2621.8	0.92472	7.7912
0.029	68.318	0.0010218	5.3972	285.99	2466.7	286.02	2623.2	0.93455	7.7791
0.030	69.095	0.0010222	5.2284	289.24	2467.7	289.27	2624.5	0.94407	7.7675
0.031	69.851	0.0010227	5.0702	292.41	2468.7	292.44	2625.8	0.95331	7.7562
0.032	70.586	0.0010231	4.9215	295.49	2469.6	295.52	2627.1	0.96228	7.7453
0.033	71.302	0.0010236	4.7816	298.49	2470.5	298.52	2628.3	0.97100	7.7348
0.034	72.000	0.0010240	4.6497	301.41	2471.4	301.45	2629.5	0.97948	7.7246
0.035	72.681	0.0010244	4.5251	304.27	2472.3	304.30	2630.7	0.98774	7.7146
0.036	73.345	0.0010248	4.4072	307.05	2473.1	307.09	2631.8	0.99579	7.7050
0.037	73.994	0.0010252	4.2955	309.77	2474.0	309.81	2632.9	1.0036	7.6956
0.038	74.629	0.0010256	4.1895	312.43	2474.8	312.47	2634.0	1.0113	7.6865
0.039	75.249	0.0010260	4.0888	315.04	2475.6	315.08	2635.0	1.0188	7.6776
0.040	75.857	0.0010264	3.9930	317.58	2476.3	317.62	2636.1	1.0261	7.6690

표 C-2 액상-기상 포화상태의 물 (압력 기준) (계속)

압력 (MPa)	온도 (℃)	비체적 (m^3/kg) 포화액체	비체적 (m^3/kg) 포화증기	내부에너지 (kJ/kg) 포화액체	내부에너지 (kJ/kg) 포화증기	엔탈피 (kJ/kg) 포화액체	엔탈피 (kJ/kg) 포화증기	엔트로피 (kJ/kg K) 포화액체	엔트로피 (kJ/kg K) 포화증기
0.041	76.452	0.0010268	3.9017	320.08	2477.1	320.12	2637.1	1.0332	7.6606
0.042	77.034	0.0010271	3.8146	322.52	2477.8	322.56	2638.0	1.0402	7.6524
0.043	77.605	0.0010275	3.7315	324.92	2478.5	324.96	2639.0	1.0470	7.6443
0.044	78.165	0.0010279	3.6520	327.27	2479.3	327.31	2639.9	1.0537	7.6365
0.045	78.715	0.0010282	3.5759	329.57	2479.9	329.62	2640.9	1.0603	7.6288
0.046	79.254	0.0010286	3.5031	331.83	2480.6	331.88	2641.8	1.0667	7.6214
0.047	79.783	0.0010289	3.4333	334.05	2481.3	334.10	2642.7	1.0730	7.6140
0.048	80.303	0.0010293	3.3663	336.24	2481.9	336.29	2643.5	1.0792	7.6069
0.049	80.814	0.0010296	3.3019	338.38	2482.6	338.43	2644.4	1.0852	7.5999
0.050	81.317	0.0010299	3.2400	340.49	2483.2	340.54	2645.2	1.0912	7.5930
0.051	81.811	0.0010303	3.1805	342.56	2483.8	342.62	2646.0	1.0970	7.5863
0.052	82.297	0.0010306	3.1232	344.60	2484.4	344.66	2646.8	1.1028	7.5797
0.053	82.775	0.0010309	3.0680	346.61	2485.0	346.67	2647.6	1.1084	7.5732
0.054	83.246	0.0010312	3.0148	348.59	2485.6	348.64	2648.4	1.1140	7.5669
0.055	83.709	0.0010315	2.9635	350.53	2486.2	350.59	2649.2	1.1194	7.5606
0.056	84.166	0.0010319	2.9139	352.45	2486.8	352.51	2649.9	1.1248	7.5545
0.057	84.615	0.0010322	2.8660	354.34	2487.3	354.40	2650.7	1.1301	7.5485
0.058	85.059	0.0010325	2.8198	356.20	2487.9	356.26	2651.4	1.1353	7.5426
0.059	85.495	0.0010328	2.7750	358.04	2488.4	358.10	2652.1	1.1404	7.5368
0.060	85.926	0.0010331	2.7317	359.84	2489.0	359.91	2652.9	1.1454	7.5311
0.061	86.351	0.0010334	2.6898	361.63	2489.5	361.69	2653.6	1.1504	7.5255
0.062	86.770	0.0010337	2.6492	363.39	2490.0	363.45	2654.2	1.1553	7.5200
0.063	87.183	0.0010339	2.6098	365.13	2490.5	365.19	2654.9	1.1601	7.5146
0.064	87.591	0.0010342	2.5716	366.84	2491.0	366.91	2655.6	1.1649	7.5093
0.065	87.993	0.0010345	2.5346	368.53	2491.5	368.60	2656.3	1.1696	7.5040
0.066	88.391	0.0010348	2.4986	370.20	2492.0	370.27	2656.9	1.1742	7.4989
0.067	88.783	0.0010351	2.4637	371.85	2492.5	371.92	2657.5	1.1788	7.4938
0.068	89.171	0.0010354	2.4298	373.48	2493.0	373.55	2658.2	1.1833	7.4888
0.069	89.553	0.0010356	2.3968	375.09	2493.4	375.16	2658.8	1.1877	7.4839
0.070	89.932	0.0010359	2.3648	376.68	2493.9	376.75	2659.4	1.1921	7.4790
0.071	90.305	0.0010362	2.3336	378.25	2494.3	378.32	2660.0	1.1964	7.4742
0.072	90.675	0.0010364	2.3033	379.80	2494.8	379.88	2660.6	1.2007	7.4695
0.073	91.040	0.0010367	2.2737	381.34	2495.2	381.42	2661.2	1.2049	7.4648
0.074	91.401	0.0010370	2.2450	382.86	2495.7	382.94	2661.8	1.2091	7.4602
0.075	91.758	0.0010372	2.2170	384.36	2496.1	384.44	2662.4	1.2132	7.4557
0.076	92.111	0.0010375	2.1897	385.84	2496.5	385.92	2663.0	1.2172	7.4512
0.077	92.460	0.0010377	2.1631	387.31	2497.0	387.39	2663.5	1.2213	7.4468
0.078	92.806	0.0010380	2.1371	388.77	2497.4	388.85	2664.1	1.2252	7.4425
0.079	93.147	0.0010382	2.1118	390.20	2497.8	390.29	2664.6	1.2292	7.4382
0.080	93.486	0.0010385	2.0871	391.63	2498.2	391.71	2665.2	1.2330	7.4339

표 C-2 액상-기상 포화상태의 물 (압력 기준) (계속)

압력	온도	비체적 (m^3/kg)		내부에너지 (kJ/kg)		엔탈피 (kJ/kg)		엔트로피 (kJ/kg K)	
(MPa)	(℃)	포화액체	포화증기	포화액체	포화증기	포화액체	포화증기	포화액체	포화증기
0.081	93.820	0.0010387	2.0630	393.04	2498.6	393.12	2665.7	1.2369	7.4297
0.082	94.151	0.0010390	2.0394	394.43	2499.0	394.51	2666.3	1.2407	7.4256
0.083	94.479	0.0010392	2.0164	395.81	2499.4	395.90	2666.8	1.2444	7.4215
0.084	94.804	0.0010395	1.9940	397.18	2499.8	397.26	2667.3	1.2482	7.4175
0.085	95.125	0.0010397	1.9720	398.53	2500.2	398.62	2667.8	1.2518	7.4135
0.086	95.444	0.0010400	1.9506	399.87	2500.6	399.96	2668.3	1.2555	7.4096
0.087	95.759	0.0010402	1.9296	401.20	2501.0	401.29	2668.8	1.2591	7.4057
0.088	96.071	0.0010404	1.9091	402.51	2501.3	402.60	2669.3	1.2626	7.4018
0.089	96.381	0.0010407	1.8890	403.81	2501.7	403.91	2669.8	1.2662	7.3980
0.090	96.687	0.0010409	1.8694	405.10	2502.1	405.20	2670.3	1.2696	7.3943
0.091	96.991	0.0010411	1.8501	406.38	2502.4	406.48	2670.8	1.2731	7.3906
0.092	97.292	0.0010414	1.8313	407.65	2502.8	407.75	2671.3	1.2765	7.3869
0.093	97.590	0.0010416	1.8129	408.91	2503.2	409.00	2671.8	1.2799	7.3832
0.094	97.885	0.0010418	1.7949	410.15	2503.5	410.25	2672.2	1.2833	7.3796
0.095	98.178	0.0010420	1.7772	411.38	2503.9	411.48	2672.7	1.2866	7.3761
0.096	98.469	0.0010423	1.7599	412.61	2504.2	412.71	2673.1	1.2899	7.3726
0.097	98.757	0.0010425	1.7429	413.82	2504.5	413.92	2673.6	1.2931	7.3691
0.098	99.042	0.0010427	1.7262	415.02	2504.9	415.13	2674.1	1.2964	7.3656
0.099	99.325	0.0010429	1.7099	416.22	2505.2	416.32	2674.5	1.2996	7.3622
0.100	99.606	0.0010432	1.6939	417.40	2505.6	417.50	2674.9	1.3028	7.3588
0.200	120.21	0.0010605	0.88568	504.49	2529.1	504.70	2706.2	1.5302	7.1269
0.300	133.52	0.0010732	0.60576	561.10	2543.2	561.43	2724.9	1.6717	6.9916
0.400	143.61	0.0010836	0.46238	604.22	2553.1	604.65	2738.1	1.7765	6.8955
0.500	151.83	0.0010925	0.37481	639.54	2560.7	640.09	2748.1	1.8604	6.8207
0.600	158.83	0.0011006	0.31558	669.72	2566.8	670.38	2756.1	1.9308	6.7592
0.700	164.95	0.0011080	0.27277	696.23	2571.8	697.00	2762.8	1.9918	6.7071
0.800	170.41	0.0011148	0.24034	719.97	2576.0	720.86	2768.3	2.0457	6.6616
0.900	175.35	0.0011212	0.21489	741.55	2579.6	742.56	2773.0	2.0940	6.6213
1.000	179.88	0.0011272	0.19436	761.39	2582.7	762.52	2777.1	2.1381	6.5850
1.100	184.06	0.0011330	0.17745	779.78	2585.5	781.03	2780.6	2.1785	6.5520
1.200	187.96	0.0011385	0.16326	796.96	2587.8	798.33	2783.7	2.2159	6.5217
1.300	191.60	0.0011438	0.15119	813.11	2589.9	814.60	2786.5	2.2508	6.4936
1.400	195.04	0.0011489	0.14078	828.36	2591.8	829.97	2788.8	2.2835	6.4675
1.500	198.29	0.0011539	0.13171	842.83	2593.4	844.56	2791.0	2.3143	6.4430
1.600	201.37	0.0011587	0.12374	856.60	2594.8	858.46	2792.8	2.3435	6.4199
1.700	204.31	0.0011634	0.11667	869.76	2596.1	871.74	2794.5	2.3711	6.3981
1.800	207.11	0.0011679	0.11037	882.37	2597.2	884.47	2795.9	2.3975	6.3775
1.900	209.80	0.0011724	0.10470	894.48	2598.2	896.71	2797.2	2.4227	6.3578
2.000	212.38	0.0011767	0.099585	906.14	2599.1	908.50	2798.3	2.4468	6.3390

표 C-2 액상-기상 포화상태의 물 (압력 기준) (계속)

압력 (MPa)	온도 (℃)	비체적 (m^3/kg)		내부에너지 (kJ/kg)		엔탈피 (kJ/kg)		엔트로피 (kJ/kg K)	
		포화액체	포화증기	포화액체	포화증기	포화액체	포화증기	포화액체	포화증기
2.100	214.86	0.0011810	0.094938	917.39	2599.9	919.87	2799.3	2.4699	6.3210
2.200	217.25	0.0011852	0.090698	928.27	2600.6	930.87	2800.1	2.4921	6.3038
2.300	219.56	0.0011894	0.086815	938.79	2601.1	941.53	2800.8	2.5136	6.2872
2.400	221.79	0.0011934	0.083244	949.00	2601.6	951.87	2801.4	2.5343	6.2712
2.500	223.95	0.0011974	0.079949	958.91	2602.1	961.91	2801.9	2.5543	6.2558
2.600	226.05	0.0012014	0.076899	968.55	2602.4	971.67	2802.3	2.5736	6.2409
2.700	228.08	0.0012053	0.074066	977.93	2602.7	981.18	2802.7	2.5924	6.2264
2.800	230.06	0.0012091	0.071429	987.07	2602.9	990.46	2802.9	2.6106	6.2124
2.900	231.98	0.0012129	0.068968	995.99	2603.1	999.51	2803.1	2.6283	6.1988
3.000	233.85	0.0012167	0.066664	1004.7	2603.2	1008.3	2803.2	2.6455	6.1856
3.100	235.68	0.0012204	0.064504	1013.2	2603.2	1017.0	2803.2	2.6623	6.1727
3.200	237.46	0.0012241	0.062475	1021.5	2603.2	1025.4	2803.1	2.6787	6.1602
3.300	239.20	0.0012278	0.060564	1029.7	2603.2	1033.7	2803.0	2.6946	6.1479
3.400	240.90	0.0012314	0.058761	1037.7	2603.1	1041.8	2802.9	2.7102	6.1360
3.500	242.56	0.0012350	0.057058	1045.5	2602.9	1049.8	2802.6	2.7254	6.1243
3.600	244.18	0.0012385	0.055446	1053.1	2602.8	1057.6	2802.4	2.7403	6.1129
3.700	245.77	0.0012421	0.053918	1060.7	2602.6	1065.3	2802.1	2.7549	6.1018
3.800	247.33	0.0012456	0.052467	1068.1	2602.3	1072.8	2801.7	2.7691	6.0908
3.900	248.86	0.0012491	0.051089	1075.3	2602.0	1080.2	2801.3	2.7831	6.0801
4.000	250.35	0.0012526	0.049776	1082.5	2601.7	1087.5	2800.8	2.7968	6.0696
4.100	251.82	0.0012560	0.048525	1089.5	2601.4	1094.7	2800.3	2.8102	6.0592
4.200	253.26	0.0012594	0.047332	1096.4	2601.0	1101.7	2799.8	2.8234	6.0491
4.300	254.68	0.0012629	0.046192	1103.2	2600.6	1108.7	2799.2	2.8363	6.0391
4.400	256.07	0.0012663	0.045102	1109.9	2600.1	1115.5	2798.6	2.8490	6.0293
4.500	257.44	0.0012696	0.044059	1116.5	2599.7	1122.2	2797.9	2.8615	6.0197
4.600	258.78	0.0012730	0.043059	1123.0	2599.2	1128.9	2797.3	2.8738	6.0102
4.700	260.10	0.0012764	0.042100	1129.5	2598.7	1135.5	2796.5	2.8859	6.0009
4.800	261.40	0.0012797	0.041180	1135.8	2598.1	1141.9	2795.8	2.8978	5.9917
4.900	262.68	0.0012831	0.040296	1142.0	2597.6	1148.3	2795.0	2.9095	5.9826
5.000	263.94	0.0012864	0.039446	1148.2	2597.0	1154.6	2794.2	2.9210	5.9737
5.100	265.18	0.0012897	0.038628	1154.3	2596.4	1160.9	2793.4	2.9323	5.9648
5.200	266.40	0.0012930	0.037840	1160.3	2595.7	1167.0	2792.5	2.9435	5.9561
5.300	267.61	0.0012963	0.037081	1166.3	2595.1	1173.1	2791.6	2.9546	5.9475
5.400	268.79	0.0012996	0.036348	1172.1	2594.4	1179.1	2790.7	2.9654	5.9391
5.500	269.97	0.0013029	0.035642	1177.9	2593.7	1185.1	2789.7	2.9762	5.9307
5.600	271.12	0.0013062	0.034959	1183.7	2593.0	1191.0	2788.7	2.9868	5.9224
5.700	272.26	0.0013095	0.034300	1189.3	2592.2	1196.8	2787.7	2.9972	5.9142
5.800	273.38	0.0013127	0.033662	1195.0	2591.5	1202.6	2786.7	3.0075	5.9061
5.900	274.49	0.0013160	0.033045	1200.5	2590.7	1208.3	2785.7	3.0177	5.8981
6.000	275.58	0.0013193	0.032448	1206.0	2589.9	1213.9	2784.6	3.0278	5.8901

표 C-2 액상-기상 포화상태의 물 (압력 기준) (계속)

압력	온도	비체적 (m³/kg)		내부에너지 (kJ/kg)		엔탈피 (kJ/kg)		엔트로피 (kJ/kg K)	
(MPa)	(℃)	포화액체	포화증기	포화액체	포화증기	포화액체	포화증기	포화액체	포화증기
6.100	276.67	0.0013225	0.031870	1211.4	2589.1	1219.5	2783.5	3.0377	5.8823
6.200	277.73	0.0013258	0.031309	1216.8	2588.3	1225.1	2782.4	3.0476	5.8745
6.300	278.79	0.0013290	0.030766	1222.2	2587.4	1230.5	2781.2	3.0573	5.8668
6.400	279.83	0.0013323	0.030238	1227.5	2586.5	1236.0	2780.1	3.0669	5.8592
6.500	280.86	0.0013356	0.029727	1232.7	2585.7	1241.4	2778.9	3.0764	5.8516
6.600	281.87	0.0013388	0.029230	1237.9	2584.7	1246.7	2777.7	3.0858	5.8441
6.700	282.88	0.0013421	0.028747	1243.0	2583.8	1252.0	2776.4	3.0951	5.8367
6.800	283.87	0.0013453	0.028278	1248.1	2582.9	1257.3	2775.2	3.1043	5.8293
6.900	284.86	0.0013486	0.027822	1253.2	2581.9	1262.5	2773.9	3.1134	5.8220
7.000	285.83	0.0013519	0.027378	1258.2	2581.0	1267.7	2772.6	3.1224	5.8148
7.100	286.79	0.0013551	0.026947	1263.2	2580.0	1272.8	2771.3	3.1313	5.8076
7.200	287.74	0.0013584	0.026526	1268.1	2579.0	1277.9	2770.0	3.1402	5.8004
7.300	288.68	0.0013617	0.026117	1273.0	2578.0	1282.9	2768.6	3.1489	5.7933
7.400	289.61	0.0013649	0.025718	1277.8	2577.0	1287.9	2767.3	3.1576	5.7863
7.500	290.54	0.0013682	0.025330	1282.7	2575.9	1292.9	2765.9	3.1662	5.7793
7.600	291.45	0.0013715	0.024951	1287.4	2574.9	1297.9	2764.5	3.1747	5.7723
7.700	292.35	0.0013748	0.024581	1292.2	2573.8	1302.8	2763.1	3.1832	5.7654
7.800	293.25	0.0013781	0.024221	1296.9	2572.7	1307.7	2761.6	3.1915	5.7586
7.900	294.13	0.0013814	0.023869	1301.6	2571.6	1312.5	2760.2	3.1998	5.7518
8.000	295.01	0.0013847	0.023526	1306.2	2570.5	1317.3	2758.7	3.2081	5.7450
8.100	295.88	0.0013880	0.023190	1310.9	2569.3	1322.1	2757.2	3.2162	5.7383
8.200	296.74	0.0013913	0.022863	1315.4	2568.2	1326.8	2755.7	3.2243	5.7316
8.300	297.59	0.0013946	0.022542	1320.0	2567.0	1331.6	2754.1	3.2324	5.7249
8.400	298.43	0.0013979	0.022229	1324.5	2565.9	1336.3	2752.6	3.2403	5.7183
8.500	299.27	0.0014013	0.021923	1329.0	2564.7	1340.9	2751.0	3.2483	5.7117
8.600	300.10	0.0014046	0.021624	1333.5	2563.5	1345.6	2749.4	3.2561	5.7051
8.700	300.92	0.0014080	0.021332	1337.9	2562.3	1350.2	2747.8	3.2639	5.6986
8.800	301.74	0.0014114	0.021045	1342.3	2561.0	1354.8	2746.2	3.2717	5.6921
8.900	302.54	0.0014147	0.020765	1346.7	2559.8	1359.3	2744.6	3.2793	5.6856
9.000	303.34	0.0014181	0.020490	1351.1	2558.5	1363.9	2742.9	3.2870	5.6791
9.100	304.14	0.0014215	0.020221	1355.5	2557.3	1368.4	2741.3	3.2946	5.6727
9.200	304.93	0.0014249	0.019958	1359.8	2556.0	1372.9	2739.6	3.3021	5.6663
9.300	305.71	0.0014283	0.019700	1364.1	2554.7	1377.4	2737.9	3.3096	5.6599
9.400	306.48	0.0014318	0.019447	1368.3	2553.4	1381.8	2736.2	3.3170	5.6536
9.500	307.25	0.0014352	0.019199	1372.6	2552.0	1386.2	2734.4	3.3244	5.6473
9.600	308.01	0.0014387	0.018956	1376.8	2550.7	1390.6	2732.7	3.3317	5.6410
9.700	308.77	0.0014421	0.018718	1381.0	2549.3	1395.0	2730.9	3.3390	5.6347
9.800	309.52	0.0014456	0.018484	1385.2	2548.0	1399.4	2729.1	3.3463	5.6284
9.900	310.26	0.0014491	0.018255	1389.4	2546.6	1403.7	2727.3	3.3535	5.6222
10.000	311.00	0.0014526	0.018030	1393.5	2545.2	1408.1	2725.5	3.3606	5.6160

표 C-2 액상-기상 포화상태의 물 (압력 기준) (계속)

압력	온도	비체적 (m^3/kg)		내부에너지 (kJ/kg)		엔탈피 (kJ/kg)		엔트로피 (kJ/kg K)	
(MPa)	(℃)	포화액체	포화증기	포화액체	포화증기	포화액체	포화증기	포화액체	포화증기
10.500	314.60	0.0014703	0.016965	1414.0	2538.0	1429.4	2716.1	3.3959	5.5851
11.000	318.08	0.0014885	0.015990	1434.1	2530.5	1450.4	2706.3	3.4303	5.5545
11.500	321.43	0.0015071	0.015093	1453.8	2522.6	1471.1	2696.1	3.4638	5.5241
12.000	324.68	0.0015263	0.014264	1473.1	2514.3	1491.5	2685.4	3.4967	5.4939
12.500	327.81	0.0015461	0.013496	1492.3	2505.6	1511.6	2674.3	3.5290	5.4638
13.000	330.85	0.0015665	0.012780	1511.1	2496.5	1531.5	2662.7	3.5608	5.4336
13.500	333.80	0.0015877	0.012112	1529.9	2487.0	1551.3	2650.5	3.5921	5.4032
14.000	336.67	0.0016097	0.011485	1548.4	2477.1	1571.0	2637.9	3.6232	5.3727
14.500	339.45	0.0016328	0.010895	1566.9	2466.6	1590.6	2624.6	3.6539	5.3418
15.000	342.16	0.0016570	0.010338	1585.3	2455.6	1610.2	2610.7	3.6846	5.3106
15.500	344.79	0.0016824	0.0098106	1603.8	2444.1	1629.9	2596.1	3.7151	5.2788
16.000	347.35	0.0017094	0.0093088	1622.3	2431.8	1649.7	2580.8	3.7457	5.2463
16.500	349.85	0.0017383	0.0088299	1641.0	2418.9	1669.7	2564.6	3.7765	5.2130
17.000	352.29	0.0017693	0.0083709	1659.9	2405.2	1690.0	2547.5	3.8077	5.1787
17.500	354.67	0.0018029	0.0079292	1679.2	2390.5	1710.8	2529.3	3.8394	5.1431
18.000	356.99	0.0018398	0.0075017	1699.0	2374.8	1732.1	2509.8	3.8718	5.1061
18.500	359.26	0.0018807	0.0070856	1719.3	2357.8	1754.1	2488.8	3.9053	5.0670
19.000	361.47	0.0019268	0.0066773	1740.5	2339.1	1777.2	2466.0	3.9401	5.0256
19.500	363.64	0.0019792	0.0062725	1762.8	2318.5	1801.4	2440.8	3.9767	4.9808
20.000	365.75	0.0020400	0.0058652	1786.4	2295.0	1827.2	2412.3	4.0156	4.9314
20.500	367.81	0.0021126	0.0054457	1812.0	2267.6	1855.3	2379.2	4.0579	4.8753
21.000	369.83	0.0022055	0.0049961	1841.2	2233.7	1887.6	2338.6	4.1064	4.8079
21.500	371.79	0.0023468	0.0044734	1879.1	2186.9	1929.5	2283.1	4.1698	4.7181
22.000	373.71	0.0027044	0.0036475	1951.8	2092.8	2011.3	2173.1	4.2945	4.5446

표 C-3 과열증기 상태의 물 (압력기준)

압력 (MPa)	온도 (℃)	비체적 (m^3/kg)	내부에너지 (kJ/kg)	엔탈피 (kJ/kg)	엔트로피 (kJ/kg K)	압력 (MPa)	온도 (℃)	비체적 (m^3/kg)	내부에너지 (kJ/kg)	엔탈피 (kJ/kg)	엔트로피 (kJ/kg K)
포화상태	45.806	14.670	2437.2	2583.9	8.1488	포화상태	81.317	3.2400	2483.2	2645.2	7.5930
0.01	50.000	14.867	2443.3	2592.0	8.1741	0.05	100.00	3.4187	2511.5	2682.4	7.6953
0.01	100.00	17.196	2515.5	2687.5	8.4489	0.05	150.00	3.8897	2585.7	2780.2	7.9413
0.01	150.00	19.513	2587.9	2783.0	8.6892	0.05	200.00	4.3562	2660.0	2877.8	8.1592
0.01	200.00	21.826	2661.3	2879.6	8.9049	0.05	250.00	4.8206	2735.1	2976.1	8.3568
0.01	250.00	24.136	2736.1	2977.4	9.1015	0.05	300.00	5.2840	2811.6	3075.8	8.5386
0.01	300.00	26.446	2812.3	3076.7	9.2827	0.05	350.00	5.7469	2889.4	3176.8	8.7076
0.01	350.00	28.755	2890.0	3177.5	9.4513	0.05	400.00	6.2094	2968.9	3279.3	8.8659
0.01	400.00	31.063	2969.3	3279.9	9.6094	0.05	450.00	6.6717	3049.9	3383.5	9.0151
0.01	450.00	33.371	3050.3	3384.0	9.7584	0.05	500.00	7.1338	3132.6	3489.3	9.1566
0.01	500.00	35.680	3132.9	3489.7	9.8998	0.05	550.00	7.5957	3217.0	3596.8	9.2913
0.01	550.00	37.988	3217.2	3597.1	10.034	0.05	600.00	8.0576	3303.1	3706.0	9.4201
0.01	600.00	40.296	3303.3	3706.3	10.163	0.05	650.00	8.5195	3391.0	3816.9	9.5436
0.01	650.00	42.603	3391.2	3817.2	10.287	0.05	700.00	8.9812	3480.6	3929.7	9.6625
0.01	700.00	44.911	3480.8	3929.9	10.406	0.05	750.00	9.4430	3572.0	4044.2	9.7773
0.01	750.00	47.219	3572.2	4044.4	10.520	0.05	800.00	9.9047	3665.2	4160.4	9.8882
0.01	800.00	49.527	3665.3	4160.6	10.631	0.05	850.00	10.366	3760.1	4278.5	9.9957
0.01	850.00	51.835	3760.3	4278.6	10.739	0.05	900.00	10.828	3856.8	4398.2	10.100
0.01	900.00	54.142	3856.9	4398.3	10.843	0.05	950.00	11.290	3955.1	4519.6	10.201
0.01	950.00	56.450	3955.2	4519.7	10.944	0.05	1000.0	11.751	4055.1	4642.7	10.300
0.01	1000.0	58.758	4055.2	4642.8	11.043						

표 C-3 과열증기 상태의 물 (압력기준)

압력 (MPa)	온도 (℃)	비체적 (m^3/kg)	내부에너지 (kJ/kg)	엔탈피 (kJ/kg)	엔트로피 (kJ/kg K)
포화상태	99.606	1.6939	2505.6	2674.9	7.3588
0.1	100.00	1.6959	2506.2	2675.8	7.3610
0.1	150.00	1.9367	2582.9	2776.6	7.6148
0.1	200.00	2.1724	2658.2	2875.5	7.8356
0.1	250.00	2.4062	2733.9	2974.5	8.0346
0.1	300.00	2.6388	2810.6	3074.5	8.2172
0.1	350.00	2.8710	2888.7	3175.8	8.3866
0.1	400.00	3.1027	2968.3	3278.6	8.5452
0.1	450.00	3.3342	3049.4	3382.8	8.6946
0.1	500.00	3.5655	3132.2	3488.7	8.8361
0.1	550.00	3.7968	3216.6	3596.3	8.9709
0.1	600.00	4.0279	3302.8	3705.6	9.0998
0.1	650.00	4.2590	3390.7	3816.6	9.2234
0.1	700.00	4.4900	3480.4	3929.4	9.3424
0.1	750.00	4.7209	3571.8	4043.9	9.4572
0.1	800.00	4.9519	3665.0	4160.2	9.5681
0.1	850.00	5.1828	3760.0	4278.2	9.6757
0.1	900.00	5.4137	3856.6	4398.0	9.7800
0.1	950.00	5.6446	3955.0	4519.5	9.8813
0.1	1000.0	5.8754	4055.0	4642.6	9.9800

압력 (MPa)	온도 (℃)	비체적 (m^3/kg)	내부에너지 (kJ/kg)	엔탈피 (kJ/kg)	엔트로피 (kJ/kg K)
포화상태	120.21	0.88568	2529.1	2706.2	7.1269
0.2	150.00	0.95986	2577.1	2769.1	7.2810
0.2	200.00	1.0805	2654.6	2870.7	7.5081
0.2	250.00	1.1989	2731.4	2971.2	7.7100
0.2	300.00	1.3162	2808.8	3072.1	7.8941
0.2	350.00	1.4330	2887.3	3173.9	8.0644
0.2	400.00	1.5493	2967.1	3277.0	8.2236
0.2	450.00	1.6655	3048.5	3381.6	8.3734
0.2	500.00	1.7814	3131.4	3487.7	8.5152
0.2	550.00	1.8973	3215.9	3595.4	8.6502
0.2	600.00	2.0130	3302.2	3704.8	8.7792
0.2	650.00	2.1287	3390.2	3815.9	8.9030
0.2	700.00	2.2443	3479.9	3928.8	9.0220
0.2	750.00	2.3599	3571.4	4043.4	9.1369
0.2	800.00	2.4755	3664.7	4159.8	9.2479
0.2	850.00	2.5910	3759.6	4277.8	9.3555
0.2	900.00	2.7066	3856.3	4397.6	9.4598
0.2	950.00	2.8221	3954.7	4519.1	9.5612
0.2	1000.0	2.9375	4054.8	4642.3	9.6599

표 C-3 과열증기 상태의 물 (압력기준)

압력 (MPa)	온도 (℃)	비체적 (m^3/kg)	내부에너지 (kJ/kg)	엔탈피 (kJ/kg)	엔트로피 (kJ/kg K)	압력 (MPa)	온도 (℃)	비체적 (m^3/kg)	내부에너지 (kJ/kg)	엔탈피 (kJ/kg)	엔트로피 (kJ/kg K)
포화상태	133.52	0.60576	2543.2	2724.9	6.9916	포화상태	143.61	0.46238	2553.1	2738.1	6.8955
0.3	150.00	0.63401	2571.0	2761.2	7.0791	0.4	150.00	0.47088	2564.4	2752.8	6.9306
0.3	200.00	0.71642	2651.0	2865.9	7.3131	0.4	200.00	0.53433	2647.2	2860.9	7.1723
0.3	250.00	0.79644	2728.9	2967.9	7.5180	0.4	250.00	0.59520	2726.4	2964.5	7.3804
0.3	300.00	0.87534	2807.0	3069.6	7.7037	0.4	300.00	0.65489	2805.1	3067.1	7.5677
0.3	350.00	0.95363	2885.9	3172.0	7.8750	0.4	350.00	0.71396	2884.4	3170.0	7.7399
0.3	400.00	1.0315	2966.0	3275.5	8.0347	0.4	400.00	0.77264	2964.9	3273.9	7.9002
0.3	450.00	1.1092	3047.5	3380.3	8.1849	0.4	450.00	0.83109	3046.6	3379.0	8.0508
0.3	500.00	1.1867	3130.6	3486.6	8.3271	0.4	500.00	0.88936	3129.8	3485.5	8.1933
0.3	550.00	1.2641	3215.3	3594.5	8.4623	0.4	550.00	0.94751	3214.6	3593.6	8.3287
0.3	600.00	1.3414	3301.6	3704.0	8.5914	0.4	600.00	1.0056	3301.0	3703.2	8.4580
0.3	650.00	1.4186	3389.7	3815.3	8.7153	0.4	650.00	1.0636	3389.1	3814.6	8.5820
0.3	700.00	1.4958	3479.5	3928.2	8.8344	0.4	700.00	1.1215	3479.0	3927.6	8.7012
0.3	750.00	1.5729	3571.0	4042.9	8.9494	0.4	750.00	1.1794	3570.6	4042.4	8.8162
0.3	800.00	1.6500	3664.3	4159.3	9.0604	0.4	800.00	1.2373	3663.9	4158.8	8.9273
0.3	850.00	1.7271	3759.3	4277.4	9.1680	0.4	850.00	1.2951	3759.0	4277.0	9.0350
0.3	900.00	1.8042	3856.0	4397.3	9.2724	0.4	900.00	1.3530	3855.7	4396.9	9.1394
0.3	950.00	1.8812	3954.4	4518.8	9.3739	0.4	950.00	1.4108	3954.2	4518.5	9.2409
0.3	1000.0	1.9582	4054.5	4642.0	9.4726	0.4	1000.0	1.4686	4054.3	4641.7	9.3396

표 C-3 과열증기 상태의 물 (압력기준)

압력 (MPa)	온도 (℃)	비체적 (m^3/kg)	내부에너지 (kJ/kg)	엔탈피 (kJ/kg)	엔트로피 (kJ/kg K)
포화상태	151.83	0.37481	2560.7	2748.1	6.8207
0.5	200.00	0.42503	2643.3	2855.8	7.0610
0.5	250.00	0.47443	2723.8	2961.0	7.2724
0.5	300.00	0.52261	2803.2	3064.6	7.4614
0.5	350.00	0.57015	2883.0	3168.1	7.6346
0.5	400.00	0.61730	2963.7	3272.3	7.7955
0.5	450.00	0.66421	3045.6	3377.7	7.9465
0.5	500.00	0.71094	3129.0	3484.5	8.0892
0.5	550.00	0.75756	3213.9	3592.7	8.2249
0.5	600.00	0.80409	3300.4	3702.5	8.3543
0.5	650.00	0.85055	3388.6	3813.9	8.4784
0.5	700.00	0.89696	3478.5	3927.0	8.5977
0.5	750.00	0.94332	3570.2	4041.8	8.7128
0.5	800.00	0.98966	3663.6	4158.4	8.8240
0.5	850.00	1.0360	3758.6	4276.6	8.9317
0.5	900.00	1.0823	3855.4	4396.6	9.0362
0.5	950.00	1.1285	3953.9	4518.2	9.1377
0.5	1000.0	1.1748	4054.0	4641.4	9.2364

압력 (MPa)	온도 (℃)	비체적 (m^3/kg)	내부에너지 (kJ/kg)	엔탈피 (kJ/kg)	엔트로피 (kJ/kg K)
포화상태	158.83	0.31558	2566.8	2756.1	6.7592
0.6	200.00	0.35212	2639.3	2850.6	6.9683
0.6	250.00	0.39390	2721.2	2957.6	7.1832
0.6	300.00	0.43442	2801.4	3062.0	7.3740
0.6	350.00	0.47427	2881.6	3166.1	7.5481
0.6	400.00	0.51374	2962.5	3270.8	7.7097
0.6	450.00	0.55296	3044.7	3376.5	7.8611
0.6	500.00	0.59200	3128.2	3483.4	8.0041
0.6	550.00	0.63093	3213.2	3591.8	8.1399
0.6	600.00	0.66976	3299.8	3701.7	8.2695
0.6	650.00	0.70853	3388.1	3813.2	8.3937
0.6	700.00	0.74725	3478.1	3926.4	8.5131
0.6	750.00	0.78592	3569.8	4041.3	8.6283
0.6	800.00	0.82457	3663.2	4157.9	8.7395
0.6	850.00	0.86319	3758.3	4276.2	8.8472
0.6	900.00	0.90178	3855.1	4396.2	8.9518
0.6	950.00	0.94037	3953.6	4517.8	9.0533
0.6	1000.0	0.97893	4053.7	4641.1	9.1521

표 C-3 과열증기 상태의 물 (압력기준)

압력 (MPa)	온도 (℃)	비체적 (m^3/kg)	내부에너지 (kJ/kg)	엔탈피 (kJ/kg)	엔트로피 (kJ/kg K)
포화상태	164.95	0.27277	2571.8	2762.8	6.7071
0.7	200.00	0.30000	2635.3	2845.3	6.8884
0.7	250.00	0.33637	2718.6	2954.0	7.1070
0.7	300.00	0.37142	2799.5	3059.4	7.2995
0.7	350.00	0.40579	2880.1	3164.2	7.4746
0.7	400.00	0.43977	2961.4	3269.2	7.6368
0.7	450.00	0.47349	3043.7	3375.2	7.7886
0.7	500.00	0.50704	3127.4	3482.3	7.9319
0.7	550.00	0.54047	3212.5	3590.9	8.0679
0.7	600.00	0.57381	3299.2	3700.9	8.1977
0.7	650.00	0.60709	3387.6	3812.6	8.3220
0.7	700.00	0.64031	3477.6	3925.8	8.4415
0.7	750.00	0.67349	3569.4	4040.8	8.5567
0.7	800.00	0.70664	3662.8	4157.5	8.6680
0.7	850.00	0.73977	3758.0	4275.8	8.7758
0.7	900.00	0.77287	3854.8	4395.8	8.8804
0.7	950.00	0.80596	3953.3	4517.5	8.9819
0.7	1000.0	0.83903	4053.5	4640.8	9.0807

압력 (MPa)	온도 (℃)	비체적 (m^3/kg)	내부에너지 (kJ/kg)	엔탈피 (kJ/kg)	엔트로피 (kJ/kg K)
포화상태	170.41	0.24034	2576.0	2768.3	6.6616
0.8	200.00	0.26088	2631.0	2839.7	6.8176
0.8	250.00	0.29320	2715.9	2950.4	7.0401
0.8	300.00	0.32416	2797.5	3056.9	7.2345
0.8	350.00	0.35442	2878.6	3162.2	7.4106
0.8	400.00	0.38428	2960.2	3267.6	7.5734
0.8	450.00	0.41389	3042.8	3373.9	7.7257
0.8	500.00	0.44332	3126.6	3481.3	7.8692
0.8	550.00	0.47263	3211.9	3590.0	8.0054
0.8	600.00	0.50185	3298.7	3700.1	8.1354
0.8	650.00	0.53101	3387.1	3811.9	8.2598
0.8	700.00	0.56011	3477.2	3925.3	8.3794
0.8	750.00	0.58917	3569.0	4040.3	8.4947
0.8	800.00	0.61820	3662.4	4157.0	8.6061
0.8	850.00	0.64721	3757.6	4275.4	8.7139
0.8	900.00	0.67619	3854.5	4395.5	8.8185
0.8	950.00	0.70515	3953.1	4517.2	8.9201
0.8	1000.0	0.73411	4053.2	4640.5	9.0189

표 C-3 과열증기 상태의 물 (압력기준)

압력 (MPa)	온도 (℃)	비체적 (m^3/kg)	내부에너지 (kJ/kg)	엔탈피 (kJ/kg)	엔트로피 (kJ/kg K)	압력 (MPa)	온도 (℃)	비체적 (m^3/kg)	내부에너지 (kJ/kg)	엔탈피 (kJ/kg)	엔트로피 (kJ/kg K)
포화상태	175.35	0.21489	2579.6	2773.0	6.6213	포화상태	179.88	0.19436	2582.7	2777.1	6.5850
0.9	200.00	0.23042	2626.7	2834.1	6.7539	1.0	200.00	0.20602	2622.2	2828.3	6.6955
0.9	250.00	0.25962	2713.1	2946.8	6.9805	1.0	250.00	0.23275	2710.4	2943.1	6.9265
0.9	300.00	0.28740	2795.6	3054.3	7.1767	1.0	300.00	0.25799	2793.6	3051.6	7.1246
0.9	350.00	0.31447	2877.2	3160.2	7.3539	1.0	350.00	0.28250	2875.7	3158.2	7.3029
0.9	400.00	0.34113	2959.0	3266.1	7.5173	1.0	400.00	0.30661	2957.9	3264.5	7.4669
0.9	450.00	0.36753	3041.8	3372.6	7.6700	1.0	450.00	0.33045	3040.9	3371.3	7.6200
0.9	500.00	0.39376	3125.8	3480.2	7.8138	1.0	500.00	0.35411	3125.0	3479.1	7.7641
0.9	550.00	0.41987	3211.2	3589.0	7.9503	1.0	550.00	0.37766	3210.5	3588.1	7.9008
0.9	600.00	0.44588	3298.1	3699.4	8.0803	1.0	600.00	0.40111	3297.5	3698.6	8.0310
0.9	650.00	0.47183	3386.6	3811.2	8.2049	1.0	650.00	0.42449	3386.0	3810.5	8.1557
0.9	700.00	0.49773	3476.7	3924.7	8.3246	1.0	700.00	0.44783	3476.2	3924.1	8.2755
0.9	750.00	0.52359	3568.5	4039.8	8.4399	1.0	750.00	0.47112	3568.1	4039.3	8.3909
0.9	800.00	0.54941	3662.1	4156.6	8.5514	1.0	800.00	0.49438	3661.7	4156.1	8.5024
0.9	850.00	0.57521	3757.3	4275.0	8.6592	1.0	850.00	0.51762	3757.0	4274.6	8.6103
0.9	900.00	0.60099	3854.2	4395.1	8.7639	1.0	900.00	0.54083	3853.9	4394.8	8.7150
0.9	950.00	0.62675	3952.8	4516.9	8.8655	1.0	950.00	0.56403	3952.5	4516.5	8.8166
0.9	1000.0	0.65250	4053.0	4640.2	8.9643	1.0	1000.0	0.58721	4052.7	4639.9	8.9155

표 C-3 과열증기 상태의 물 (압력기준)

압력 (MPa)	온도 (℃)	비체적 (m^3/kg)	내부에너지 (kJ/kg)	엔탈피 (kJ/kg)	엔트로피 (kJ/kg K)	압력 (MPa)	온도 (℃)	비체적 (m^3/kg)	내부에너지 (kJ/kg)	엔탈피 (kJ/kg)	엔트로피 (kJ/kg K)
포화상태	184.06	0.17745	2585.5	2780.6	6.5520	포화상태	187.96	0.16326	2587.8	2783.7	6.5217
1.1	200.00	0.18603	2617.6	2822.3	6.6415	1.2	200.00	0.16934	2612.9	2816.1	6.5909
1.1	250.00	0.21075	2707.6	2939.4	6.8770	1.2	250.00	0.19241	2704.7	2935.6	6.8313
1.1	300.00	0.23392	2791.7	3049.0	7.0772	1.2	300.00	0.21386	2789.7	3046.3	7.0335
1.1	350.00	0.25635	2874.2	3156.2	7.2565	1.2	350.00	0.23455	2872.7	3154.2	7.2139
1.1	400.00	0.27836	2956.7	3262.9	7.4212	1.2	400.00	0.25482	2955.5	3261.3	7.3793
1.1	450.00	0.30010	3039.9	3370.0	7.5747	1.2	450.00	0.27482	3038.9	3368.7	7.5332
1.1	500.00	0.32167	3124.2	3478.0	7.7191	1.2	500.00	0.29464	3123.4	3476.9	7.6779
1.1	550.00	0.34312	3209.8	3587.2	7.8560	1.2	550.00	0.31434	3209.1	3586.3	7.8150
1.1	600.00	0.36447	3296.9	3697.8	7.9864	1.2	600.00	0.33394	3296.3	3697.0	7.9455
1.1	650.00	0.38576	3385.5	3809.9	8.1112	1.2	650.00	0.35348	3385.0	3809.2	8.0704
1.1	700.00	0.40700	3475.8	3923.5	8.2310	1.2	700.00	0.37297	3475.3	3922.9	8.1904
1.1	750.00	0.42819	3567.7	4038.7	8.3465	1.2	750.00	0.39242	3567.3	4038.2	8.3060
1.1	800.00	0.44936	3661.3	4155.6	8.4581	1.2	800.00	0.41184	3661.0	4155.2	8.4176
1.1	850.00	0.47049	3756.6	4274.2	8.5660	1.2	850.00	0.43123	3756.3	4273.8	8.5256
1.1	900.00	0.49161	3853.6	4394.4	8.6707	1.2	900.00	0.45059	3853.3	4394.0	8.6303
1.1	950.00	0.51271	3952.2	4516.2	8.7724	1.2	950.00	0.46994	3952.0	4515.9	8.7320
1.1	1000.0	0.53379	4052.5	4639.7	8.8713	1.2	1000.0	0.48928	4052.2	4639.4	8.8310

표 C-3 과열증기 상태의 물 (압력기준)

압력 (MPa)	온도 (℃)	비체적 (m^3/kg)	내부에너지 (kJ/kg)	엔탈피 (kJ/kg)	엔트로피 (kJ/kg K)
포화상테	191.60	0.15119	2589.9	2786.5	6.4936
1.3	200.00	0.15519	2607.9	2809.6	6.5431
1.3	250.00	0.17688	2701.8	2931.8	6.7887
1.3	300.00	0.19688	2787.7	3043.6	6.9930
1.3	350.00	0.21610	2871.2	3152.1	7.1745
1.3	400.00	0.23490	2954.3	3259.7	7.3406
1.3	450.00	0.25342	3038.0	3367.4	7.4949
1.3	500.00	0.27176	3122.6	3475.9	7.6399
1.3	550.00	0.28998	3208.4	3585.4	7.7772
1.3	600.00	0.30811	3295.7	3696.2	7.9079
1.3	650.00	0.32617	3384.5	3808.5	8.0329
1.3	700.00	0.34418	3474.9	3922.3	8.1530
1.3	750.00	0.36215	3566.9	4037.7	8.2686
1.3	800.00	0.38009	3660.6	4154.7	8.3803
1.3	850.00	0.39800	3756.0	4273.4	8.4883
1.3	900.00	0.41589	3853.0	4393.7	8.5931
1.3	950.00	0.43376	3951.7	4515.6	8.6949
1.3	1000.0	0.45161	4052.0	4639.1	8.7938

압력 (MPa)	온도 (℃)	비체적 (m^3/kg)	내부에너지 (kJ/kg)	엔탈피 (kJ/kg)	엔트로피 (kJ/kg K)
포화상태	195.04	0.14078	2591.8	2788.8	6.4675
1.4	200.00	0.14303	2602.7	2803.0	6.4975
1.4	250.00	0.16356	2698.9	2927.9	6.7488
1.4	300.00	0.18232	2785.7	3040.9	6.9552
1.4	350.00	0.20029	2869.7	3150.1	7.1379
1.4	400.00	0.21782	2953.1	3258.1	7.3046
1.4	450.00	0.23508	3037.0	3366.1	7.4594
1.4	500.00	0.25216	3121.8	3474.8	7.6047
1.4	550.00	0.26911	3207.7	3584.5	7.7422
1.4	600.00	0.28597	3295.1	3695.4	7.8730
1.4	650.00	0.30276	3384.0	3807.8	7.9982
1.4	700.00	0.31951	3474.4	3921.7	8.1183
1.4	750.00	0.33621	3566.5	4037.2	8.2340
1.4	800.00	0.35287	3660.2	4154.3	8.3457
1.4	850.00	0.36952	3755.6	4273.0	8.4538
1.4	900.00	0.38614	3852.7	4393.3	8.5587
1.4	950.00	0.40274	3951.4	4515.2	8.6604
1.4	1000.0	0.41933	4051.7	4638.8	8.7594

표 C-3 과열증기 상태의 물 (압력기준)

압력 (MPa)	온도 (℃)	비체적 (m^3/kg)	내부에너지 (kJ/kg)	엔탈피 (kJ/kg)	엔트로피 (kJ/kg K)
포화상태	198.29	0.13171	2593.4	2791.0	6.4430
1.5	200.00	0.13245	2597.3	2796.0	6.4536
1.5	250.00	0.15201	2695.9	2923.9	6.7111
1.5	300.00	0.16971	2783.6	3038.2	6.9198
1.5	350.00	0.18659	2868.2	3148.0	7.1036
1.5	400.00	0.20302	2951.9	3256.5	7.2710
1.5	450.00	0.21918	3036.0	3364.8	7.4262
1.5	500.00	0.23516	3120.9	3473.7	7.5718
1.5	550.00	0.25102	3207.0	3583.6	7.7095
1.5	600.00	0.26678	3294.5	3694.7	7.8405
1.5	650.00	0.28248	3383.4	3807.1	7.9658
1.5	700.00	0.29812	3473.9	3921.1	8.0860
1.5	750.00	0.31372	3566.1	4036.7	8.2018
1.5	800.00	0.32929	3659.9	4153.8	8.3135
1.5	850.00	0.34483	3755.3	4272.6	8.4217
1.5	900.00	0.36036	3852.4	4392.9	8.5266
1.5	950.00	0.37586	3951.1	4514.9	8.6284
1.5	1000.0	0.39135	4051.5	4638.5	8.7274
포화상태	212.38	0.099585	2599.1	2798.3	6.3390
2.0	250.00	0.11150	2680.2	2903.2	6.5475
2.0	300.00	0.12551	2773.2	3024.2	6.7684
2.0	350.00	0.13860	2860.5	3137.7	6.9583
2.0	400.00	0.15121	2945.9	3248.3	7.1292
2.0	450.00	0.16354	3031.1	3358.2	7.2866
2.0	500.00	0.17568	3116.9	3468.2	7.4337
2.0	550.00	0.18770	3203.6	3579.0	7.5725
2.0	600.00	0.19961	3291.5	3690.7	7.7043
2.0	650.00	0.21146	3380.8	3803.8	7.8302
2.0	700.00	0.22326	3471.6	3918.2	7.9509
2.0	750.00	0.23502	3564.0	4034.1	8.0670
2.0	800.00	0.24674	3658.0	4151.5	8.1790
2.0	850.00	0.25844	3753.6	4270.5	8.2874
2.0	900.00	0.27012	3850.9	4391.1	8.3925
2.0	950.00	0.28178	3949.8	4513.3	8.4945
2.0	1000.0	0.29342	4050.2	4637.0	8.5936

표 C-3 과열증기 상태의 물 (압력기준)

압력 (MPa)	온도 (℃)	비체적 (m^3/kg)	내부에너지 (kJ/kg)	엔탈피 (kJ/kg)	엔트로피 (kJ/kg K)
포화상태	233.85	0.066664	2603.2	2803.2	6.1856
3.0	250.00	0.070627	2644.7	2856.5	6.2893
3.0	300.00	0.081179	2750.8	2994.3	6.5412
3.0	350.00	0.090556	2844.4	3116.1	6.7449
3.0	400.00	0.099379	2933.5	3231.7	6.9234
3.0	450.00	0.10789	3021.2	3344.8	7.0856
3.0	500.00	0.11620	3108.6	3457.2	7.2359
3.0	550.00	0.12437	3196.6	3569.7	7.3768
3.0	600.00	0.13245	3285.5	3682.8	7.5103
3.0	650.00	0.14045	3375.6	3796.9	7.6373
3.0	700.00	0.14841	3467.0	3912.2	7.7590
3.0	750.00	0.15632	3559.9	4028.9	7.8758
3.0	800.00	0.16420	3654.3	4146.9	7.9885
3.0	850.00	0.17205	3750.3	4266.5	8.0973
3.0	900.00	0.17988	3847.9	4387.5	8.2028
3.0	950.00	0.18769	3947.0	4510.1	8.3051
3.0	1000.0	0.19549	4047.7	4634.1	8.4045

압력 (MPa)	온도 (℃)	비체적 (m^3/kg)	내부에너지 (kJ/kg)	엔탈피 (kJ/kg)	엔트로피 (kJ/kg K)
포화상태	250.35	0.049776	2601.7	2800.8	6.0696
4.0	300.00	0.058870	2726.2	2961.7	6.3639
4.0	350.00	0.066473	2827.4	3093.3	6.5843
4.0	400.00	0.073431	2920.7	3214.5	6.7714
4.0	450.00	0.080043	3011.0	3331.2	6.9386
4.0	500.00	0.086442	3100.3	3446.0	7.0922
4.0	550.00	0.092700	3189.5	3560.3	7.2355
4.0	600.00	0.098859	3279.4	3674.9	7.3705
4.0	650.00	0.10494	3370.3	3790.1	7.4988
4.0	700.00	0.11098	3462.4	3906.3	7.6214
4.0	750.00	0.11697	3555.8	4023.6	7.7390
4.0	800.00	0.12292	3650.6	4142.3	7.8523
4.0	850.00	0.12885	3747.0	4262.4	7.9616
4.0	900.00	0.13476	3844.8	4383.9	8.0674
4.0	950.00	0.14065	3944.2	4506.8	8.1701
4.0	1000.0	0.14652	4045.1	4631.2	8.2697

표 C-3 과열증기 상태의 물 (압력기준)

압력 (MPa)	온도 (℃)	비체적 (m^3/kg)	내부에너지 (kJ/kg)	엔탈피 (kJ/kg)	엔트로피 (kJ/kg K)
포화상태	263.94	0.039446	2597.0	2794.2	5.9737
5.0	300.00	0.045346	2699.0	2925.7	6.2110
5.0	350.00	0.051969	2809.5	3069.3	6.4516
5.0	400.00	0.057837	2907.5	3196.7	6.6483
5.0	450.00	0.063323	3000.6	3317.2	6.8210
5.0	500.00	0.068583	3091.7	3434.7	6.9781
5.0	550.00	0.073694	3182.4	3550.9	7.1237
5.0	600.00	0.078704	3273.3	3666.8	7.2605
5.0	650.00	0.083639	3365.0	3783.2	7.3901
5.0	700.00	0.088518	3457.7	3900.3	7.5136
5.0	750.00	0.093355	3551.6	4018.4	7.6320
5.0	800.00	0.098158	3646.9	4137.7	7.7458
5.0	850.00	0.10293	3743.6	4258.3	7.8556
5.0	900.00	0.10769	3841.8	4380.2	7.9618
5.0	950.00	0.11242	3941.5	4503.6	8.0648
5.0	1000.0	0.11715	4042.6	4628.3	8.1648

압력 (MPa)	온도 (℃)	비체적 (m^3/kg)	내부에너지 (kJ/kg)	엔탈피 (kJ/kg)	엔트로피 (kJ/kg K)
포화상태	311.00	0.018030	2545.2	2725.5	5.6160
10.0	350.00	0.022440	2699.6	2924.0	5.9459
10.0	400.00	0.026436	2833.1	3097.4	6.2141
10.0	450.00	0.029782	2944.5	3242.3	6.4219
10.0	500.00	0.032811	3047.0	3375.1	6.5995
10.0	550.00	0.035654	3145.4	3502.0	6.7585
10.0	600.00	0.038378	3242.0	3625.8	6.9045
10.0	650.00	0.041018	3337.9	3748.1	7.0408
10.0	700.00	0.043597	3434.0	3870.0	7.1693
10.0	750.00	0.046131	3530.7	3992.0	7.2916
10.0	800.00	0.048629	3628.2	4114.5	7.4085
10.0	850.00	0.051099	3726.8	4237.8	7.5207
10.0	900.00	0.053547	3826.5	4362.0	7.6290
10.0	950.00	0.055976	3927.5	4487.3	7.7335
10.0	1000.0	0.058390	4029.9	4613.8	7.8349

표 C-3 과열증기 상태의 물 (압력기준)

압력 (MPa)	온도 (℃)	비체적 (m^3/kg)	내부에너지 (kJ/kg)	엔탈피 (kJ/kg)	엔트로피 (kJ/kg K)
포화상태	342.16	0.010338	2455.6	2610.7	5.3106
15.0	350.00	0.011481	2520.9	2693.1	5.4437
15.0	400.00	0.015671	2740.6	2975.7	5.8819
15.0	450.00	0.018477	2880.7	3157.9	6.1434
15.0	500.00	0.020827	2998.4	3310.8	6.3480
15.0	550.00	0.022945	3106.2	3450.4	6.5230
15.0	600.00	0.024921	3209.3	3583.1	6.6796
15.0	650.00	0.026804	3310.1	3712.1	6.8233
15.0	700.00	0.028621	3409.8	3839.1	6.9572
15.0	750.00	0.030390	3509.4	3965.2	7.0836
15.0	800.00	0.032121	3609.2	4091.1	7.2037
15.0	850.00	0.033823	3709.8	4217.1	7.3185
15.0	900.00	0.035503	3811.2	4343.7	7.4288
15.0	950.00	0.037163	3913.6	4471.0	7.5350
15.0	1000.0	0.038808	4017.1	4599.2	7.6378

압력 (MPa)	온도 (℃)	비체적 (m^3/kg)	내부에너지 (kJ/kg)	엔탈피 (kJ/kg)	엔트로피 (kJ/kg K)
포화상태	365.75	0.0058652	2295.0	2412.3	4.9314
20.0	400.00	0.0099503	2617.9	2816.9	5.5525
20.0	450.00	0.012721	2807.2	3061.7	5.9043
20.0	500.00	0.014793	2945.3	3241.2	6.1446
20.0	550.00	0.016571	3064.7	3396.1	6.3389
20.0	600.00	0.018185	3175.3	3539.0	6.5075
20.0	650.00	0.019695	3281.4	3675.3	6.6593
20.0	700.00	0.021133	3385.1	3807.8	6.7990
20.0	750.00	0.022521	3487.7	3938.1	6.9297
20.0	800.00	0.023869	3590.1	4067.5	7.0531
20.0	850.00	0.025188	3692.6	4196.4	7.1705
20.0	900.00	0.026483	3795.7	4325.4	7.2829
20.0	950.00	0.027760	3899.5	4454.7	7.3909
20.0	1000.0	0.029020	4004.3	4584.7	7.4950

표 C-3 과열증기 상태의 물 (압력기준)

압력 (MPa)	온도 (℃)	비체적 (m^3/kg)	내부에너지 (kJ/kg)	엔탈피 (kJ/kg)	엔트로피 (kJ/kg K)
포화상태	373.71	0.0036475	2092.8	2173.1	4.5446
22.0	400.00	0.0082556	2554.2	2735.8	5.4051
22.0	450.00	0.011123	2774.5	3019.2	5.8127
22.0	500.00	0.013138	2922.7	3211.8	6.0705
22.0	550.00	0.014829	3047.4	3373.7	6.2736
22.0	600.00	0.016347	3161.3	3521.0	6.4473
22.0	650.00	0.017756	3269.7	3660.3	6.6025
22.0	700.00	0.019092	3375.1	3795.1	6.7447
22.0	750.00	0.020376	3479.0	3927.3	6.8772
22.0	800.00	0.021620	3582.4	4058.0	7.0020
22.0	850.00	0.022834	3685.7	4188.1	7.1204
22.0	900.00	0.024025	3789.5	4318.0	7.2336
22.0	950.00	0.025196	3893.9	4448.2	7.3423
22.0	1000.0	0.026352	3999.2	4578.9	7.4470

압력 (MPa)	온도 (℃)	비체적 (m^3/kg)	내부에너지 (kJ/kg)	엔탈피 (kJ/kg)	엔트로피 (kJ/kg K)
30.0	300.00	0.0013322	1288.9	1328.9	3.1760
30.0	350.00	0.0015529	1562.2	1608.8	3.6436
30.0	400.00	0.0027978	2068.9	2152.8	4.4757
30.0	450.00	0.0067373	2618.9	2821.0	5.4421
30.0	500.00	0.0086904	2824.0	3084.7	5.7956
30.0	550.00	0.010175	2974.5	3279.7	6.0402
30.0	600.00	0.011445	3103.4	3446.7	6.2373
30.0	650.00	0.012589	3221.7	3599.4	6.4074
30.0	700.00	0.013653	3334.3	3743.9	6.5598
30.0	750.00	0.014661	3443.6	3883.4	6.6997
30.0	800.00	0.015628	3551.2	4020.0	6.8300
30.0	850.00	0.016563	3658.0	4154.9	6.9529
30.0	900.00	0.017473	3764.6	4288.8	7.0695
30.0	950.00	0.018364	3871.4	4422.3	7.1810
30.0	1000.0	0.019240	3978.6	4555.8	7.2880

표 C-3 과열증기 상태의 물 (압력기준)

압력 (MPa)	온도 (℃)	비체적 (m^3/kg)	내부에너지 (kJ/kg)	엔탈피 (kJ/kg)	엔트로피 (kJ/kg K)
40.0	300.00	0.0013083	1273.3	1325.6	3.1473
40.0	350.00	0.0014884	1529.3	1588.8	3.5871
40.0	400.00	0.0019108	1854.9	1931.4	4.1145
40.0	450.00	0.0036915	2364.2	2511.8	4.9448
40.0	500.00	0.0056231	2681.6	2906.5	5.4744
40.0	550.00	0.0069847	2875.0	3154.4	5.7857
40.0	600.00	0.0080891	3026.8	3350.4	6.0170
40.0	650.00	0.0090532	3159.5	3521.6	6.2078
40.0	700.00	0.0099297	3282.0	3679.1	6.3740
40.0	750.00	0.010747	3398.6	3828.4	6.5236
40.0	800.00	0.011521	3511.8	3972.6	6.6612
40.0	850.00	0.012263	3623.1	4113.6	6.7896
40.0	900.00	0.012980	3733.3	4252.5	6.9106
40.0	950.00	0.013678	3843.1	4390.2	7.0256
40.0	1000.0	0.014360	3952.9	4527.3	7.1355

표 C-4 압축액체 상태의 물 (압력기준)

압력 (MPa)	온도 (℃)	비체적 (m^3/kg)	내부에너지 (kJ/kg)	엔탈피 (kJ/kg)	엔트로피 (kJ/kg K)	압력 (MPa)	온도 (℃)	비체적 (m^3/kg)	내부에너지 (kJ/kg)	엔탈피 (kJ/kg)	엔트로피 (kJ/kg K)
5.0	0.00000	0.00099768	0.044068	5.0325	0.00013830	10.0	0.00000	0.00099520	0.11710	10.069	0.00033757
5.0	25.000	0.0010008	104.44	109.45	0.36592	10.0	25.000	0.00099854	104.06	114.05	0.36460
5.0	50.000	0.0010099	208.59	213.64	0.70150	10.0	50.000	0.0010078	207.86	217.94	0.69920
5.0	75.000	0.0010235	312.92	318.03	1.0127	10.0	75.000	0.0010213	311.85	322.07	1.0096
5.0	100.00	0.0010410	417.64	422.85	1.3034	10.0	100.00	0.0010385	416.23	426.62	1.2996
5.0	125.00	0.0010622	523.06	528.37	1.5771	10.0	125.00	0.0010594	521.25	531.84	1.5725
5.0	150.00	0.0010875	629.55	634.98	1.8368	10.0	150.00	0.0010842	627.27	638.11	1.8313
5.0	175.00	0.0011174	737.61	743.19	2.0852	10.0	175.00	0.0011135	734.75	745.89	2.0788
5.0	200.00	0.0011531	847.91	853.68	2.3251	10.0	200.00	0.0011482	844.31	855.80	2.3174
5.0	225.00	0.0011962	961.40	967.38	2.5592	10.0	225.00	0.0011899	956.78	968.68	2.5499
5.0	250.00	0.0012499	1079.5	1085.7	2.7910	10.0	250.00	0.0012412	1073.4	1085.8	2.7792
5.0	263.94	0.0012864	1148.2	1154.6	2.9210	10.0	275.00	0.0013070	1196.2	1209.3	3.0097
5.0	263.94	0.039446	2597.0	2794.2	5.9737	10.0	300.00	0.0013980	1329.4	1343.3	3.2488
5.0	275.00	0.041439	2632.3	2839.5	6.0571	10.0	311.00	0.0014526	1393.5	1408.1	3.3606
5.0	300.00	0.045346	2699.0	2925.7	6.2110	10.0	311.00	0.018030	2545.2	2725.5	5.6160
5.0	325.00	0.048793	2756.6	3000.6	6.3390	10.0	325.00	0.019877	2611.6	2810.3	5.7596
5.0	350.00	0.051969	2809.5	3069.3	6.4516	10.0	350.00	0.022440	2699.6	2924.0	5.9459
5.0	375.00	0.054966	2859.4	3134.2	6.5537	10.0	375.00	0.024558	2770.7	3016.3	6.0911
5.0	400.00	0.057837	2907.5	3196.7	6.6483	10.0	400.00	0.026436	2833.1	3097.4	6.2141
5.0	425.00	0.060616	2954.4	3257.5	6.7370	10.0	425.00	0.028162	2890.4	3172.0	6.3229
5.0	450.00	0.063323	3000.6	3317.2	6.8210	10.0	450.00	0.029782	2944.5	3242.3	6.4219
5.0	475.00	0.065975	3046.3	3376.2	6.9012	10.0	475.00	0.031325	2996.5	3309.7	6.5135
5.0	500.00	0.068583	3091.7	3434.7	6.9781	10.0	500.00	0.032811	3047.0	3375.1	6.5995

표 C-4 압축액체 상태의 물 (압력기준)

압력 (MPa)	온도 (℃)	비체적 (m^3/kg)	내부에너지 (kJ/kg)	엔탈피 (kJ/kg)	엔트로피 (kJ/kg K)	압력 (MPa)	온도 (℃)	비체적 (m^3/kg)	내부에너지 (kJ/kg)	엔탈피 (kJ/kg)	엔트로피 (kJ/kg K)
15.0	0.00000	0.00099276	0.17746	15.069	0.00044686	20.0	0.00000	0.00099036	0.22569	20.033	0.00046962
15.0	25.000	0.00099635	103.69	118.63	0.36325	20.0	25.000	0.00099419	103.32	123.20	0.36187
15.0	50.000	0.0010056	207.15	222.23	0.69690	20.0	50.000	0.0010035	206.44	226.51	0.69461
15.0	75.000	0.0010190	310.81	326.10	1.0065	20.0	75.000	0.0010168	309.79	330.13	1.0035
15.0	100.00	0.0010361	414.85	430.39	1.2958	20.0	100.00	0.0010337	413.50	434.17	1.2920
15.0	125.00	0.0010567	519.48	535.33	1.5680	20.0	125.00	0.0010540	517.76	538.84	1.5635
15.0	150.00	0.0010810	625.05	641.27	1.8260	20.0	150.00	0.0010779	622.89	644.45	1.8208
15.0	175.00	0.0011097	731.98	748.63	2.0725	20.0	175.00	0.0011060	729.30	751.42	2.0664
15.0	200.00	0.0011435	840.84	857.99	2.3100	20.0	200.00	0.0011390	837.49	860.27	2.3027
15.0	225.00	0.0011838	952.36	970.12	2.5409	20.0	225.00	0.0011781	948.13	971.69	2.5322
15.0	250.00	0.0012330	1067.6	1086.1	2.7680	20.0	250.00	0.0012254	1062.2	1086.7	2.7573
15.0	275.00	0.0012951	1188.3	1207.8	2.9951	20.0	275.00	0.0012842	1181.0	1206.7	2.9814
15.0	300.00	0.0013783	1317.6	1338.3	3.2279	20.0	300.00	0.0013611	1307.1	1334.4	3.2091
15.0	325.00	0.0015041	1463.0	1485.6	3.4793	20.0	325.00	0.0014709	1445.8	1475.2	3.4495
15.0	342.16	0.0016570	1585.3	1610.2	3.6846	20.0	350.00	0.0016649	1612.7	1646.0	3.7290
15.0	342.16	0.010338	2455.6	2610.7	5.3106	20.0	365.75	0.0020400	1786.4	1827.2	4.0156
15.0	350.00	0.011481	2520.9	2693.1	5.4437	20.0	365.75	0.0058652	2295.0	2412.3	4.9314
15.0	375.00	0.013902	2650.4	2858.9	5.7050	20.0	375.00	0.0076764	2449.1	2602.6	5.2275
15.0	400.00	0.015671	2740.6	2975.7	5.8819	20.0	400.00	0.0099503	2617.9	2816.9	5.5525
15.0	425.00	0.017156	2815.0	3072.3	6.0229	20.0	425.00	0.011477	2723.5	2953.0	5.7514
15.0	450.00	0.018477	2880.7	3157.9	6.1434	20.0	450.00	0.012721	2807.2	3061.7	5.9043
15.0	475.00	0.019690	2941.3	3236.6	6.2505	20.0	475.00	0.013808	2879.7	3155.8	6.0324
15.0	500.00	0.020827	2998.4	3310.8	6.3480	20.0	500.00	0.014793	2945.3	3241.2	6.1446

표 C-4 압축액체 상태의 물 (압력기준)

압력 (MPa)	온도 (℃)	비체적 (m^3/kg)	내부에너지 (kJ/kg)	엔탈피 (kJ/kg)	엔트로피 (kJ/kg K)
22.0	0.00000	0.00098941	0.24171	22.009	0.00045525
22.0	25.000	0.00099334	103.17	125.02	0.36132
22.0	50.000	0.0010026	206.17	228.22	0.69370
22.0	75.000	0.0010159	309.39	331.74	1.0022
22.0	100.00	0.0010327	412.96	435.68	1.2906
22.0	125.00	0.0010529	517.08	540.24	1.5618
22.0	150.00	0.0010767	622.04	645.73	1.8187
22.0	175.00	0.0011046	728.24	752.54	2.0639
22.0	200.00	0.0011372	836.18	861.20	2.2999
22.0	225.00	0.0011759	946.49	972.36	2.5288
22.0	250.00	0.0012224	1060.1	1086.9	2.7532
22.0	275.00	0.0012801	1178.2	1206.4	2.9762
22.0	300.00	0.0013548	1303.2	1333.0	3.2021
22.0	325.00	0.0014596	1439.7	1471.8	3.4389
22.0	350.00	0.0016349	1600.0	1635.9	3.7075
22.0	373.71	0.0027044	1951.8	2011.3	4.2945
22.0	373.71	0.0036475	2092.8	2173.1	4.5446
22.0	375.00	0.0049132	2248.0	2356.0	4.8273
22.0	400.00	0.0082556	2554.2	2735.8	5.4051
22.0	425.00	0.0098733	2680.8	2898.0	5.6420
22.0	450.00	0.011123	2774.5	3019.2	5.8127
22.0	475.00	0.012187	2853.0	3121.1	5.9513
22.0	500.00	0.013138	2922.7	3211.8	6.0705

압력 (MPa)	온도 (℃)	비체적 (m^3/kg)	내부에너지 (kJ/kg)	엔탈피 (kJ/kg)	엔트로피 (kJ/kg K)
30.0	0.00000	0.00098567	0.28791	29.858	0.00026879
30.0	25.000	0.00098998	102.58	132.28	0.35905
30.0	50.000	0.00099933	205.07	235.05	0.69005
30.0	75.000	0.0010125	307.81	338.19	0.99746
30.0	100.00	0.0010290	410.87	441.74	1.2847
30.0	125.00	0.0010488	514.42	545.88	1.5548
30.0	150.00	0.0010720	618.73	650.89	1.8106
30.0	175.00	0.0010990	724.15	757.11	2.0545
30.0	200.00	0.0011304	831.10	865.02	2.2888
30.0	225.00	0.0011674	940.15	975.17	2.5156
30.0	250.00	0.0012113	1052.0	1088.4	2.7373
30.0	275.00	0.0012648	1167.7	1205.7	2.9563
30.0	300.00	0.0013322	1288.9	1328.9	3.1760
30.0	325.00	0.0014217	1418.4	1461.1	3.4017
30.0	350.00	0.0015529	1562.2	1608.8	3.6436
30.0	375.00	0.0017916	1738.1	1791.8	3.9313
30.0	400.00	0.0027978	2068.9	2152.8	4.4757
30.0	425.00	0.0052986	2452.8	2611.8	5.1473
30.0	450.00	0.0067373	2618.9	2821.0	5.4421
30.0	475.00	0.0078038	2732.7	2966.8	5.6404
30.0	500.00	0.0086904	2824.0	3084.7	5.7956

표 C-4 압축액체 상태의 물 (압력기준)

압력 (MPa)	온도 (℃)	비체적 (m^3/kg)	내부에너지 (kJ/kg)	엔탈피 (kJ/kg)	엔트로피 (kJ/kg K)
40.0	0.00000	0.00098113	0.30781	39.553	-0.00023950
40.0	25.000	0.00098588	101.86	141.29	0.35615
40.0	50.000	0.00099531	203.75	243.56	0.68551
40.0	75.000	0.0010083	305.91	346.24	0.99156
40.0	100.00	0.0010245	408.35	449.33	1.2775
40.0	125.00	0.0010438	511.23	552.98	1.5464
40.0	150.00	0.0010663	614.77	657.42	1.8008
40.0	175.00	0.0010923	719.27	762.96	2.0431
40.0	200.00	0.0011224	825.10	870.00	2.2755
40.0	225.00	0.0011574	932.73	979.03	2.5000
40.0	250.00	0.0011986	1042.7	1090.7	2.7187
40.0	275.00	0.0012479	1155.9	1205.8	2.9336
40.0	300.00	0.0013083	1273.3	1325.6	3.1473
40.0	325.00	0.0013851	1396.7	1452.2	3.3634
40.0	350.00	0.0014884	1529.3	1588.8	3.5871
40.0	375.00	0.0016412	1677.0	1742.6	3.8290
40.0	400.00	0.0019108	1854.9	1931.4	4.1145
40.0	425.00	0.0025375	2097.5	2199.0	4.5044
40.0	450.00	0.0036915	2364.2	2511.8	4.9448
40.0	475.00	0.0047613	2549.7	2740.2	5.2556
40.0	500.00	0.0056231	2681.6	2906.5	5.4744

표 D-1 액상-기상 포화상태의 R-22 (온도 기준)

온도	압력	비체적 (m³/kg)		내부에너지 (kJ/kg)		엔탈피 (kJ/kg)		엔트로피 (kJ/kg K)	
(℃)	(MPa)	포화액체	포화증기	포화액체	포화증기	포화액체	포화증기	포화액체	포화증기
-80	0.010372	0.00065867	1.7782	111.93	350.33	111.94	368.77	0.62102	1.9508
-75	0.014719	0.00066457	1.2829	117.24	352.36	117.25	371.24	0.64819	1.9300
-70	0.020469	0.00067061	0.94342	122.56	354.39	122.58	373.70	0.67471	1.9108
-65	0.027944	0.00067682	0.70599	127.90	356.42	127.91	376.15	0.70063	1.8932
-60	0.037505	0.00068321	0.53680	133.24	358.46	133.27	378.59	0.72600	1.8770
-55	0.049553	0.00068979	0.41416	138.60	360.49	138.63	381.02	0.75086	1.8619
-50	0.064530	0.00069657	0.32385	143.98	362.52	144.03	383.42	0.77525	1.8480
-45	0.082917	0.00070358	0.25635	149.38	364.53	149.44	385.79	0.79919	1.8351
-40	0.10523	0.00071083	0.20521	154.81	366.53	154.89	388.13	0.82274	1.8231
-35	0.13203	0.00071834	0.16598	160.27	368.52	160.37	390.43	0.84591	1.8120
-30	0.16389	0.00072612	0.13553	165.76	370.48	165.88	392.69	0.86873	1.8015
-25	0.20143	0.00073422	0.11163	171.29	372.42	171.44	394.90	0.89125	1.7918
-20	0.24531	0.00074265	0.092681	176.86	374.33	177.04	397.06	0.91347	1.7826
-15	0.29620	0.00075144	0.077514	182.47	376.20	182.70	399.16	0.93544	1.7740
-10	0.35479	0.00076062	0.065266	188.13	378.04	188.40	401.20	0.95717	1.7658
-5	0.42180	0.00077024	0.055291	193.85	379.84	194.17	403.16	0.97868	1.7581
0	0.49799	0.00078033	0.047105	199.61	381.59	200.00	405.05	1.0000	1.7507
5	0.58411	0.00079094	0.040335	205.44	383.29	205.90	406.85	1.0212	1.7436
10	0.68095	0.00080213	0.034699	211.32	384.93	211.87	408.56	1.0422	1.7368
15	0.78931	0.00081396	0.029974	217.28	386.51	217.92	410.16	1.0630	1.7302
20	0.91002	0.00082651	0.025989	223.31	388.01	224.06	411.66	1.0838	1.7238
25	1.0439	0.00083987	0.022608	229.41	389.43	230.29	413.03	1.1045	1.7174
30	1.1919	0.00085416	0.019722	235.61	390.76	236.62	414.26	1.1252	1.7111
35	1.3548	0.00086952	0.017245	241.89	391.98	243.07	415.34	1.1458	1.7048
40	1.5336	0.00088611	0.015107	248.29	393.08	249.65	416.25	1.1665	1.6985
45	1.7292	0.00090416	0.013253	254.80	394.04	256.36	416.95	1.1872	1.6919
50	1.9427	0.00092396	0.011634	261.45	394.83	263.25	417.44	1.2080	1.6852
55	2.1751	0.00094590	0.010215	268.26	395.43	270.32	417.65	1.2291	1.6781
60	2.4275	0.00097051	0.0089613	275.26	395.80	277.61	417.55	1.2504	1.6705
65	2.7012	0.00099857	0.0078475	282.49	395.87	285.18	417.06	1.2722	1.6622
70	2.9974	0.0010312	0.0068497	290.01	395.56	293.10	416.09	1.2945	1.6529
75	3.3177	0.0010703	0.0059468	297.91	394.76	301.46	414.49	1.3177	1.6424
80	3.6638	0.0011189	0.0051176	306.34	393.26	310.44	412.01	1.3423	1.6299
85	4.0378	0.0011837	0.0043373	315.60	390.67	320.38	408.19	1.3690	1.6142
90	4.4423	0.0012819	0.0035635	326.39	386.04	332.09	401.87	1.4001	1.5922
95	4.8824	0.0015085	0.0026175	342.19	374.50	349.56	387.28	1.4462	1.5486

표 D-2 액상-기상 포화상태의 R-22 (압력 기준)

압력 (MPa)	온도 (℃)	비체적 (m^3/kg)		내부에너지 (kJ/kg)		엔탈피 (kJ/kg)		엔트로피 (kJ/kg K)	
		포화액체	포화증기	포화액체	포화증기	포화액체	포화증기	포화액체	포화증기
0.01	-80.505	0.00065808	1.8399	111.39	350.13	111.40	368.52	0.61824	1.9530
0.02	-70.361	0.00067017	0.96401	122.18	354.24	122.19	373.52	0.67281	1.9122
0.03	-63.819	0.00067832	0.66083	129.16	356.91	129.18	376.73	0.70667	1.8893
0.04	-58.868	0.00068468	0.50556	134.45	358.92	134.48	379.14	0.73168	1.8735
0.05	-54.834	0.00069001	0.41072	138.78	360.56	138.81	381.10	0.75168	1.8615
0.06	-51.405	0.00069465	0.34657	142.47	361.95	142.51	382.74	0.76844	1.8518
0.07	-48.405	0.00069878	0.30020	145.70	363.16	145.75	384.18	0.78293	1.8438
0.08	-45.730	0.00070254	0.26506	148.59	364.24	148.65	385.44	0.79572	1.8369
0.09	-43.308	0.00070600	0.23747	151.22	365.21	151.28	386.58	0.80720	1.8310
0.10	-41.091	0.00070922	0.21523	153.63	366.10	153.70	387.62	0.81763	1.8257
0.20	-25.177	0.00073393	0.11238	171.10	372.35	171.24	394.83	0.89045	1.7921
0.30	-14.654	0.00075206	0.076580	182.87	376.33	183.09	399.31	0.93695	1.7734
0.40	-6.5559	0.00076720	0.058183	192.06	379.29	192.37	402.56	0.97201	1.7604
0.50	0.12398	0.00078058	0.046921	199.76	381.63	200.15	405.09	1.0005	1.7505
0.60	5.8611	0.00079282	0.039291	206.45	383.58	206.92	407.15	1.0248	1.7424
0.70	10.920	0.00080425	0.033767	212.41	385.22	212.98	408.86	1.0460	1.7356
0.80	15.465	0.00081509	0.029575	217.84	386.65	218.49	410.31	1.0650	1.7296
0.90	19.604	0.00082549	0.026281	222.83	387.89	223.57	411.54	1.0822	1.7243
1.00	23.415	0.00083554	0.023621	227.47	388.99	228.30	412.61	1.0980	1.7194
1.10	26.953	0.00084534	0.021427	231.82	389.96	232.75	413.53	1.1126	1.7150
1.20	30.261	0.00085494	0.019583	235.93	390.82	236.96	414.32	1.1262	1.7108
1.30	33.371	0.00086439	0.018012	239.83	391.59	240.96	415.01	1.1391	1.7069
1.40	36.308	0.00087373	0.016655	243.56	392.28	244.78	415.60	1.1512	1.7032
1.50	39.095	0.00088300	0.015472	247.12	392.89	248.45	416.10	1.1627	1.6996
1.60	41.748	0.00089224	0.014429	250.55	393.43	251.98	416.52	1.1737	1.6962
1.70	44.281	0.00090146	0.013504	253.86	393.91	255.39	416.87	1.1842	1.6929
1.80	46.706	0.00091070	0.012676	257.05	394.33	258.69	417.15	1.1943	1.6897
1.90	49.034	0.00091998	0.011931	260.15	394.69	261.90	417.36	1.2040	1.6865
2.00	51.273	0.00092932	0.011256	263.17	395.01	265.03	417.52	1.2134	1.6834

표 D-2 액상-기상 포화상태의 R-22 (압력 기준) (계속)

압력 (MPa)	온도 (℃)	비체적 (m^3/kg) 포화액체	비체적 (m^3/kg) 포화증기	내부에너지 (kJ/kg) 포화액체	내부에너지 (kJ/kg) 포화증기	엔탈피 (kJ/kg) 포화액체	엔탈피 (kJ/kg) 포화증기	엔트로피 (kJ/kg K) 포화액체	엔트로피 (kJ/kg K) 포화증기
2.10	53.430	0.00093875	0.010641	266.10	395.27	268.07	417.61	1.2224	1.6803
2.20	55.512	0.00094829	0.010079	268.97	395.48	271.05	417.66	1.2312	1.6773
2.30	57.526	0.00095796	0.0095625	271.77	395.65	273.97	417.64	1.2398	1.6743
2.40	59.475	0.00096778	0.0090859	274.51	395.77	276.83	417.58	1.2482	1.6713
2.50	61.364	0.00097779	0.0086445	277.20	395.85	279.65	417.46	1.2563	1.6683
2.60	63.198	0.00098800	0.0082343	279.85	395.88	282.42	417.29	1.2643	1.6652
2.70	64.980	0.00099845	0.0078517	282.46	395.87	285.15	417.07	1.2721	1.6622
2.80	66.712	0.0010092	0.0074938	285.02	395.81	287.85	416.79	1.2797	1.6591
2.90	68.399	0.0010202	0.0071579	287.56	395.71	290.52	416.46	1.2873	1.6560
3.00	70.042	0.0010315	0.0068417	290.07	395.56	293.16	416.08	1.2947	1.6529
3.10	71.644	0.0010432	0.0065433	292.56	395.36	295.79	415.65	1.3020	1.6496
3.20	73.207	0.0010554	0.0062609	295.02	395.12	298.40	415.15	1.3093	1.6464
3.30	74.733	0.0010680	0.0059929	297.47	394.82	301.00	414.60	1.3165	1.6430
3.40	76.224	0.0010811	0.0057378	299.91	394.47	303.59	413.98	1.3236	1.6395
3.50	77.682	0.0010948	0.0054943	302.35	394.06	306.18	413.29	1.3307	1.6360
3.60	79.107	0.0011093	0.0052613	304.78	393.60	308.78	412.54	1.3378	1.6323
3.70	80.501	0.0011245	0.0050377	307.22	393.06	311.39	411.70	1.3448	1.6285
3.80	81.866	0.0011406	0.0048222	309.68	392.45	314.01	410.78	1.3519	1.6245
3.90	83.203	0.0011579	0.0046141	312.15	391.77	316.66	409.76	1.3590	1.6203
4.00	84.512	0.0011763	0.0044121	314.65	390.99	319.35	408.64	1.3662	1.6159
4.10	85.796	0.0011963	0.0042153	317.18	390.11	322.09	407.40	1.3736	1.6112
4.20	87.053	0.0012181	0.0040225	319.77	389.11	324.89	406.01	1.3810	1.6062
4.30	88.286	0.0012423	0.0038325	322.43	387.97	327.78	404.45	1.3887	1.6008
4.40	89.495	0.0012693	0.0036436	325.19	386.66	330.77	402.69	1.3966	1.5949
4.50	90.681	0.0013003	0.0034537	328.07	385.12	333.93	400.66	1.4049	1.5884
4.60	91.843	0.0013366	0.0032598	331.14	383.28	337.29	398.28	1.4138	1.5809
4.70	92.983	0.0013810	0.0030568	334.49	381.01	340.98	395.38	1.4235	1.5721
4.80	94.099	0.0014392	0.0028344	338.30	378.03	345.21	391.63	1.4347	1.5611
4.90	95.190	0.0015284	0.0025632	343.19	373.50	350.68	386.06	1.4491	1.5452

표 D-3 과열증기 상태의 R-22 (압력 기준)

압력 (MPa)	온도 (℃)	비체적 (m^3/kg)	내부에너지 (kJ/kg)	엔탈피 (kJ/kg)	엔트로피 (kJ/kg K)	압력 (MPa)	온도 (℃)	비체적 (m^3/kg)	내부에너지 (kJ/kg)	엔탈피 (kJ/kg)	엔트로피 (kJ/kg K)
포화상태	-54.834	0.41072	360.56	381.10	1.8615	포화상태	-41.091	0.21523	366.10	387.62	1.8257
0.05	-50.000	0.42054	362.86	383.88	1.8741	0.10	-40.000	0.21638	366.65	388.28	1.8285
0.05	-40.000	0.44072	367.67	389.71	1.8996	0.10	-30.000	0.22683	371.69	394.37	1.8541
0.05	-30.000	0.46075	372.59	395.63	1.9245	0.10	-20.000	0.23715	376.82	400.54	1.8789
0.05	-20.000	0.48066	377.62	401.65	1.9488	0.10	-10.000	0.24737	382.04	406.78	1.9031
0.05	-10.000	0.50047	382.75	407.78	1.9725	0.10	0.00000	0.25750	387.35	413.10	1.9267
0.05	0.00000	0.52020	388.00	414.01	1.9957	0.10	10.000	0.26756	392.77	419.53	1.9498
0.05	10.000	0.53987	393.35	420.34	2.0185	0.10	20.000	0.27757	398.29	426.05	1.9724
0.05	20.000	0.55948	398.82	426.79	2.0409	0.10	30.000	0.28753	403.91	432.66	1.9946
0.05	30.000	0.57905	404.39	433.35	2.0629	0.10	40.000	0.29745	409.64	439.38	2.0164
0.05	40.000	0.59858	410.08	440.01	2.0845	0.10	50.000	0.30733	415.47	446.21	2.0379
0.05	50.000	0.61808	415.88	446.79	2.1058	0.10	60.000	0.31719	421.42	453.13	2.0590
0.05	60.000	0.63755	421.80	453.67	2.1268	0.10	70.000	0.32703	427.46	460.16	2.0798
0.05	70.000	0.65700	427.82	460.67	2.1475	0.10	80.000	0.33684	433.61	467.30	2.1003
0.05	80.000	0.67643	433.95	467.77	2.1679	0.10	90.000	0.34664	439.87	474.53	2.1205
0.05	90.000	0.69584	440.18	474.97	2.1880	0.10	100.00	0.35642	446.23	481.87	2.1404
0.05	100.00	0.71523	446.52	482.28	2.2078	0.10	110.00	0.36618	452.69	489.31	2.1601
0.05	110.00	0.73461	452.97	489.70	2.2274						

표 D-3 과열증기 상태의 R-22 (압력 기준)

압력 (MPa)	온도 (℃)	비체적 (m^3/kg)	내부에너지 (kJ/kg)	엔탈피 (kJ/kg)	엔트로피 (kJ/kg K)
포화상태	0.12398	0.046921	381.63	405.09	1.7505
0.5	10.000	0.049384	387.64	412.33	1.7765
0.5	20.000	0.051783	393.70	419.59	1.8017
0.5	30.000	0.054112	399.77	426.82	1.8260
0.5	40.000	0.056385	405.87	434.06	1.8495
0.5	50.000	0.058614	412.02	441.33	1.8723
0.5	60.000	0.060806	418.23	448.63	1.8946
0.5	70.000	0.062969	424.51	456.00	1.9163
0.5	80.000	0.065106	430.87	463.42	1.9377
0.5	90.000	0.067222	437.31	470.92	1.9586
0.5	100.00	0.069321	443.82	478.48	1.9792
0.5	110.00	0.071403	450.43	486.13	1.9994
0.5	120.00	0.073472	457.11	493.85	2.0193
0.5	130.00	0.075529	463.89	501.65	2.0389
0.5	140.00	0.077576	470.75	509.53	2.0582
0.5	150.00	0.079613	477.69	517.50	2.0772
0.5	160.00	0.081643	484.72	525.54	2.0960
포화상태	23.415	0.023621	388.99	412.61	1.7194
1.0	30.000	0.024601	393.59	418.19	1.7380
1.0	40.000	0.026005	400.42	426.43	1.7648
1.0	50.000	0.027336	407.15	434.48	1.7901
1.0	60.000	0.028613	413.82	442.44	1.8143
1.0	70.000	0.029848	420.49	450.34	1.8377
1.0	80.000	0.031049	427.17	458.22	1.8603
1.0	90.000	0.032223	433.88	466.10	1.8824
1.0	100.00	0.033375	440.64	474.01	1.9038
1.0	110.00	0.034508	447.45	481.96	1.9248
1.0	120.00	0.035625	454.32	489.94	1.9454
1.0	130.00	0.036728	461.25	497.98	1.9656
1.0	140.00	0.037820	468.26	506.08	1.9855
1.0	150.00	0.038901	475.33	514.23	2.0050
1.0	160.00	0.039973	482.48	522.45	2.0241

표 D-3 과열증기 상태의 R-22 (압력 기준)

압력 (MPa)	온도 (℃)	비체적 (m^3/kg)	내부에너지 (kJ/kg)	엔탈피 (kJ/kg)	엔트로피 (kJ/kg K)
포화상태	51.273	0.011256	395.01	417.52	1.6834
2.0	60.000	0.012126	402.62	426.87	1.7119
2.0	70.000	0.013009	410.73	436.75	1.7411
2.0	80.000	0.013815	418.50	446.13	1.7680
2.0	90.000	0.014568	426.06	455.19	1.7933
2.0	100.00	0.015282	433.50	464.07	1.8174
2.0	110.00	0.015966	440.88	472.82	1.8406
2.0	120.00	0.016627	448.23	481.49	1.8629
2.0	130.00	0.017269	455.58	490.12	1.8846
2.0	140.00	0.017894	462.94	498.73	1.9057
2.0	150.00	0.018507	470.33	507.35	1.9263
2.0	160.00	0.019107	477.76	515.97	1.9465
2.0	170.00	0.019698	485.22	524.62	1.9662
2.0	180.00	0.020281	492.74	533.30	1.9856
2.0	190.00	0.020855	500.30	542.02	2.0046
2.0	200.00	0.021423	507.93	550.77	2.0960

압력 (MPa)	온도 (℃)	비체적 (m^3/kg)	내부에너지 (kJ/kg)	엔탈피 (kJ/kg)	엔트로피 (kJ/kg K)
포화상태	70.042	0.0068417	395.56	416.08	1.6529
3.0	80.000	0.0077426	406.61	429.84	1.6924
3.0	90.000	0.0084671	416.09	441.49	1.7250
3.0	100.00	0.0091004	424.84	452.14	1.7539
3.0	110.00	0.0096769	433.18	462.21	1.7805
3.0	120.00	0.010214	441.28	471.92	1.8055
3.0	130.00	0.010721	449.23	481.39	1.8293
3.0	140.00	0.011206	457.09	490.71	1.8521
3.0	150.00	0.011673	464.89	499.91	1.8742
3.0	160.00	0.012125	472.67	509.05	1.8955
3.0	170.00	0.012564	480.45	518.14	1.9163
3.0	180.00	0.012994	488.24	527.22	1.9365
3.0	190.00	0.013414	496.04	536.28	1.9563
3.0	200.00	0.013826	503.88	545.36	1.9757
3.0	210.00	0.014232	511.75	554.44	1.9947
3.0	220.00	0.014631	519.66	563.55	2.0133
3.0	230.00	0.015026	527.61	572.69	2.0317

표 D-3 과열증기 상태의 R-22 (압력 기준)

압력 (MPa)	온도 (℃)	비체적 (m^3/kg)	내부에너지 (kJ/kg)	엔탈피 (kJ/kg)	엔트로피 (kJ/kg K)
포화상태	84.512	0.0044121	390.99	408.64	1.6159
4.0	90.000	0.0050407	400.72	420.89	1.6499
4.0	100.00	0.0058103	413.26	436.50	1.6923
4.0	110.00	0.0064091	423.62	449.26	1.7261
4.0	120.00	0.0069254	433.04	460.74	1.7557
4.0	130.00	0.0073911	441.94	471.51	1.7827
4.0	140.00	0.0078221	450.52	481.81	1.8080
4.0	150.00	0.0082273	458.91	491.82	1.8319
4.0	160.00	0.0086128	467.16	501.61	1.8548
4.0	170.00	0.0089826	475.33	511.26	1.8768
4.0	180.00	0.0093395	483.45	520.81	1.8981
4.0	190.00	0.0096857	491.55	530.29	1.9188
4.0	200.00	0.010023	499.64	539.73	1.9390
4.0	210.00	0.010352	507.73	549.14	1.9587
4.0	220.00	0.010675	515.84	558.54	1.9779
4.0	230.00	0.010991	523.98	567.94	1.9968

표 E-1 액상-기상 포화상태의 R-134a (온도 기준)

온도	압력	비체적 (m^3/kg)		내부에너지 (kJ/kg)		엔탈피 (kJ/kg)		엔트로피 (kJ/kg K)	
(℃)	(MPa)	포화액체	포화증기	포화액체	포화증기	포화액체	포화증기	포화액체	포화증기
-100	0.00055940	0.00063195	25.193	75.362	322.76	75.362	336.85	0.43540	1.9456
-95	0.00093899	0.00063729	15.435	81.287	325.29	81.288	339.78	0.46913	1.9201
-90	0.0015241	0.00064274	9.7698	87.225	327.87	87.226	342.76	0.50201	1.8972
-85	0.0023990	0.00064831	6.3707	93.180	330.49	93.182	345.77	0.53409	1.8766
-80	0.0036719	0.00065401	4.2682	99.158	333.15	99.161	348.83	0.56544	1.8580
-75	0.0054777	0.00065985	2.9312	105.16	335.85	105.17	351.91	0.59613	1.8414
-70	0.0079814	0.00066583	2.0590	111.19	338.59	111.20	355.02	0.62619	1.8264
-65	0.011380	0.00067197	1.4765	117.26	341.35	117.26	358.16	0.65568	1.8130
-60	0.015906	0.00067827	1.0790	123.35	344.15	123.36	361.31	0.68462	1.8010
-55	0.021828	0.00068475	0.80236	129.48	346.96	129.50	364.48	0.71305	1.7902
-50	0.029451	0.00069142	0.60620	135.65	349.80	135.67	367.65	0.74101	1.7806
-45	0.039117	0.00069828	0.46473	141.86	352.65	141.89	370.83	0.76852	1.7720
-40	0.051209	0.00070537	0.36108	148.11	355.51	148.14	374.00	0.79561	1.7643
-35	0.066144	0.00071268	0.28402	154.40	358.38	154.44	377.17	0.82230	1.7575
-30	0.084378	0.00072025	0.22594	160.73	361.25	160.79	380.32	0.84863	1.7515
-25	0.10640	0.00072809	0.18162	167.11	364.12	167.19	383.45	0.87460	1.7461
-20	0.13273	0.00073623	0.14739	173.54	366.99	173.64	386.55	0.90025	1.7413
-15	0.16394	0.00074469	0.12067	180.02	369.85	180.14	389.63	0.92559	1.7371
-10	0.20060	0.00075351	0.099590	186.55	372.69	186.70	392.66	0.95065	1.7334
-5	0.24334	0.00076271	0.082801	193.13	375.51	193.32	395.66	0.97544	1.7300
0	0.29280	0.00077233	0.069309	199.77	378.31	200.00	398.60	1.0000	1.7271
5	0.34966	0.00078243	0.058374	206.48	381.08	206.75	401.49	1.0243	1.7245
10	0.41461	0.00079305	0.049442	213.25	383.82	213.58	404.32	1.0485	1.7221
15	0.48837	0.00080425	0.042090	220.09	386.52	220.48	407.07	1.0724	1.7200
20	0.57171	0.00081610	0.035997	227.00	389.17	227.47	409.75	1.0962	1.7180
25	0.66538	0.00082870	0.030912	233.99	391.77	234.55	412.33	1.1199	1.7162
30	0.77020	0.00084213	0.026642	241.07	394.30	241.72	414.82	1.1435	1.7145
35	0.88698	0.00085653	0.023033	248.25	396.76	249.01	417.19	1.1670	1.7128
40	1.0166	0.00087204	0.019966	255.52	399.13	256.41	419.43	1.1905	1.7111
45	1.1599	0.00088885	0.017344	262.91	401.40	263.94	421.52	1.2139	1.7092
50	1.3179	0.00090719	0.015089	270.43	403.55	271.62	423.44	1.2375	1.7072
55	1.4915	0.00092737	0.013140	278.09	405.55	279.47	425.15	1.2611	1.7050
60	1.6818	0.00094979	0.011444	285.91	407.38	287.50	426.63	1.2848	1.7024
65	1.8898	0.00097500	0.0099604	293.92	408.99	295.76	427.82	1.3088	1.6993
70	2.1168	0.0010038	0.0086527	302.16	410.33	304.28	428.65	1.3332	1.6956
75	2.3641	0.0010372	0.0074910	310.68	411.32	313.13	429.03	1.3580	1.6909
80	2.6332	0.0010773	0.0064483	319.55	411.83	322.39	428.81	1.3836	1.6850
85	2.9258	0.0011272	0.0054990	328.93	411.67	332.22	427.76	1.4104	1.6771
90	3.2442	0.0011936	0.0046134	339.06	410.45	342.93	425.42	1.4390	1.6662
95	3.5912	0.0012942	0.0037434	350.60	407.23	355.25	420.67	1.4715	1.6492
100	3.9724	0.0015357	0.0026809	367.20	397.03	373.30	407.68	1.5188	1.6109

표 E-2 액상-기상 포화상태의 R-134a (압력 기준)

압력 (MPa)	온도 (℃)	비체적 (m^3/kg) 포화액체	비체적 (m^3/kg) 포화증기	내부에너지 (kJ/kg) 포화액체	내부에너지 (kJ/kg) 포화증기	엔탈피 (kJ/kg) 포화액체	엔탈피 (kJ/kg) 포화증기	엔트로피 (kJ/kg K) 포화액체	엔트로피 (kJ/kg K) 포화증기
0.01	-66.856	0.00066967	1.6667	115.00	340.32	115.01	356.99	0.64480	1.8178
0.02	-56.410	0.00068291	0.87081	127.75	346.17	127.77	363.58	0.70509	1.7931
0.03	-49.682	0.00069185	0.59580	136.05	349.98	136.07	367.85	0.74277	1.7800
0.04	-44.595	0.00069885	0.45511	142.36	352.88	142.39	371.09	0.77073	1.7713
0.05	-40.454	0.00070471	0.36925	147.54	355.25	147.57	373.71	0.79317	1.7650
0.06	-36.935	0.00070982	0.31123	151.96	357.27	152.00	375.94	0.81202	1.7601
0.07	-33.858	0.00071439	0.26930	155.84	359.04	155.89	377.89	0.82835	1.7561
0.08	-31.115	0.00071854	0.23755	159.31	360.61	159.37	379.62	0.84278	1.7528
0.09	-28.633	0.00072237	0.21264	162.47	362.04	162.54	381.18	0.85576	1.7499
0.10	-26.361	0.00072593	0.19256	165.37	363.34	165.44	382.60	0.86756	1.7475
0.20	-10.076	0.00075337	0.099877	186.45	372.64	186.60	392.62	0.95027	1.7334
0.30	0.67206	0.00077366	0.067704	200.67	378.68	200.90	399.00	1.0033	1.7267
0.40	8.9306	0.00079073	0.051207	211.79	383.24	212.11	403.72	1.0433	1.7226
0.50	15.735	0.00080595	0.041123	221.10	386.91	221.50	407.47	1.0759	1.7197
0.60	21.572	0.00081998	0.034300	229.19	389.99	229.68	410.57	1.1037	1.7175
0.70	26.713	0.00083320	0.029365	236.41	392.64	236.99	413.20	1.1280	1.7156
0.80	31.327	0.00084585	0.025625	242.97	394.96	243.65	415.46	1.1497	1.7140
0.90	35.526	0.00085811	0.022687	249.01	397.01	249.78	417.43	1.1695	1.7126
1.00	39.388	0.00087007	0.020316	254.63	398.85	255.50	419.16	1.1876	1.7113
1.10	42.969	0.00088185	0.018360	259.90	400.49	260.87	420.69	1.2044	1.7100
1.20	46.315	0.00089351	0.016718	264.88	401.98	265.95	422.04	1.2201	1.7087
1.30	49.457	0.00090511	0.015319	269.60	403.32	270.78	423.24	1.2349	1.7075
1.40	52.422	0.00091671	0.014110	274.12	404.54	275.40	424.30	1.2489	1.7062
1.50	55.233	0.00092836	0.013056	278.45	405.64	279.84	425.23	1.2622	1.7049
1.60	57.906	0.00094010	0.012126	282.61	406.64	284.11	426.04	1.2748	1.7036
1.70	60.456	0.00095197	0.011301	286.63	407.54	288.25	426.75	1.2870	1.7022
1.80	62.895	0.00096400	0.010562	290.52	408.35	292.26	427.36	1.2987	1.7007
1.90	65.234	0.00097626	0.0098956	294.30	409.06	296.15	427.87	1.3100	1.6992
2.00	67.481	0.00098877	0.0092915	297.98	409.70	299.95	428.28	1.3209	1.6976

표 E-2 액상-기상 포화상태의 R-134a (압력 기준) (계속)

압력 (MPa)	온도 (℃)	비체적 (m^3/kg)		내부에너지 (kJ/kg)		엔탈피 (kJ/kg)		엔트로피 (kJ/kg K)	
		포화액체	포화증기	포화액체	포화증기	포화액체	포화증기	포화액체	포화증기
2.10	69.644	0.0010016	0.0087406	301.56	410.25	303.67	428.60	1.3314	1.6959
2.20	71.730	0.0010147	0.0082357	305.07	410.72	307.30	428.84	1.3417	1.6941
2.30	73.744	0.0010283	0.0077706	308.51	411.11	310.87	428.98	1.3517	1.6922
2.40	75.692	0.0010423	0.0073402	311.88	411.42	314.38	429.04	1.3615	1.6902
2.50	77.577	0.0010569	0.0069403	315.20	411.65	317.84	429.01	1.3711	1.6881
2.60	79.405	0.0010721	0.0065670	318.47	411.80	321.26	428.88	1.3805	1.6858
2.70	81.179	0.0010880	0.0062171	321.71	411.87	324.65	428.65	1.3898	1.6833
2.80	82.901	0.0011047	0.0058879	324.92	411.84	328.01	428.33	1.3990	1.6807
2.90	84.575	0.0011224	0.0055767	328.11	411.72	331.36	427.89	1.4081	1.6779
3.00	86.203	0.0011413	0.0052813	331.28	411.49	334.70	427.34	1.4171	1.6748
3.10	87.788	0.0011615	0.0049996	334.45	411.16	338.06	426.66	1.4260	1.6715
3.20	89.331	0.0011833	0.0047295	337.64	410.70	341.43	425.83	1.4350	1.6679
3.30	90.834	0.0012072	0.0044690	340.85	410.09	344.84	424.84	1.4441	1.6639
3.40	92.300	0.0012335	0.0042160	344.12	409.32	348.31	423.65	1.4533	1.6595
3.50	93.728	0.0012632	0.0039679	347.45	408.34	351.87	422.23	1.4627	1.6545
3.60	95.121	0.0012974	0.0037218	350.91	407.11	355.58	420.50	1.4724	1.6487
3.70	96.479	0.0013379	0.0034730	354.55	405.52	359.50	418.37	1.4827	1.6419
3.80	97.802	0.0013886	0.0032143	358.50	403.41	363.77	415.63	1.4939	1.6336
3.90	99.090	0.0014582	0.0029294	363.04	400.41	368.73	411.83	1.5068	1.6226
4.00	100.34	0.0015801	0.0025626	369.25	395.13	375.57	405.38	1.5247	1.6046

표 E-3 과열증기 상태의 R-134a (압력 기준)

압력 (MPa)	온도 (℃)	비체적 (m^3/kg)	내부에너지 (kJ/kg)	엔탈피 (kJ/kg)	엔트로피 (kJ/kg K)
포화상태	-40.454	0.36925	355.25	373.71	1.7650
0.05	-40.000	0.37006	355.55	374.05	1.7665
0.05	-30.000	0.38759	362.20	381.58	1.7980
0.05	-20.000	0.40488	368.97	389.21	1.8288
0.05	-10.000	0.42199	375.89	396.99	1.8590
0.05	0.00000	0.43897	382.98	404.92	1.8885
0.05	10.000	0.45586	390.22	413.02	1.9176
0.05	20.000	0.47266	397.64	421.27	1.9463
0.05	30.000	0.48940	405.22	429.69	1.9745
0.05	40.000	0.50609	412.97	438.28	2.0024
0.05	50.000	0.52273	420.89	447.03	2.0299
0.05	60.000	0.53933	428.98	455.94	2.0571
0.05	70.000	0.55590	437.23	465.02	2.0839
0.05	80.000	0.57245	445.64	474.26	2.1105
0.05	90.000	0.58897	454.22	483.67	2.1367
0.05	100.00	0.60546	462.96	493.24	2.1627
0.05	110.00	0.62194	471.86	502.96	2.1884
0.05	120.00	0.63841	480.93	512.85	2.2139
0.05	130.00	0.65486	490.15	522.89	2.2391

압력 (MPa)	온도 (℃)	비체적 (m^3/kg)	내부에너지 (kJ/kg)	엔탈피 (kJ/kg)	엔트로피 (kJ/kg K)
포화상태	-26.361	0.19256	363.34	382.60	1.7475
0.10	-20.000	0.19841	367.81	387.65	1.7677
0.10	-10.000	0.20743	374.89	395.64	1.7986
0.10	0.00000	0.21630	382.10	403.73	1.8288
0.10	10.000	0.22506	389.45	411.95	1.8584
0.10	20.000	0.23373	396.94	420.31	1.8874
0.10	30.000	0.24233	404.59	428.82	1.9160
0.10	40.000	0.25088	412.40	437.49	1.9441
0.10	50.000	0.25938	420.37	446.30	1.9718
0.10	60.000	0.26784	428.49	455.28	1.9991
0.10	70.000	0.27626	436.78	464.41	2.0261
0.10	80.000	0.28466	445.23	473.70	2.0528
0.10	90.000	0.29303	453.84	483.14	2.0792
0.10	100.00	0.30138	462.61	492.74	2.1053
0.10	110.00	0.30971	471.53	502.50	2.1311
0.10	120.00	0.31803	480.61	512.42	2.1566
0.10	130.00	0.32633	489.85	522.49	2.1819

표 E-3 과열증기 상태의 R-134a (압력 기준)

압력 (MPa)	온도 (℃)	비체적 (m^3/kg)	내부에너지 (kJ/kg)	엔탈피 (kJ/kg)	엔트로피 (kJ/kg K)
포화상태	15.735	0.041123	386.91	407.47	1.7197
0.5	20.000	0.042116	390.55	411.61	1.7339
0.5	30.000	0.044338	398.99	421.16	1.7659
0.5	40.000	0.046456	407.40	430.63	1.7967
0.5	50.000	0.048499	415.86	440.11	1.8265
0.5	60.000	0.050486	424.40	449.64	1.8555
0.5	70.000	0.052427	433.04	459.25	1.8839
0.5	80.000	0.054331	441.78	468.95	1.9118
0.5	90.000	0.056205	450.65	478.76	1.9392
0.5	100.00	0.058054	459.65	488.68	1.9661
0.5	110.00	0.059880	468.78	498.72	1.9927
0.5	120.00	0.061688	478.04	508.88	2.0189
0.5	130.00	0.063479	487.44	519.18	2.0447
0.5	140.00	0.065257	496.98	529.60	2.0703
0.5	150.00	0.067022	506.65	540.17	2.0955
0.5	160.00	0.068776	516.47	550.86	2.1205
0.5	170.00	0.070521	526.44	561.70	2.1453
0.5	180.00	0.072257	536.54	572.67	2.1697

압력 (MPa)	온도 (℃)	비체적 (m^3/kg)	내부에너지 (kJ/kg)	엔탈피 (kJ/kg)	엔트로피 (kJ/kg K)
포화상태	39.388	0.020316	398.85	419.16	1.7113
1.0	40.000	0.020407	399.45	419.86	1.7135
1.0	50.000	0.021796	409.09	430.88	1.7482
1.0	60.000	0.023068	418.46	441.53	1.7806
1.0	70.000	0.024262	427.74	452.00	1.8116
1.0	80.000	0.025399	437.00	462.40	1.8414
1.0	90.000	0.026493	446.30	472.79	1.8705
1.0	100.00	0.027552	455.65	483.21	1.8988
1.0	110.00	0.028584	465.09	493.67	1.9264
1.0	120.00	0.029593	474.62	504.21	1.9536
1.0	130.00	0.030582	484.25	514.83	1.9803
1.0	140.00	0.031554	494.00	525.55	2.0065
1.0	150.00	0.032512	503.86	536.37	2.0324
1.0	160.00	0.033458	513.84	547.30	2.0579
1.0	170.00	0.034392	523.95	558.35	2.0831
1.0	180.00	0.035318	534.19	569.51	2.1080

표 E-3 과열증기 상태의 R-134a (압력 기준)

압력 (MPa)	온도 (℃)	비체적 (m^3/kg)	내부에너지 (kJ/kg)	엔탈피 (kJ/kg)	엔트로피 (kJ/kg K)
포화상태	67.481	0.0092915	409.70	428.28	1.6976
2.0	70.000	0.0095728	412.91	432.06	1.7086
2.0	80.000	0.010539	424.70	445.77	1.7481
2.0	90.000	0.011363	435.66	458.38	1.7833
2.0	100.00	0.012105	446.24	470.45	1.8160
2.0	110.00	0.012791	456.63	482.21	1.8471
2.0	120.00	0.013436	466.93	493.80	1.8770
2.0	130.00	0.014051	477.21	505.31	1.9059
2.0	140.00	0.014640	487.49	516.78	1.9340
2.0	150.00	0.015210	497.82	528.24	1.9614
2.0	160.00	0.015764	508.21	539.74	1.9883
2.0	170.00	0.016303	518.68	551.28	2.0146
2.0	180.00	0.016830	529.23	562.89	2.0405

압력 (MPa)	온도 (℃)	비체적 (m^3/kg)	내부에너지 (kJ/kg)	엔탈피 (kJ/kg)	엔트로피 (kJ/kg K)
포화상태	86.203	0.0052813	411.49	427.34	1.6748
3.0	90.000	0.0057517	418.53	435.78	1.6982
3.0	100.00	0.0066408	433.18	453.10	1.7453
3.0	110.00	0.0073271	445.79	467.77	1.7841
3.0	120.00	0.0079166	457.57	481.32	1.8190
3.0	130.00	0.0084470	468.92	494.26	1.8515
3.0	140.00	0.0089367	480.05	506.86	1.8824
3.0	150.00	0.0093962	491.05	519.24	1.9120
3.0	160.00	0.0098324	502.00	531.50	1.9406
3.0	170.00	0.010250	512.93	543.68	1.9684
3.0	180.00	0.010652	523.89	555.84	1.9956

표 E-3 과열증기 상태의 R-134a (압력 기준)

압력 (MPa)	온도 (℃)	비체적 (m^3/kg)	내부에너지 (kJ/kg)	엔탈피 (kJ/kg)	엔트로피 (kJ/kg K)
포화상태	100.34	0.0025626	395.13	405.38	1.6046
4.0	110.00	0.0042728	429.17	446.26	1.7131
4.0	120.00	0.0049929	445.13	465.10	1.7616
4.0	130.00	0.0055488	458.71	480.90	1.8013
4.0	140.00	0.0060244	471.28	495.38	1.8368
4.0	150.00	0.0064503	483.32	509.12	1.8697
4.0	160.00	0.0068419	495.07	522.43	1.9008
4.0	170.00	0.0072080	506.63	535.47	1.9305
4.0	180.00	0.0075544	518.11	548.33	1.9592

표 F-1 액상-기상 포화상태의 암모니아 (온도 기준)

온도	압력	비체적 (m^3/kg)		내부에너지 (kJ/kg)		엔탈피 (kJ/kg)		엔트로피 (kJ/kg K)	
(℃)	(MPa)	포화액체	포화증기	포화액체	포화증기	포화액체	포화증기	포화액체	포화증기
-70	0.010941	0.0013798	9.0079	32.328	1400.2	32.343	1498.7	0.16220	7.3803
-65	0.015624	0.0013904	6.4522	53.623	1407.1	53.645	1507.9	0.26576	7.2522
-60	0.021893	0.0014013	4.7057	75.062	1413.9	75.093	1516.9	0.36754	7.1318
-55	0.030145	0.0014126	3.4895	96.645	1420.5	96.688	1525.7	0.46763	7.0183
-50	0.040836	0.0014243	2.6277	118.37	1427.0	118.43	1534.3	0.56609	6.9112
-45	0.054489	0.0014364	2.0071	140.23	1433.4	140.31	1542.7	0.66297	6.8100
-40	0.071692	0.0014490	1.5533	162.22	1439.6	162.32	1550.9	0.75832	6.7141
-35	0.093098	0.0014619	1.2168	184.34	1445.6	184.48	1558.8	0.85219	6.6232
-30	0.11943	0.0014753	0.96396	206.58	1451.3	206.76	1566.5	0.94462	6.5367
-25	0.15147	0.0014891	0.77167	228.94	1456.9	229.17	1573.8	1.0357	6.4543
-20	0.19008	0.0015035	0.62373	251.42	1462.3	251.71	1580.8	1.1253	6.3757
-15	0.23617	0.0015183	0.50868	274.01	1467.4	274.37	1587.5	1.2137	6.3005
-10	0.29071	0.0015336	0.41830	296.72	1472.3	297.16	1593.9	1.3009	6.2285
-5	0.35476	0.0015495	0.34664	319.54	1476.9	320.09	1599.8	1.3868	6.1592
0	0.42938	0.0015660	0.28930	342.48	1481.2	343.15	1605.4	1.4716	6.0926
5	0.51575	0.0015831	0.24304	365.55	1485.2	366.36	1610.5	1.5553	6.0284
10	0.61505	0.0016009	0.20543	388.74	1488.9	389.72	1615.3	1.6380	5.9662
15	0.72852	0.0016195	0.17461	412.06	1492.3	413.24	1619.5	1.7197	5.9060
20	0.85748	0.0016388	0.14920	435.53	1495.4	436.94	1623.3	1.8005	5.8475
25	1.0032	0.0016590	0.12809	459.16	1498.1	460.82	1626.6	1.8804	5.7904
30	1.1672	0.0016802	0.11046	482.95	1500.4	484.91	1629.3	1.9597	5.7347
35	1.3508	0.0017024	0.095632	506.93	1502.3	509.23	1631.5	2.0382	5.6801
40	1.5554	0.0017258	0.083101	531.11	1503.8	533.79	1633.1	2.1161	5.6265
45	1.7827	0.0017505	0.072450	555.51	1504.8	558.63	1634.0	2.1936	5.5736
50	2.0340	0.0017766	0.063350	580.16	1505.4	583.77	1634.2	2.2706	5.5213
55	2.3111	0.0018044	0.055537	605.09	1505.4	609.26	1633.7	2.3473	5.4693
60	2.6156	0.0018340	0.048797	630.33	1504.8	635.12	1632.4	2.4239	5.4174
65	2.9491	0.0018658	0.042955	655.91	1503.6	661.42	1630.2	2.5004	5.3655
70	3.3135	0.0019000	0.037868	681.90	1501.6	688.20	1627.1	2.5770	5.3131
75	3.7105	0.0019371	0.033419	708.34	1498.9	715.53	1622.9	2.6539	5.2601
80	4.1420	0.0019776	0.029509	735.31	1495.2	743.50	1617.5	2.7312	5.2060
85	4.6100	0.0020221	0.026058	762.88	1490.6	772.20	1610.7	2.8093	5.1504
90	5.1167	0.0020714	0.022997	791.16	1484.7	801.76	1602.3	2.8884	5.0929
95	5.6643	0.0021269	0.020268	820.29	1477.4	832.34	1592.2	2.9689	5.0327
100	6.2553	0.0021899	0.017820	850.46	1468.3	864.16	1579.8	3.0513	4.9691
105	6.8923	0.0022630	0.015610	881.91	1457.1	897.51	1564.7	3.1363	4.9007
110	7.5783	0.0023496	0.013596	915.03	1443.2	932.84	1546.2	3.2249	4.8258
115	8.3170	0.0024559	0.011740	950.46	1425.5	970.89	1523.1	3.3190	4.7418
120	9.1125	0.0025941	0.0099932	989.44	1402.3	1013.1	1493.4	3.4218	4.6435
125	9.9702	0.0027949	0.0082831	1035.0	1369.7	1062.8	1452.3	3.5417	4.5199
130	10.898	0.0032021	0.0063789	1100.3	1313.0	1135.2	1382.5	3.7153	4.3287

표 F-2 액상-기상 포화상태의 암모니아 (압력 기준)

압력	온도	비체적 (m^3/kg)		내부에너지 (kJ/kg)		엔탈피 (kJ/kg)		엔트로피 (kJ/kg K)	
(MPa)	(℃)	포화액체	포화증기	포화액체	포화증기	포화액체	포화증기	포화액체	포화증기
0.01	-71.219	0.0013773	9.8000	27.156	1398.4	27.170	1496.4	0.13667	7.4128
0.02	-61.367	0.0013983	5.1212	69.185	1412.0	69.213	1514.4	0.33988	7.1640
0.03	-55.077	0.0014124	3.5053	96.310	1420.4	96.353	1525.6	0.46609	7.0200
0.04	-50.349	0.0014235	2.6790	116.85	1426.6	116.90	1533.7	0.55926	6.9185
0.05	-46.517	0.0014327	2.1749	133.58	1431.5	133.65	1540.2	0.63373	6.8401
0.06	-43.272	0.0014407	1.8344	147.81	1435.5	147.90	1545.6	0.69608	6.7763
0.07	-40.445	0.0014478	1.5883	160.26	1439.0	160.36	1550.2	0.74989	6.7224
0.08	-37.931	0.0014543	1.4020	171.36	1442.1	171.47	1554.2	0.79734	6.6759
0.09	-35.661	0.0014602	1.2559	181.41	1444.8	181.54	1557.8	0.83986	6.6349
0.10	-33.588	0.0014656	1.1381	190.61	1447.2	190.75	1561.0	0.87843	6.5983
0.11	-31.677	0.0014708	1.0410	199.11	1449.4	199.27	1563.9	0.91377	6.5652
0.12	-29.902	0.0014756	0.95967	207.02	1451.5	207.20	1566.6	0.94642	6.5350
0.13	-28.242	0.0014801	0.89041	214.43	1453.3	214.62	1569.1	0.97678	6.5073
0.14	-26.682	0.0014844	0.83074	221.40	1455.1	221.61	1571.4	1.0052	6.4816
0.15	-25.210	0.0014885	0.77876	228.00	1456.7	228.22	1573.5	1.0319	6.4577
0.16	-23.814	0.0014925	0.73307	234.26	1458.2	234.50	1575.5	1.0570	6.4353
0.17	-22.487	0.0014963	0.69258	240.23	1459.6	240.48	1577.4	1.0809	6.4144
0.18	-21.221	0.0014999	0.65644	245.92	1461.0	246.19	1579.1	1.1036	6.3946
0.19	-20.009	0.0015034	0.62397	251.38	1462.3	251.66	1580.8	1.1252	6.3758
0.20	-18.848	0.0015068	0.59465	256.61	1463.5	256.92	1582.4	1.1458	6.3581
0.21	-17.732	0.0015101	0.56802	261.65	1464.6	261.97	1583.9	1.1656	6.3412
0.22	-16.658	0.0015133	0.54374	266.51	1465.7	266.84	1585.3	1.1846	6.3251
0.23	-15.621	0.0015164	0.52149	271.20	1466.8	271.55	1586.7	1.2028	6.3097
0.24	-14.620	0.0015194	0.50104	275.73	1467.8	276.10	1588.0	1.2204	6.2949
0.25	-13.652	0.0015224	0.48216	280.12	1468.7	280.50	1589.3	1.2373	6.2808
0.26	-12.714	0.0015252	0.46469	284.38	1469.6	284.78	1590.5	1.2537	6.2672
0.27	-11.803	0.0015280	0.44847	288.52	1470.5	288.93	1591.6	1.2696	6.2541
0.28	-10.920	0.0015307	0.43337	292.53	1471.4	292.96	1592.7	1.2849	6.2415
0.29	-10.060	0.0015334	0.41927	296.44	1472.2	296.89	1593.8	1.2998	6.2293
0.30	-9.2243	0.0015360	0.40608	300.25	1473.0	300.71	1594.8	1.3143	6.2175
0.31	-8.4099	0.0015386	0.39372	303.96	1473.7	304.44	1595.8	1.3283	6.2061
0.32	-7.6159	0.0015411	0.38210	307.59	1474.5	308.08	1596.8	1.3420	6.1951
0.33	-6.8412	0.0015436	0.37116	311.12	1475.2	311.63	1597.7	1.3553	6.1844
0.34	-6.0848	0.0015460	0.36084	314.58	1475.9	315.11	1598.6	1.3683	6.1740
0.35	-5.3457	0.0015484	0.35109	317.96	1476.5	318.50	1599.4	1.3809	6.1639
0.36	-4.6229	0.0015507	0.34186	321.27	1477.2	321.83	1600.3	1.3932	6.1541
0.37	-3.9158	0.0015530	0.33311	324.51	1477.8	325.08	1601.1	1.4053	6.1446
0.38	-3.2235	0.0015553	0.32481	327.68	1478.4	328.27	1601.8	1.4171	6.1353
0.39	-2.5453	0.0015575	0.31692	330.79	1479.0	331.40	1602.6	1.4286	6.1262
0.40	-1.8807	0.0015597	0.30941	333.84	1479.6	334.46	1603.3	1.4398	6.1174

표 F-2 액상-기상 포화상태의 암모니아 (압력 기준) (계속)

압력 (MPa)	온도 (℃)	비체적 (m^3/kg)		내부에너지 (kJ/kg)		엔탈피 (kJ/kg)		엔트로피 (kJ/kg K)	
		포화액체	포화증기	포화액체	포화증기	포화액체	포화증기	포화액체	포화증기
0.41	-1.2289	0.0015619	0.30225	336.83	1480.1	337.47	1604.1	1.4509	6.1088
0.42	-0.58939	0.0015640	0.29543	339.77	1480.7	340.43	1604.8	1.4617	6.1004
0.43	0.038294	0.0015661	0.28890	342.66	1481.2	343.33	1605.4	1.4722	6.0921
0.44	0.65468	0.0015682	0.28267	345.49	1481.7	346.18	1606.1	1.4826	6.0841
0.45	1.2602	0.0015702	0.27670	348.28	1482.2	348.99	1606.7	1.4928	6.0762
0.46	1.8554	0.0015723	0.27098	351.03	1482.7	351.75	1607.4	1.5028	6.0685
0.47	2.4405	0.0015743	0.26550	353.72	1483.2	354.46	1608.0	1.5126	6.0610
0.48	3.0160	0.0015762	0.26024	356.38	1483.6	357.14	1608.6	1.5222	6.0536
0.49	3.5823	0.0015782	0.25518	358.99	1484.1	359.77	1609.1	1.5317	6.0464
0.50	4.1396	0.0015801	0.25032	361.57	1484.5	362.36	1609.7	1.5410	6.0393
0.51	4.6883	0.0015820	0.24565	364.10	1485.0	364.91	1610.2	1.5501	6.0323
0.52	5.2287	0.0015839	0.24115	366.60	1485.4	367.43	1610.8	1.5591	6.0255
0.53	5.7611	0.0015858	0.23681	369.07	1485.8	369.91	1611.3	1.5679	6.0188
0.54	6.2858	0.0015876	0.23262	371.50	1486.2	372.35	1611.8	1.5766	6.0122
0.55	6.8030	0.0015895	0.22859	373.89	1486.6	374.77	1612.3	1.5852	6.0057
0.56	7.3129	0.0015913	0.22469	376.26	1487.0	377.15	1612.8	1.5937	5.9994
0.57	7.8158	0.0015931	0.22092	378.59	1487.3	379.50	1613.3	1.6020	5.9931
0.58	8.3119	0.0015948	0.21728	380.89	1487.7	381.82	1613.7	1.6102	5.9870
0.59	8.8015	0.0015966	0.21376	383.17	1488.1	384.11	1614.2	1.6182	5.9809
0.60	9.2846	0.0015983	0.21035	385.41	1488.4	386.37	1614.6	1.6262	5.9750
0.61	9.7616	0.0016001	0.20705	387.63	1488.8	388.60	1615.1	1.6340	5.9691
0.62	10.233	0.0016018	0.20385	389.82	1489.1	390.81	1615.5	1.6418	5.9634
0.63	10.698	0.0016035	0.20075	391.98	1489.4	392.99	1615.9	1.6494	5.9577
0.64	11.157	0.0016051	0.19775	394.12	1489.7	395.15	1616.3	1.6569	5.9521
0.65	11.611	0.0016068	0.19483	396.24	1490.1	397.28	1616.7	1.6644	5.9466
0.66	12.060	0.0016085	0.19200	398.33	1490.4	399.39	1617.1	1.6717	5.9412
0.67	12.503	0.0016101	0.18925	400.40	1490.7	401.47	1617.5	1.6790	5.9358
0.68	12.941	0.0016117	0.18658	402.44	1491.0	403.54	1617.8	1.6861	5.9306
0.69	13.375	0.0016134	0.18398	404.46	1491.3	405.58	1618.2	1.6932	5.9254
0.70	13.803	0.0016150	0.18145	406.47	1491.5	407.60	1618.6	1.7002	5.9202
0.71	14.227	0.0016165	0.17899	408.45	1491.8	409.59	1618.9	1.7071	5.9152
0.72	14.646	0.0016181	0.17660	410.41	1492.1	411.57	1619.2	1.7139	5.9102
0.73	15.061	0.0016197	0.17427	412.35	1492.4	413.53	1619.6	1.7207	5.9053
0.74	15.471	0.0016213	0.17201	414.27	1492.6	415.47	1619.9	1.7273	5.9004
0.75	15.878	0.0016228	0.16980	416.17	1492.9	417.39	1620.2	1.7339	5.8956
0.76	16.280	0.0016243	0.16764	418.05	1493.1	419.29	1620.5	1.7404	5.8909
0.77	16.678	0.0016259	0.16554	419.92	1493.4	421.17	1620.9	1.7469	5.8862
0.78	17.072	0.0016274	0.16350	421.77	1493.6	423.04	1621.2	1.7532	5.8815
0.79	17.462	0.0016289	0.16150	423.60	1493.9	424.89	1621.5	1.7596	5.8770
0.80	17.848	0.0016304	0.15955	425.41	1494.1	426.72	1621.7	1.7658	5.8724

표 F-2 액상-기상 포화상태의 암모니아 (압력 기준) (계속)

압력 (MPa)	온도 (℃)	비체적 (m^3/kg) 포화액체	비체적 (m^3/kg) 포화증기	내부에너지 (kJ/kg) 포화액체	내부에너지 (kJ/kg) 포화증기	엔탈피 (kJ/kg) 포화액체	엔탈피 (kJ/kg) 포화증기	엔트로피 (kJ/kg K) 포화액체	엔트로피 (kJ/kg K) 포화증기
0.81	18.231	0.0016319	0.15765	427.21	1494.3	428.53	1622.0	1.7720	5.8680
0.82	18.610	0.0016333	0.15579	428.99	1494.6	430.33	1622.3	1.7781	5.8636
0.83	18.986	0.0016348	0.15397	430.76	1494.8	432.12	1622.6	1.7841	5.8592
0.84	19.358	0.0016363	0.15220	432.51	1495.0	433.88	1622.9	1.7901	5.8549
0.85	19.726	0.0016377	0.15047	434.24	1495.2	435.64	1623.1	1.7961	5.8506
0.86	20.092	0.0016392	0.14877	435.96	1495.4	437.37	1623.4	1.8019	5.8464
0.87	20.454	0.0016406	0.14712	437.67	1495.6	439.10	1623.6	1.8078	5.8422
0.88	20.813	0.0016420	0.14550	439.36	1495.8	440.81	1623.9	1.8135	5.8381
0.89	21.169	0.0016435	0.14391	441.04	1496.0	442.50	1624.1	1.8192	5.8340
0.90	21.522	0.0016449	0.14236	442.71	1496.2	444.19	1624.4	1.8249	5.8299
0.91	21.872	0.0016463	0.14084	444.36	1496.4	445.85	1624.6	1.8305	5.8259
0.92	22.219	0.0016477	0.13936	446.00	1496.6	447.51	1624.8	1.8360	5.8220
0.93	22.563	0.0016491	0.13790	447.62	1496.8	449.15	1625.1	1.8416	5.8181
0.94	22.904	0.0016504	0.13647	449.23	1497.0	450.78	1625.3	1.8470	5.8142
0.95	23.242	0.0016518	0.13508	450.83	1497.2	452.40	1625.5	1.8524	5.8103
0.96	23.578	0.0016532	0.13371	452.42	1497.3	454.01	1625.7	1.8578	5.8065
0.97	23.911	0.0016545	0.13237	454.00	1497.5	455.60	1625.9	1.8631	5.8027
0.98	24.242	0.0016559	0.13105	455.56	1497.7	457.19	1626.1	1.8684	5.7990
0.99	24.570	0.0016572	0.12976	457.12	1497.9	458.76	1626.3	1.8736	5.7953
1.00	24.895	0.0016586	0.12850	458.66	1498.0	460.32	1626.5	1.8788	5.7916
1.20	30.935	0.0016843	0.10749	487.42	1500.8	489.44	1629.8	1.9744	5.7244
1.40	36.253	0.0017082	0.092296	512.96	1502.7	515.36	1631.9	2.0578	5.6666
1.60	41.022	0.0017307	0.080782	536.08	1504.1	538.85	1633.3	2.1320	5.6156
1.80	45.361	0.0017523	0.071744	557.28	1504.9	560.44	1634.0	2.1992	5.5698
2.00	49.351	0.0017732	0.064453	576.95	1505.3	580.49	1634.2	2.2606	5.5281
2.20	53.052	0.0017934	0.058443	595.34	1505.4	599.29	1634.0	2.3175	5.4895
2.40	56.508	0.0018131	0.053400	612.66	1505.3	617.02	1633.4	2.3704	5.4537
2.60	59.755	0.0018325	0.049106	629.08	1504.8	633.84	1632.5	2.4201	5.4200
2.80	62.820	0.0018517	0.045402	644.71	1504.2	649.89	1631.3	2.4670	5.3882
3.00	65.725	0.0018706	0.042174	659.66	1503.3	665.27	1629.8	2.5115	5.3579
3.20	68.489	0.0018894	0.039333	674.00	1502.3	680.05	1628.2	2.5538	5.3290
3.40	71.127	0.0019081	0.036814	687.82	1501.1	694.30	1626.2	2.5943	5.3012
3.60	73.651	0.0019268	0.034563	701.16	1499.7	708.09	1624.1	2.6331	5.2745
3.80	76.072	0.0019455	0.032538	714.08	1498.2	721.47	1621.8	2.6704	5.2486
4.00	78.400	0.0019642	0.030707	726.62	1496.5	734.47	1619.3	2.7064	5.2234
4.20	80.642	0.0019830	0.029042	738.81	1494.7	747.14	1616.7	2.7412	5.1989
4.40	82.806	0.0020020	0.027521	750.70	1492.7	759.51	1613.8	2.7749	5.1750
4.60	84.897	0.0020211	0.026125	762.30	1490.7	771.60	1610.8	2.8077	5.1516
4.80	86.921	0.0020404	0.024839	773.65	1488.4	783.45	1607.7	2.8395	5.1286
5.00	88.882	0.0020599	0.023651	784.77	1486.1	795.07	1604.4	2.8706	5.1060

표 F-2 액상-기상 포화상태의 암모니아 (압력 기준) (계속)

압력 (MPa)	온도 (℃)	비체적 (m^3/kg) 포화액체	비체적 (m^3/kg) 포화증기	내부에너지 (kJ/kg) 포화액체	내부에너지 (kJ/kg) 포화증기	엔탈피 (kJ/kg) 포화액체	엔탈피 (kJ/kg) 포화증기	엔트로피 (kJ/kg K) 포화액체	엔트로피 (kJ/kg K) 포화증기
5.20	90.786	0.0020797	0.022548	795.68	1483.6	806.49	1600.9	2.9009	5.0837
5.40	92.635	0.0020998	0.021521	806.40	1481.0	817.73	1597.2	2.9306	5.0616
5.60	94.432	0.0021202	0.020563	816.94	1478.3	828.81	1593.4	2.9596	5.0397
5.80	96.182	0.0021410	0.019665	827.32	1475.4	839.74	1589.4	2.9881	5.0180
6.00	97.886	0.0021622	0.018823	837.57	1472.4	850.54	1585.3	3.0162	4.9965
6.20	99.548	0.0021839	0.018031	847.68	1469.2	861.22	1581.0	3.0437	4.9750
6.40	101.17	0.0022060	0.017283	857.69	1465.9	871.81	1576.5	3.0709	4.9535
6.60	102.75	0.0022287	0.016577	867.59	1462.5	882.30	1571.9	3.0977	4.9321
6.80	104.30	0.0022520	0.015907	877.41	1458.9	892.72	1567.0	3.1241	4.9106
7.00	105.81	0.0022760	0.015271	887.15	1455.1	903.08	1562.0	3.1503	4.8890
7.20	107.29	0.0023006	0.014666	896.83	1451.1	913.40	1556.7	3.1763	4.8674
7.40	108.74	0.0023261	0.014089	906.47	1447.0	923.68	1551.3	3.2021	4.8455
7.60	110.15	0.0023525	0.013538	916.07	1442.7	933.95	1545.6	3.2277	4.8234
7.80	111.54	0.0023798	0.013010	925.66	1438.2	944.22	1539.7	3.2532	4.8011
8.00	112.90	0.0024083	0.012503	935.24	1433.5	954.50	1533.5	3.2786	4.7785
8.20	114.23	0.0024379	0.012016	944.84	1428.5	964.83	1527.1	3.3041	4.7554
8.40	115.54	0.0024690	0.011547	954.47	1423.3	975.21	1520.3	3.3296	4.7320
8.60	116.82	0.0025016	0.011093	964.16	1417.8	985.67	1513.2	3.3552	4.7080
8.80	118.08	0.0025360	0.010654	973.93	1412.0	996.25	1505.8	3.3810	4.6834
9.00	119.32	0.0025725	0.010228	983.81	1405.9	1007.0	1498.0	3.4070	4.6581
9.20	120.53	0.0026115	0.0098127	993.85	1399.4	1017.9	1489.7	3.4334	4.6320
9.40	121.72	0.0026533	0.0094068	1004.1	1392.5	1029.0	1480.9	3.4604	4.6048
9.60	122.89	0.0026987	0.0090083	1014.6	1385.1	1040.5	1471.6	3.4880	4.5765
9.80	124.04	0.0027483	0.0086152	1025.4	1377.1	1052.3	1461.5	3.5165	4.5466
10.00	125.17	0.0028035	0.0082251	1036.7	1368.3	1064.7	1450.6	3.5463	4.5150
10.20	126.28	0.0028659	0.0078346	1048.6	1358.8	1077.8	1438.7	3.5776	4.4811
10.40	127.37	0.0029381	0.0074393	1061.3	1348.0	1091.9	1425.4	3.6113	4.4441
10.60	128.44	0.0030248	0.0070327	1075.3	1335.8	1107.3	1410.3	3.6485	4.4029
10.80	129.49	0.0031347	0.0066032	1091.3	1321.3	1125.1	1392.6	3.6912	4.3554
11.00	130.53	0.0032886	0.0061273	1111.0	1303.0	1147.2	1370.4	3.7443	4.2971
11.20	131.55	0.0035582	0.0055361	1140.3	1276.3	1180.1	1338.3	3.8240	4.2149

표 F-3 과열증기 상태의 암모니아 (압력 기준)

압력 (MPa)	온도 (℃)	비체적 (m^3/kg)	내부에너지 (kJ/kg)	엔탈피 (kJ/kg)	엔트로피 (kJ/kg K)	압력 (MPa)	온도 (℃)	비체적 (m^3/kg)	내부에너지 (kJ/kg)	엔탈피 (kJ/kg)	엔트로피 (kJ/kg K)
포화상태	-46.517	2.1749	1431.5	1540.2	6.8401	포화상태	-33.588	1.1381	1447.2	1561.0	6.5983
0.05	-40.000	2.2425	1442.3	1554.5	6.9021	0.1	-30.000	1.1573	1453.5	1569.2	6.6322
0.05	-30.000	2.3450	1458.8	1576.0	6.9927	0.1	-20.000	1.2102	1470.7	1591.7	6.7229
0.05	-20.000	2.4465	1475.1	1597.4	7.0788	0.1	-10.000	1.2622	1487.6	1613.8	6.8085
0.05	-10.000	2.5472	1491.3	1618.7	7.1611	0.1	0.00000	1.3136	1504.3	1635.7	6.8900
0.05	0.00000	2.6474	1507.5	1639.8	7.2401	0.1	10.000	1.3646	1520.9	1657.4	6.9681
0.05	10.000	2.7471	1523.7	1661.0	7.3163	0.1	20.000	1.4153	1537.5	1679.0	7.0433
0.05	20.000	2.8466	1539.9	1682.2	7.3899	0.1	30.000	1.4656	1554.1	1700.7	7.1159
0.05	30.000	2.9457	1556.2	1703.5	7.4613	0.1	40.000	1.5158	1570.8	1722.3	7.1862
0.05	40.000	3.0447	1572.6	1724.9	7.5306	0.1	50.000	1.5657	1587.5	1744.0	7.2544
0.05	50.000	3.1434	1589.2	1746.3	7.5981	0.1	60.000	1.6155	1604.3	1765.8	7.3209
0.05	60.000	3.2421	1605.8	1767.9	7.6639	0.1	70.000	1.6652	1621.2	1787.8	7.3857
0.05	70.000	3.3406	1622.6	1789.7	7.7281	0.1	80.000	1.7148	1638.3	1809.8	7.4489
0.05	80.000	3.4390	1639.6	1811.5	7.7910	0.1	90.000	1.7643	1655.5	1831.9	7.5108
0.05	90.000	3.5373	1656.7	1833.5	7.8524	0.1	100.00	1.8137	1672.9	1854.2	7.5714
0.05	100.00	3.6355	1674.0	1855.7	7.9127	0.1	110.00	1.8631	1690.4	1876.7	7.6308
0.05	110.00	3.7337	1691.4	1878.1	7.9718	0.1	120.00	1.9124	1708.1	1899.3	7.6891
0.05	120.00	3.8319	1709.0	1900.6	8.0299	0.1	130.00	1.9617	1726.0	1922.1	7.7464
0.05	130.00	3.9300	1726.8	1923.3	8.0869	0.1	140.00	2.0109	1744.0	1945.1	7.8027
0.05	140.00	4.0280	1744.8	1946.2	8.1431	0.1	150.00	2.0601	1762.3	1968.3	7.8581
0.05	150.00	4.1260	1763.0	1969.3	8.1983	0.1	160.00	2.1093	1780.7	1991.6	7.9126
0.05	160.00	4.2240	1781.4	1992.6	8.2527	0.1	170.00	2.1584	1799.3	2015.2	7.9664
0.05	170.00	4.3220	1800.0	2016.1	8.3063	0.1	180.00	2.2076	1818.2	2038.9	8.0194
0.05	180.00	4.4199	1818.8	2039.8	8.3592	0.1	190.00	2.2566	1837.2	2062.9	8.0716
0.05	190.00	4.5178	1837.8	2063.7	8.4113	0.1	200.00	2.3057	1856.5	2087.0	8.1232
0.05	200.00	4.6157	1857.0	2087.8	8.4628						

표 F-3 과열증기 상태의 암모니아 (압력 기준)

압력 (MPa)	온도 (℃)	비체적 (m^3/kg)	내부에너지 (kJ/kg)	엔탈피 (kJ/kg)	엔트로피 (kJ/kg K)
포화상태	4.1396	0.25032	1484.5	1609.7	6.0393
0.5	10.000	0.25754	1496.7	1625.5	6.0957
0.5	20.000	0.26946	1516.7	1651.5	6.1859
0.5	30.000	0.28099	1536.0	1676.5	6.2699
0.5	40.000	0.29222	1554.9	1701.0	6.3492
0.5	50.000	0.30323	1573.3	1725.0	6.4246
0.5	60.000	0.31406	1591.6	1748.6	6.4968
0.5	70.000	0.32475	1609.8	1772.2	6.5663
0.5	80.000	0.33533	1627.9	1795.5	6.6335
0.5	90.000	0.34581	1646.0	1818.9	6.6987
0.5	100.00	0.35621	1664.1	1842.2	6.7621
0.5	110.00	0.36654	1682.3	1865.6	6.8239
0.5	120.00	0.37682	1700.6	1889.0	6.8842
0.5	130.00	0.38705	1719.0	1912.5	6.9432
0.5	140.00	0.39723	1737.5	1936.1	7.0011
0.5	150.00	0.40738	1756.1	1959.8	7.0578
0.5	160.00	0.41749	1774.9	1983.7	7.1135
0.5	170.00	0.42758	1793.9	2007.7	7.1683
0.5	180.00	0.43764	1813.0	2031.9	7.2223
0.5	190.00	0.44768	1832.4	2056.2	7.2754
0.5	200.00	0.45770	1851.9	2080.7	7.3277
0.5	210.00	0.46770	1871.5	2105.4	7.3794
0.5	220.00	0.47768	1891.4	2130.3	7.4303
0.5	230.00	0.48765	1911.5	2155.3	7.4806
0.5	240.00	0.49761	1931.8	2180.6	7.5303
0.50	250.00	0.50755	1952.3	2206.0	7.5795
0.50	260.00	0.51749	1973.0	2231.7	7.6281

압력 (MPa)	온도 (℃)	비체적 (m^3/kg)	내부에너지 (kJ/kg)	엔탈피 (kJ/kg)	엔트로피 (kJ/kg K)
포화상태	24.895	0.12850	1498.0	1626.5	5.7916
1.0	30.000	0.13204	1510.2	1642.2	5.8437
1.0	40.000	0.13866	1532.7	1671.3	5.9383
1.0	50.000	0.14496	1554.0	1699.0	6.0252
1.0	60.000	0.15104	1574.5	1725.6	6.1063
1.0	70.000	0.15693	1594.5	1751.5	6.1829
1.0	80.000	0.16269	1614.2	1776.8	6.2558
1.0	90.000	0.16833	1633.5	1801.8	6.3256
1.0	100.00	0.17389	1652.7	1826.6	6.3929
1.0	110.00	0.17937	1671.8	1851.2	6.4579
1.0	120.00	0.18478	1690.9	1875.7	6.5210
1.0	130.00	0.19014	1710.0	1900.1	6.5824
1.0	140.00	0.19546	1729.1	1924.6	6.6423
1.0	150.00	0.20074	1748.3	1949.1	6.7008
1.0	160.00	0.20598	1767.6	1973.6	6.7581
1.0	170.00	0.21119	1787.0	1998.2	6.8143
1.0	180.00	0.21638	1806.5	2022.9	6.8695
1.0	190.00	0.22154	1826.2	2047.7	6.9237
1.0	200.00	0.22668	1846.0	2072.7	6.9770
1.0	210.00	0.23180	1866.0	2097.8	7.0295
1.0	220.00	0.23691	1886.2	2123.1	7.0812
1.0	230.00	0.24200	1906.5	2148.5	7.1322
1.0	240.00	0.24707	1927.0	2174.1	7.1826
1.0	250.00	0.25214	1947.7	2199.8	7.2323
1.0	260.00	0.25719	1968.6	2225.8	7.2814
1.00	270.00	0.26223	1989.7	2251.9	7.3300
1.00	280.00	0.26726	2011.0	2278.2	7.3780
1.00	290.00	0.27229	2032.5	2304.8	7.4255
1.00	300.00	0.27730	2054.2	2331.5	7.4726

표 F-3 과열증기 상태의 암모니아 (압력 기준)

압력 (MPa)	온도 (℃)	비체적 (m^3/kg)	내부에너지 (kJ/kg)	엔탈피 (kJ/kg)	엔트로피 (kJ/kg K)	압력 (MPa)	온도 (℃)	비체적 (m^3/kg)	내부에너지 (kJ/kg)	엔탈피 (kJ/kg)	엔트로피 (kJ/kg K)
포화상태	38.698	0.086169	1503.5	1632.7	5.6404	포화상태	49.351	0.064453	1505.3	1634.2	5.5281
1.5	40.000	0.086842	1506.9	1637.2	5.6548	2.0	50.000	0.064729	1507.2	1636.7	5.5357
1.5	50.000	0.091774	1532.3	1670.0	5.7577	2.0	60.000	0.068754	1534.9	1672.4	5.6445
1.5	60.000	0.096383	1555.8	1700.4	5.8505	2.0	70.000	0.072463	1560.1	1705.1	5.7411
1.5	70.000	0.10076	1578.1	1729.2	5.9358	2.0	80.000	0.075952	1583.8	1735.7	5.8292
1.5	80.000	0.10497	1599.5	1757.0	6.0155	2.0	90.000	0.079278	1606.4	1765.0	5.9109
1.5	90.000	0.10904	1620.4	1783.9	6.0908	2.0	100.00	0.082479	1628.3	1793.2	5.9876
1.5	100.00	0.11301	1640.8	1810.3	6.1624	2.0	110.00	0.085583	1649.6	1820.7	6.0604
1.5	110.00	0.11689	1660.9	1836.3	6.2311	2.0	120.00	0.088608	1670.5	1847.7	6.1300
1.5	120.00	0.12070	1680.9	1861.9	6.2973	2.0	130.00	0.091567	1691.2	1874.3	6.1968
1.5	130.00	0.12446	1700.7	1887.4	6.3613	2.0	140.00	0.094473	1711.7	1900.7	6.2613
1.5	140.00	0.12816	1720.5	1912.8	6.4234	2.0	150.00	0.097332	1732.1	1926.8	6.3237
1.5	150.00	0.13182	1740.3	1938.0	6.4838	2.0	160.00	0.10015	1752.5	1952.8	6.3845
1.5	160.00	0.13544	1760.1	1963.3	6.5428	2.0	170.00	0.10294	1772.8	1978.7	6.4436
1.5	170.00	0.13904	1780.0	1988.5	6.6004	2.0	180.00	0.10570	1793.2	2004.6	6.5014
1.5	180.00	0.14260	1799.9	2013.8	6.6568	2.0	190.00	0.10843	1813.6	2030.5	6.5579
1.5	190.00	0.14614	1820.0	2039.2	6.7121	2.0	200.00	0.11114	1834.1	2056.4	6.6133
1.5	200.00	0.14966	1840.1	2064.6	6.7665	2.0	210.00	0.11382	1854.7	2082.4	6.6676
1.5	210.00	0.15316	1860.4	2090.1	6.8199	2.0	220.00	0.11649	1875.5	2108.4	6.7210
1.5	220.00	0.15664	1880.8	2115.8	6.8724	2.0	230.00	0.11915	1896.3	2134.6	6.7735
1.5	230.00	0.16010	1901.4	2141.6	6.9242	2.0	240.00	0.12179	1917.3	2160.9	6.8252
1.5	240.00	0.16355	1922.2	2167.5	6.9752	2.0	250.00	0.12441	1938.4	2187.3	6.8762
1.5	250.00	0.16699	1943.1	2193.6	7.0255	2.0	260.00	0.12703	1959.7	2213.8	6.9264
1.5	260.00	0.17042	1964.2	2219.8	7.0752	2.0	270.00	0.12963	1981.2	2240.5	6.9760
1.5	270.00	0.17383	1985.5	2246.2	7.1243	2.0	280.00	0.13223	2002.9	2267.3	7.0249
1.5	280.00	0.17724	2006.9	2272.8	7.1728	2.0	290.00	0.13481	2024.7	2294.3	7.0733
1.5	290.00	0.18064	2028.6	2299.5	7.2207	2.0	300.00	0.13739	2046.7	2321.5	7.1211
1.5	300.00	0.18403	2050.4	2326.5	7.2681	2.0	310.00	0.13996	2068.9	2348.8	7.1684
1.5	310.00	0.18741	2072.5	2353.6	7.3150	2.0	320.00	0.14252	2091.3	2376.3	7.2152
1.5	320.00	0.19078	2094.8	2380.9	7.3615	2.0	330.00	0.14507	2113.9	2404.0	7.2615
1.5	330.00	0.19415	2117.2	2408.5	7.4075	2.0	340.00	0.14762	2136.7	2431.9	7.3074
1.5	340.00	0.19751	2139.9	2436.2	7.4531	2.0	350.00	0.15017	2159.7	2460.0	7.3529
1.5	350.00	0.20087	2162.8	2464.1	7.4983	2.0	360.00	0.15270	2182.9	2488.3	7.3979
1.5	360.00	0.20422	2185.9	2492.3	7.5431						

표 F-3 과열증기 상태의 암모니아 (압력 기준)

압력 (MPa)	온도 (℃)	비체적 (m^3/kg)	내부에너지 (kJ/kg)	엔탈피 (kJ/kg)	엔트로피 (kJ/kg K)
포화상태	88.882	0.023651	1486.1	1604.4	5.1060
5.0	90.000	0.023955	1491.4	1611.1	5.1247
5.0	100.00	0.026362	1532.4	1664.2	5.2690
5.0	110.00	0.028403	1566.9	1708.9	5.3871
5.0	120.00	0.030227	1597.5	1748.7	5.4897
5.0	130.00	0.031907	1625.8	1785.3	5.5818
5.0	140.00	0.033481	1652.4	1819.8	5.6663
5.0	150.00	0.034975	1677.9	1852.8	5.7450
5.0	160.00	0.036407	1702.5	1884.5	5.8193
5.0	170.00	0.037788	1726.5	1915.4	5.8898
5.0	180.00	0.039127	1750.1	1945.7	5.9573
5.0	190.00	0.040431	1773.3	1975.4	6.0222
5.0	200.00	0.041706	1796.2	2004.8	6.0849
5.0	210.00	0.042954	1819.1	2033.8	6.1457
5.0	220.00	0.044180	1841.8	2062.6	6.2047
5.0	230.00	0.045386	1864.4	2091.3	6.2623
5.0	240.00	0.046575	1887.0	2119.9	6.3185
5.0	250.00	0.047748	1909.6	2148.4	6.3735
5.0	260.00	0.048908	1932.3	2176.8	6.4274
5.0	270.00	0.050055	1955.0	2205.3	6.4802
5.0	280.00	0.051192	1977.8	2233.8	6.5322
5.0	290.00	0.052318	2000.7	2262.3	6.5833
5.0	300.00	0.053435	2023.7	2290.9	6.6336
5.0	310.00	0.054543	2046.8	2319.6	6.6832
5.0	320.00	0.055644	2070.1	2348.3	6.7321
5.0	330.00	0.056738	2093.5	2377.2	6.7804
5.0	340.00	0.057825	2117.1	2406.2	6.8281
5.0	350.00	0.058906	2140.8	2435.3	6.8752
5.0	360.00	0.059982	2164.7	2464.6	6.9218
5.0	370.00	0.061053	2188.7	2494.0	6.9679
5.0	380.00	0.062119	2212.9	2523.5	7.0135
5.0	390.00	0.063180	2237.4	2553.3	7.0586
5.0	400.00	0.064238	2262.0	2583.1	7.1034
5.0	410.00	0.065292	2286.7	2613.2	7.1477
5.0	420.00	0.066342	2311.7	2643.4	7.1916

압력 (MPa)	온도 (℃)	비체적 (m^3/kg)	내부에너지 (kJ/kg)	엔탈피 (kJ/kg)	엔트로피 (kJ/kg K)
포화상태	125.17	0.0082251	1368.3	1450.6	4.5150
10.0	130.00	0.0099344	1433.8	1533.1	4.7211
10.0	140.00	0.011935	1505.1	1624.4	4.9451
10.0	150.00	0.013381	1554.7	1688.5	5.0983
10.0	160.00	0.014588	1595.5	1741.4	5.2219
10.0	170.00	0.015656	1631.4	1788.0	5.3283
10.0	180.00	0.016629	1664.2	1830.5	5.4232
10.0	190.00	0.017534	1694.9	1870.3	5.5100
10.0	200.00	0.018386	1724.1	1908.0	5.5906
10.0	210.00	0.019197	1752.2	1944.2	5.6663
10.0	220.00	0.019975	1779.5	1979.2	5.7381
10.0	230.00	0.020725	1806.1	2013.3	5.8065
10.0	240.00	0.021451	1832.2	2046.7	5.8722
10.0	250.00	0.022156	1857.9	2079.5	5.9355
10.0	260.00	0.022844	1883.4	2111.8	5.9967
10.0	270.00	0.023517	1908.6	2143.8	6.0561
10.0	280.00	0.024176	1933.7	2175.5	6.1139
10.0	290.00	0.024823	1958.7	2206.9	6.1703
10.0	300.00	0.025459	1983.6	2238.2	6.2254
10.0	310.00	0.026086	2008.5	2269.4	6.2793
10.0	320.00	0.026704	2033.4	2300.4	6.3321
10.0	330.00	0.027314	2058.3	2331.4	6.3839
10.0	340.00	0.027916	2083.3	2362.4	6.4349
10.0	350.00	0.028512	2108.3	2393.4	6.4850
10.0	360.00	0.029103	2133.4	2424.4	6.5344
10.0	370.00	0.029687	2158.6	2455.5	6.5830
10.0	380.00	0.030266	2183.9	2486.6	6.6310
10.0	390.00	0.030841	2209.3	2517.7	6.6784
10.0	400.00	0.031411	2234.9	2549.0	6.7252
10.0	410.00	0.031978	2260.6	2580.3	6.7714
10.0	420.00	0.032540	2286.4	2611.8	6.8171

찾아보기

[가]

가솔린 기관 4, 211
가스 냉동 사이클 180, 260
가스 동력 사이클 179, 209
가스 터빈 기관 2, 9, 232
가역 열전달 151
가역과정 32, 150
가역단열 과정 78, 152, 156
가역등온 과정 152
강도성 상태량 28
개방 시스템 20
개방식 급수 가열기 199
건도 89
건분 89
건포화증기 88
검사면 20
검사질량 19
검사체적 20
경계현상 57
경로함수 27
계기 압력 45
고립 시스템 19
고상 25
고전열역학 23
공기 표준 사이클 210
공업일 171
과냉액체 84
과도 과정 30
과도상태 과정 104, 128, 164
과도현상 57
과열도 88
과열증기 85, 88
과정 29
교축과정 251
국소평형 162
급수 199
기상 25
기체분자운동론 22
기체상수 72

[나]

내부에너지 56
내부적 가역과정 151
내연기관 4, 232
냉동 공간 12, 141
냉동 사이클 249, 260
냉동기 11, 14, 141
냉동능력 141, 250
냉동톤 250
냉매 256
노즐 10, 170

[다]

단순 압축성 물질 70
단순 열기관 2
단순 증기 원동소 6
단열과정 65
단위계 33
대기압 43
독립 상태량 27
동력 61
동력 사이클 179, 209

동력원 1
동작유체 14, 69
등엔탈피 과정 252
등엔트로피 과정 156
등엔트로피 효율 169, 170
디젤 기관 5, 209
디퓨저 241

[라]

램 효과 241
램제트 242

[마]

마노미터 43
마찰 150
몰밀도 42
몰비체적 35
물 34, 84
밀폐 시스템 19

[바]

보일러 6
복수기 7
복합 동력 사이클 243
복합 연소 사이클 226
부하비 220
분사 추진 기관 10
분사 추진 사이클 241
불구속 팽창 150
불완전 미분 27
비가역 과정 150
비가역성 150
비압축성 물질 93
비열 66
비열비 67
비중량 42
비체적 28, 41

[사]

사이클 3, 29
삼중점 34, 86
상 25
상쇄법 39
상태 26
상태량 26
성능계수 141
수증기표 91
순수물질 69
스파크 점화 기관 209
습증기 88
승화 86
시스템 18
시스템 경계 18
실린더-피스톤 장치 2
실재가스 73

[아]

아냉액체 84
암모니아 흡수식 냉동 사이클 258
압력 42
압력-체적 선도 60
압축 착화 기관 209
압축기 9, 170
압축비 213
압축성 물질 93
압축성 인자 73
압축액체 84
액상 25
에너지 55
에너지원 1
엔탈피 66
엔트로피 15, 156
엔트로피 생성 161
엔트로피 증가의 원리 165
역 Brayton 사이클 260
역일비 182

역학적 사이클 29
연소기 9
연속방정식 103
연속체 23
열기관 14, 140
열병합 발전 206
열에너지 65
열역학 15
열역학 제0법칙 49
열역학 제1법칙 109
열역학 제2법칙 147
열역학 제3법칙 166
열역학적 사이클 29
열역학적 시스템 18
열역학적 절대 온도 척도 50, 153
열원 148
열저장조 148
열전달 57
열전달률 65
열전대 52
열침 148
열펌프 12, 142, 259
열효율 140
오존층 파괴 256
온도-엔트로피 선도 157
완전 미분 26
왕복식 가스 동력 사이클 179
외연기관 4
운동에너지 55
위치에너지 55
유동일 124
유체 25, 90
융해 85
응축기 7
이상기체 71
이상기체 상태 방정식 71
이원 사이클 243, 259
일 58
일반기체상수 71
임계압력 86, 90
임계점 90

[자]

자유물체 18
자유팽창 150
작업유체 14
재생 사이클 199
재생기 236
재열 사이클 193
절대 압력 45
절대 영압력 45
절대 온도 50
점함수 26
정상상태 과정 29, 103, 127, 163
정압비열 67, 75, 94
정적비열 67, 75, 93
종량성 상태량 28
주위 18
준평형 과정 32
중력 가속도 36
증기 동력 사이클 179
증기 압축 냉동 사이클 251
증기 터빈 2, 194
증기압 곡선 84
증발 84
증발기 13
질량 보존의 원리 101
질량유량 103, 105

[차]

차단비 220
착화지연 225
초임계압력 90
축일 58, 171

[타]

터보세트 기관 241
터보팬 기관 241
터보프롭 기관 242
터빈 7, 169
통계열역학 23

[파]

팽창 3
팽창 밸브 12
펌프 7
평균유효압력 215
평형 31
포화상태 88
포화압력 84
포화액체 88
포화온도 84
포화증기 88
폭발비 227
폴리트로프 과정 62, 78
표준 대기압 43
프레온 가스 12, 256

[하]

행정체적 215
화력 발전소 7
힘 36

[영문]

Brayton 냉동 사이클 260
Brayton 사이클 209, 233
Carnot 사이클 151, 249
Cascade 냉동 사이클 257
CI 기관 209
Clausius의 부등식 161
Clausius의 진술 148
Diesel 사이클 209, 219
Ericsson 사이클 245
FPS 단위계 33, 39
Kelvin−Planck의 진술 148
Otto 사이클 209, 211
Rankine 사이클 180
Sabathe 사이클 209, 225
SI 기관 209
SI 단위계 (국제 단위계) 33
Sitirling 사이클 245